医用水蛭

刘华钢　韦松基　　主编

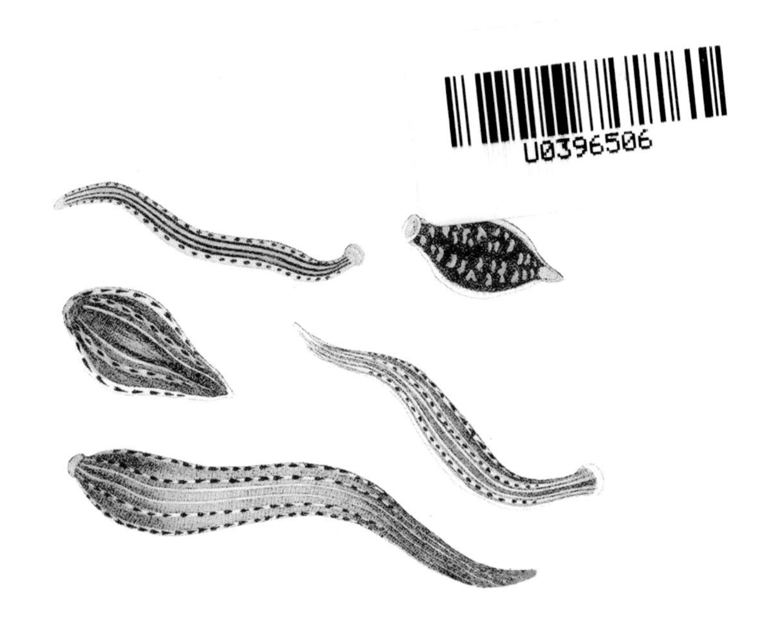

广西科学技术出版社

·南宁·

图书在版编目（CIP）数据

医用水蛭 / 刘华钢，韦松基主编. —南宁：广西科学技术出版社，2024.8

ISBN 978-7-5551-1904-3

Ⅰ.①医… Ⅱ.①刘… ②韦… Ⅲ.①水蛭—饲养管理—研究 Ⅳ.①S865.9

中国国家版本馆CIP数据核字(2023)第119268号

医用水蛭

刘华钢　韦松基　主编

责任编辑：梁诗雨　　装帧设计：韦娇林
责任印制：韦文印　　责任校对：苏深灿

出 版 人：岑　刚
出版发行：广西科学技术出版社
社　　址：广西南宁市东葛路66 号　　邮政编码：530023
网　　址：http：//www.gxkjs.com
印　　刷：广西民族印刷包装集团有限公司

开　　本：787 mm × 1092 mm　1/16
字　　数：368千字　　印　　张：23
版　　次：2024年8月第1版
印　　次：2024年8月第1次印刷
书　　号：ISBN 978-7-5551-1904-3
定　　价：98.00元

《医用水蛭》编委会

总策划

谢海林

顾　问

张文周　黄正明

专家指导小组（以姓氏笔画为序）

丁京生　刁天喜　王　森　王仁杰　王全永　王美全　王晓波　邢沙沙　刘　力
孙书业　杜奋仁　李凤珍　杨新波　吴力克　吴发胜　吴英萍　张进京　张国才
陈开安　陈海生　周桂桐　郑东林　胡文华　袁瑞娟　黄汉儒　梁明坤　覃迅云
潘明甫

主　编

刘华钢　韦松基

副主编

许维岸　韩宏岩　张亦贵　卢天才　韦　威

编　委（以姓氏笔画为序）

马文龙　王希斌　文　丽　叶月华　冯　看　成晓静　吕跃武　朱智德　汤婷婷
孙保军　苏春艳　李其斌　杨　黎　杨焕琪　陆　游　陈　甫　陈志挺　林起庆
周　莹　郑　珊　郑娟梅　胡运翔　徐宏珍　高　鹏　黄　敏　黄仁彬　黄惠琳
黄慧学　曹俊涛　盘丽萍　梁　桥　梁秋云　覃冬杰　温海成　蒙　怡　蒙子卿
蒙华琳

统　筹

吕运莹　黄云彩　王蒙蒙　叶艳侠　叶迎辉

序一

我从事药理教育与中药药理研究50余年，早年在中国人民解放军军事医学科学院第五研究所从事中药药效研究，后在中国人民解放军北京军医学院从事药理教学工作，曾为学院学委会副主任、科研首席专家、药理教研室主任、博士研究生导师，后又到中国人民解放军总医院第五医学中心（原中国人民解放军第302医院）从事临床药理研究，为研究室主任、药理学专家、博士研究生导师。现任中国医药教育协会终身荣誉会长、联合国国际生态生命安全科学院中国院院长，至今仍在一线从事中药药理与新药研发工作，并担任北京卫健基业生物技术研究所所长。

此前我对水蛭也有所了解，记得2018年11月我作为组长，在广西贵港市平南县工业园区对当地的水蛭产业进行考察，并组织专家对水蛭的养殖条件、生长环境、质量、药用价值等进行了论证评估。

最近，中国医药教育协会广西慢病防治工作站站长黄云彩送来《医用水蛭》的书稿，我阅读之后对水蛭有了更深的认识。作为一味传统中药，水蛭已有2000多年的历史，除了作为传统干药材使用，还可以直接利用活体治疗疾病。水蛭外用能促进伤口愈合、清创修复，内服可除瘀解滞，内服外用可逐血破瘀，弥补了现代医学的某些不足。

水蛭素的研发及应用在现代医疗领域日渐凸显其重要作用。水蛭素对凝血酶有极强的抑制作用，是迄今为止发现的最强凝血酶天然特异抑制剂，对冠心病、心肌梗死、脑血栓、脑卒中、高血压、高黏滞综合征、高脂血症等疾病具有较好疗效。

吸血水蛭主要分布于广西、广东、海南和福建等省区。其中，广西有得天独厚的水蛭养殖地理环境，非常适合利用、改造废弃的农田来养殖水蛭。可以说，养殖水蛭是农民致富的好门路，大有可为。

以人为本、立法为据、安全至上、环保资源、规范操作，则是医用水蛭活体生物疗法的努力方向。相信在不久的将来，具有生物特殊秉性的医用水蛭一定能协助现代医学攻克多种疑难杂症，在人类健康舞台上扮演着越来越重要的角色。

该书的出版将为广大农民养殖水蛭、尽早脱贫提供有益的帮助，为相关疾病的治疗提供参考资料,更为水蛭的深入研究和进一步开发利用提供借鉴和研究思路。

鉴于此，本人乐意为《医用水蛭》一书作序并推荐给广大读者。

2024 年 5 月 15 日

（中国医药教育协会终身荣誉会长、专家委员会主任委员，中国人民解放军总医院第五医学中心药理学专家，联合国国际生态生命安全科学院中国院院长，博士研究生导师）

序二

本人在广西长期专注于民族医药的传承、开拓、创新，在50余年的医药工作生涯中，和同仁先后完成了广西60多个县（市）的民族医药普查整理工作。《医用水蛭》主编邀余为本书作序。我浏览了一遍书稿，加深了我对水蛭及医用水蛭的了解，受益匪浅。

水蛭作为传统中药材，始见于《神农本草经》，在历代本草著作中均有记载，具有破血通经、逐瘀消癥的功效，用于癥瘕痞块、血瘀经闭、中风偏瘫、跌扑损伤的治疗。临床上多用于治疗静脉曲张、不孕及抗早孕、肿瘤、肝硬化、高血压、高脂血症、血栓闭塞性脉管炎、闭经、前列腺炎、糖尿病等病症。

水蛭疗法在埃及有超过3500年的历史，古埃及金字塔的墓道上绘有远古人类利用水蛭治病的壁画。希腊、罗马和印度利用水蛭治病的实际证据可以追溯到大约2000年前。在古代英语中，“leech”（水蛭）也有医生的意思。自从西方医学奠基人希波克拉底在公元前5世纪提出人体因热瘀而致病的理论之后，放血疗法盛行的法国成为欧洲利用水蛭治疗疾病的中心，水蛭被认为可以驱除体内的邪恶灵魂或体液。

水蛭可促进伤口愈合、清创修复，这一特性使其作为一种有效的辅助手段应用于各种外科手术，特别是在重建手术中。

《医用水蛭》一书分别从水蛭概述、医用水蛭活体形态特征、干体水蛭在医学上的应用、医用水蛭活体生物疗法在我国的临床应用、医用水蛭在国外的临床应用、医用水蛭的实验研究、医用水蛭的相关产品等诸多方面做了详细的介绍。

该书的出版可为相关疾病的治疗提供参考，更为水蛭的进一步深入研究和开发利用提供借鉴和研究思路，也为广大农民养殖水蛭以巩固拓展脱贫攻坚成果提供有益的帮助。

现特将《医用水蛭》一书推荐给各位读者，希望该书的出版能促进水蛭研究和开发利用，让水蛭为人类做出更大的贡献。

黄汉儒

2024 年 5 月 23 日

（主任医师，全国名中医，中国民族医药学会原副会长、广西民族医药协会终身名誉会长）

前言

随着国家对大健康产业的推进及中草药资源保护意识的增强，健康产业越来越受到重视。同时，中医药在防治常见病、多发病、慢性病及重大疾病中的疗效和作用日益得到国际社会的认可和接受。水蛭作为传统中药材，始见于《神农本草经》，书中记载水蛭“主逐恶血、瘀血、月闭，破血瘕积聚”。历代名著如东汉张仲景的《伤寒杂病论》、东晋葛洪的《肘后备急方》、唐代孙思邈的《备急千金要方》、明代李时珍的《本草纲目》等均有记载。水蛭可治疗静脉曲张、不孕、肿瘤、肝硬化、高血压、高脂血症、结膜炎、白内障、脉管炎、慢性肾炎、女子血闭、前列腺炎、糖尿病、哮喘病、心脏病、脑血栓等病症。水蛭在历版《中华人民共和国药典》（简称《中国药典》）均有收载，《中国药典》2015年版称水蛭有破血通经、逐瘀消癥的功效，用于治疗血瘀经闭、癥瘕痞块、中风偏瘫、跌打损伤等病症。水蛭作为壮药被《广西壮族自治区壮药质量标准（第二卷）2011 年版》收录，称水蛭有通龙路、火路的功效，用于治疗京瑟（闭经）、肝硬化、麻邦（脑血栓）、高脂血症、委哟（阳痿）、子宫唠北（子宫肌瘤）、林得叮相（跌打损伤）。中国应用活体水蛭治疗疾病最早出现在唐代陈藏器的《本草拾遗》中，称“蜞针疗法”。

伴随着人类的繁衍发展，水蛭至今仍发挥着神奇的功效，其能外科外用、内科内治、内外兼治、逐血破瘀，弥补了现代医学的某些不足。

目前，世界上发现的水蛭有500多种，因品种不同，其生物习性、形态外观均有差异。按水蛭的生物特征，通常可将其分为两大类：一类是吸血水蛭，如菲牛蛭（*Poecilobdella manillensis*）和日本医蛭（*Hirudo nipponica* Whitman）等，医药界常规应用的品种多为医蛭科的水蛭；另一类是非吸血水蛭，如宽体金线蛭（*Whitmania pigra* Whitman）和柳叶金线蛭（*Whitmania acranulata* Whitman）等。吸血水蛭通常靠吸取脊椎动物的血液或体液为生，吸血时分泌可抗凝防腐和消炎止痛的活性成分，一次吸血后营养可供应自体消耗半年多，寿命可达 20 年之久。

随着人类对水蛭的进一步了解及其在现代医药领域的广泛应用，如何把水蛭生物治疗这种原始的医疗手段与现代医学质量管理有机地结合起来，并更好地造福人类，是一项值得探索的科学研究课题。随着人们对水蛭研究的不断深入，治疗新剂型层出不穷,水蛭药材及其提取物可通过不同的给药途径达到最大的生物利用度，从而扩大其应用范围。

水蛭素是一种分泌型的生物活性物质，仅存在于吸血水蛭头部的唾液腺及其分泌的唾液中。现阶段，利用吸血水蛭活体进行多次提取天然水蛭素技术已取得成功，并解决了天然水蛭素提取率低、提取工艺复杂等难题。水蛭素是迄今为止发现的最有效和最安全的天然凝血酶抑制剂，对心脑血管疾病的防治，尤其是对脑卒中等疾病疗效显著。水蛭素的研发及应用在现代医疗领域日渐凸显其重要作用。2004 年 6 月，美国食品药品监督管理局（FDA）批准医用水蛭的公开销售及人工合成水蛭素用于部分适应证的临床治疗。法国水蛭供应商 Ricarimpex 公司是第一个获得 FDA 销售许可的公司，其水蛭产品还通过了国际 ISO9001 认证，是目前世界上唯一把水蛭作为一次性医疗器具的公司。俄罗斯联邦卫生部也正式批准部分活体水蛭应用于冠心病、心绞痛、心肌梗死的临床治疗及美容护肤领域。

广西有得天独厚的水蛭养殖地理环境。广西复鑫益生物科技有限公司（以下简称复鑫益）有着广西乃至全国的大规模水蛭养殖和水蛭素的科研生产基地，致力把平南水蛭打造成为生态原产地产品和地理标志产品。鉴于此，复鑫益的董事长谢海林策划并组织广西乃至国内知名专家、学者编写了《医用水蛭》一书。

《医用水蛭》一书主要介绍分布于广西的菲牛蛭，编写历时 3 年，编写人员深入水蛭养殖户、养殖基地、实验室、医疗网点开展调查和研究，搜集了大量资料，从水蛭概述、医用水蛭活体形态特征、干体水蛭在医学上的应用、医用水蛭活体生物疗法在我国的临床应用、医用水蛭在国外的临床应用、医用水蛭的实验研究、医用水蛭的相关产品等方面做了详细的介绍。本书不仅是水蛭应用经验的积累，而且还反映了近 20 年来国内外水蛭临床应用研究的最新成果，同时还配有较为清晰的原色图片，是一部资料丰富、图文并茂、科学性强、实用性强的研究专著。

本书在编写过程中，得到复鑫益及中国医药教育协会、北京瑶医医院、苏州大学基础医学与生物科学院、长春同康医院等的大力支持，特别是邀请到黄正明、黄汉儒两位专家为本书作序，谨此一并致以深切的谢意。

由于编者的水平有限，疏漏之处在所难免，敬请读者不吝指教。

编者

2024 年 6 月

目 录

第一章　水蛭概述

第一节　对水蛭的认识及药用历史沿革

一、对水蛭的基本认识

水蛭，英文名为“ leech”，俗称蚂蟥，别名又叫马鳖、牛鳖、马蜞、水蜞、水麻贴、肉钻子、沙塔干、蛭蹂、至掌、虮、岐。

水蛭在地球上至少有5000万年的生存历史，是世界上比较古老的动物之一。目前，世界上发现的水蛭品种有500多种，我国已发现89种，其在动物分类学上隶属于环节动物门蛭纲。

水蛭大多身体柔软，背腹扁平，全身呈扁平纺锤形、叶片状或蠕虫状；前窄后宽，有多数环节，具有前后吸盘；背部黑褐色或黑棕色。体形可伸缩改变。身体长度通常在4～200 mm。

水蛭多生活在温暖潮湿的地区，多数生活在淡水中，少数生活在海水中，还有一些属于陆生或水陆两栖。

多数水蛭是暂时性的体外寄生生活，少数是掠食性或腐食性的。依其食性，可分为吸血水蛭和非吸血水蛭两大类。吸血水蛭是以吸吮猪、牛、羊及人等多种动物血液为主，吸饱后会自动掉下来离开寄主；非吸血水蛭则以吸食水中的浮游生物、昆虫和软体动物（如河蚌、田螺、福寿螺等）的体液为主。

二、水蛭的药用历史沿革

水蛭为我国传统中药，最早的药用记录见于《神农本草经》，书中记载：“水蛭，味咸平。主逐恶血、瘀血、月闭，破血瘕积聚，无子，利水道。”

东汉末年张仲景在《伤寒杂病论》中提及为治疗瘀血攻心之蓄血发狂、瘀血阻滞之妇人经水不利及干血劳之皮肤甲错等，取水蛭逐恶血瘀血之功效，配伍虻虫、桃仁、大黄等分别组成著名的抵当汤、抵当丸、大黄䗪虫丸等名方，并沿用至今。

南北朝时期陶弘景在《本草经集注》中还记载了水蛭的品种和特征，表明当时人们已意识到水蛭有多个品种，而入药的只有个头较大的马蜞一种。

唐代的医药学家孙思邈在《备急千金要方》中提到，以水蛭酒送服，能治疗漏下，去血不止。

唐代苏敬在官修的《新修本草》中提到草蛭不作药用，马蜞虽也能吸牛血、马血和人血，但不必要须食人血满腹者，故也不作药用，入药的品种为生于水中的个头较小的水蛭。

唐代另一位医学家陈藏器的《本草拾遗》则首次记载了用活体水蛭外吸法治疗外科疮疹。

宋代苏颂在《图经本草》中同样明确提及水蛭以个头小且吸食人及牛、马血者入药。

宋代著名药物学家寇宗奭在《本草衍义》中记载水蛭然治折伤有功。

明代医药学家李时珍在《本草纲目》中，对明代以前关于水蛭的记载与论述进行了全面、系统的总结，详细记录了其性味功效及临床应用，并附有涉及内科、外科、妇科、伤科的有效经方，为后人使用和研究水蛭提供了珍贵的参考资料。

清代卢之颐编撰的《本草乘雅半偈》中云：水蛭“生雷泽池泽，处处河池田坂有之。色黄褐，间黑纹数道，腹微黄，背隆腹平，中阔，两头尖，都有嘴呐者，可引可缩，两头咂人及牛马胫股，不满其欲，不易落也”，又曰“水蛭，一名至掌、马蟥也。盖蛭类有三：曰山蛭，曰草蛭，药用水蛭也。生水中，喜吮人及马牛足股，蛭吮若莫知至而至者，果复性遂，蛭乃去，否则确乎其不可拔，宁断两头，入骨为患”。

清代张志聪、高世栻在《本草崇原》中记载：“水蛭，处处河池有之，种类不一。在山野中者，名山蜞；在草中者，名草蛭；在泥水中者，名水蛭。大者谓之马蜞，今名马蟥。”

清代张璐在《本经逢原》中记载：“水蛭是小长色黄，挑之易断者，勿误用泥蛭头圆身阔者，服之令人眼中如生烟，渐至枯损。”

根据以上本草著作所述考证，古人依生长环境把水蛭分为4种，分别为生长于水中的水蛭、生长于泥中的泥蛭、生长于草中的草蛭、生长于山中石上的石蛭，且明确指出只有生长在水中的水蛭可入药，而生长于泥中的泥蛭、生长于草中的草蛭、生长于山中石上的石蛭都不作药用。

此外，药用水蛭的品种在不同的历史阶段也有所不同。南北朝时期以前的人们认为生活在水中的水蛭都可入药；南北朝时期的人们使用的是生活在水中的水蛭；南北朝时期以后的人们使用的是生活在水中、个头较小的，且能吸食人血、牛血及马血的水蛭作为药用。

按我国有关法律法规的规定，只有被国家药典和地方药材标准收载的中药材品种才能作药用。《中国药典》1963年版开始收载医用水蛭，其来源确定为水蛭科宽体金线蛭、柳叶蚂蟥和日本医蛭3个品种。后来各版《中国药典》均沿用了该版对水蛭品种来源的记载，但《中国药典》1985年版依据商品的情况把顺序调整为宽体金线蛭、日本医蛭和柳叶蚂蟥。以后诸版《中国药典》均按《中国药典》1985年版的方法来表述。

在《中国药典》2020年版一部中收载了3个品种的水蛭，分别为蚂蟥（*Whitmania pigra* Whitman）、水蛭（*Hirudo nipponica* Whitman）及柳叶蚂蟥（*Whitmania acranulata* Whitman）的干燥全体。咸、苦，平；有小毒。归肝经。具有破血通经、逐瘀消癥的功效，用于血瘀经闭，癥瘕痞块，中风偏瘫，跌打损伤。

在2011年版的《广西壮族自治区壮药质量标准　第二卷（2011年版）》中收载的水蛭，除了收载与《中国药典》2015年版相同的3个品种，还收载了金边蚂蟥，其“为医蛭科动物菲牛蛭（*Poecilobdella manillensis*）的干燥全体。水蛭咸、苦，平；有小毒。调龙路，散瘀肿。用于京瑟（闭经），呗农（痈疮），麻邦（中风），扭像（扭挫伤）”。

本书将被《中国药典》2020年版和地方药材标准收载的上述4种水蛭统称为医用水蛭，其中吸血水蛭2种（日本医蛭和菲牛蛭）、非吸血水蛭2种（宽体金线蛭和尖细金线蛭）。

第二节 水蛭的形态和系统结构

水蛭的形态包括外形、皮肤与肌肉、体腔，以及循环系统、消化系统、排泄系统、神经系统、感觉器官、呼吸系统和生殖系统等结构。

一、形态

1. 外形

（1）体节。

水蛭身体由数量固定的体节组成（图 1–1），大多数品种具有 34 个体节，只有少数为 31 节或 17 节，表明水蛭的亲缘关系相近，特异化程度较高。体节在胚胎或幼虫期已形成，这是无脊椎动物进化过程中的重要标志。分节是水蛭生理上分工的开始，决定了其比大多数无体节的环节动物行动要更加敏捷。体节界限在外形上很难区分，要通过计算神经节和侧神经支的数目才能知道。

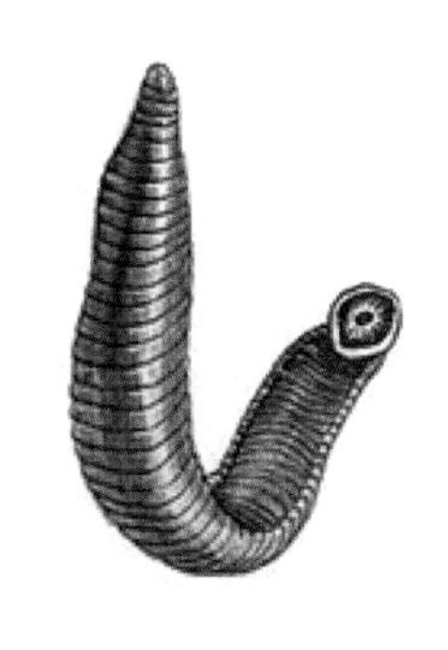

图 1–1 水蛭外形（示体节）

（2）体环。

水蛭每个体节的表面被横沟分成几个体环。一般体前端和体后端各节的环数较少，为不完全体节。自两端向中间，组成体节的环数逐渐增多，且体环数相等，称为完全体节。体环的数目、位置和形状是鉴别水蛭种类的标志之一。体环数目因品种不同而异，基本上每个体节分 3 环，完全体节的体环数目在 3 ～ 102 环不等，即使是同一品种在身体的不同部位，其体环数目也不尽相同，通常前后两端体环数目少。

（3）吸盘。

吸盘为水蛭特有的吸附器官，一般为圆形、中央凹陷的盘状物。水蛭前后体节退化演变成前吸盘和后吸盘（图 1–2）。前吸盘较小，常常围绕在口的周围；后吸盘通常比前吸盘大，呈杯

图 1–2 水蛭外形（示后吸盘）

状，多朝向腹面。吸盘除具有吸附功能外，还具有辅助进食和运动功能。

（4）体形。

水蛭通常背腹扁平，前后端较窄，整体多呈叶片状、瓜子状或蠕虫状。体长 3 ～ 200 mm，体宽 1 ～ 30 mm。因种类不同，水蛭的体形大小悬殊，可随伸缩的程度或摄食的多少而改变。

水蛭从外形上大致可分为 5 个区。

第 1 区：头区，共 6 个体节，由退化的口前叶至前 5 个体节构成。水蛭头区较小但明显，背面有数对眼点，腹面构成腹吸盘，吸盘中央为口。水蛭借助吸盘的吸力贴在物体上，再通过吸盘中央的口吸取寄主血液或体液。

第 2 区：环带前区，共 3 个体节，即第 7 ～第 9 节。

第 3 区：环带区，共 4 个体节，即第 10 ～第 13 节。环带区的腹面中央有雄性生殖孔及雌性生殖孔各 1 个。雄性生殖孔在前，雌性生殖孔在后，雄性生殖孔和雌性生殖孔之间相间数环。在生殖期，环带区（生殖带）增厚并带有不同的色泽，易与身体其他部分相区别；非生殖期环带区不明显。

第 4 区：体区，共 11 个体节，即第 14 ～第 24 节。体区也称躯干部或者中央部，完整的体节大多在此显现。体区是身体最大、最长的部分，一般背面呈弧状隆起，腹面较扁平。

第 5 区：末端区，包括 3 个体节构成的肛门区以及 7 个体节构成的后吸盘。最后一节为肛门，肛门开口在后吸盘的前端背面。由于构成后吸盘的 7 个体节已合在一起，外表无分节的痕迹，难以区分，因此在计算水蛭的体节数目时可略去不计。

2. 皮肤与肌肉

（1）皮肤。

水蛭的皮肤是隔绝外界环境中一些潜在有害因素（如光、寄生虫等）的有效屏障，同时又是与环境产生联系的主要部分，其在气体、离子和水的交换中起着重要的作用。

水蛭的皮肤由上皮细胞、微细血管、神经末梢共同构成，有特殊的化学感受器、腺体和发达的感觉器官。上皮细胞的基部堆积着决定水蛭身体颜色的色素细胞，常常装饰着不同的颜色和图案，颜色深浅和图案的样式因水蛭品种不同而异。

水蛭皮肤表面常常被腺体分泌的黏液所包围，起到保护、防御异物侵害的作用。

（2）肌肉。

水蛭肌肉发达，运动灵活，具有外环肌、内纵肌、斜肌和背腹肌4种肌肉。外环肌和内纵肌相互独立又有联系，当纵肌层收缩、环肌层舒张，水蛭的身体变粗变短；当环肌层收缩、纵肌层舒张，水蛭的身体变细变长。斜肌像一条螺线，当水蛭静止时长度最短，当水蛭身体伸长时，斜肌长度增加。斜肌的收缩与增长，有助于带动水蛭的伸缩运动。背腹肌固定在水蛭的表皮细胞下，从背侧穿过上述3层肌肉到达身体的腹侧，起着使水蛭身体扁平的作用。

3. 体腔

水蛭的体腔小，呈细管状。在长期的进化过程中，为适应生存的需要，水蛭的体腔被大量的结缔组织侵占而显得越来越小，导致体节间的隔膜也渐渐地消失，甚至背血管和腹血管也完全消失，因此水蛭看起来软软的、黏糊糊的，缩成一团。当体腔萎缩时，水蛭的身体中部并没有形成空白区，而是被一种葡萄状的组织迅速替代，占满了整个体腔，从而形成发达的血窦。

二、系统结构

1. 循环系统

水蛭有着相对完善的循环系统，体腔内的血窦就起到了循环系统的作用。这种呈葡萄状的血窦组织表面积很大，且血窦中充满了体腔液，水蛭通过血窦的搏动及身体的收缩来共同推动体腔液的流动，达到体液循环的目的。

2. 消化系统

水蛭的消化系统由口、口腔、咽、食道、嗉囊、肠道、肛门等7个部分组成（图1–3）。

（1）口。

水蛭的口位于最前端，开孔于前吸盘的腹中部、亚前缘或基部（图

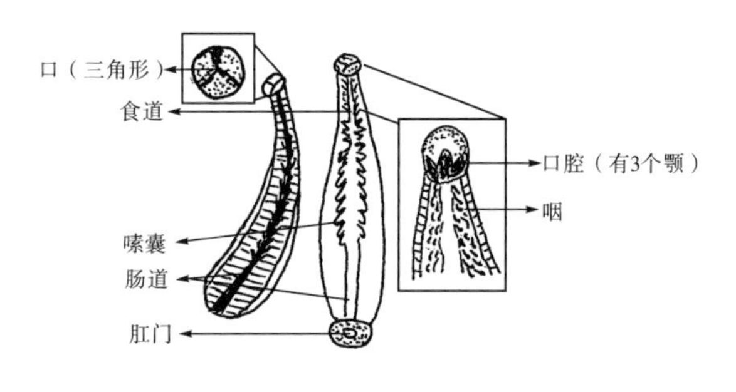

图1–3 水蛭消化系统

1–4），其位置因种类而异。

图 1–4　水蛭头部（示口）

（2）口腔。

吸血水蛭口腔内有 3 个颚，背面 1 个、两侧各 1 个，呈“Y”形，上有角质纵脊，脊上有锋利的细齿，是水蛭咬开宿主皮肤的特殊器官。

（3）咽。

水蛭的咽上接口腔，呈管道状。咽壁上肌肉发达，水蛭通过肌肉运动来达到吸血的目的。水蛭吸血时像一台小水泵，咽部肌肉有力且有节奏地运动，将宿主血液源源不断地吸到体腔中；水蛭的咽具有单细胞的唾液腺，可分泌活性物质——水蛭素，抑制宿主血液的凝固，利于吸血，并使进入嗉囊内的血液长时间不凝固、不腐败。

（4）食道。

水蛭的食道位于咽的下端，短而狭窄，是将吸取的血液送入体腔的通道。

（5）嗉囊。

水蛭的嗉囊位于食道下方，也称作胃，宽而长，主要用于贮藏食物。水蛭还有 1 ～ 12 对向两侧伸展的盲囊，最后 1 对最长，并弯向身体后方。水蛭饱食后，这些盲囊会充满食物。其中，吸血水蛭的嗉囊最大，这就是吸血水蛭一次能够吸取自身体重 2 ～ 10 倍血液的原因。水蛭的嗉囊只起到贮藏食物的作用，不具备消化食物的功能，但可以将食物（血液）中的水排除。在水蛭吸血过程中，可以看到它的体表有一层清亮的液体析出，这是水蛭对食物（血液）进行浓缩而排出的水分。

（6）肠。

水蛭的肠道位于嗉囊后，长度占消化道的三分之一，是消化食物和吸收营养的主要场所。水蛭消化道分泌消化酶的功能不完善，仅分泌小量淀粉酶、脂肪酶、蛋白质水解酶、肽链内切酶，主要分泌肽链外切酶，导致水蛭摄食后消化缓慢。

（7）肛门。

水蛭的肛门位于后吸盘的背面，与直肠括约肌的开口连接，是排泄物排出体外的通道。

3. 排泄系统

水蛭的排泄器官比较特殊，称为后肾，位于身体中部较膨大的部位，由 17 对肾管共同构成。每对肾管都有细胞内肾管和迂回小管，迂回小管的始端呈漏斗状，称为肾口。尿液通过肾口排出体外，完成排泄。

水蛭的排泄系统对维持身体的水分和盐分平衡起着重要的作用。在干燥环境下，即使水蛭的皮肤不分泌大量的黏液也难以有效地控制水分，造成体内水分丢失，而一旦遇到适宜的环境时，水蛭可慢慢吸取水分，使体内水分恢复到原来状态，实现体内水盐平衡。

4. 神经系统

水蛭的神经细胞都集中在神经节内。神经元为单极类型，细胞分布在神经节的表面；神经节中央称髓部，由神经纤维丛构成。水蛭的中枢神经系统由 1 个头部神经节团（脑部）、21 个腹神经节和 1 个尾部神经节团共同组成。各神经节从头部到尾部呈链状连接，形成一个长长的链状结构。

（1）头部神经节团。

水蛭的头部神经节团位于躯体的第 1 ～第 6 体节，由 6 个神经节组成，包括咽上神经节、咽下神经节、交感神经环、对眼神经、节上感受器等。头部神经节团有 7 对外周神经，前端分别连接至头部和眼感觉器，后端沿腹中线与纵走的腹神经连接。

（2）腹神经节。

水蛭的腹神经节位于躯体第 7 ～第 27 体节，每个体节都有 1 个中部膨大的神经节，每个神经节都会分出前后 2 对侧神经，前面的 1 对支配该体节的背面部分，后面的 1 对支配该体节的腹面部分。这些侧神经再分布到各部位，并组成复杂的交感神经和副交感神经网络。

（3）尾部神经节团。

水蛭的尾部神经节团位于躯体第 28 ～第 34 体节，由 7 个神经节组成，前端连接沿腹中线纵走的神经节。

5. 感觉系统

水蛭的感觉器官是感知外界环境引起感受、感觉反应的特殊功能性结构，其通常分布在躯体中部的神经环上，由不同类型的特殊细胞群构成。水蛭虽然是低等无脊椎动物，但是已具有比较发达的感觉器官。水蛭的感觉器官包括化学感受器和物理感受器（触觉感受器）2 种类型。

（1）化学感受器。

水蛭的化学感受器主要分布在头部。用扫描电镜观察，可在日本医蛭的背唇和口的内侧皮肤上看到两类大小不等的纤毛感觉墩，直径分别为 35 μm 和 10 μm。每个纤毛感觉墩的中央是由长度均一的纤毛状突起构成的纽扣状结构的体节感受器，能感受水中化学物质的变化，并对水中化学物质浓度、酸碱度变化等刺激产生强、弱、急、缓等不同的反应。吸血水蛭对血液中固有成分的选择识别是专一的，这对其摄食反应起决定作用。当投喂腥味很浓的血液时，水蛭会迅速做出判断并快速前往摄食。

（2）物理感受器。

水蛭的物理感受器又称触觉感受器，根据其感受、触觉、感觉的功能不同，以及分布在身体或细胞中的位置不同，大致分为光感受器、皮触觉器和热感觉器 3 种。

光感受器。医蛭科水蛭的光感受器通常是 5 个眼点，位于身体前端的背面。眼点主要由特化的表皮细胞、感光细胞、透光体或大晶体、色素环和视神经共同组成，能感受光的方向和强度，对光的刺激能迅速做出反应。但相对于高等动物的眼睛而言，其结构要简单，视觉和感知能力都比较弱。因此，在自然条件下，水蛭是喜阴避光动物，白天常躲藏在泥土、石块或水面漂浮物下，草丛间、草皮下均是水蛭隐蔽和藏身的场所。水蛭昼伏夜出，在阴雨天、傍晚或清晨时活动频率较高且强度较大，比较活跃。可见，水蛭的习性与不发达的光感受器官是相对应的。

皮触觉器。水蛭的触觉细胞种类较多，且广泛分布于体表，包括上皮层中成丛的纤维感觉细胞、表皮中末端的游离神经纤维等。这些细胞均具有触觉功能或感觉功能，能感知微弱的水扰动、地震动，并传导这些微弱刺激信息，使身体做出相应的反应。其对水体压力和水流的方向变化特别敏感，当人或家畜把脚或者腿伸进水体产生水流波动时，水蛭能在距离水波中心 10 m 外的地方迅速做出反应，确认水波中心的位置，并快速贴近目标。水流搅动越大，向水波中心靠近的水蛭就越多。同时，水蛭对震动也十分敏感，当地表发生微弱的震动时，水蛭就会马上做出身体蜷缩、停止摄食、中断产茧等反应。

热感觉器。水蛭的热感觉器主要由表皮初级温感细胞、皮中游离的神经末梢、皮肤绒毛乳突、刺激感受器等组成，广泛分布于体表，具有感受温度并做出反应的功能。通过热感觉器，吸血水蛭能测出水温的微弱改变，从而在水体中准确选择最适温度区，快速找到寄主。血液的温度能够明显影响水蛭的摄食行为和食欲。

6. 呼吸系统

绝大多数水蛭以皮肤为呼吸器官，通过体表皮肤进行呼吸，皮肤中有许多毛细血管，可与溶解在水中的氧气进行气体交换。在潮湿环境中，水蛭表层腺细胞会分泌大量的黏液，黏液与空气中游离的氧结合，再通过扩散作用进入到皮肤血管中。只要水蛭体表保持湿润就能长时间生存，因此水蛭不一定要在水里越冬，可以离开水体于潮湿的土壤中越冬。

7. 生殖系统

水蛭生殖系统由雄性生殖器和雌性生殖器共同组成。同一条水蛭既有雄性生殖器，也有雌性生殖器，位于身体约三分之一处的前端部位，雄性生殖器在前，雌性生殖器在后（图 1–5）。

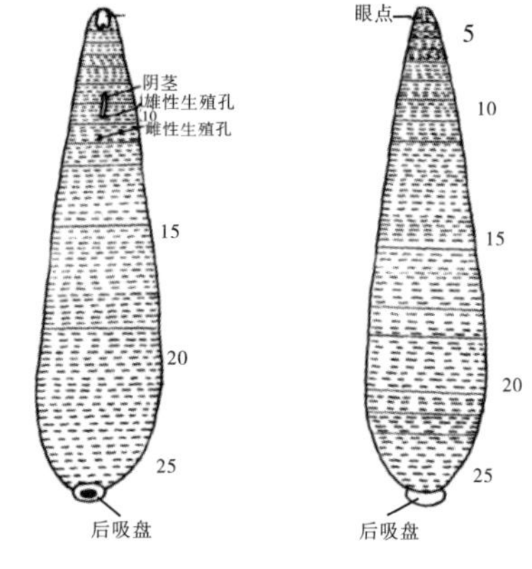

图 1–5　水蛭腹面外生殖孔（左）、背面眼点（右）

（1）雄性生殖器。

水蛭雄性生殖器由阴茎囊、前列腺、贮精囊、输精管、射精球、射精管、精巢等构成。尖细金线蛭有 10 对精巢囊，菲牛蛭、日本医蛭、宽体金线蛭有 11 对精巢。精巢的精液经输精管导入贮精囊（输精管纵行于身体两侧，由后向前平行延伸进入贮精囊），贮精囊向体内侧连接射精球，精液流入射精球后，经射精管注入阴茎囊。阴茎囊基部膨大成腔（腔壁上有疏松的前列腺），向后弯曲开口于身体腹部，前端为阴茎鞘。阴茎鞘可以翻转伸到生殖孔外，形成阴茎。精子的游走途径即为精巢—输精管—贮精囊—射精球—射精管—阴茎囊—雄性生殖孔（图 1–6）。

（2）雌性生殖器。

水蛭的雌性生殖器由阴道囊、卵巢囊、总输卵管等组成。水蛭卵巢通常为 1 对，位于左右两侧。每个卵巢囊各有 1 条短的输卵小管，输卵小管常被包在卵巢囊内，然后在腹中汇合成 1 条总输卵管，总输卵管外包裹蛋白腺，向后与狭长的阴道囊相通，在腹壁开口向外。卵细胞的游走途径即为卵巢囊—输卵小管—总输卵管—阴道囊—雌性生殖孔（图 1–6）。

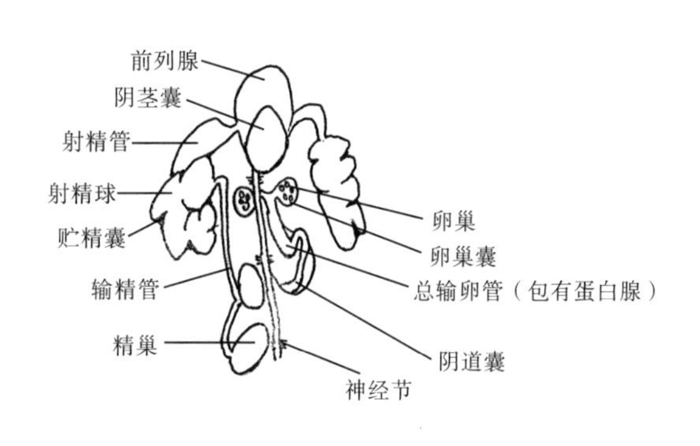

图 1–6　水蛭生殖系统（雌雄同体）

第三节　水蛭的生物学特性及生活习性

一、水蛭的生物学特性

1. 变温特性

水蛭属于低等动物，没有完善的体温调节功能，其体温随着环境温度变化而变化。外界气温高，其体温就高；外界气温低，其体温就低。水蛭对外界环境温度变化的适应能力较差，只有在适宜的温度范围内才能生长、繁殖，进行正常的活动。

2. 冬眠特性

水蛭在自然状态下具有冬眠习性。冬眠不是冷血动物特有的生理现象，而是动物适应环境的一种表现。到了寒冷的冬季，水蛭体温降低，进入不摄食、不活动的休眠状态，各种生理活动也都降至极低的水平。一般情况下，当外界气温低于

15 ℃时，水蛭活动就逐渐减弱，停止摄食；当外界气温低于 10 ℃时，水蛭便钻入水底或池边泥土及石块中越冬。水蛭最适宜的生长温度为 24 ～ 29 ℃。

3. 繁殖特性

（1）性发育。水蛭的性发育与个体生长基本同步，当个体生长基本完成时，水蛭的性发育也已成熟。在野生条件下，从刚孵化出的幼蛭发育至成蛭，需要 4 ～ 5 年的时间。在人工饲养条件下，因饵料丰富，温度、湿度条件适宜，水蛭的生长发育时间明显缩短，一般只需要 2 ～ 3 年便发育成熟。

（2）雄性生殖腺先成熟。水蛭性成熟的标志是交配行为的发生，而不是精子、卵细胞的完全成熟。水蛭生殖器官和生殖功能的成熟不是同步完成的，雄性生殖腺先成熟，在进行异体交配受精后，雌性生殖腺会迅速成熟并排卵。当贮存在贮精囊中的精子遇到成熟的卵细胞时才能发生受精，变为受精卵。从水蛭交配、受精到受精卵排出体外形成卵茧，一般要经过 1 个月的时间。

（3）雌雄同体。水蛭为雌雄同体动物，雄性生殖器和雌性生殖器同时存在于同一个体上，既具有产生精子的功能，同时又具备产生卵细胞的功能。

（4）异体交配。水蛭是异体受精动物，需要 2 个不同的个体进行交配才能完成繁衍后代的生育任务。繁殖季节，同条水蛭可以同时充当“爸”“妈”2 种完全不同的角色。水蛭作为“妈”在接受对方求爱而产卵的同时，又可以将自身的精液输入对方生殖器内，完成作为“爸”的角色任务。水蛭交配时，2 条水蛭的腹部紧贴，头部方向相反，双方将雄性生殖孔插入对方的雌性生殖孔内，把精液输给对方，当精子进入受精囊后交配结束。

（5）茧生。每条水蛭都具备产茧繁殖的功能。水蛭在异体交配后经几天或数月（通常为 1 个月）完成受精，精子和卵细胞融合形成受精卵，并在适宜的环境条件下开始产茧：雌性生殖器分泌出稀薄的黏液，将受精卵包裹于其中，形如“蚕茧”，然后通过雌性生殖孔将其产到体外。水蛭产茧后立即离去，受精卵在茧内以螺旋分裂的直接发育方式完成发育，逐渐长大成为幼蛭。在温度、湿度适宜的泥土中，经 20 ～ 30 天的孵化，幼蛭从茧中孵出。离开茧后的幼蛭可独立生活，数天后即具备吸血或吸吮汁液的能力。

二、水蛭的生活习性

1. 起居习性

水蛭起居有四大特点：厌光、隐居、喜静、穴居。

（1）厌光。水蛭体内拥有感光细胞，对光的反应比较敏感，呈负趋光性，即对光有躲避的本能，对强光照射非常敏感，在强烈的太阳光下具有快缩短和强缩短、腹面卷曲成团的表现，以减少太阳光的损伤作用。在野生状态下，水蛭基本上昼伏夜出，只有在傍晚、夜间、清晨、阴雨天等光线较暗时，或遇到食物时才会现身。幼蛭和饥饿的水蛭避光性较弱，成蛭和吃饱的水蛭避光性较强。

水蛭对强光具有避让的特性，并不等于其生长发育不需要光。在无光条件下，水蛭会表现出生长缓慢、发育受阻、生理机能下降、生殖功能减退，甚至不繁殖的现象。在长期无光的情况下，水蛭会死亡。

（2）隐居。水蛭白天一般躲藏在石块间、草丛下、疏松土壤中、水生植物根叶下及温暖湿润的草丛中，过着近乎“隐居”的生活。

（3）喜静。水蛭在未受到刺激的情况下，通常喜欢在阴暗、潮湿的环境中栖息，隐蔽在水生植物根部和水体中的石块底下，只在傍晚或清晨才会出来活动或觅食。

（4）穴居。水蛭善于在潮湿的泥土中穿行，在水蛭生长、繁殖的土壤中能见到许许多多纵横交错的泥洞。大多数时间水蛭穴居洞中躲避高温和强光照射，连交配和繁殖大多都要在洞中进行。进入冬季前，水蛭会建造大量的洞穴供越冬使用。当气温低至需要冬眠时，水蛭会单独或结队（3～10条）进入潮湿的泥洞中，然后分泌黏液将身体包裹起来，以度过漫长的冬季。年龄不同，水蛭钻土的深度也不尽相同，幼蛭钻土的深度为5～10 cm，亚成蛭钻土的深度为10～25 cm，成年蛭钻土的深度为25～60 cm，5年以上老蛭钻土的深度为60～100 cm。野生状态下，进入冬眠的水蛭必须脱离水体，否则很难安全越冬。

2. 行为习性

（1）水蛭喜欢浅水，惧怕深水。不管是在湖泊、水库、江河还是池塘，生活在淡水中的水蛭都会高度聚集在沿岸一带的浅水区域或岸边的潮湿土壤或草丛中生活和繁殖，水越深的区域水蛭数量越少。因为在浅水区域中，水草、藻类等水生植物生长茂盛、种类丰富，浮游生物、水生昆虫、软体动物数量众多，对于水蛭来说是个容易找到食物、利于隐蔽和栖息的理想场所；水蛭可随时爬到潮湿的岸上活动，并在适合的土壤中繁殖产茧。岸边和浅水区是高等脊椎动物，如牛或人类饮水、频繁出没的地方，这对于吸血水蛭来说更容易等候到宿主的到来。

（2）越硬越滑，爬得越快。物体的硬度越高，光滑度就越高，如玻璃、光滑的水泥地面等更有利于水蛭吸盘的附着。水蛭依靠前后吸盘的运动爬行前进，在接触物体的瞬间，将物体表面与吸盘间的空气迅速排出，使吸盘吸得牢固，减少前进运动中不必要的动作，以减少体能消耗，提高前进速度。

（3）逆流游动，顺水逃窜。为能够适应并迅速接近在水中的宿主，水蛭必须逆着水流快速游到水体波动的中心位置。因此，水蛭身体表面布满触觉感受器，对水流的大小及方向的感应能力非常强。此外，凡是有水流动的地方或间隙，水蛭都会顺着水流游动或蠕动前行。

（4）忽大忽小，变化自如。水蛭为软体动物，无骨骼，体液不凝固，身体大小长短可随意变化，身体拉长时如线，缩小时如针，还能在土壤中穿行，能够通过狭小的缝隙。

3. 觅食习性

（1）暂时性外寄生。与内寄生类动物相比，水蛭并不需要长期寄生于宿主身上。水蛭摄食时，会用前后吸盘固定在宿主的体表上，然后利用颚齿切开宿主的皮肤，通过口腔内颚齿和咽往复地运动，吮吸宿主的血液或体液，在吸饱后便会自动离开宿主，独立于宿主体外生活（图1–7）。待将贮藏于体内的食物消化后，水蛭会再次寻找新的宿主，重新获取食物来源。

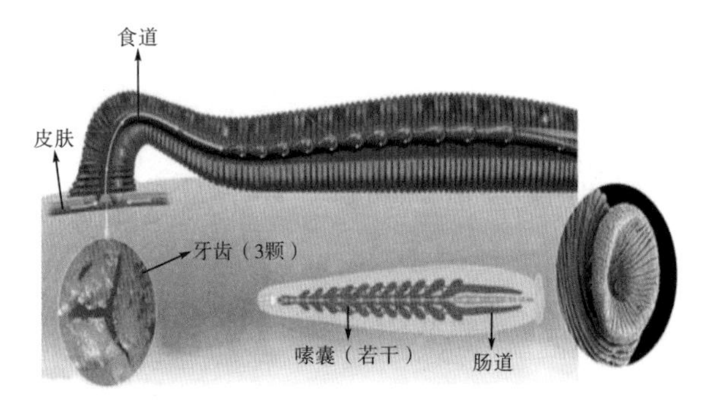

图 1–7　水蛭吸血过程示意图

（2）一次性进食量大。在自然条件下，水蛭难得遇上宿主，因此其消化道发育形成发达的嗉囊和两侧盲囊，一旦找到宿主，便会尽可能多地吸吮食物并贮藏起来。水蛭一次性吸吮食物量会因品种不同而异，吸血水蛭在宿主身上一次性可吸取相当于自身体重 2 ～ 10 倍的血液（图 1–8、1–9），非吸血水蛭在宿主身上一次性可吸取相当于自身体重 1 ～ 5 倍的体液。同时，水蛭吸吮时咽喉部的唾液腺能分泌抗凝物质，使血液不凝固。进食后的最初几天，水蛭继续通过肾管将食物中大部分的水分和盐分排出体外，直至将食物浓缩到利于贮藏在嗉囊及盲囊内为止。贮藏在消化道内的食物，很长一段时间内不会腐败变质，可供其慢慢消化利用。

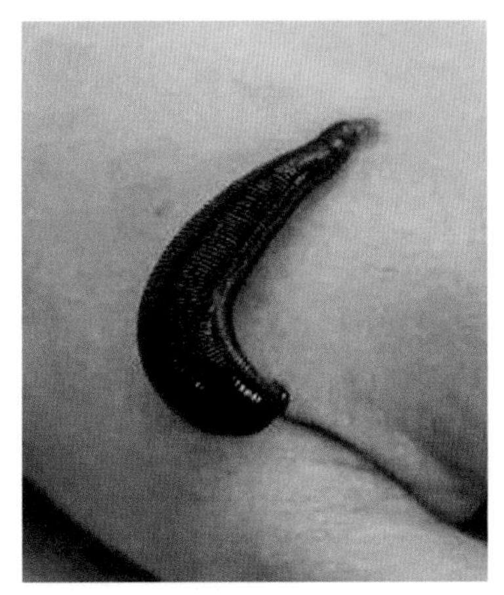
图 1–8 正在吸血的水蛭

图 1–9 吸饱血的水蛭

（3）消化食物慢。水蛭消化道缺乏相应的消化酶，需要靠消化道内的共生菌先把食物分解为氨基酸、单糖，然后才能被水蛭吸收利用，导致水蛭对食物的消化利用十分缓慢。因此，水蛭一次性吸饱后，即使在几天甚至数月内不进食也不会饿死。在水蛭吸血 6 个月后，解剖其消化道，发现贮藏在嗉囊及盲囊内的红细胞仍保存完好。

（4）间歇性进食。水蛭的觅食行为受发育程度、饥饿状态和生殖状态等内源因素的影响。就发育程度而言，吸血水蛭从孵出幼蛭到性成熟阶段（称为一个生命周期）仅需进食 5 ～ 8 次。如菲牛蛭从孵出幼蛭到进入性成熟阶段的 16 个月内仅吸血 6 次，其中幼蛭阶段吸血 2 次，分别为出生后第 1 次吸血和第 3 个月第 2 次吸血，当生殖环带区变宽、颜色变灰时，幼蛭阶段结束，进入亚成蛭阶段；亚成蛭阶段吸血 2 次，分别为第 5 个月第 3 次吸血和第 8 个月第 4 次吸血，当生殖环带区在生殖孔附近出现米黄色小颗粒时，标志着亚成蛭阶段结束，进入性成熟阶段；性成熟阶段吸血 2 次，分别为第 11 个月第 5 次吸血和第 16 个月第 6 次吸血。第 6 次吸血后，觅食间隔为 2 ～ 5 个月。

处于半饥饿状态的水蛭虽有觅食欲望，但很少发生摄食行为。当搅动水体，投放盛装血液的肠管时，处于半饥饿状态的水蛭会游过来爬到血肠管表面，但不切破肠管壁吸血。处于饱食和繁殖状态时的水蛭没有觅食欲望，即使搅动水体，也不会游过来。

第四节　水蛭的运动行为

一、游泳

水蛭的运动是靠肌肉的伸缩和前后吸盘的配合完成的。水蛭善游泳，在水中常采用游泳的方式移动。水蛭游泳时，背腹肌收缩、环肌放松，身体平铺伸展，如一片柳叶漂浮于水中或水面上，通过肌肉有规律地不断收缩、放松，来推动身体不断向前运动。这种运动方式呈波浪式。

二、尺蠖式运动

尺蠖式运动是水蛭离开水体后，在岸上或植物体上运动的一种方式。水蛭的尺蠖运动分为 4 个步骤。

第 1 步：用力将身体向背部弓起，如田径运动员起跑预备的姿势。

第 2 步：用后吸盘牢牢地固定在物体上，前吸盘慢慢松开，抬头，身体用力向前伸展，寻找前进目标位点。

第 3 步：前吸盘到达目标位点后紧紧吸在物体上，接着后吸盘缓慢地松开，将身体后躯用力抬起，身体往前收缩。

第 4 步：当后吸盘到达前吸盘的附近时，先用后吸盘边膜与物体接触，跟着吸盘中部肌肉凸起压向物体，再固定在新的目标位点上，使身体向前移动一个身位，到达新的目标位点。此时水蛭身体呈倒“U”形。

水蛭通过如此反复交替吸附前进，达成了向前运动的目的。当正前方出现障碍或有危险信号时，头部可左右摆动以调整前进方向，速度可根据情况进行控制。

三、蠕动

蠕动是水蛭在土壤、石缝等狭小间隙中穿行的运动方式。水蛭的身体平铺于物体上，当前吸盘固定时，后吸盘松开，身体沿着水平面向前方缩短，接着后吸盘固定、前吸盘松开，身体又沿着水平面向前方伸展，通过慢慢地蠕动，使身体进行移动。

水蛭的蠕动和尺蠖式运动的共同特点都是靠前后吸盘的交替变换固着移动的，运动原理是相同的，不同的是蠕动的前进速度较慢，尺蠖式运动的前进速度较快。蠕动适合钻入缝隙或在土壤中穿行，尺蠖式运动常用来在陆地上快速逃走。水蛭的尺蠖式运动和蠕动常交替使用。

第二章　医用水蛭活体形态特征

第一节　常见的医用水蛭

一、菲牛蛭（金边蚂蟥 *Poecilobdella manillensis*）

菲牛蛭为医蛭科动物，俗称金边蚂蟥，别名马尼拟医蛭。在我国主要分布于广西、广东、福建、海南、云南和香港等地，其中广东、海南及广西是主要产地。国外主要分布于印度尼西亚、斯里兰卡、菲律宾、印度、孟加拉国、泰国、缅甸及越南等国家海拔低于 500 m 的广大地区。菲牛蛭身体呈圆柱形，稍扁平，体长 40 ～ 113 mm 或更长，宽 4 ～ 20 mm。身体共有 102 环，2 个生殖孔通常被第 5 环隔开，雄性生殖孔在第 31 ～第 32 环沟间，雌性生殖孔在第 36 ～第 37 环沟间。肛门在第 102 环与后吸盘交界的背部。在头端和尾端各有 1 个圆盘形吸盘，其中后吸盘直径 3 ～ 14 mm。背部呈黄褐色或棕绿色，有 3 条细密的由绿黑色斑点组成的纵纹，其中背中纹粗大；腹部淡灰色或灰绿色，无纵纹，身体正侧面具有 1 条明显的橘红色纵带。颚很大，两侧表面有排成 3 ～ 4 纵列的唾液腺乳突，通常颚脊上有 103 颗锐利的齿。射精管粗大，呈纺锤形；输精管膨腔短，呈圆球形，并被 1 层疏松的腺体覆盖。阴道囊短，无柄，总输卵管与其一起开口向外。眼 5 对，位于头部背侧，排列成弧形（图 2–1）。

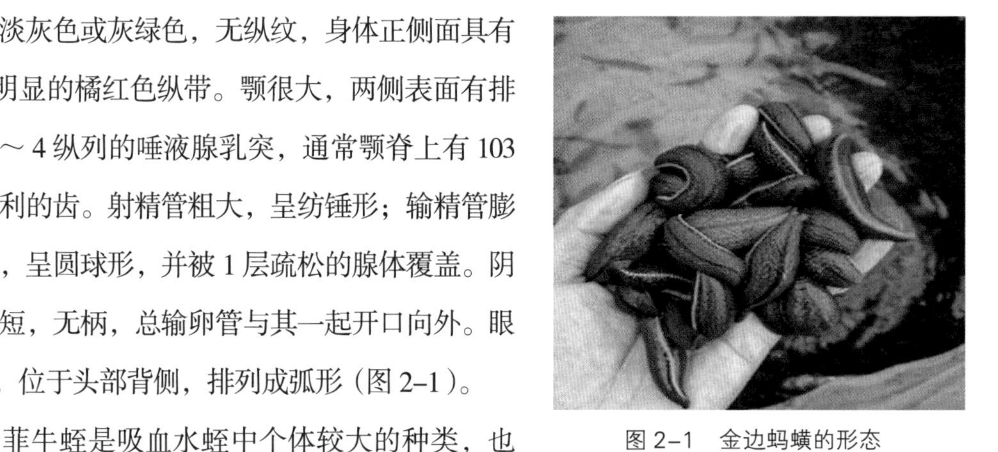

图 2–1　金边蚂蟥的形态

菲牛蛭是吸血水蛭中个体较大的种类，也是医用水蛭中水蛭素含量比较高的品种。近年来，菲牛蛭在药材市场上非常紧俏，通常以活体和冷冻体出售或者出口国外，多用于提取水蛭素。

二、日本医蛭（*Hirudo nipponia* Whitman）

日本医蛭为水蛭科动物，体长 30 ～ 60 mm，体宽 4 ～ 8 mm，身体狭长，略呈圆柱形，前端钝圆，身体向前伸展时头端不尖细，与体宽相仿（图 2–2）。身体共有 103 环，第 6 ～第 7 环沟和第 8 ～第 9 环沟在腹面消失，使之成为两环，前一环构成前吸盘的后缘。生殖带不显著，彼此相间 5 环，生殖孔均内陷，雄性生殖孔位于第 31 ～第 32 环沟上，雌性生殖孔在第 36 ～第 37 环沟上。肛门在第 103 环背中。前后 2 个吸盘均发达，后吸盘呈碗状，直径 4 ～ 6 mm，朝向腹面。背部黄绿色或黄褐色，有 5 条黄白色纵纹，中间条较宽，纵纹两侧有密集的黑褐色细斑点。腹面暗灰色或淡黄褐色，无斑纹。口孔大，咽内有 6 条内纵褶，咽头和食道外侧有发达的唾液腺，颚脊上有 55 ～ 67 颗锐利的齿。阴茎囊细长，在固定标本上常从雄性生殖孔中露出；阴道囊在腹壁开口向外。眼 5 对，位于头部背侧，排列成弧形。在全国各地均有分布。

图 2–2 日本医蛭

三、宽体金线蛭（*Whitmania pigra* Whitman）

宽体金线蛭为水蛭科动物，体长 60 ～ 250 mm，宽 13 ～ 40 mm，体形较大，前端尖细，后端钝圆，背面凸起，呈纺锤形（图 2–3）。身体共有 107 环，体节由环组成，各环之间宽度相似。雄性生殖孔位于第 33 ～第 34 环沟上，雌性生殖孔位于第 38 ～第 39 环沟上，雌性生殖孔和雄性生殖孔分开，两孔相隔 5 环，孔大，呈唇状边缘。前吸盘不显著，后吸盘为较小圆形，长度通常为体长的一半。肛门开口于第 107 环沟背中，紧靠尾吸盘。背部通常为暗绿色，有 5 条由黑色和淡黄色斑纹相间组成的纵纹。腹部浅黄白色，有许多不规则的深绿色斑点。口孔在前吸盘后缘的前面，颚

图 2–3 宽体金线蛭

齿不发达，颚脊上有2行钝的齿板，无整齐的小齿，虽能刺破皮肤，但不能吸血。阴茎囊粗大，附于生殖孔的下面；阴道囊中部呈梨形膨大，前端尖细。眼点5对，排成弧形，位于头部背面。在全国大部分地区均有分布。

四、尖细金线蛭（柳叶蚂蟥，*Whitmania acranulata* Whitman）

尖细金线蛭为水蛭科动物，体长28～67 mm，宽3.5～8 mm，身体细长，头部极细小，前端尖细，后半部宽阔，呈披针形（图2–4）。身体共有105环，雄性生殖孔位于第35环，雌性生殖孔位于第40环，肛门位于第105环与尾吸盘的交界线。前吸盘和后吸盘都很小，前吸盘在狭窄的口腔前面，内有3个不发达的颚，小齿不发达，虽能刺破皮肤，但不能吸血，后吸盘背中有一对呈八字形的黑色斑纹。体背部为茶褐色，有6条由黄褐色或黑色斑纹构成的纵纹，其中以背中最宽，环沟分割明晰。纵纹每隔3环有1个白色乳突，较明显的乳突约18对。腹面灰黄色，两侧边缘各有1条黑褐色斑点聚集成的带，身体两侧各有1条黄色的纵带。阴茎囊呈棒槌状，长约4.5个体节；阴道囊呈葫芦形，长约2个体节，位于阴茎囊背面，不易看到全角。眼点5对，排成弧形，位于头部背面。在全国大部分地区均有分布。

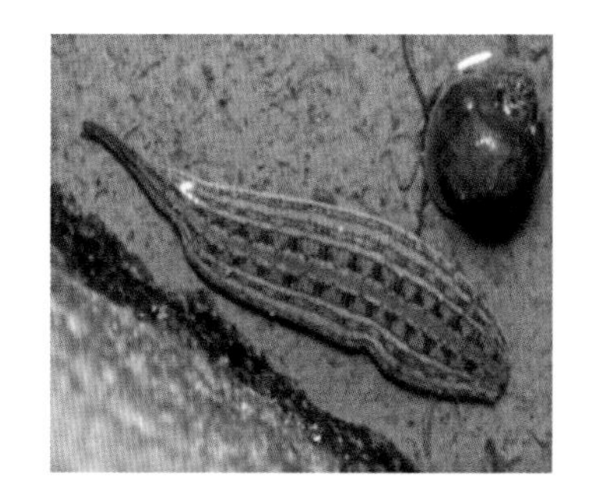

图2–4　尖细金线蛭

第二节　影响菲牛蛭生长繁殖的环境因子

一直以来，农业生产上大量使用生石灰改良土壤和施用化肥、农药，加之工业废物的排放，严重地污染了水体，使得菲牛蛭的生存空间越来越小，野生资源越来越少，从而造成菲牛蛭供需矛盾突出。所以，了解影响菲牛蛭生长繁殖的环境因子和如何规模化人工养殖变得更为重要了。

1. 温度

（1）温度对菲牛蛭生存的影响。菲牛蛭的生命活动温度为 5 ～ 39 ℃。在寒冷潮湿环境下，水温低于 0 ℃时，菲牛蛭会因身体内部结冰被冻死；在高温环境下，当水温达到 37 ℃时，菲牛蛭表现为极度不安、乱撞，成蛭和亚成蛭在 12 h 后开始死亡，幼蛭 96 h 内死亡；当水温达到 38 ℃时，菲牛蛭在 1 h 后陆续蜷曲，处于僵死状态，在 24 h 内全部死亡；当水温达到 39 ℃时，菲牛蛭在 12 h 内全部死亡。

（2）温度对菲牛蛭活动的影响。菲牛蛭适宜活动的温度为 13 ～ 33 ℃，当温度低于 13 ℃时，菲牛蛭停止基本生命活动；温度在 7 ℃以下进入冬眠；当温度高于 13 ℃时，菲牛蛭开始活动，表现出抬头、前段伸展、缓慢爬行，且活动能力随水温升高而增强；而当温度达到 35 ℃时，菲牛蛭停止摄食，运动缓慢，游动不自然；当温度达 36 ℃时，菲牛蛭运动失去平衡，第 20 天全部死亡。

（3）温度对菲牛蛭繁殖的影响。菲牛蛭适宜繁殖的温度为 15 ～ 27 ℃。当温度达到 14 ℃时，菲牛蛭有交配行为发生，交配活跃程度随温度升高而增加，最适交配温度为 18 ～ 25 ℃；温度高于 25 ℃后，交配行为减少；温度高于 30 ℃时，无交配行为发生。产茧适宜温度为 20 ～ 26 ℃，低于 20℃或高于 26 ℃时，菲牛蛭也会产茧，但所产的茧个体会偏小，且数量少、质量差，孵化率低。蛭茧的最适孵化温度为 24 ～ 26 ℃，孵化时间为 26 ～ 28 天，低于 24 ℃或高于 26 ℃时，孵化时间会延长或缩短，孵化率偏低，弱、残的幼蛭数量增加，影响幼蛭养殖成活率，低于 15 ℃时孵化率极低，超过 30 ℃时则不能孵化。

（4）温度对菲牛蛭生长的影响。菲牛蛭适宜的生长发育温度为 16 ～ 32 ℃。在这个范围内，随着温度的升高，菲牛蛭的摄食量和摄食频率明显增加，生长速度加快，平均日增重逐步增加。其中，24 ～ 29 ℃为最适宜生长温度，此时菲牛蛭摄食最旺盛，生长速度最快；低于 20 ℃或高于 30 ℃时，菲牛蛭食欲开始减退，活动减少，生长速度减缓，平均日增重降低。人工养殖要尽可能采取避暑降温的措施，将生长发育期的温度控制在 24 ～ 29 ℃，让菲牛蛭发挥出最大的生长、繁殖和摄食能力。

2. 湿度

湿度是指空气里水分的含量。在一定的温度下，空气中水分含量越低，则空气越干燥；水分含量越高，则空气越潮湿。通常使用空气中的绝对湿度与同温度下的饱和绝对湿度的比值来表示相对湿度。空气中的相对湿度直接影响到土壤的湿度，土壤的湿度又直接或间接影响到菲牛蛭的摄食、运动、生长及繁殖行为。

在自然条件下，菲牛蛭喜欢在潮湿、低洼、土畦式水沟、沼泽地、江河、湖泊、滩涂、荒芜塘库、山冲烂泥等环境中生活，尤其是在繁殖期间或者越冬期间需要钻入潮湿的土壤里。所以，土壤保持一定的湿度对菲牛蛭生长繁殖至关重要。

土壤的湿度受气温、通风等因素的影响，温度过高时，水分大量蒸发，土壤干燥，不利于菲牛蛭在土壤表层活动；温度过低时，水分蒸发受阻，土壤及空气湿度增加，如不加强通风换气，很容易造成环境高湿、闷热，不利于菲牛蛭生长繁殖。

菲牛蛭在土壤中产茧、躲避高温或寒冷，这些活动均与土壤的湿度有着密切的关系。菲牛蛭对土壤的湿度要求为 30% ～ 40%，即用手抓紧成团，松开时散开。土壤过于干燥不利于菲牛蛭在土壤中上下穿行，严重时会导致菲牛蛭或卵茧失水过多，影响其生存；但过于潮湿也不利于通风，影响卵茧的正常发育和孵化。

3. 水质环境

菲牛蛭大多生活在有人畜出没的水域中，但相比于其他水生动物（如鱼类）而言，菲牛蛭对水体的依赖程度远远小于鱼类，因为其在湿润的土壤里也能生存。菲牛蛭的身体结构和生理特点具备在土壤里生活所需的基本条件，但在缺水干燥环境中不能生存。菲牛蛭是通过体表皮肤吸收水中的溶解氧进行呼吸，这与鱼类等通过鳃来吸收水中的溶解氧有着本质上的区别。

（1）菲牛蛭适宜在水体呈弱酸性的环境中生存繁衍，要求水体干净清洁，不含有害化学物质。养殖时可以选择地下水、河水和湖水，但不宜使用自来水。养殖用水最好为山泉水，符合《渔业水质标准》（GB 11607—89）的要求，泉水溶解氧含量为 8 ～ 10 mg/L，pH 值为 5.5 ～ 7.0，偏酸性水质比较理想一些。野外养殖要求水深一般为 20 ～ 40 cm，保持 7 ～ 10 天换 1 次水；室内人工养殖水深一般为 7 ～ 12 cm，每 2 天换 1 次水，保持水质新鲜干净。

环境中水的酸碱性强弱用 pH 值来表示。pH 值为 7 的水溶液为中性；pH 值大于 7 的水溶液为碱性，数值越大，碱性越强；pH 值小于 7 的水溶液为酸性，数值越小，酸性越强。水溶液的 pH 值对菲牛蛭的生长、繁殖有着重要的影响。

菲牛蛭对 pH 值的适应范围较宽，pH 值在 4.5 ～ 10.1 都可生存，但若要充分发挥其生长潜能，依然有着严格的范围要求。pH 值为 6.5 ～ 7.5 的水体更适宜菲牛蛭的生长与繁殖，pH 值过高或过低都会影响其生长。

不同品种的菲牛蛭对 pH 值有着不同的忍受限度和最适范围。菲牛蛭和日本医蛭适宜在 pH 值为 3.5 ～ 8.0 的条件下生存，但更喜欢 pH 值为 5.8 ～ 7.7 的中性偏酸环境；宽体金线蛭和尖细金线蛭适宜在 pH 值为 5.0 ～ 8.5 的条件下生存，但更喜欢 pH 值为 6.3 ～ 8.3 的中性偏酸偏碱环境。

（2）在自然环境下，水体中的 K^+ 和 Na^+ 等金属离子含量较低，而中性 Ca^{2+} 较稳定，HCO_3^- 含量较高，波动也较大，有助于调节水体 pH 值。因此，在人工养殖过程中，选取养殖水源时应谨慎考虑水体 pH 值，可适当添加 HCO_3^- 以调节 pH 值。大规模养殖菲牛蛭过程中，投喂的饲料残渣及菲牛蛭自身的排泄废物等都会导致水质的恶化，影响养殖效率。利用水草植物和微生物制剂，如硝化细菌、光合细菌及 EM 复合菌净化养殖水体，可明显增加溶氧量、降低氨氮含量，其中以 EM 复合菌效果最佳。

（3）菲牛蛭对水中化学因子的变化非常敏感，当水体中存在有害物质、化学药物、强污染物、大量有机沉积物时，会表现出强烈的逃离行为。在水中受到刺激来不及逃离时，菲牛蛭会发生肌肉强烈收缩和吸盘变异的现象。在有苯酚、去垢剂和聚乙烯等一些常见化学药物刺激的水体中，菲牛蛭会在 15 min 内出现剧烈运动而逃离的现象。

4. 土壤环境

在繁殖季节，菲牛蛭常常在近水边的浅土层中造穴产卵。5 ～ 6 月是菲牛蛭孵化高峰期，需要浅滩、坡地这类安静的环境。饱食后的菲牛蛭，白天以穴居为主，摄食不足时会暂栖于水生植物间，或吸附于池壁等处，凭借灵敏的嗅觉和听觉，随时准备猎食。

菲牛蛭的卵茧产在不干不湿且比较松软的土壤里，这与鱼类在水中繁殖存在本质上的区别。含铁量较高的粘性土壤更有利于菲牛蛭的生长、繁殖。菲牛蛭在冬眠时也需要钻入泥土中蛰伏越冬，这是对环境适应的一种表现。冬眠时，菲牛蛭不吃、不喝、不动，新陈代谢降低到仅能维持其生命的最低水平。此外，菲牛蛭一次进食可以满足多天的营养需要。这些生理特点与其离开水体后能较长时间在陆地的土壤中栖息、生存相适应。

土壤的质地、湿度、温度和投放密度对菲牛蛭成活率均有影响。稻田土可作为菲牛蛭的越冬基质，有利于菲牛蛭的越冬并可保持较高的成活率。室内常温条件下的越冬实验表明，投放密度达到一定数值后，菲牛蛭在湿润的稻田土中越冬的成活率呈下降趋势，当投放密度在 180 条 /m^2 时，其越冬成活率较高，可达 85.6%。越冬后菲牛蛭体重减轻了 10% ～ 15%。在整个冬眠期间，菲牛蛭固定在一个洞穴里，缩成一团，且很少独居，常多条成堆生活，洞穴周围的泥土较湿润光滑，其身体也保持湿润并有光泽。

5. 光照

菲牛蛭对光的反应比较敏感，具有避光的特性，当强光照射时，呈现出负趋光性。菲牛蛭一般昼出夜伏，白天喜欢躲在石块或草丛下，遇到食物才迅速出来摄食，但在完全没有光的情况下菲牛蛭会生长缓慢，甚至会出现不繁殖的现象。因此，在人工养殖菲牛蛭的过程中，既要避免强光照射，还要给予适当的暗光环境。

6. 含氧量

菲牛蛭在低氧环境中的生存能力较强，但必须在有氧气的条件下才能生存，并维持正常的活动、代谢和生长发育。土壤和水体是菲牛蛭活动的主要场所，土壤含氧量和水体溶解氧含量是直接影响菲牛蛭利用氧气的 2 个主要因素。

土壤空气中的含氧量较高，在 20% 以上。土壤空气中的含氧量取决于土壤的深度、性质、结构、地表物和水分状况。在同一情况下，地表层土壤空气中的含氧量略低于大气中的含氧量，且随着深度增加，土壤空气中的含氧量逐渐减少。土壤的深度与土壤空气中的含氧量成反比。如果土壤中孔隙少、板结、通透性能差，不能与大气中的气体进行及时有效的交换，或土壤水分含量过高、过低，或土壤表面存在着大量的腐烂物质，都会造成低氧环境，影响菲牛蛭在土壤中正常的生长和繁殖，严重时会窒息，甚至死亡。

溶解氧是指以分子状态溶于水中的氧单质，与空气中氧气的分压、大气压、水温和水质都有密切的关系。氧气在水中的溶解度与水温成反比，水温高，氧气的溶解率变低，水中氧气含量低；水温低，氧气的溶解率变高，水中氧气含量高。低氧环境通常不会发生在低温的寒冷季节，多出现在高温的炎热季节。菲牛蛭对水中溶解氧含量的要求相对较低，达到水中的饱和溶氧量的五分之一便可，即水体溶解氧含量为 1.4 ～ 2.2 mg/L。菲牛蛭对水中溶解氧的利用受温度、体重、密度等因素的影响。

菲牛蛭如同蚯蚓一样没有专用的呼吸器官，其呼吸主要是通过体表皮肤完成的。菲牛蛭虽然生活在水中，但是其可通过体表分泌的黏液溶解空气中的氧气进行呼吸，因此只要保持体表湿润，其就能适应陆地生活。菲牛蛭这种特性表明其适合高密度养殖，同时也便于长时间活体保存或长距离运输。

研究发现，菲牛蛭的耗氧量与其活动密切相关，并受昼夜的影响。菲牛蛭幼蛭和成蛭昼夜的耗氧量均呈波浪式变化，分别出现 2 次高峰期和 2 次低峰期，其中 2 次高峰期分别见于上午 8:00—9:00 和下午 6:00—7:00，2 次低峰期分别见于凌晨 2:00—3:00 和下午 2:00—3:00。菲牛蛭白天的耗氧量高于夜间，当水温在 20.2 ℃时，幼蛭在白天的耗氧量极显著高于夜间，成蛭在白天的耗氧量则显著高于夜间，而且耗氧量与温度升高成正比。在 20.2 ℃时测得菲牛蛭的幼蛭和成蛭的窒息点分别为溶解氧含量 0.119 mg/L 和 0.096 mg/L，均低于水中的鱼类。菲牛蛭能够长时间忍受缺氧，所以可以在专业养殖环境下进行高密度养殖，在室内 10 m^2 水面可以养殖 50 kg 左右的菲牛蛭。

7. 地形地貌环境

菲牛蛭喜欢在池底及岸边较松软、石块较多的环境生活，常聚集在岸边的浅水植物中、岸上的潮湿土壤或草丛中。人工养殖池中除了设置岸坡、地垄和草丛，还应设置浅水区和深水区。菲牛蛭喜欢在有水、潮湿和低洼处生活。因此，建造菲牛蛭养殖场时应选择背风向阳、西北面有挡风屏障、东南面地势开阔的地方。地势过高、无挡风屏障的地方不宜建养殖场。

8. 天然饵料环境

菲牛蛭除了吸食脊椎动物的血液，还可以吸食无脊椎动物的体液或腐殖质，如河蚌、田螺、蚯蚓、水生昆虫、水蚤等，有时也吸食水面或岸边的腐殖质。养殖池内应放养适量的河蚌及田螺，养殖过程中要因地制宜地选喂合适的食物。若食物匹配合理，水质干净、溶解氧充足，浮游生物及底栖动物等生长较快，菲牛蛭的放养密度也可相应提高。

第三节　菲牛蛭的人工养殖要点

一、养殖环境选择

菲牛蛭可采用生态养殖场（池）或水泥养殖池进行养殖。生态养殖池适宜饲养亚成蛭、成年菲牛蛭；水泥养殖池适宜繁殖菲牛蛭幼苗，可用作菲牛蛭青年苗饲养池。

养殖场地对菲牛蛭养殖至关重要，在选择时要充分考虑野生菲牛蛭的生活习性和特点。野生菲牛蛭常见于有耕牛、土畦式水沟与田埂交错的环境中，因此可在房前屋后的稻田和山间荒地建造养殖池。菲牛蛭的养殖需综合考虑当地的气候、地形、水质、土质、交通、电力等因素，尽量做到经济合理、安全实用，为菲牛蛭创造一个舒适的生活环境，使其健康生长发育、繁衍后代。

因此，菲牛蛭养殖场设立应满足水源充足且无污染，环境安静，避风向阳，交通方便，用电便捷，附近没有石灰厂、化学品加工厂等对水体产生污染或对菲牛蛭有损伤的工厂等条件。

二、菲牛蛭室内人工饲养

菲牛蛭一直是人工水蛭养殖的首选品种，其药用价值越来越受到人们的重视。我国适宜建造菲牛蛭养殖基地的有海南、广西、广东、福建、云南等热带、亚热带地区，其他比较寒冷的地区要是能解决菲牛蛭冬眠问题也可以养殖。

室内建造水泥池人工饲养菲牛蛭技术要点如下：

（1）选址。选择避风向阳、排灌方便处建水泥池。水泥池四周墙高 120 ～ 150 cm，水深 30 cm，面积大小应根据饲养量而定。一般每平方米水面可放养幼蛭 90 ～ 150 条。

（2）水泥池对角设进水口和排水口。为便于菲牛蛭的栖息和产卵，在水泥池内四周堆宽 40 cm、高 100 cm 的松软土台。水池中应建立高出水平面 20 ～ 30 cm 的土台 5 ～ 8 个，每个土台占地 1 m^2 左右，形状以矩形为宜。水泥池上部边缘还要设防逃网，防止菲牛蛭逃逸。

（3）投种放养。菲牛蛭既可以向有关公司购买，也可以在自然环境中捕捉。以早春放养为宜，早春放养 10 个月即可长成并加工出售。

（4）喂养。将新鲜的牛血或猪血灌肠后放入水中，并搅动水体吸引菲牛蛭摄食。一般在清晨或黄昏时投喂，投喂频次和投饵量视菲牛蛭的数量而定。

（5）水温宜保持在 15 ～ 30 ℃。由于人工养殖密度高，水质须保持清洁，并保证一定的溶氧量。7 ～ 9 月水温高，要注意适当换水。

（6）每条菲牛蛭都可产卵繁殖。菲牛蛭于 3 月下旬至 4 月在土壤里产卵茧，卵茧需要 1 个月左右才能孵化。每条菲牛蛭每年产卵茧 1 ～ 4 个，每个茧内幼蛭数为 10 ～ 20 条，每次可繁殖 30 ～ 40 条。通常幼蛭于 5 ～ 6 月大量出现，生长迅速。在孵化后 1 个月内，幼蛭的躯体增长 20 mm 以上，到 9 ～ 10 月体重可以增长到 2 ～ 3 g。

三、菲牛蛭野外仿生态养殖

野外的菲牛蛭多生活于荒芜的山塘、山冲田块或湿草地中，尤其是在土层深厚、土质疏松潮湿、各种水草生长旺盛的环境，尤其喜欢生活在水中石块较多和水草比较丰富的水域中，这种环境既有利于菲牛蛭的运动和摄食，同时又有利于其隐蔽和栖息。

1. 生态养殖场的建造

生态养殖池可由稻田、荒地改造而成，面积多少应视场地大小而定，即根据地势在稻田、平整荒地里从南北或东西方向开沟均可。场地四周留 80 cm 宽的土台（俗称地垄，又称产茧土台），其余区域按土台与水沟相间（垄沟式）的方式而建（图 2–5）。原则上，土台与水面的面积之比为 2 ∶ 1。开挖要求为上面宽 100 ～ 120 cm、下底宽 60 ～ 80 cm、深度 80 ～ 100 cm，土台与水沟呈倒置的梯形。沟内留有 1 层 20 ～ 30 cm 厚的淤泥，沿着沟底中央每隔 30 cm 竖直插入两面光滑的瓦片，瓦片高出土台 10 cm 以上，以备菲牛蛭攀爬栖息之用。在瓦片之间种植沉水植物（如伊乐藻等），密度以约占水面的二分之一为宜。夏季保持水深 30 ～ 40 cm，冬季保持水深 10 cm。土台面（即垄面）宽 120 ～ 160 cm，应高出水面 30 ～ 40 cm。土台上应覆盖杂草或稻草，以保持泥土湿润、松软。生态养殖池里的水沟应该相互贯通，在地势稍高的地方设置一个进水口（用水泥和砖砌成），在远处地势稍低的地方设置一个出水口（用水泥和砖砌成）。在进水口和出水口处用 80 目尼龙网设置 2 层相距 100 cm 的可移动过滤网装置（图 2–6）。在养殖场四周土台内侧设置防逃网，并在外侧开挖防洪排水沟（图 2–7）。

图 2–5　土台（左、右）和水沟（中）

图 2–6　养殖场进出水口

图 2–7　养殖场周边的防洪排水沟（左）、防逃网（右）

垄沟式生态养殖方式既符合菲牛蛭的生物学特性，又便于管理，可让菲牛蛭在人为制造仿野生的环境下生长繁殖。采用这一方式对菲牛蛭进行人工养殖，其活体平均亩产量可以达到 300 kg。

2. 野外水泥养殖池的建造

水泥养殖池可以采用红砖、石头和水泥砌成，水泥抹面清光。每池面积以 40 ～ 60 m^2 为宜，池深 50 ～ 60 cm，池底淤泥层厚 20 ～ 30 cm，保持水深 30 ～ 40 cm。大面积养殖时，可多个养殖池联合使用。池内壁四周靠池壁处用泥土堆成土台，土台高度低于水泥池 10 cm，宽度 30 ～ 40 cm。土台应高出水面 30 ～ 40 cm。在池底区域每隔 30 cm 竖直插入两面光滑的瓦片，瓦片高出土台 10 cm 以上。池底面进排水端应具有一定的倾斜度，便于排水、清污。顶部铺设遮阳网遮阴。最好在养殖场附近建立一个生态蓄水池，池内种植水草，作为养殖池用水。

3. 防避设施的建造

防暑降温设施：在炎热的仲夏季节，当外界气温高于 32 ℃时，应在水面上方铺遮阳网遮阴。

防寒保暖设施：在寒冷的冬春季节，当外界气温低于 17 ℃时，应建造塑料大棚进行保温，棚高 200 ～ 250 cm，可选用人字形或拱形棚顶；或用干稻草等保暖材料覆盖土台，厚度为 10 cm。此外，养殖沟里保留 10 cm 深的水。

防逃与防天敌设施：在养殖场四周建立防逃网，养殖池四周顶端用尼龙网隔离。尼龙网一端插入池壁，另一端用铁丝在上沿向内折叠弯曲固定，形成“『”形防逃网，尖端指向池内，以防菲牛蛭逃跑。一般采用规格为 80 ～ 100 目的尼龙网隔离，尼龙网高度为 30 ～ 50 cm，防止菲牛蛭外逃和蛇、鼠、青蛙、蚂蚁、水蜈蚣等天敌进入。如果周边有大型水禽，应在养殖场上方架设防鸟网。

四、菲牛蛭的生长与繁殖特性

1. 生长特性

菲牛蛭属于变温动物，在自然环境中具有冬眠习性，因此其生长严格受到外界环境的制约，也就是说，在饲料充足和温度适宜的前提下，菲牛蛭的生长具有明显的季节性。在自然环境条件下，菲牛蛭从出生到性成熟一般需要 14 ～ 19 个月，寿命在 6 年左右。

（1）在室内饲养情况。幼蛭体重由 0.02 g 增长至 2.79 g 需要 44 天，共吸血 4.49 g，摄入食物量与增重之比为 1.77。幼蛭每次吸血量最大可达自身体重的 7.5 倍，平均吸血量为自身体重的 3.6 倍。

喂食周期为 2 天时，幼蛭存活率最高，因此，在人工养殖菲牛蛭幼蛭时可选择 2 天作为喂食周期。

（2）菲牛蛭进食时间与频次。对菲牛蛭投食料应选择在上午 6:00 —10:00 或下午 5:00 —7:00 进行。菲牛蛭耐饥饿能力很强。吸血 1 次可供胃和肠消化几个月。菲牛蛭的消化速度受水温的影响较大，当水温在 22 ℃以上时，其可维持 3 ～ 7 天不进食而不用吸血；当水温在 22 ℃以下时，其可维持 7 ～ 15 天甚至更长时间不进食而不用吸血。同时，菲牛蛭幼蛭在晚上 8:00 —12:00 时比成蛭活动频繁，这符合幼蛭与成蛭各自的活动特点。

研究报道表明，菲牛蛭每 2 ～ 3 个月摄食 1 次，整个生命周期仅摄食 5 ～ 6 次。每次摄食后菲牛蛭体重大大增加，经过一段时间的快速消化以后，其代谢进入平缓期。在室内人工养殖条件下，菲牛蛭整个生命周期可进行多次摄食活动，摄食后快速代谢期的长短与其体重有关，其中体重小于 1 g 的菲牛蛭快速代谢期在 2 ～ 3 天，体重 1 ～ 4 g 的菲牛蛭快速代谢期在 6 天左右，故菲牛蛭最适投喂周期为 3 ～ 6 天（幼蛭小于 1 g)、7 ～ 8 天（成蛭 1 ～ 4 g)。

（3）菲牛蛭消化酶的变化。随着菲牛蛭生长发育，其消化道胃蛋白酶活性呈逐渐增强趋势。亚成体时期的菲牛蛭胰蛋白酶活力最强，显著高于幼体时期，而后随着生长速度减缓，其胰蛋白酶活力逐渐减弱。这与幼蛭消化道器官发育不完善、酶活力较低有关；但在亚成体时期，菲牛蛭生长相对快速，消化系统发育健全，酶活力变强；最后到了成体时期，菲牛蛭生长减缓，酶活力相对减弱。

（4）菲牛蛭的冬眠。菲牛蛭吸血量大、消化慢，一次进食能满足多天的营养需要，这些生理特点为其在土壤中生存、越冬提供了前提条件。在养殖时，越冬期间要根据环境温度情况，适时浇水保持土壤湿度。菲牛蛭越冬土壤的湿度要保持在

35% ～ 45%。采用垄沟养殖的菲牛蛭越冬后的成活率为 85.3%。实验表明，采用稻田细土的养殖池，在投放密度为 36 kg/m^3、土壤温度为 13 ～ 15 ℃的条件下，菲牛蛭（个体平均体重为 7 g）5 个月越冬成活率在 45% 左右，且存活率随投放密度的增加而下降。由此可以推断，菲牛蛭越冬密度约为 18 kg/m^3。

2. 繁殖特性

（1）菲牛蛭繁殖期的形态特征。菲牛蛭为雌雄同体，雄性生殖系统先成熟，待雌性生殖系统成熟后进行异体交配，均可以产茧、繁殖。当菲牛蛭生殖环带区在生殖孔附近出现米黄色颗粒时，说明其性腺已经成熟，要密切注意其交配和产卵（图 2–8）。

图 2–8　菲牛蛭卵黄色生殖环带

菲牛蛭性成熟以后，每当进入繁殖季节，菲牛蛭会变得非常活跃。此时，菲牛蛭雄性生殖器突出，向池边爬动变得频繁。从背腹部观察性成熟而未受精的菲牛蛭，其生殖环带体色为灰色，且生殖环带区不具明显的隆起。在成功受精后，受精卵通过雌性生殖孔迅速地到达由身体前部少数生殖体节上的腺体（或称环带腺）分泌的茧内，此时生殖环带区域的体色呈现卵黄色。因此，挑选和观察种蛭时，应观察生殖环带，凡是交配过的菲牛蛭个体均有明显特征，即出现卵黄色生殖环带隆起，且腹部环带区有明显的突起。菲牛蛭产茧后卵黄色生殖环带消失，其他体态与体色并无显著变化。

（2）菲牛蛭的交配产卵行为。进入繁殖季节时，菲牛蛭交配多发生在清晨或傍晚。菲牛蛭体前端不断晃动，吸引异体。交配时，2 条菲牛蛭头尾相反，躯体前半段抬起，腹面紧贴，2 个个体以口吸盘互相吻吸。菲牛蛭的雌性生殖孔对应另一个个体的雄性生殖孔，雌雄生殖器配对相连，身体呈波浪状收缩。在这一过程中，菲牛蛭把精液注入对方雌性生殖孔，完成异体受精。交配时间通常为 30 ～ 60 min。

交配过程通常发生在水里或者土壤洞穴内。交配后一段时间，菲牛蛭就会钻入土壤内产卵。产卵时，菲牛蛭身体前段肌肉缓慢地不断收缩，雌性生殖孔开始缓慢地排出一些透明的黏液小泡（内含卵细胞），这些透明的黏液小泡逐渐增多并向两侧及背面扩展，把生殖环带区绕成一圈泡沫状黏液并缓慢向头部移动，当移动到雄性生殖孔处时，其随即排出一些黄色的黏液（精液）。当黏液全部排完后，菲牛蛭的生殖环带区变小，身体前段向后缩，而排出的卵茧（袋）表面黏液固定不动并且逐步变硬。最后身体前段完全退出卵茧，并用前吸盘把卵茧的小孔封住，完成整个产卵过程。在野外，菲牛蛭产卵过程通常发生在土壤洞穴里（图 2–9）。

图 2–9 土壤内菲牛蛭在洞道内产卵茧

（3）气温对菲牛蛭繁殖的影响。菲牛蛭的繁殖与其生长一样，都严格受到外界气温的影响。菲牛蛭一般在交配后 1 个月内入土产卵，产卵多数是在春季或秋季进行。当水温稳定在 20 ℃以上时，菲牛蛭就会爬到离水面 20 ～ 40 cm 的湿润、松软土壤中，钻出一个斜行的或垂直的穴道并产卵，整个产卵过程历时 30 min。菲牛蛭产卵时需要安静的环境，如此时发生地面震动就会导致其产空茧。当气温 28 ～ 30 ℃时，土壤里的卵茧孵化数及孵化率最高。

卵茧在 20 ～ 30 ℃时开始孵化，一般需要经过 20 ～ 25 天才能孵出幼蛭（图 2–10）。随着温度升高，卵茧孵化时间呈逐渐缩短的趋势，温度为 22 ℃时孵化时间最长，多达 58 天；温度在 30 ℃高温下的孵化时间不超过 20 天；其中土壤温度在 26 ～ 28 ℃时的孵化数和孵化率最高。

图 2–10 菲牛蛭卵茧孵化

在海南、广东和广西等热带、亚热带地区，菲牛蛭在每年 5 ～ 6 月和 10 ～ 11 月各产茧 1 次，而其他偏北地区仅 5 ～ 6 月产茧 1 次。菲牛蛭通常每次产茧 1 ～ 6 个，平均 4 个，每个茧内有幼蛭 5 ～ 20 条，平均 10 条。菲牛蛭幼蛭刚出生时的质量为 4 ～ 6 g/100 条。

（4）对菲牛蛭繁殖性能的研究。体重在 5 ～ 10 g 的菲牛蛭产卵茧数为（3.75 ± 0.18）个 / 条，平均卵茧质量为（0.973 ± 0.21）g，卵茧孵化率为 83.56% ± 1.78%，卵茧孵化数为（5.65±0.15）条，初孵幼蛭质量为（0.069±0.006）g，体长（1.14±0.174）cm。在长期低温及温差大的环境下，卵茧内的胚胎发育受阻，发育时间延长，有些卵茧中的幼蛭虽已发育完全，但迟迟不破茧，导致孵化时间延长。在华南地区，菲牛蛭1年可多次繁殖，这是因为菲牛蛭对寒冷环境比对炎热环境更敏感，华南地区相对北方地区温差波动较小，也为菲牛蛭的多季繁殖创造了有利的温度条件。

（5）不同基质（水体、土壤）对菲牛蛭交配率的影响。研究发现，在相同温度条件下，土壤环境中菲牛蛭的交配率明显高于水体环境。当温度为28～30 ℃时，在土壤环境中交配率最高，可达90%；自然变温环境下交配率为70%左右。研究发现，引种菲牛蛭产茧后体重下降至产茧前的四分之三，这说明引种菲牛蛭在繁殖期间消耗大。因此，应维持养殖环境温度、湿度的稳定性，加强饵料的补给。

（6）不同年龄、体重对菲牛蛭繁殖能力的影响。菲牛蛭的平均寿命为5～6年。在相同繁殖温度条件下，不同年龄和体重对菲牛蛭产茧数、孵化率、孵化数、卵茧大小有着很大影响。2年龄是菲牛蛭生命中的繁殖高峰期,3～5 g的菲牛蛭繁殖力较强。因此，在菲牛蛭人工繁殖过程中，应选取体重在3～5 g、2～3年龄的亲蛭进行繁殖。同时适当采取一些取茧操作，对菲牛蛭进行物理刺激，既能及时将卵茧集中进行人工孵化，提高孵化率和幼蛭存活率，又能增加亲本的平均产茧数，提高繁殖效率。

（7）相对密度对菲牛蛭繁殖效率的影响。菲牛蛭的相对密度不仅影响其生长，而且能显著影响繁殖效率。研究报道，菲牛蛭相对密度升高对亲蛭的产茧数产生明显负面影响。在春秋季节中，500条/m^3为菲牛蛭最佳的产茧相对密度，这是因为在单位养殖空间里，相对密度的升高使得菲牛蛭对食物和空间的竞争加剧，从而干扰了其正常的繁殖行为。由于菲牛蛭为群居生活，高密度养殖使菲牛蛭在30～40天繁殖时间里产出占体重三分之一的排泄物，使土壤基质迅速处于富营养化状态，对自身生存造成危害。

（8）相对密度对菲牛蛭亲蛭存活率的影响。随着相对密度的升高，菲牛蛭亲蛭的死亡率逐渐上升。通过大量的实验观察，可以推断产生这种结果主要是相对高密度加剧了菲牛蛭对生存空间的竞争，伴随着环境因子的变化而产生大量有毒污染物，从而导致亲蛭的高死亡率。

五、菲牛蛭的饲养管理与技术

1. 养殖方式选择

菲牛蛭的养殖方式通常分为网箱、池塘、生态垄沟、生态水泥池等养殖方式。网箱养殖后期水体变差，极容易造成水环境恶化，不利于菲牛蛭生长；池塘养殖的水面面积占比过大，单位面积利用率不高，效益较低。因此，多采用生态垄沟和生态水泥池进行养殖。此外，在生态水泥养殖池中利用性成熟的菲牛蛭进行自然繁殖，不仅有效地利用了池塘及菲牛蛭的资源，同时也可以为翌年提供大量的幼蛭，大大减少种蛭的投入。

2. 种蛭选择

优良种蛭是关系养殖效益的关键环节，选种主要考虑 3 个因素：一是产茧数量多，二是卵茧大，三是卵茧孵化率和幼蛭成活率高。此外，体重、年龄、环境刺激对菲牛蛭繁殖性能也有明显的影响。

3. 投放种苗前的准备

（1）清池消毒：放养种苗前 1 个月应进行清池消毒，可采用 10 ～ 20 mg/L 高铁酸钾泼洒消毒养殖池及周围环境。慎用碱性物质，如用生石灰消毒。

（2）加注新水：放种前 15 天应加注来自生态蓄水池的新水，使沟内或池内的水深度保持在 30 ～ 40 cm。灌入的新水最好是来自单独建立的生态蓄水池，池内种植水草等沉水植物。

（3）栽种水草：3 月上旬开始种植水草，品种以沉水植物如金鱼草、伊乐藻等为佳。水草的面积占养殖池总水面积的三分之一至二分之一。一般是在养殖池消毒后、菲牛蛭种苗放养前 20 天左右栽种。若水温过低，水草生长缓慢，可按每立方米水体施用 1 ～ 2 kg 尿素或 5 ～ 10 kg 腐熟的牛粪、猪粪，以促进水草和水体浮游生物的生长。

（4）建造喂食平台（简称食台）：放水入池后，应及时建造固定的食台。用带孔的塑料网格板或泡沫板做成长 50 cm、宽 30 cm 的食台，用绳子或铁丝加木棍固定食台，并使食台上方与水面齐平（图 2-11），以便投放饵料。注意食台不能因重量增加而沉入水中。同时在每个食台上方架一个遮阳棚，遮阳棚高度离水面 50 cm，面积是食台面积的 2 倍。食台个数根据菲牛蛭的数量而定，一般每个食台分布 500 ～ 800 条菲牛蛭，且要在养殖场内均匀布点。

图 2–11　喂食平台

4. 种苗投放

（1）种苗质量：应选用人工繁育的菲牛蛭作种苗，同时要求规格统一、体质健壮、活动能力强、体表无病灶或外伤、黏液丰富。幼蛭和商品蛭均身体细长，呈橄榄绿色或灰黑色；种蛭身体狭长且扁平，背面呈黄褐色或橄榄绿色；身体正侧面各有 1 条橙黄色或红棕色的纵带，幼蛭时不是很明显，随着年龄的增长，菲牛蛭颜色逐渐变深，皮肤变得粗糙。

（2）种苗规格（每 100 条）：幼蛭 5 ～ 10 g；生长蛭 60 ～ 100 g；商品蛭 100 ～ 200 g；种蛭 200 ～ 300 g。

（3）种苗消毒：种苗用 20 mg/L 高铁酸钾浸泡 10 ～ 15 min 后放养。

（4）放养密度：在菲牛蛭的人工养殖过程中，把握适宜的养殖密度可以提高养殖池的利用效率，降低菲牛蛭的死亡率，从而提高养殖效率。在生态水泥池养殖过程中，菲牛蛭的放养密度应在 1 ～ 1.5 kg/m^2。在生态垄沟养殖过程中，幼蛭水面放养密度为 5 ～ 6 kg /m^2；生长蛭水面放养密度为 4 ～ 5 kg /m^2；商品蛭水面放养密度为 3 ～ 4 kg /m^2；种蛭水面放养密度为 1.5 ～ 2.5 kg /m^2。

（5）放养时间：最佳的放养时间为每年的 3 ～ 5 月，当外界气温上升并稳定在 20 ℃以上时开始放养。

（6）放养方法：一次性放足。按不同的规格分池投放养殖。放养时，商品蛭、幼蛭要放入水温与体温的温差控制在 3 ℃的池内；种蛭放养应控制温差在 5 ℃内。如超过上述温差范围，则应调节水温，或浸泡菲牛蛭达到上述温度范围后，再将其均匀摊开放在土台上，让其自然钻入泥土里或爬入养殖池水中。如发现一动不动的菲牛蛭，应当剔除另做处理。

5. 饲料制备与投喂

（1）饲料来源与制备：作为菲牛蛭的饲料，畜禽血液应符合《无公害食品 渔用配合饲料安全限量》(NY 5072—2001）的要求。所用的血液应以正规屠宰场采集，并符合检疫要求的新鲜猪、牛血液为宜。在收集血液时，应立即用木棒搅动血液 10 ～ 15 min，移除木棒上缠绕的纤维蛋白，收集剩下的血浆液。血浆液中不能添加任何抗凝剂和防腐剂。所收集的血液应于当天用完或置于冷藏条件下保存备用。如有细菌污染变质则不能投喂，应作为废物处理。

（2）投料前的准备：血浆液应装入人工肠衣或猪小肠内后投喂。应先用 30 ～ 40 ℃的水浸泡人工肠衣 4 ～ 5 h，使其变软，再用清水清洗，剔除穿孔不能用的肠衣，备用；或是取新鲜猪小肠（即十二指肠），除去内容物后，再用清水清洗肠管备用。将血浆液灌入人工肠衣或猪小肠内，用包装绳按每段长 30 ～ 40 cm 进行分段扎紧，备用。经冷藏过的血浆液，应事先取出解冻，待其温度接近水温后方可灌装。在投喂之前，需将灌装好的血肠放入温水中预热至 37 ℃，然后立即投喂。

（3）饲料的投喂：根据菲牛蛭具有避光性、喜欢栖居阴暗角落的习性，应对其进行遮阳网食台饲喂。投料前，先用木棒在食台周围搅动池水，水体产生水波后，菲牛蛭就会迅速向着水的波动中心逆游而来，聚集在一起。此时，将已灌入血浆液的肠管平放在刚好与水面相接触的食台上，让菲牛蛭爬到肠管上自由吸吮肠管内的血浆。投料 0.5 ～ 1 h 后应检查菲牛蛭的吸吮情况，尽快将未吸完的血浆液及肠管取出，并检查肠管内有无菲牛蛭，然后将肠管连同其内的血浆液做废弃物集中处理，同时清理食台。

投料应选择在上午 6:00—10:00 或下午 5:00—7:00 进行。如遇刮风、阴雨天或气温突然下降时应停止投喂。投料量应根据天气、水温和菲牛蛭的数量、摄食情况确定，一般以在投料后 1 ～ 1.5 h 内菲牛蛭基本能将肠管内的血浆液吸吮完毕为宜。在此时间内，根据血浆液消耗情况适当调整下次的投饵量。水温 22 ～ 27 ℃时，菲牛蛭食欲旺盛，可在晚间菲牛蛭出动觅食之前额外补充饵料。

根据菲牛蛭一次性吸血量大的特点，在开春后或第一次投放菲牛蛭后的初期增加投喂次数。同时应根据菲牛蛭具体的摄食情况，有计划地在不同的养殖池内食台上轮流投喂，以确保每条菲牛蛭都能均衡地得到食物。

在预计售卖前 20 ～ 30 天应停止喂食，否则，菲牛蛭会在随后的运输过程中，因路途颠簸菲牛蛭相互挤压吐血而受伤，甚至死亡。

6. 日常管理

（1）水质调控与观察：养殖池内的水应保持水深 0.3 ～ 0.5 m，在 6 ～ 9 月高温季节期间，每隔 3 ～ 5 天换水 1 次，每次换水量为全池的五分之一至四分之一。换水时，进水口的水温与池内水温温差应控制在 3 ℃内。水温较高时，可适量注水提高水位，以调节水温，也可增加换水量。

菲牛蛭养殖中的水质管理比其他水生动物相对简单一些，不出现严重的水质问题就不会引发菲牛蛭大量死亡。水质的管理主要通过对水色进行判断，保证透明度在 20 ～ 30 cm 内即可。优质水一般溶解氧含量为 4 ～ 5 mg/L，达到 6 ～ 9 mg/L 更好；pH 值为 6.0 ～ 7.0，氨氮含量为 0.025 mg/L，亚硝酸盐含量为 0.05 mg/L。

水质的变化直接影响菲牛蛭的生活质量，乃至菲牛蛭的生长发育。因此要了解每天水色的变化规律，使水色达到“嫩、爽、活、肥”，及时加水、换水。在养殖中，水质情况主要根据水色的变化进行判断，即通过对水色的观察了解浮游生物的多少，再决定是否追肥。同时还要防止不良水色的发生，一旦发生需予以调控或立即更换池水，否则会对菲牛蛭产生不良的影响，甚至引发死亡。

养殖中的不良水色主要有以下几种情况：蓝绿色——蓝藻水，水中的蓝藻、绿藻过多并死亡后引起的水色变化；砖红色——裸藻水，水中的裸藻过多并死亡后引起的水色变化；灰黑色——缺磷水，水中严重缺磷产生的一种特殊水色；灰白色——由短期内轮虫较多引起的，随着菲牛蛭对轮虫的利用和枝角类动物的增多，轮虫的数量慢慢减少，水色也会慢慢恢复正常；绛红色——成熟的水蚤过度生长后出现的一种现象，通常菲牛蛭比较适合觅食小的水蚤，但过多成熟的水蚤不利于菲牛蛭的摄食，还会导致池塘溶解氧含量下降，影响菲牛蛭的生长；深黑色——严重污染水，出现这种现象时应该立即找到污染源，停止使用该水源，并采用其他的水源供水。

如在养殖过程中发现以上水色，应立即换水，并寻找原因，避免事态进一步恶化。一般情况下，养殖池每 10 ～ 15 天换 1 次水，每次换水量为池水的四分之一至三分之一，切莫一次换水量过大。自来水在进入池塘前，最好经过种植水草的蓄水池处理后再使用。

（2）水草管理：水草一方面可净化水体，另一方面可为菲牛蛭提供良好的栖息和活动场所，并提供氧气。应及时清除腐烂或过多的水草，如发现浮萍或青苔应及时人工捞出，不可忽视，否则到了夏季，浮萍或青苔会大面积快速繁衍并遮住水体表面，容易导致水体恶化。在打捞水草时，应仔细检查水草里是否有躲藏的幼蛭。

（3）巡池：巡池是菲牛蛭养殖中的日常工作，一般情况下早晚各巡池 1 次。观察菲牛蛭的活动、水质变化等情况，并写好巡池日志。如发现有异常情况应及时查明原因，并采取相应的措施。①观察菲牛蛭的活动情况。菲牛蛭的活动情况是养殖者必须掌握的，通过对其活动的观察，了解其健康状况和水质情况。根据发现的情况及时采取相应的措施，避免事态进一步扩大，减少或避免损失。主要通过了解菲牛蛭的生活规律、生长状况、摄食和健康情况，对比观察分析原因，发现问题后马上解决。②观察菲牛蛭摄食情况。结合饲喂牛血情况的观察，如果摄食少了，要及时添加补充。切记当天剩余牛血务必清理干净，否则菲牛蛭误食极易得病，还会导致池内疾病传播。③清理水中杂物。池中的漂浮物、杂草和腐烂的水草要及时清理，有些池塘水草生长得太密集，需要适当清理，防止水草过密影响菲牛蛭生活。水草的覆盖率不能超过 30%。应注意水草的季节性死亡造成水质变坏，如菹草、浮萍和青苔等在每年 6 ～ 8 月大量繁殖和死亡，易引起水质变黑、变臭。池塘地垄四周岸边水草不易过密且间隔一定距离。定期进行清理，目的是便于菲牛蛭入土，同时防止天敌隐藏其中。④清理水中死螺或空螺。水中死亡的螺蛳会漂浮在水面上，腐烂后会沉入池底，不再漂浮，因此要及时捞出，避免影响水质。⑤驱赶敌害生物。鱼类、鸭、水鸟、老鼠、水蛇、小龙虾、螃蟹、青蛙、水蜈蚣等都是菲牛蛭的天敌，要进行必要的清理和驱赶，避免伤害菲牛蛭。⑥写好养殖日志。养殖日志的建立是个人技术资料的积累和总结。要通过日志记录养殖过程中的工作经历，特别是对于一些突发或者以前没有发生过的事情的处理记录，应及时请教专业人员予以指导，以积累养殖经验，提高技术水平。

（4）防逃：菲牛蛭除了从进排水口逃逸，也可以向四周逃逸。在有幼蛭的池塘，围栏的网目不得低于 50 目，否则菲牛蛭会通过身体的伸展从小孔逃逸。除此之外，还要适时检查围栏及进排水口过滤网是否存在破损情况，防止菲牛蛭从破损处逃逸。下雨天时应防止养殖池内的水溢出，导致菲牛蛭顺水逃走。

（5）繁殖期管理：菲牛蛭产茧期主要集中在每年 4 ～ 5 月或 10 月至翌年 1 月，此时应保持产茧土台的泥土松软、湿润，土壤含水量为 35% ～ 45%。夏季气温高时，应适当向产茧土台上的泥土洒水，并覆盖一些杂草、稻草。同时应保持产卵场环境安静，避免在土台上走动。切记此时要保持池内的水位相对稳定，严禁水位急剧上升或下降，因为卵茧浸水后容易腐烂导致幼蛭坏死，影响产量。

（6）幼蛭期管理：卵茧经自然孵化后，幼蛭从卵茧里钻出，依靠其趋湿的本能爬入水中，一般 2 ～ 3 天后就能吸吮肠管内的血液。如有条件，可用 100 目的网捕捉幼蛭，将幼蛭单独放在育苗池内进行培育，密度为 5000 ～ 10000 条 /m^3。日常管理参照成年蛭进行，一般不需要进行特别的管理，但投喂的次数应适当比成年蛭多，每 2 天投喂 1 次。

（7）冬眠期管理：10 月中旬以后，当外界气温低于 17 ℃、水温低于 20 ℃时应停止投喂，也应停止向养殖池内注入新水或换水，养殖沟内的水深保持在 10 cm 以下，同时应在垄上铺盖 3 ～ 5 cm 厚的干稻草。有条件的可搭建塑料棚进行保温，但当外界气温超过 20 ℃时，应及时将棚两端或通气孔的薄膜掀开，加强通风换气，防止棚内温度超过 25 ℃；傍晚时应将掀开的薄膜放下，并封住通气孔，以保持棚内温度相对稳定。

菲牛蛭在室内越冬，既要保证湿度适时浇水，同时也要保证越冬设备无积水现象。防止水分渗入不透气的塑料箱箱底导致积水。越冬状态的菲牛蛭长期泡于水中，气体交换受阻，不利于保温，导致死亡率高。

7. 病害预防与防治

（1）预防措施。养殖池应定期清理和消毒，即定期对养殖场（池）的周围环境、使用工具、食台等采用 10 ～ 20 mg/L 二氧化氯溶液进行预防性消毒。①调控和改善水质。定期使用水质净化剂，如光合细菌、EM 复合菌等净化养殖池的水体，每隔

15 ～ 20 天泼洒 1 次。②栽种与培育。水草面积应占水体表面积的三分之一，可根据水草长势情况适量追肥。如水草过多时，应及时清理。③种苗检疫和消毒。引种前应对种苗进行检疫；种苗可以采用 20 mg/L 高铁酸钾溶液浸泡 10 ～ 15 min 进行消毒。

（2）疾病治疗方法。菲牛蛭自身没有完善的体温调节机能，体温是不恒定的，会随外界气温的变化而变化。当外界气温升高时，菲牛蛭体温也随之升高，当外界气温降低时，其体温也随之降低，这就使得菲牛蛭疾病的发生与恒温动物有本质上的区别。一般情况下，菲牛蛭的细菌性疾病以条件性疾病为主，较常见的条件性病原菌是嗜水气单胞菌和奇异变形杆菌，它们对氨曲南、新霉素和环丙沙星等药物敏感。应选用丁胺卡那、头孢哌酮、诺氟沙星等进行治疗，可将药物进行浸泡或拌入血浆液中进行投喂。用板蓝根和三黄药浴治疗效果较好，治愈率可达 80%。菲牛蛭常见病症的主要表现为死前身体肿大、游动无力、常潜伏池底不动，食欲减退，死后身体柔软如泥；剖检见菲牛蛭体内充满大量带有恶臭味的体液，呈浅黄色，内脏腐烂；或腹部出现红斑，肛门红肿；肠管见局部充血发炎，肠内黏液较多；或皮肤有硬结节等。

8. 预防天敌

定期诱杀凶猛性或肉食性水生动物，如塘鲺等，防止其捕食或伤害菲牛蛭。如当地有大型水鸟出没，要在养殖场上方设置防鸟网。

9. 留种

一般选择野外或人工养殖 2 年，经过冬眠期并达到性成熟的、健壮的，体重在 2 g 以上的菲牛蛭作为种蛭。通常在菲牛蛭冬眠前，气温低于 18 ℃时，即 11 月上中旬采用纱网捕捉或诱捕。捕捉时应戴棉纱手套或穿胶水裤下水作业，将留种的菲牛蛭集中于越冬池内越冬，以备翌年做种用。如在野外生态养殖，可以让其自然越冬，翌年自然繁殖即可。

第四节　菲牛蛭捕捞、加工与药材质量标准

一、捕捞与采收

菲牛蛭的捕捞有多种方法，除用网捕捞外，还可采用以下 4 种简便易行的方法。

（1）竹筛收集法。

用竹筛裹着纱布、塑料网袋，中间放动物血或动物内脏，然后用竹竿捆扎好后，放入池塘、湖泊、水库、稻田中，第 2 天收起竹筛即可捕到菲牛蛭。

（2）竹筒收集法。

把竹筒劈成两半，在中间涂上动物血，将竹筒复原捆好，放入水田、池塘、湖泊等处，第 2 天就可以收集到菲牛蛭。

（3）丝瓜络捕捉法。

将干丝瓜络浸入动物血中，吸透后晒（烘）干，再将其放竹竿上扎牢放入水田、池塘、湖泊中，翌日收起丝瓜络，就可以抖出许多菲牛蛭。

（4）草把捕捉法。

先将干稻草扎成两头紧中间松的草把，再将动物血注入草把内，横放在水塘进水口处，让水穿过稻草慢慢流入水塘，4 ～ 5 h 后取出草把，即可收取菲牛蛭。

二、菲牛蛭干品加工

干品菲牛蛭为我国传统名贵的中药材。由于缺口大、行情好、价格高，每当夏秋季菲牛蛭成熟时，各地都在采收。如采收与加工技术不过关，将导致采收量少、加工质量差、效益不理想。因此，可以根据市场需求采取相应加工方法。现将菲牛蛭干品的加工方法简要介绍如下。

（1）生晒法。

将菲牛蛭用绳子或铁丝串起，悬挂在阳光下暴晒，晒干即可。

（2）水烫法。

将菲牛蛭洗净放入盆内，倒入 70 ～ 80 ℃的热水将其烫死，热水以浸没菲牛

蛭 3 cm 深为宜。20 min 后将烫死的菲牛蛭捞出，平摊在干净的竹帘、草帘、水泥板、木板等阴凉通风处，晾干即可。

（3）碱烧法。

将菲牛蛭与食用碱的粉末同时放入器皿内，上下翻动菲牛蛭，边翻边揉搓，待菲牛蛭收缩变小后再洗净晒干。

（4）灰埋法。

将菲牛蛭埋入石灰中 20 min，待菲牛蛭死后筛去石灰，用水冲洗，晒干或烘干。

（5）酒闷法。

将高度的白酒倒入盛有菲牛蛭的器皿内，淹没菲牛蛭，加盖密封 30 min。待菲牛蛭醉死后捞出，再用清水洗净、晒干。

（6）盐制法。

将菲牛蛭放入器皿内，撒 1 层盐放 1 层菲牛蛭，直到器皿装满，然后将盐渍的菲牛蛭晒干即可。

（7）烘干法。

有条件者可将死去的菲牛蛭洗净后在 70 ℃的高温条件下烘干。

综上所述，菲牛蛭干品易吸湿、受潮和被虫蛀，加工后的干品菲牛蛭应装入布袋，外用塑料袋套住密封，挂在干燥通风处或低温下干燥保存。

第五节　菲牛蛭活体运输与质量检测

一、菲牛蛭活体运输

活体菲牛蛭的运输与水产鱼类不同。特别是在仲夏季节里，当气温在 26 ～ 34 ℃时，采取干法加冰运输菲牛蛭较好。具体方法：以泡沫箱为运输容器，每箱可放入菲牛蛭 15 ～ 20 kg；用纱布袋或 100 ～ 200 目尼龙网袋装好苗种，网袋口扎紧，置于塑料箱内，内置冰袋 4 个，放于底部或四周，冰袋与苗种之间扦插塑料板，避免菲牛蛭直接接触到冰袋，否则会冻伤菲牛蛭，导致死亡；在网袋上覆盖湿布，用胶带封好泡沫箱，四周各扎 3 个透气口。

每箱不宜放入过多菲牛蛭，避免因菲牛蛭过多、过厚而挤压导致受伤。在运输过程中要求环境通风，无日光直射。最好是将塑料箱放置在支架隔离板上，以免在运输过程中颠簸造成菲牛蛭相互挤压。

送达后，在炎热夏季打开泡沫箱取出冰袋，随后取出装有菲牛蛭的尼龙网袋，于空气中放置 20 min 进行调温。调温结束后，用清水连袋清洗，使水温与气温的温差小于 5 ℃。清洗排泄物后，打开尼龙网袋口，让菲牛蛭自行爬入换了新水的养殖池内。如发现有损伤或吐血个体，应及时挑出，做冷冻处理。在春秋季气温 20 ～ 25 ℃时，采取干法运输时无须增加冰袋。当冬季气温低于 18 ℃时，可以适当增加一些增温和保温措施，注意避免菲牛蛭待在低于 6 ℃的环境中超过 2 天。

如果在临床上将活体菲牛蛭用于活体生物疗法，其一定要达到医用水蛭的医疗卫生标准，经过一系列消毒灭菌程序处理，经检验合格方可投入使用。

二、医用菲牛蛭活体质量标准及检测

在特殊的室内环境下，将采集到的菲牛蛭进行饥饿、消毒等技术处理，净养数周后，再按照医用菲牛蛭的标准进行挑选、处理和检验，使其达到医疗卫生标准。检测方法见本书第四章。

参考文献

[1] 谭恩光，黄立英，关莹，等．广东菲牛蛭生长和生殖的研究[J]．中草药，2002，33(9)：837-840.

[2] 周维官，周维海，覃国森．菲牛蛭的人工养殖方式试验[J]．广西科学，2008，15(3)：317-320.

[3] 周维官，李玉，周维海．菲牛蛭人工越冬试验[J]．中药材，2009，32(1)：17-18.

[4] 周维官，吕伟萍，丘毅，等．菲牛蛭耗氧量、耗氧率和窒息点的研究[J]．中药材，2014，37(12)：2150-2154.

[5] 于翔．菲牛蛭室内高密度养殖技术研究[D]．广州：中山大学，2009.

[6] 谭恩光. 广东菲牛蛭生活水体的化学环境 [J]. 中草药，2005，36（10）：1561-1563.
[7] 张彬，汪波，林强，等.3种有益微生物对菲牛蛭养殖水体理化因子及成活率的影响[J]. 水生态学杂志，2010，3（1）：107-111.
[8] 周维官，李玉，周维海. 菲牛蛭的人工越冬实验 [J]. 水产科技情报，2008，35（6）：288-290.
[9] 程搏幸，刘飞，郭巧生，等. 温度、密度、喂食周期对菲牛蛭育苗影响的研究 [J]. 中国中药杂志，2015，40（6）：1071-1074.
[10] 周维官，周维海，丘毅，等. 菲牛蛭规范化养殖标准操作规程（SOP）[J]. 中药材，2011，34（9）：1331-1335.
[11] 朱忠胜. 贵州地区菲牛蛭养殖及水蛭素活性研究 [D]. 贵阳：贵州大学，2016.
[12] 张涛，于翔，龚元，等. 不同温度和密度对菲牛蛭越冬成活率的影响 [J]. 水产学杂志，2014，27（4）：52-55.
[13] 张彬，于翔，汪波，等. 菲牛蛭交配及卵茧人工孵化初步研究 [J]. 动物学杂志，2011，46（4）：78-83.
[14] 张彬，储霞玲，林强，等. 相对密度和季节对菲牛蛭繁殖习性的影响 [J]. 中山大学学报（自然科学版），2010，49（5）：87-92.
[15] 汪波，龚元，于翔，等. 菲牛蛭繁殖性能的初步研究 [J]. 北京师范大学学报（自然科学版），2012，48（2）：157-160.

第三章　干体水蛭在医学上的应用

第一节　干体水蛭药材的性状鉴别与炮制

一、干体水蛭药材的性状鉴别

1. 干体日本医蛭

干体日本医蛭整体呈扁长圆柱形，长 20 ～ 50 mm，宽 2 ～ 3 mm（图 3–1）。身体多扭曲弯折，腹面稍高。通常用线串起，多数密集成团。全体呈黑棕色，由多个环节构成。折断面不平坦，无光泽。气微腥。

图 3–1　干体日本医蛭

2. 干体宽体金线蛭

干体宽体金线蛭整体呈扁平纺锤形，长 40 ～ 100 mm，宽 5 ～ 20 mm。身体前端稍尖，后端钝圆，全体由多数环节构成（图 3–2）。前吸盘不显著，后吸盘较大。背部呈灰黑色或棕黑色，由许多黑色斑点排列成 5 条纵线；身体两侧及腹面均呈棕黄色，腹面有多条黑棕色纵列的断续斑点。质脆，易折断，断面有光泽，似胶状。气微腥，味咸。

图 3–2　干体宽体金线蛭

3. 干体尖细金线蛭

干体尖细金线蛭整体狭长而扁，有的拉成线状，长 50 ～ 120 mm，宽 1 ～ 5 mm（图 3–3）。身体两端较细，前吸盘不显著，后吸盘圆大，吸盘难以辨认。体节明显或不明显，体表凹凸不平。背腹两面呈黑棕色，两端加工后穿有小孔。质脆，断面不平坦，无光泽。有土腥味。

图 3–3　干体尖细金线蛭

4. 干体菲牛蛭

（1）干体菲牛蛭外观性状。

图 3–4 干体菲牛蛭

干体菲牛蛭整体呈长椭圆形、长条形柳叶状，扭曲或扁平，长 40 ～ 130 mm，宽 3 ～ 12 mm，厚 0.5 ～ 1 mm（图 3–4）。背部呈黑色或黑褐色，有少许环节突起，有光泽；腹面呈黑色，较光滑。前端略尖，后端钝圆，略呈扇形。两端各具 1 个吸盘，前吸盘不显著，后吸盘圆大。浸泡后背面呈绿黄色，腹面呈灰黑色。两侧可见由红黄色斑点组成的纵线。质脆，断面呈胶质状，黄白色。气腥臭，味咸。

（2）干体菲牛蛭质量标准。

干体菲牛蛭以体大、内容物少为好。体表组织结构紧密，黑色或棕黑色，含色素的细胞众多；横纹肌破碎程度较高，长短不一，长 8 ～ 50 mm 或更长，宽 2.5 ～ 4 mm，肌纤维束亦多见；体腔内层组织较疏松，可见多数圆形或类圆形颗粒，局部呈浅红色；偶见深红色椭圆形或矩圆形结构。

（3）干体菲牛蛭中水蛭素活性标准。

特等品：每克含水蛭素量在 1000 ATU 以上；

一等品：每克含水蛭素量为 700 ～ 1000 ATU；

二等品：每克含水蛭素量为 350 ～ 700 ATU；

三等品：每克含水蛭素量为 100 ～ 350 ATU。

（4）干体菲牛蛭质量检测。

菲牛蛭的定性鉴别：取本品粉末 1 g，加乙醇 5 mL，超声处理 15 min，滤过，滤液作为供试品溶液。另取水蛭对照药材 1 g，同法制成对照药材溶液。按薄层色谱法（《中国药典》2020 年版四部通则 0502）进行试验，吸取上述 2 种溶液各 5 μL，分别点于同一硅胶 G 薄层板上，以环已烷 – 乙酸乙酯（4 ∶ 1）为展开剂，展开，取出，晾干，喷 10% 硫酸乙醇溶液，在 105 ℃加热至斑点显色清晰。供试品色谱中，在与对照药材色谱相应的位置上显示相同的紫红色斑点；在紫外光（波长 365 nm）下显示相同的橙红色荧光斑点。

菲牛蛭有效成分定量监测：菲牛蛭发挥药效的物质基础是其体内存在抗凝血酶物质（即天然水蛭素），其含量测定参照《中国药典》2020 年版一部水蛭中抗凝血酶活性的测定方法执行。干体菲牛蛭的抗凝血酶含量不得低于 100 ATU/g。

菲牛蛭农药残留量和重金属含量监测：菲牛蛭中农药残留和重金属检测项目及其检测方法应按《药用植物及制剂外经贸绿色行业标准》（WM/T 2—2004）中的规定进行。

二、干体医用水蛭的炮制

中药炮制是根据中医药理论，依照临床辨证施治用药的需要和药物自身的性质，以及调剂、制剂的不同要求，将中药材制备成中药饮片的一项制药技术。中药炮制方法通常分为修制、水制、火制、水火共制及其他制法五大类，具体包括净制、切制、蒸煮烊法、炒法、炙法、煨法、煅法、复制法、水飞法、发酵与发芽、制霜法等。中药炮制的目的主要是解毒、增效，兼保证临床用药准确、利于贮藏和保存药效等。水蛭具有破血通经、逐瘀消癥的功效，用于血瘀经闭、癥瘕痞块、中风偏瘫、跌扑损伤等病症。临床上外治疗法多以活体水蛭吸吮患部瘀血，内服则因水蛭质韧难碎，气味腥臭，多以炮制品入药。水蛭经不同炮制方法炮制后，其作用各不相同。根据中医临床辨证施治的需要，合理选择不同的炮制品，提高中医用药疗效的准确性和可靠性。

1. 炮制原药材来源

《中国药典》2020 年版及地方炮制规范收载炮制品来源为水蛭科蚂蟥、水蛭、柳叶蚂蟥的干燥全体。《广西壮族自治区壮药质量标准　第二卷（2011 年版）》收载金边蚂蟥为医蛭科动物菲牛蛭的干燥全体。

2. 产地加工

（1）洗净，用沸水烫死，晒干或低温干燥［《天津市中药饮片炮制规范（2022 年版）》《江西省中药饮片炮制规范（2008 年版）》］。

（2）用清水洗净泥土，加入石灰或用酒闷死，拌以草木灰，晒干或微火烘干［《山东省中药饮片炮制规范（2022年版）》《北京市中药饮片炮制规范（1974年版）》］。

（3）用盐卤杀死，漂净，晒干或低温干燥［《浙江省中药炮制规范（2015年版）》］。

（4）用酒少许将水蛭醉死［《四川省中药饮片炮制规范（2015年版）》《北京市中药饮片炮制规范（2008年版）》］。

3. 古代炮制方法

（1）熬制。

“熬、暖水洗去腥”（汉·《伤寒论》）。“熬去子，杵碎”（汉·《玉函》、宋·《类证活人书》）。“凡用须预先熬黑，七日。置水中不活者方用”（清·《本草求真》）。

（2）炒制。

“微炒”“炒令微黄”（宋·《太平圣惠方》）。“极难修制，须细剉后用微火炒，令黄乃熟”（宋·《经史证类备急本草》）。“炒焦”（宋·《普济本事方》）。“炒，去烟尽，另研”（明·《医学纲目》）。“晒干，剉细炒极熟”（清·《本草汇》）。“炒枯黄，先熬黑”（清·《本草汇纂》）。

（3）煨制。

“微煨令黄”（宋·《太平圣惠方》）。

（4）米制。

“水浸，去血子，米炒”（宋·《伤寒总病论》）。“米炒黄”“粳米同炒微焦用”（宋·《圣济总录》）。

（5）石灰制。

“须剉断，用锻石炒过大黄”（宋·《类证活人书》）。“用石灰慢火炒令焦黄色”（宋·《济生方》）。“去子杵碎，用石灰炒紫黄色，去灰不用”（明·《奇效良方》）。

（6）猪脂制。

“采得之，当用堇竹筒盛，待干，又米泔浸一宿后暴干，以冬猪脂煎令焦黄，然后用之”（宋·《经史证类备急本草》）。

（7）焙制。

“新瓦上焙干，为细末”（宋·《经史证类备急本草》）。

（8）麝香制。

“麝香炒”（宋·《类编朱氏集验医方》）。

（9）盐制。

“盐炒烟尽”（元·《瑞竹堂经验方》）。“盐炒枯黄”（明·《医宗必读》）。

（10）炙制。

“炙”（明·《医学纲目》）。“炙黄”（清·《御纂医宗金鉴》）。“炙干，为末”（清·《温病条辨》）。

（11）油制。

“香油炒焦”（清·《吴鞠宗医案》）。

4. 现代炮制方法

（1）生品水蛭。

取原药材，除去杂质，洗净，稍润，切段，干燥，筛去灰屑。参考《中国药典》2015 年版及各地炮制规范，将其切为 10 ～ 15 mm 的水蛭段。

（2）滑石粉烫水蛭。

取原药材，除去杂质，大小分开。另取滑石粉置炒制容器中，用中火加热至滑利状态时，将适量水蛭投入，烫至鼓起，呈微黄色，取出，筛去滑石粉，晾凉。根据《中国药典》2020 年版，除另有规定外，每 100 kg 水蛭用滑石粉 40 ～ 50 kg。

（3）砂烫水蛭。

取净水蛭段，放置在已将砂炒热的锅中，烫至水蛭起泡，呈焦黄色，筛去砂，晾凉。

（4）酒炙水蛭。

取原药材，除去杂质，洗净，浸泡 0.5 ～ 1 h，取出，闷润 2 ～ 4 h，至内外湿度一致，切中段，干燥。取水蛭段，加酒拌匀，闷润 1 ～ 2 h，至酒被吸尽，置热锅内，用文火炒干，取出，晾凉。炮制用酒为黄酒与白酒，其中炮制 100 kg 水蛭段用 20 kg 黄酒。

（5）酒润砂炒水蛭。

取净水蛭段，放置于已将砂炒热的锅中，用小火拌炒，喷入酒，拌匀，继续炒至水蛭呈深黄色，筛去砂，晾凉。每 100 kg 水蛭段用 10 kg 黄酒。

（6）酒润麸制水蛭。

取净水蛭段，用黄酒拌匀，闷润。将麦麸皮撒入热锅内，待冒烟时，倒入酒润水蛭段，拌炒至表面呈黄色，有特殊气味逸出时迅速取出，筛去焦麦麸，晾凉。每 100 kg 水蛭段用黄酒 10 kg、麦麸皮 10 kg。

（7）醋水蛭。

取净水蛭段，用米醋拌匀，闷润。至米醋被吸尽，置于热锅内，用文火炒干，取出，晾凉。

（8）油水蛭。

取净水蛭段，置于锅内用猪油炸成焦黄色，捞出摊开，晾凉。

（9）米炒水蛭。

取 500 g 水蛭和 500 mL 米，倒入烧热的铁锅中，用文火加热，炒至米呈黄色时，取出，晾凉。

5. 炮制作用

水蛭味咸、苦，性平；有小毒。具有破血通经、逐瘀消癥的功效。

（1）用滑石粉烫制可减低毒性、矫味，使水蛭质地酥脆，易于粉碎，利于煎出有效成分，增强逐瘀、通经的功效，并杀死虫卵，便于保管和服用。

（2）砂炒后水蛭质地松脆，易粉碎，利于煎出有效成分并破坏药物的毒性成分，达到降低毒性的目的。

（3）酒炙水蛭能矫味矫臭，降低毒性，并便于调剂和制剂。

（4）醋炙水蛭能去除腥臭、消减毒性，增强逐瘀、通经的功效，杀菌防腐，便于保存。

（5）米炒可降低水蛭的刺激性和毒性。

6. 炮制研究

（1）对化学成分的影响。

经炮制后，生品水蛭质地酥脆，易于粉碎。高温炮制工艺条件下水蛭的部分水溶性蛋白常被自身释放的蛋白酶降解为小分子肽或游离的氨基酸。

水蛭经清炒、砂炒后，氨基酸总量较生品水蛭大为降低，分别为生品 24.88%、清炒品 8.65%、砂炒品 5.18%；而滑石粉炒水蛭的氨基酸总量则高于生品，为 66.68%。其中，清炒品、砂炒品的必需氨基酸总量也低于生品，而滑石粉炒水蛭的必需氨基酸总量则高于生品。

次黄嘌呤为水蛭最常见的标准物质，具有降低血压、平喘、镇痛等药理活性。该成分在水蛭中含量的增加与中医传统理论认为的水蛭炮制后可减毒、缓和药性相吻合。炮制水蛭的次黄嘌呤含量明显高于生品水蛭的次黄嘌呤含量。生品水蛭中次黄嘌呤的平均含量为 1.74 mg/g，经滑石粉炒制后，次黄嘌呤的平均含量为 1.86 mg/g。水蛭炒制后次黄嘌呤含量比炒制前明显增加，可能是水蛭中某些物质转化为次黄嘌呤，从而提高炮制品中次黄嘌呤的含量，以达到减毒及缓和药性的目的。

生品水蛭中钙的含量为 1105.13 mg/kg、镁的含量为 735.00 mg/kg、铅的含量为 5.16 mg/kg、镉的含量为 0.74 mg/kg。经高温炮制后，水蛭炮制品的钙、镁含量分别为 1985.80 mg/kg、979.25 mg/kg，皆高于生品水蛭；而铅、镉的含量分别为 2.52 mg/kg、0.37 mg/kg，均低于生品水蛭。这说明经炮制后水蛭毒性降低，减少了水蛭的毒性反应，提高了临床的用药安全。

（2）对药理作用的影响。

经滑石粉炒、酒制、砂炒的高温处理后，水蛭的抗凝血酶活性降低，由此推测抗凝血酶活性物质可能是存在体内的某种特定小分子多肽类物质或多肽类。这些物质遇热会发生降解或变性，影响药效的发挥。

水蛭生品、滑石粉炒制品或酒制品均可纠正高脂血症大鼠血浆脂蛋白紊乱，且生品能降低实验性高脂血症小鼠的血清胆固醇（TC）含量。在降低 TC/HDL-C（高密度脂蛋白胆固醇）比值方面，水蛭生品、滑石粉炒制品仅有一定的降低趋势（$P < 0.01$），而酒制品优于生品与滑石粉炒制品（$P > 0.05$）。但与酒制品相比，生品、滑石粉炒制品能明显提高 HDL_2-C/HDL_3-C 比值，说明在调整 HDL-C 亚组分方面，生品、滑石粉炒制品优于酒制品。

第二节　干体水蛭在中医药中的应用

水蛭是我国传统中药，在 2000 多年前，就有古人利用干体水蛭来治病的记录。我国现存最早的中药学著作《神农本草经》记载："水蛭，味咸平。主逐恶血、瘀血、月闭，破血瘕积聚，无子，利水道。"

一、水蛭在历代本草著作中的记述

1.《伤寒杂病论》

据《伤寒杂病论》记载，张仲景为治疗瘀血攻心之蓄血发狂、瘀血阻滞之"妇人经水不利"及干血劳之皮肤甲错等，均用水蛭作为主药之一。

2.《名医别录》

《名医别录》记载："水蛭，味苦，微寒，有毒，主堕胎。"

3.《本草经集注》

《本草经集注》记载："水蛭，味咸、苦，平、微寒，有毒。主逐恶血、瘀血、月闭，破血瘕积聚，无子，利水道及堕胎。"

4.《新修本草》

《新修本草》记载："此物有草蛭、水蛭。大者长尺，名马蛭，一名马蜞，并能咂牛、马、人血，今俗多取水中小者用之，大效，不必要须食人血满腹者；其草蛭，在深山草上，人行即敷着胫股，不觉，遂于肉中产育，亦大为害，山人自有疗法也。"

5.《本草拾遗》

陈藏器在《本草拾遗》记载："人患赤白游疹及痈肿疮毒，取十余枚令啖病处，取皮皱肉白，无不差也。"这是首次记载用活体水蛭外吸法治疗外科疮疹。

6.《经史证类备急本草》

《经史证类备急本草》记载："水蛭，味咸，苦"，药性论云："水蛭，主破女子月候不通，欲成血痨症块。能治血积聚。"

7.《本草衍义》

《本草衍义》记载："大者，京师又谓之马鳖。腹黄者，谓之马黄。畏盐，然治折伤有功。"

8.《本草蒙筌》

《本草蒙筌》记载："水蛭，味咸、苦，气平、微寒。有毒""活者堪吮肿毒恶血，取名蜞针（载外科书）；炒者能去积瘀坚瘕，立方抵当（仲景伤寒方有抵当汤、抵当丸）。治折伤，利水道，通月信，堕妊娠。加麝香酒调，下蓄血神效。盖苦走血，咸胜血故尔"。

9.《本草纲目》

李时珍在《本草纲目》记载："水蛭咸、苦，平；有毒。主治产后血晕，跌打损伤，坠跌内伤，红白毒肿。"详细记述了其性味功效及临床应用，并附有涉及内科、外科、妇科、伤科的有效经方。

10.《本草新编》

《本草新编》记载："水蛭，味咸、苦，性平、微寒，有毒。炒黄黑色用之。善祛积瘀坚瘕。"

11.《中华本草》

《中华本草》记载："水蛭味咸、苦，性平，有毒。归肝经。破血逐瘀，通经消癥。主治血瘀经闭，癥瘕痞块，跌打损伤。"

12.《中药大辞典》

《中药大辞典》记载："水蛭味咸苦，性平，有毒。入肝、膀胱经，主治破血，逐瘀，通经。治蓄血，癥瘕积聚，妇女经闭，干血成痨，跌扑损伤，目亦痛，云翳。"

13.《广西壮族自治区壮药质量标准　第二卷（2011年版）》

《广西壮族自治区壮药质量标准　第二卷（2011年版）》记载水蛭"咸、苦、平，有毒""通龙路、火路功效。用于京瑟（闭经）、肝硬化、麻邦（脑血栓）、高脂血症、委哟（阳痿）、子宫啛北（子宫肌瘤）、林得叮相（跌打损伤）”。

金边蚂蟥“咸、苦、平；有小毒”“调龙路，散瘀肿。用于京瑟（闭经），呗农（痈疮），麻邦（脑血栓），扭像（扭挫伤）”。

14.《中华人民共和国药典》2020 年版

《中华人民共和国药典》2020 年版记载水蛭“咸、苦，平，有小毒。归肝经”“破血通经，逐瘀消瘕。用于血瘀经闭，癥瘕痞块，中风偏瘫，跌打损伤”。

二、水蛭名方验方

1. 妇人经水不利下，亦治男子膀胱满急有瘀血者（《金匮要略》抵当汤）

水蛭三十个（熬），虻虫三十个（去翅、足，熬），桃仁二十个（去皮、尖），大黄三两（酒浸）。上四味为末，以水五升，煮取三升，去滓，温服一升。

2. 妇人腹内有瘀血，月水不利，或断或来，心腹满急（《太平圣惠方》桃仁丸）

桃仁三两（汤浸，去皮、尖、双仁，麸炒微黄），虻虫四十枚（炒微黄，去翅、足），水蛭四十枚（炒微黄），川大黄三两（锉碎微炒）。上药捣罗为末，炼蜜和捣百余杵，丸如梧桐子大。每服，空心以热酒下十五丸。

3. 月经不行，或产后恶露，脐腹作痛（《妇人大全良方》地黄通经丸）

熟地黄四两，虻虫（去头、足、翅，炒）、水蛭（糯米同炒黄，去糯米）、桃仁（制）各五十枚。上为细末，炼蜜丸，梧桐子大。空心温酒下五丸。未知，加至七丸。

4. 漏下去血不止（《千金要方》）

水蛭治下筛，酒服一钱许，日二，恶血消即愈。

5. 折伤（《经验方》）

水蛭，新瓦焙，为细末，酒二钱，食顷作痛，可更一服，痛止，便将折骨药封，以物夹定，调理。

6. 金疮，打损及从高坠下、木石所压，内损瘀血，心腹疼痛，大小便不通，气绝欲死（《济生方》夺命散）

红蛭（用锻石慢火炒令焦黄色）半两，大黄二两，黑牵牛二两。上件为末，每服三钱，用热酒调下，如人行四五里，再用热酒调牵牛末二钱催之，须脏腑转下恶血成块或成片，恶血尽则愈。

7. 产后血晕（血结于胸中，或偏于少腹，或连于胁肋）(《本草纲目》)

用水蛭（炒）、虫（去翅、足，炒）、没药、麝香各一钱，为末，以四物汤调下。血下痛止，仍须服四物汤。

8. 跌打损伤（辨血凝滞，心腹胀痛，大小便不通）(《本草纲目》)

用红蛭（锻石炒黄）半两，大黄、牵牛头末各二两，为末。每服二钱，热酒调下。当下恶血，以尽为度。名“夺命散”。

9. 坠跌内伤（《本草纲目》）

用水蛭、麝香各一两，锉碎，烧令烟出，为末。酒服一钱，当下蓄血。

10. 红白毒肿（《本草纲目》）

以水蛭十余枚令咂病处，取皮皱肉白为效。冬月无蛭，地中掘取，暖水养之，令动。先净人皮肤，以竹筒盛蛭合之，须臾咬咂，血满自脱。

11. 消肿除痛（《药酒汇编》）

海藻 30 g，水蛭 6 g，黄酒适量。将前 2 味共研细末，每取药末 2 g，入黄酒 50 mL 煮沸，待温，顿服。每天服 2 次。

12. 生肌化瘀（民间经验方）

生肌方：黄芪 45 g，太子参 30 g，白术 15 g，生地黄 15 g。

化瘀方：丹参 30 g，水蛭 9 g，桃仁 12 g，川芎 12 g。

13. 动脉硬化性脑梗（民间经验方）

大黄 10 g，水蛭 6 g，地龙 10 g，红花 10 g，川芎 10 g，当归 10 g，丹参 30 g，葛根 30 g，黄芪 30 g。

14. 肝癌（民间经验方）

水蛭、虻虫、土鳖虫、壁虎、蟾皮。炼蜜为丸，每丸 4.5 g，每服 9 g，每天 2 次。

15. 冠心病（民间经验方）

红参、三七、水蛭各等份。共研成细末，装入胶囊。每天 3 次，每次服 4 粒。

2个月为1个疗程，连服3个疗程。

16. 心脏病（民间经验方）

丹参20 g，水蛭8 g，薤白6 g，瓜蒌仁12 g，远志3 g，麦冬12 g，桂枝3 g，檀香3 g，地龙20 g，青皮10 g，百合20 g，柏子仁12 g，茯苓15 g，炙甘草3 g，天花粉12 g，石菖蒲5 g；身体虚弱加党参20 g，有内热加黄芩15 g。

17. 糖尿病、肾病（民间经验方）

川芎、赤芍、当归、红花各10 g，泽兰、益母草、丹参、黄芪各30 g，川牛膝15 g，水蛭5 g；阴虚甚加生地、麦冬各18 g；燥热盛加知母、葛根各20 g；肾虚甚加枸杞子、炒杜仲各25 g；湿甚加茯苓、大腹皮各18 g。水煎服，每天1剂，4周为1个疗程。

18. 淋巴结炎（民间经验方）

水蛭3 g，败酱草10 g，浙贝母10 g，玄参10 g，牡蛎6 g。每天1剂，分3次服用。

19. 肺栓塞（民间经验方）

水蛭12 g、龙眼6个。将水蛭烘干，研成细末，喷白酒，捏成6个小丸；填入去核龙眼内，置冰箱内保存。早晚各吃1个，连吃3个月以上。

20. 活血化瘀（民间经验方）

炙水蛭10～50 g，土鳖虫6～8 g，苏木、刘寄奴、红花、泽兰、三棱、莪术各20～30 g。硬化性胆管炎，加皂角刺10～30 g，威灵仙20～60 g；髂股动脉炎，加川牛膝20～30 g，制附子20～40 g；慢性湿疹，加蚕沙15～30 g，或益母草10～15 g；囊肿性痤疮，加虎杖10～30 g，或丹皮10～15 g。

21. 脑卒中后遗症偏瘫（民间经验方）

生水蛭粉（装入胶囊），每天2次，每次2 g，15天为1个疗程。配伍药物：黄芪40 g，当归9 g，赤芍9 g，川芎9 g，丹参20 g，广地龙20 g，怀牛膝9 g，全蝎6 g，桑寄生15 g。水煎服。

22. 冠心病（民间经验方）

生水蛭粉（装入胶囊），每天2次，每次2 g，30天为1个疗程。配伍药物：黄芪 20 g，淫羊藿 20 g，瓜蒌 9 g，川芎 5 g，赤芍 15 g，丹参 20 g，延胡索 20 g，广地龙 20 g，生山楂 20 g，桂枝 9 g，细辛 4 g，降香 6 g。水煎服。

23. 肝硬化、腹水（民间经验方）

生水蛭粉（装入胶囊），每天 2 次，每次 2.5 g，30 天为 1 个疗程。配伍药物：消癥利水汤（淫羊藿、炒白术、黄芪、茵陈、丹参、莪术、大腹皮、猪苓、茯苓、泽泻、车前子各 20 g，党参、柴胡、五味子各 15 g，醋鳖甲 30 g）。

24. 慢性肾炎、肾病综合征（民间经验方）

生水蛭粉（装入胶囊），每天 2 次，每次 2.5 g，30 天为 1 个疗程。配伍药物：熟地黄 20 g，山茱萸 20 g，丹参 20 g，泽泻 20 g，猪苓 20 g，茯苓 20 g，车前子 20 g，怀牛膝 9 g，党参 20 g，黄芪 20 g，淫羊藿 20 g，桂枝 9 g，制附子 9 g，益母草 20 g。水煎服。

第三节　干体水蛭在现代医药中的应用

现代医学研究表明，水蛭唾液中存在至少 100 种不同的生物活性化合物，主要含有蛋白质、多肽类（如水蛭素）、肝素和抗血栓素等物质。其中，活体水蛭唾液中含有水蛭素，能阻止凝血酶作用于纤维蛋白原，阻碍血液凝固；水蛭分泌的组织胺样物质，能扩张毛细血管，降低血液黏着力。现代临床医学研究结果表明，水蛭具有抗凝、促纤溶、降低比黏度、抑制血小板聚集、改善血流量、降血脂、抗血栓、抗炎等作用。

近年来，随着人们对活血化瘀类中药研究的逐步深入，水蛭在临床上的应用范围也渐趋扩大，现对其在内科疾病的应用治疗情况概述如下。

一、血液循环系统疾病

心脑血管疾病是心血管疾病与脑血管疾病的统称，大脑、心脏乃至其他组织的缺血性病变或出血性病变是其主要表现形式，发病原因多种多样，主要是高血压、糖尿病、吸烟、过量饮酒、血脂异常等导致。据统计，全世界有1730万人死于心脑血管疾病，占当年全世界总死亡人数的30%。若照此趋势发展，到2030年，全世界将有2330万人死于心脑血管疾病。

1. 脑出（溢）血

脑出血、脑梗死及脑血栓统称为脑血管疾病。它是由脑部血液循环障碍，导致以局部神经功能缺失为特征的一组疾病，包括颅内和颅外动脉、静脉及静脉窦的疾病，但以动脉疾病为多见。脑出血或蛛网膜下腔出血是出血性脑病，而脑梗死和脑血栓是缺血性脑病，两者都属于此范围，即脑卒中或中风。

脑出血是指非外伤性脑实质内血管破裂引起的出血。西医对脑出血的基本治疗原则为在发病后1 h内减缓血流量、清除血凝块、减轻机械性和化学性脑损伤、脱水降低颅内压、调整血压、促进功能恢复、防治并发症等；中医则认为，脑出血病机为脏腑功能失调，气血逆乱，脉络破损，血溢脑脉之外成瘀血而发病，治疗原则以止血活血、通经活络等为主。

研究者发现医用水蛭活体疗法可增加大脑动脉血流量，降低血管阻力，对血管壁有直接扩张作用，用以治疗脑血栓及脑出血引发的脑血肿有较好疗效，并可加速脑血肿的吸收。因此，以水蛭为主要成分的中药制剂在脑出血及脑梗死中已被广泛应用，而且取得了较理想的疗效（如脑心通胶囊、疏血通注射液、脑血疏口服液等现代中成药），常被用于临床治疗脑血管疾病。

齐晓飞等将120例患者随机分为治疗组、对照组各60例，其中治疗组在对照组基础上加用疏血通注射液4 mL/天，静脉滴注，连续15天，发现第7天、第21天治疗组脑血肿体积较对照组显著缩小（$P < 0.05$），而第21天治疗组脑血肿周围低密度区较对照组显著缩小（$P < 0.05$）。

王连国将58例患者随机分为实验组、对照组各29例，对照组给予脱水剂、神经功能保护、康复训练等常规治疗，实验组在对照组基础上加用步长脑心通胶囊，发现实验组总有效率为86.2%，显著高于对照组的65.5%（$P < 0.05$）。

王海利将87例患者随机分为对照组42例（奥拉西坦注射液）、试验组45例（奥拉西坦注射液和脑心通胶囊），发现试验组总有效率为77.78%，显著高于对照组的 52.38%（$P < 0.05$）。

陈尚军等将 67 例患者随机分为治疗组 35 例、对照组 32 例，对照组采用常规治疗，治疗组病情稳定 3 天后在对照组的基础上加用脑血疏口服液，发现治疗组总有效率为 80.0%，显著高于对照组的 62.5%（$P < 0.05$），治疗组脑血肿吸收也较对照组更显著（$P < 0.05$）。

2. 脑梗死

脑梗死又称缺血性脑卒中，是临床上常见、多发的脑血管疾病之一。脑梗死是指各种原因引起的脑部血液供应障碍，使局部脑组织发生不可逆性损害，导致脑组织缺血缺氧性坏死。除脑血管壁本身的病变，现代分子生物学的研究认为，其还与血液流变学有关，例如各种原因引起的血液黏度增加、血脂增高、流速缓慢、血细胞凝聚会使脑血管梗死。脑梗死致残率、死亡率高。

脑梗死可通过病灶或脑部神经障碍的临床症状判断，其治疗方式的选择基于发病后的时间、临床亚型、严重程度。西医主要采用阻断和终止脑梗死进展、预防和治疗缺血性脑水肿、应用脑保护剂、加强护理、治疗并发症、早期和规范地康复治疗、介入治疗等方式；中医则认为，脑梗死属于中风范畴，常采用活血化瘀等疗法。水蛭中含有的水蛭素能明显降低血小板表面活性和黏附性，抑制血小板聚集，因此临床常用的治疗脑梗死现代中成药主要有添加了水蛭的脑血康胶囊、龙生蛭胶囊、疏血通注射液等。

林洪彬将 80 例气虚血瘀型脑梗死患者随机分为观察组 43 例、对照组 37 例，观察组采用西医常规治疗加龙生蛭胶囊，对照组仅采用西医常规治疗，发现观察组的临床疗效、神经功能缺损改善、中医证候疗效显著优于对照组（$P < 0.05$）。

王强等将 60 例患者随机分成治疗组和对照组，除常规基础治疗外，治疗组给予疏血通注射液，对照组给予灯盏细辛注射液，治疗 2 周后发现治疗组有效率为 90.0%，显著高于对照组的 66.67%（$P < 0.01$）。另有研究表明，疏血通注射液还具有抗凝血、促纤溶、抗血小板聚集、细胞保护、调节血脂等功能。

毕鹏等以水蛭肽为主要原料，辅以活性地龙蛋白、牡蛎、红花、桃仁、巴戟天等十多味中药，经现代小分子活性肽提取工艺精制而成七清肽产品。将 100 例急性心肌梗死和缺血性脑卒中患者随机分为2组，观察组及对照组各50例。对照组给予患者阿司匹林，50～150 mg / 次，1次 / 天；观察组给予七清肽产品，2～3粒 / 次，温水送服，3次 / 天。对比观察经6个月治疗后，观察组和对照组的临床疗效。结果：经6个月治疗，观察组和对照组急性心肌梗死及缺血性脑卒中总有效率分别为94.0%、92.0%，2组总有效率差异显著，差异有统计学意义（$P < 0.05$）。结论：对比常规化学药品，七清肽产品治疗心脑血管疾病表现出显著的临床疗效，同时药效安全，无药物不良反应。

李连江等对120例缺血性脑卒中患者按照随机方法分为对照组和观察组，每组60例。对照组予脑活素联合奥扎格雷钠针，1次 / 天，静脉滴注；观察组在脑活素联合奥扎格雷钠针基础上予三七粉和水蛭粉按照3 ∶ 1比例配制的胶囊，口服，治疗周期为2周。经治疗后，观察并比较对照组及观察组的临床疗效、脑卒中量表（NIHSS）评分、血液流变学参数变化、CT检查结果。结果：观察组临床疗效明显优于对照组，2组比较有显著性差异（$P < 0.05$），观察组NIHSS评分明显低于对照组（$P < 0.05$），观察组与对照组的血液流变学参数比较，有显著性差异（$P < 0.05$），2组CT检查结果比较有显著性差异（$P < 0.05$）。结论：三七粉和水蛭粉按照3 ∶ 1配比治疗缺血性脑卒中疗效显著。

李清涛使用随机平行对照方法，将160例缺血性脑卒中住院患者分为2组。对照组80例，口服吡拉西坦，3片 / 次，3次 / 天。治疗组80例，口服水蛭溶栓胶囊，2 g/ 次，3次 / 天。连续治疗21天为1个疗程。结果：治疗组基本痊愈33例，有效32例，显效12例，无效3例，总有效率96.25%；对照组基本痊愈22例，显著好转26例，好转11例，无效21例，总有效率73.75%；治疗组疗效优于对照组（$P < 0.01$）。结论：水蛭溶栓胶囊治疗缺血性脑卒中疗效显著，且患者无严重不良反应。

阮海娃等观察脑血康胶囊对急性脑梗死患者的临床疗效，治疗组112例患者给予脑血康胶囊治疗1个月，对照组98例患者给予复方丹参片治疗1个月。发现治疗组有效率约为91.1%，显著高于对照组的73.4%（$P < 0.05$）。药理研究表明，脑血康胶囊能改善患者微循环的血流速度，改善缺血情况，还可使微血管扩张，对脑梗死的疗效较好。

蒋家银观察水蛭溶栓胶囊和红花注射液治疗急性脑梗死患者的临床疗效，将 100 例急性脑梗死患者随机分为治疗组和对照组，各 50 例。治疗组患者给予由水蛭、川牛膝、三七、槐花、蜈蚣、猪牙皂制成的水蛭溶栓胶囊，5 粒 / 次，3 次 / 天，口服；同时予红花注射液 15 mL 加入 5% 葡萄糖注射液 250 mL，静脉滴注，1 次 / 天。对照组患者仅给予红花注射液治疗，用法用量及其他常规治疗（脱水剂、抗自由基、扩容、纤溶、抗血小板等）与治疗组相同，均以 15 天为 1 个疗程，1 个疗程后进行疗效观察。结果：治疗组患者总有效率为 84.0%，明显优于对照组的 64.0%，差异具有统计学意义（$P < 0.05$）；治疗组神经功能缺损程度评分比对照组明显降低，差异具有统计学意义（$P < 0.05$）；治疗组在血液黏度、血浆黏滞度、血浆纤维蛋白原水平上与对照组相比，差异均具有统计学意义（$P < 0.05$）。结论：水蛭溶栓胶囊联合红花注射液治疗急性脑梗死疗效较好。

孙怡等对 48 例脑出血颅内血肿患者均采取口服由吉林省公主岭市红光药厂制造的中药水蛭粉剂或水剂（如脑血康口服液），其主要成分为水蛭（烫）。每次服量相当于生药 3 g，3 次 / 天，30 天 / 疗程，对病例中 25 例急性期合并有脑水肿高颅压者，加用 20% 甘露醇 250 mL，2 ～ 3 次 / 天，持续用药 5 ～ 14 天不等；合并呼吸系统感染者 26 例并用抗生素；还有 10 例患者并用降压药。据相关文献报道，内科保守治疗脑卒中的病死率为 41.8% ～ 46.7%；还有报道称中轻度脑出血的病死率达 47%，幸存者中约 50% 有严重后遗症，生活不能自理。该研究在一般治疗的基础上应用水蛭，在 48 例病例中，痊愈 16 例（33.3%），显效 20 例（41.7%），好转 8 例（16.7%），死亡 4 例（8.3%），均较各文献报道为优。此外，该报道认为一般直径 4 cm 的血肿，其液化、吸收、修复过程一般约 4 个月，而该研究结果最短为 2 周，大部分为 5 ～ 7 周。结论：该药具有改善微循环、改善脑部缺氧和降低血压作用；且能加速纤维蛋白溶解，促进血肿的溶解和吸收，以解除颅内占位性病变所致的损害，有利于神经功能的恢复；同时可以降低血液黏度，减小血流阻力，改善血液流变性，从而做到预防、治疗高血压患者血小板聚集、脑血栓、脑出血、高脂血症等心脑血管疾病。

符为民等以自制通脑灵合剂治疗出血性脑卒中病例 30 例，设西药对照组。予脱水用20%甘露醇250 mL，静脉滴注，视病情程度，可分别为4 h / 次、6 h / 次、12 h / 次；地塞米松5～30 mg/ 天，加入葡萄糖注射液中静脉滴注或静脉推注。中药组采用通脑灵合剂，方剂由大黄、桃仁、水蛭、甘遂等组成，上药两剂水煎浓缩成250 mL装瓶（由南京中医院附院制药厂配制）。一般轻度少量出血患者为125 mL/ 天，分2次口服；中重度出血患者250 mL / 天，分4次口服、鼻饲或保留灌肠。均为10天为1个疗程。结果：中药组治愈23例，显效3例，有效2例，总有效率为93.3%。中药组治疗效果明显优于西药组。对中药组30例患者治疗前后分别进行了肝肾功能、血液生化、血尿常规等检查，除小部分继发感染患者，其余指标均在正常范围。除个别体质差的患者在服药时便次增多，其余无不适，停药后恢复正常，无任何药物不良反应。

杨剑锋等自拟三参黄龙土鳖水蛭汤加减治疗气虚血瘀型缺血性脑卒中，将缺血性脑卒中112例患者随机分成治疗组、对照组，两组均进行临床常规治疗，并有糖尿病、高血压、冠心病的患者均给予相应的药物治疗，治疗组在常规临床治疗的基础上加用三参黄龙土鳖水蛭汤。药用：人参10 g，丹参15 g，三七参颗粒（冲）10 g，黄芪30 g，当归15 g，川芎10 g，地龙颗粒（冲）10 g，水蛭颗粒（冲）9 g，土鳖虫颗粒（冲）12 g；水煎取汁300 mL，分2次口服。血压高者加夏枯草、双钩、石决明，口眼㖞斜加白附子、僵蚕、全蝎，血虚便秘者加肉苁蓉、郁李仁，语言不利者加石菖蒲、远志、郁金，偏瘫肢体疼痛者加威灵仙、淫羊藿。对照组采用常规临床治疗，不用任何中药、中成药及针灸，2组疗程均为2～7周。结果：治疗组56例中，基本治愈22例，显著进步19例，进步10例，无效5例，总有效率为91.07%；对照组56例中，基本治愈17例，显著进步14例，进步10例，无效15例，总有效率为73.21%。治疗组疗效明显优于对照组（$P < 0.01$）。治疗前后神经功能缺损程度评分减少，分别为治疗组治疗前（15 ± 3）分、治疗后（11 ± 3）分，对照组治疗前（15 ± 3）分、治疗后（11 ± 3）分，2组治疗后神经功能缺损程度评分均低于治疗前（$P < 0.01$ 或 $P < 0.05$）。

王凤仙自制水蛭丸对进展性脑梗死患者进行对比治疗，将104例患者随机分为2组。方法：对照组用常规治疗方法，复方丹参注射液20 mL溶于生理盐水或

5% 葡萄糖注射液 300 mL 中，静脉滴注，1 次 / 天，同时使用自由基清除剂及进行脑保护治疗；酌情对高血压、糖尿病、冠心病患者给予相应治疗。治疗组除上述常规治疗外，加用水蛭丸（组成：水蛭 90 g，生黄芪 90 g，当归 45 g，桃仁 30 g，赤芍 30 g，红花 30 g，土鳖虫 30 g，玄参 45 g，丹参 90 g，鸡血藤 30 g，川芎 30 g，生甘草 30 g。上药干燥后混匀研末，制成蜜丸，每丸 9 g），1 丸 / 次，3 次 / 天，口服，吞咽困难者胃管给药，连用 30 天后观察疗效。结果：治疗组总有效率为 88.00%，对照组总有效率为 66.67%；两组总有效率及病程稳定时间比较均有统计学意义（$P < 0.05$）。结论：水蛭丸能有效防止血栓继续发展和再形成，是治疗肺隔离症的有效中药制剂。应用水蛭丸治疗有利于尽快控制病情，降低神经功能缺损程度评分，并能显著改善预后，降低致残率，提高患者生活质量。

张金玺采用中药补肾活血汤配合西药治疗急性脑梗死患者。对照组 29 例，采用西药常规治疗；治疗组 32 例，加用补肾活血汤（桑寄生、何首乌、水蛭、三七参、葛根等），疗程均为 28 天。结果：治疗组治愈率 37.5%、总有效率 93.75%，对照组治愈率 20.69%、总有效率 72.42%，治疗组治愈率、总有效率均高于对照组，有极显著的统计学差异（$P < 0.01$）；治疗组临床症状显著改善，与对照组相比，有极显著的统计学差异（$P < 0.01$）；治疗组血液流变学指标改善优于对照组，有显著的统计学差异（$P < 0.05$）。结论：中西医结合治疗急性脑梗死比单用西药的疗效显著提高。

王淑芳等将 400 例急性缺血性脑卒中患者随机分为 2 组。治疗组 212 例，口服由水蛭配伍黄芪、地龙等组成的神脑康胶囊，3 ～ 4 粒 / 天，3 次 / 天；对照组 188 例，口服脑益嗪片，25 ～ 50 mg/ 天，3 次 / 天，疗程均为 8 周。治疗前后测定高密度脂蛋白（HDL）、低密度脂蛋白（LDL）、载脂蛋白 ApoA 及载脂蛋白 ApoB 水平，并对患者进行神经功能缺损程度评分。结果：治疗组治疗后神经功能缺损程度评分极显著高于对照组（$P < 0.01$），HDL、载脂蛋白 ApoA 与对照组相比极显著升高（$P < 0.01$），LDL、载脂蛋白 ApoB 与对照组相比下降显著（$P < 0.05$）。结论：水蛭制剂神脑康胶囊治疗急性缺血性脑卒中能明显改善神经功能缺损程度，并能使患者的脂代谢紊乱得到改善。

王瑞芳等用疏血通注射液静脉滴注治疗脑梗死患者60例；对照组以复方丹参液静脉滴注治疗。结果：治疗组有效率78.3%，显效率58.3%；对照组有效率63.3%，显效率36.7%，差异显著（$P < 0.05$）。

秦泗明等用自拟梗塞通（黄芪60 g，丹参30 g，川芎、葛根各20 g，人参、红花、三七、地龙各10 g，水蛭6 g）加减治疗缺血性中风患者30例，水煎服，1剂/天，早晚2次分服，10天为1个疗程，总有效率为90%。

于存才用自拟脑脉通（水蛭、红花、全蝎、乌梢蛇、天麻、杜仲、狗脊、桑寄生等）治疗脑卒中患者42例。缺血性脑卒中患者发病当日即服用脑脉通，出血性脑卒中患者在常规西药治疗1周后服用脑脉通。结果：中药组和西药组的总有效率分别为96%、87%。

鲍宗鳞等用水蛭注射液治疗脑梗死90例作治疗组，并以维脑路通80例作对照组。治疗组用水蛭注射液4 mL加5%葡萄糖注射液250 mL，静脉滴注，1次/天；对照组用维脑路通0.4 g加5%葡萄糖注射液250 mL，静脉滴注，1次/天。15天为1个疗程。结果：治疗组总有效率为83.3%，对照组总有效率为66.25%，差异显著（$P < 0.05$）。2组间治疗前各指标无差异，治疗后差异显著。治疗组自身对比治疗后各指标均有明显改善，治疗组疗效明显优于对照组。

梁健芬等把175例脑梗死患者分为2组，治疗组90例，对照组85例。治疗组用水蛭注射液4 mL加入5%葡萄糖注射液或生理盐水250 mL中静脉滴注；对照组以低分子右旋糖酐500 mL静脉滴注。观察治疗前后血液流变学及血清超氧化物歧化酶（SOD）指标的变化及临床疗效。结果：治疗组和对照组总有效率分别为82.22%、60%（$P < 0.05$）；治疗组治疗后血液流变学异常增高值下降、血清SOD活性升高，与治疗前比较有统计学差异（$P < 0.05$）。结论：水蛭注射液可能通过改善患者血液流变学，增强血清SOD活性，对脑梗死起治疗作用。

邱全等用水蛭胶囊治疗脑动脉硬化症患者40例，并以盐酸氟桂利嗪胶囊治疗组40例作对照。结果：治疗组总有效率90%，对照组总有效率75%，2组比较有统计学差异（$P < 0.05$）；治疗组调节血栓素B_2（TXB_2）、6-酮-前列腺素F_{1a}（6-K-PGF_{1a}）、SOD、丙二醛（MDA）的平衡，改善血脂紊乱及血液流变学状态均

优于对照组（$P < 0.05$）。

张爱梅运用中医药辨证治疗脑梗死患者 28 例。针对不同类型病症，如髓海空虚、肝阳上亢、火热邪毒上扰、瘀血阻络等，采用水蛭配伍其他中药材进行中医药辨证治疗。痊愈 16 例，好转 9 例，无效 3 例。

司志国等用水蛭胶囊或煎剂治疗高血压动脉硬化引起的脑梗死患者 305 例，服药 1 月，基本痊愈 125 例（41%），显效 96 例（31.5%），有效 78 例（25.6%），无效 6 例（2%）；对其中 94 例患者治疗前后血液流变学进行测定对比，尤以红细胞压积、血液黏度和红细胞电泳 3 项指标下降和缩短更为显著（$P < 0.01$），证明水蛭能改善缺血性脑卒中患者血液的“浓”“黏”“聚”现象，具有强有力的破血化瘀作用。水蛭胶囊则有出血者止、缺血者活、瘀血者散的特点，治疗脑血栓的效果非常好。

孙国定等利用水蛭抗栓灵治疗脑梗死患者 31 例，对照组 21 例。对照组给予培他啶 500 mL 和维脑路通针 500 mg 静脉滴注，1 次 / 天；治疗组在进行上述治疗的同时，加用河南省南阳市色织厂职工医院制剂室自拟水蛭抗栓灵（水蛭 30 g，土鳖虫 40 g，桃仁、红花 50 g，丹参 100 g，当归、黄芪、太子参 60 g，按以上比例将主药粉碎后过 120 目筛，蜜制为丸，每丸 9 g），1 丸 / 次，3 次 / 天，温开水或黄酒送服，15 天为 1 个疗程。治疗前后可进行肢体功能评分及 CT 检查，对比观察并评定疗效。结果：治疗组 31 例中，基本痊愈 19 例，显著进步 6 例，进步 4 例，无效 2 例，总有效率为 93.5%；对照组 21 例中，基本痊愈 6 例，显著进步 5 例，进步 2 例，无效 8 例，总有效率为 61.9%。治疗组疗效明显优于对照组（$P < 0.05$）。复发情况：治疗组复发 4 例，对照组复发 12 例，治疗组复发率明显低于对照组。

某研究用自拟水蛭复方制剂脑心通治疗脑梗死患者 40 例（A 组），并另用 40 例患者进行对照（B 组）。结果：治疗前后分别测红细胞压积、血液黏度、低切变黏度 3 项指标。A 组 3 项指标皆有明显下降（$P < 0.01$），有极显著的差异；B 组则无差异（$P > 0.05$）。头颅 CT 检查动态观察，A 组 21 例中好转 17 例，占 80.95%；B 组 23 例中好转 15 例，占 65.22%。A 组好转用时 30 天，B 组为 60 天。按神经功能缺损改善程度评定神经症状，A 组改善幅度为差异极显著（$P < 0.01$），A 组痊愈显效率为 95%，B 组为 65%。

张平义以马蛭愈瘫灵（含马钱子、水蛭的汤剂和散剂）配合针灸治疗中风偏瘫患者 1000 例。服汤剂 28 天，服散剂 1 月，配合针灸百会穴、行间穴，1 次 / 天，10 天为 1 个疗程。结果：痊愈（恢复工作能力）100 例，有效（生活自理）550 例，好转 300 例，无效（因其他病加重，转诊）50 例，总有效率 95%。

周端球将 130 例急性缺血性脑卒中患者随机分为治疗组 70 例和对照组 60 例。基础治疗均采用静脉滴注胞磷胆碱，治疗组加服水蛭粉胶囊 6 粒，对照组加服维脑路通片 0.3 g，3 次 / 天，10 天为 1 个疗程，3 个疗程后评定疗效。结果：治疗组基本治愈率 35.7%，显效率 50.0%，有效率 7.1%，总有效率 92.9%；对照组基本治愈率 13.3%，显效率 18.3%，有效率 50.0%，总有效率 81.7%。2 组治愈率差异显著（$P < 0.05$）。治疗组治疗后血液流变学较治疗前和对照组治疗后明显下降（$P < 0.05$），TC 和甘油三酯（TG）较治疗前亦明显下降（$P < 0.05$）。结论：水蛭粉胶囊可明显改善急性缺血性脑卒中患者的血液流变学和降血脂，疗效可靠。

3. 血液高黏滞综合征

何小蓉采用由重庆多泰制药有限公司提供的脉血康对 56 例血液黏稠度增高的患者进行治疗，750 mg/ 次，3 次 / 天，30 天为 1 个疗程。服药期间禁用其他治疗血液高黏滞综合征的药物。结果显示，经治疗后，血液黏度等血液流变学指标均有不同程度降低，且差异极显著（$P < 0.01$）。结论：水蛭制剂可通过多个环节降低血液高黏滞综合征患者血液流变学等多项指标，预防和治疗血液高黏滞状态，减少和消除发生缺血性脑卒中的危险因素。本组高黏滞综合征血液流变学异常者在治疗过程中未发现有自发性瘀斑、牙龈出血和消化道出血等不良反应，少数患者感到腹胀、恶心。研究结果表明，脉血康是治疗血液高黏滞状态的药物之一，是用日本医蛭研制而成的水蛭素制剂，其药物不良反应小，疗效显著，适合于临床长期应用，可预防和治疗血液高黏滞综合征。

4. 冠心病、心绞痛

冠心病、心绞痛可分为稳定型、不稳定型 2 种，是由冠状动脉供血不足导致心肌暂时性缺血和缺氧所引起的临床症状，会出现呼吸困难、胸部有紧迫感等症状，严重时胸部疼痛会放射到背部。西医通常选择硝酸盐类、β受体阻滞剂、钙通道阻滞剂、他汀类、血管紧张素转换酶抑制剂等药物治疗冠心病、心绞痛，但长期应用会发生药物不良反应、耐药性、介入治疗后再狭窄形成等；中医则认为，该疾病属于胸痹、心痛的范畴。对此，中医药防治具有独特优势，以水蛭为主要成分的中药制剂，如血栓心脉宁胶囊、脉血康胶囊、脑心通胶囊等作为临床常用中成药被广泛应用。

司家亭对 35 例冠心病、心绞痛患者在常规西药治疗基础上加服血栓心脉宁胶囊，发现在缓解冠心病、心绞痛发作，改善自觉症状、心电图方面优于单用常规西药。血栓心脉宁胶囊是国家中药保护品种、国家医保药物，能有效改善胸痹、心痛患者的中医临床症状。

李林等将 100 例冠心病、心绞痛患者随机分为对照组（常规西药）、治疗组（常规西药加脑心通胶囊）各 50 例，8 周后发现 2 组治疗前后心电图、血液流变学指标均有改善，以治疗组更优。脑心通胶囊是具有现代循证医学研究证据的“脑心同治”专利现代中成药，水蛭与地龙、全蝎共同作为臣药而发挥祛瘀通络的作用。

黄伟等应用脉血康胶囊治疗 72 例冠心病、心绞痛患者，并与 36 例常规西药治疗的患者作对照，发现中药治疗后患者心绞痛改善总有效率为 93.1%，明显优于西药。

贺志伟等评价脉血康胶囊对经皮冠状动脉介入患者长期预后的影响。脉血康胶囊的活性成分为水蛭素，是特异性凝血酶抑制剂，能有效地防止纤维蛋白和血细胞结合形成血凝块，具有抗凝血、抑制血小板聚集、降低全血比黏度、降血脂等药理作用。研究因心绞痛、急性心肌梗死入院行首次冠状动脉介入治疗的患者 80 例，分为常规治疗组和脉血康组各 40 例，观察患者无症状生存情况、心血管事件、转氨酶、再住院率、超声心动图检查和冠状动脉搭桥术，随访时间平均 15 个月。结果表明，脉血康胶囊治疗后能明显改善患者的预后，无症状生存率高达 97.5%。

吴云虎等观察丹参水蛭胶囊配合西药治疗颈动脉血管支架成形术后再狭窄的疗效，其在血管支架置入术后 6 个月复查脑血管造影。结论：中西医结合方法可降低血管支架成形术后再狭窄的发生率，且有较少的并发症。

徐灵建等将复方水蛭精胶囊应用于经皮冠状动脉腔内成形术后再狭窄病例 36 例的治疗（复方组），并与单味水蛭胶囊（单味组）16 例相比较，结果 TG、低密度脂蛋白胆固醇（LDL-C）明显降低，特别是复方组前后差异极显著（$P < 0.01$），与单味组比较也有统计学意义（$P < 0.05$）；计算心率变异（HRV）异常概率值发现复方组各项 HRV 参数均下降，与单味组比较有统计学意义（$P < 0.05$）；左室射血分数及冠状动脉病变参数方面，结合 HRV 分析，复方组的临床心功能评价明显改善。

何群等评价了脉血康胶囊治疗心绞痛的临床疗效。将 64 例心绞痛患者随机分为治疗组、对照组各 32 例，均服用抗心肌缺血的基础药物，治疗组加服脉血康胶囊，500 mg/ 粒，3 次 / 天，连用 4 周。结果：对照组总有效率 71.88%，治疗组总有效率 90.62%（$P < 0.05$），治疗组血液黏度、血浆黏度、血小板聚集率均显著降低，明显低于对照组。

高曼妮同样观察了脉血康胶囊治疗心绞痛的临床疗效，结果显示治疗组总有效率明显高于对照组。结论：水蛭能有效改善心绞痛患者心肌供血，降低血液黏度、血浆黏度，有明显的抗凝血和抗血栓作用，可有效控制心绞痛。

5. 急性心肌梗死

急性心肌梗死是因持续而严重的心肌缺血所致部分心肌急性坏死，可引起心脏功能障碍、细胞死亡、心室重构等现象。西医治疗主要是改善心肌梗死患者预后、控制心肌梗死后并发症发生、介入治疗等；中医则认为，该疾病属于真心痛范畴，是胸痹、心痛的最严重表现，临床上以血瘀、痰浊两大类型最常见。现代药理研究表明，通心络胶囊具有稳定易损斑块、抑制心室重构、抗缺血组织细胞凋亡等作用，对于心肌梗死疗效确切。目前，疏血通注射液、通心络胶囊等作为临床常用的治疗急性心肌梗死的现代中成药被广泛应用。

宗自文等对 69 例急性心肌梗死患者除了采用吸氧、溶解血栓、扩张冠状动脉和改善心肌代谢等西药常规治疗措施，还辅以干体水蛭进行中医活血化瘀的治疗。结果：69 例急性心肌梗死患者用水蛭治疗后，血液黏度、血浆黏度、全血还原黏度、红细胞压积、红细胞聚集指数、红细胞变形指数、血沉和血沉方程 K 值等各项指标较治疗前均有明显降低。经自身对照 t 检验，除了红细胞变形指数有显著性差异，其他各项指标均有极显著性差异。

张军彩等在常规治疗急性心肌梗死基础上，加用疏血通注射液治疗 58 例患者，发现总有效率为86%，明显优于单用常规抗凝、抗血小板、扩冠脉等西药常规治疗。

赵群辉等将98例急性心肌梗死患者随机分为治疗组50例、对照组48例。对照组采用常规抗凝、抗血小板、扩冠脉等西药治疗；治疗组在对照组治疗的基础上加用通心络胶囊。随访发现，在治疗后1个月、12个月时，治疗组心血管事件发生情况明显少于对照组。结论：通心络胶囊可改善患者心功能和抑制心室重构，减轻临床不良症状，降低不良心脏事件的发生率。

6. 高血压

高血压是以体循环动脉压增高为主要表现的临床综合征，是主要的心血管疾病风险因素。西医常用血管紧张素转换酶抑制剂、利尿剂等降压药物，还有低钠、高纤维饮食等非药物控制方式治疗高血压；中医将高血压归属于眩晕、头痛等范畴，通常采用活血通络等治疗原则。脑心通胶囊、通心络胶囊等作为临床常用治疗高血压的现代中成药被广泛应用。

颜文涛观察了步长脑心通胶囊治疗老年人原发性高血压的疗效。将90例患者随机分为收缩压组50例、舒张压组40例，而收缩压组又随机分为治疗组30例、对照组20例，舒张压组随机分为治疗组、对照组各20例。2个对照组给予降压药维尔亚；2个治疗组在对照组基础上加用步长脑心通胶囊。治疗2个月后发现，2个治疗组血压有显著差异（$P < 0.05$），治疗组与对照组之间差异显著（$P < 0.05$）。研究表明，步长脑心通胶囊有改变血液流变学指标、降脂、抗炎、抗血栓等作用。

魏君观察了通心络胶囊、缬沙坦胶囊联合应用治疗高血压的临床疗效。将100例患者随机分为治疗组、对照组各50例，2组均给予缬沙坦胶囊，治疗组加服通心络胶囊。结果发现治疗组总有效率为96%，高于对照组的76%，差异极显著（$P < 0.01$），而且治疗组治疗后血液流变学异常得到显著改善，而对照组治疗前后无变化。

饶惠平观察了通心络胶囊治疗高血压痰瘀交互、脉络瘀阻或气虚血瘀络阻证的临床疗效，以及对血液流变学的影响。将147例患者随机分为治疗组74例、对照组73例，对照组给予常规降压、降脂、生活干预等治疗，治疗组在对照组基础上加用通心络胶囊，发现治疗组中医症状改善率明显优于对照组。

7. 肺源性心脏病

肺源性心脏病又叫肺心病，患病人群通常是老年人。肺源性心脏病主要是支气管—肺组织或肺动脉血管病变所致肺动脉高压引起的心脏病。据统计，我国患病率为 0.41% ～ 0.47%。急性肺源性心脏病以冬春季多见，其常见原因是呼吸道感染。急性上呼吸道感染常为急性肺源性心脏病发作的诱因，常导致患者心肺功能衰竭，病死率较高。

李凌云以黄芪注射液配合水蛭胶囊治疗肺源性心脏病 46 例。患者入院后使用黄芪注射液 100 mL（含生药 50 g）静脉滴注，1 次 / 天；服水蛭胶囊 2 粒（每粒含生药 0.5 g），3 次 / 天。12 天为 1 个疗程。每 3 ～ 5 天复查 1 次血生化及血常规、出凝血时间、凝血酶原时间（PT），同时配合西药对症治疗。结果：治愈（临床主证治愈，肺部啰音消失，右心衰及呼衰纠正）15 例，显效（临床主证治愈，肺部啰音减少，右心衰及呼衰纠正）20 例，好转（主证减轻，右心衰及呼衰改善）7 例，无效（主证及啰音无变化）4 例，总有效率为 91.3%。结论：黄芪注射液能兴奋中枢神经系统，增强网状内皮系统的吞噬功能，提高免疫力；水蛭胶囊由单味水蛭组成，含有水蛭素、肝素、抗血栓素，具有抗血小板聚集、抗凝血、降低血液黏滞度、降血脂及扩血管等作用。两药合用，可提高免疫力、促进血液循环、抗凝、扩血管、降低肺动脉高压、降低血液黏稠度、改善肺循环、解除肺血管痉挛，扶正祛邪，标本兼治，且剂型简单，使用方便。值得注意的是，水蛭能分泌一种组胺样物质且含有肝素，故对本品有过敏史且近期有出血性疾病、活动性溃疡、严重肝肾功能障碍者忌用。

洪用森在常规治疗基础上，将 130 例肺源性心脏病患者分为 63 例加服水蛭粉的治疗组和 67 例的对照组。结果：治疗 2 周，治疗组和对照组有效率分别为 90.5% 和 77.6%，死亡率分别为 9.5% 和 22.4%。同时，治疗组在血气分析、血液黏滞度、甲皱与球结膜等检查均优于对照组，有显著差异（$P < 0.05$），临床症状亦明显好转，说明水蛭治疗肺源性心脏病有效。

钱海凌等将 60 例肺源性心脏病患者随机分为对照组和治疗组，每组 30 例。对照组给予控制感染、吸氧、祛痰、止咳平喘、纠正并发症等常规治疗；治疗组在常规治疗的基础上加用水蛭注射液（2 mL×2 支）加入 5% 葡萄糖注射液 250 mL 中静脉滴注，1 次 / 天，15 天为 1 个疗程，共 2 个疗程。于治疗前后分别测定 2 组患者的凝血功能，包括活化部分凝血活酶时间（APTT）、PT、凝血酶时间（TT）、纤维蛋白原，并进行血浆抗凝血酶Ⅲ活性测定（AT–Ⅲ）和血浆纤溶酶原激活抑制物 –1（PAI–1）活性测定。结果：治疗组治疗后 APTT、PT、TT 与治疗前相比，差异不显著（$P > 0.05$）；纤维蛋白原、AT–Ⅲ、PAI–1 与治疗前相比及与对照组治疗后比较，差异极显著（$P < 0.01$）；对照组治疗前后比较，差异不显著（$P > 0.05$）。结论：水蛭注射液可以改善肺源性心脏病血液的高凝状态。

8. 血小板增多症

秦亮甫观察了 18 例脾切除患者，运用中医治疗其血小板增多症，自拟水蛭汤（水蛭、蛭虫、土鳖、桃仁、丹皮、赤芍、生地、生蒲黄、生五灵脂），煎服。观察发现，这些患者大多有发热、舌红、脉弦数等营血瘀热征象。术后第 5 ～ 8 天，患者血小板增多至 70 万 /mm^3 ～ 120 万 /mm^3，辨证属血分有余的实证，服药后血小板增多速度显著减慢，或不再继续增多。其中，服药 2 帖后，血小板增多速度开始下降的有 10 例；服用 4 帖后，血小板增多速度下降的有 3 例，两三天后又能自动下降。

孙素芹等对 30 例血小板增多症患者用血府逐瘀汤加减内服治疗，同时静脉滴注蕲蛇酶，皮下注射 α – 干扰素。结果：患者的临床症状缓解或消失，多数患者的血小板计数维持在正常范围。结论：以血府逐瘀汤为主治疗血小板增多症患者收到较好的临床效果。

高纪理等用单味水蛭口服治疗伴有血小板聚集率升高的心脑血管病患者。选取血小板聚集率重度升高（大于 80%）的心脑血管病患者 60 例，其中冠心病 19 例、脑梗死 33 例、短暂性脑缺血发作 11 例、高血压 42 例（部分患者存在 2 个以上诊断）。随机分组各 30 例。水蛭治疗组：取自然干燥的水蛭研为细末，装入空心胶囊，2.5 g/ 次，2 次 / 天；阿司匹林对照组：肠溶阿司匹林片，0.3 g / 次，3 次 / 天，口服 30 天。服药期间禁用其他药物，30 天后复查血小板聚集率和心脑血管病的临床表现。结果表明，水蛭治疗组的血小板聚集率降至正常的有 20 例、显效的有 7 例、无效的有 3 例；阿司匹林对照组的血小板聚集率降至正常的有 14 例、显效的有 12 例、无效的有 4 例。结论：水蛭治疗组收到了良好的治疗效果，优于阿司匹林对照组。

9. 血管瘤

娄巍巍等单用水蛭治疗 30 例血管瘤患者，将生水蛭研末装入胶囊，1.5 ～ 3 g/ 天，早晚 2 次分服。14 例患者于服药 1 年后血管瘤完全消失，为治愈；10 例患者瘤体面积缩小，颜色变浅，为好转；6 例患者无改变，为无效。总有效率 80%。

颜乾麟以生水蛭、延胡索、生牡蛎 3 味研磨泛丸，制备消瘤丸。先后治疗各种类型血管瘤（良性）患者 50 例，其中，显效 30 例、有效 19 例、无效 1 例，总有效率 98%。

周高龙治疗肝血管瘤患者 62 例，方剂组成：水蛭、丹参、黄药子、山慈菇、三棱、莪术、生牡蛎、夜明砂各 30 g，土鳖虫、延胡索各 20 g，全蝎 10 g。制成散剂或水丸，口服，20 天为 1 个疗程，平均疗程 145 天。结果：痊愈 38 例、明显进步 18 例、无效 6 例，治愈率 61.3%，总有效率 90.3%。

10. 血栓性静脉炎、浅静脉炎、静脉曲张性溃疡、急性动脉栓塞、深静脉血栓

马衍平等利用水蛭化瘀汤治疗血栓性静脉炎患者 36 例。其中急性动脉栓塞患者 20 例，表现为肢体突发肿胀、疼痛及坠胀感，并可见红肿发热，活动时症状加重，浅表静脉扩张；慢性患者 16 例，表现为患肢表浅静脉曲张及凹陷性水肿，色素沉着或有溃疡，活动时症状加重，休息后症状逐渐减轻。治疗组服用水蛭化瘀汤。组方：当归 20 g、川芎 15 g、黄柏 15 g、苍术 10 g、薏苡仁 30 g、金银花 30 g、蒲公英 30 g、三棱 10 g、莪术 10 g、水蛭 30 g、地龙 20 g、蜈蚣 3 条、丹参 20 g、黄芪 50 g、白芍 20 g、甘草 6 g。1 剂 / 天，水煎服。头煎加水 1000 mL 煎至 500 mL；二煎加水 500 mL 煎至 300 mL。分 2 次，饭后 1 h 温服，20 天为 1 个疗程，疗程 2 ～ 5 个月，平均疗程 3 个月。对照组服用血府逐淤口服液，3 次 / 天，1 支（10 mL）/ 次，20 天为 1 个疗程，4 个月评价疗效。结果：治疗组 36 例，其中治愈 22 例、显效 4 例、好转 7 例、无效 3 例，总有效率为 91.7%；对照组 30 例，其中治愈 8 例、显效 5 例、好转 9 例、无效 8 例，总有效率 73.3%。2 组治愈率、总有效率比较差异均显著（$P < 0.05$）。

大量临床实践表明，西药治疗浅静脉炎效果不佳。为提高疗效，李树凯等在中

医辨证基础上加用水蛭 10 g（研末冲服）。治疗此类患者共 37 例，一般服用 10 ～ 15 剂即可治愈。按中医辨证，用清热解毒、活血化瘀通络法，另加水蛭粉 6 ～ 10 g 冲服。处方：玄参 15 g、当归 20 g、蒲公英 20 g、地丁 15 g、牛膝 15 g、金银花 20 g、忍冬藤 30 g、水蛭粉 10 g（冲服）。1 剂 / 天，分 2 次服，约服 30 剂，痊愈。

同样，李淑梅运用中医化瘀通脉法，以中药制剂血脉通胶囊治疗血栓性浅静脉炎患者 110 例。采用水蛭、地龙、金银花、连翘、牛膝、赤芍等药物，自制血脉通胶囊（和平中医医院制剂室提供），0.3 g/ 粒，8 粒 / 次，口服，3 次 / 天。初起时局部皮肤有条索状肿物，红肿灼热者外敷金黄膏；合并慢性溃疡者外敷生肌橡皮膏纱条，以祛腐生肌。结果：临床治愈 63 例（57.27%）、显效 39 例（35.45%）、未愈 8 例（7.23%），总有效率为 92.73%。结论：血脉通胶囊能通脉消瘀，改善血液循环，加速静脉血回流，以促进病变的改变；改善血液理化性质，调整凝血与抗凝系统的功能，降纤、溶栓，防止血栓形成；抗感染，降低炎症区毛细血管的通透性，改善局部血液循环。

张春玲等探索中西医结合治疗下肢深静脉血栓形成的有效途径。将本病分为湿热下注型、血瘀湿重型、气虚血瘀型，辨治中均加用水蛭，同时配合西医抗凝、溶栓、抗聚去纤扩管法，10 天为 1 个疗程。结果：总有效率 97.7%，表明西药配合中药活血通络药能扩张血管，改善血液循环。

李密峰等对 60 例因久患血栓闭塞性脉管炎引发局部溃疡患者，采用鲜水蛭外敷治疗。将采集到的活体水蛭放入泥水盆中待用。用时拿镊子将水蛭取出，放入 75% 的乙醇溶液中浸泡 30 min，取出后每 10 条加 1 瓣生大蒜，共捣成泥。将水蛭蒜肉泥加入适量鸡蛋清，调匀后涂擦患处。局部缺血期和营养障碍期患者每天涂擦患处 1 次；对坏疽期溃疡患者，将水蛭蒜肉泥填充在溃疡创面上，外以纱布固定，每天换药 1 次；合并感染者，配合抗生素静脉滴注，除此之外不用其他药物。结果：60 例患者中，58 例创面愈合，治疗最短时间为 1 周，最长时间为 3 月，且无复发；另外 2 例患者，因溃疡面严重感染，未能愈合，最终行外科手术。

糖尿病控制不好的长期患者会出现合并下肢闭塞性动脉硬化。徐珏将 70 例糖尿病合并下肢闭塞性动脉硬化患者分为治疗组及对照组进行观察，治疗组较对照组加用逐瘀通脉胶囊（含水蛭、虻虫、大黄、桃仁）。根据临床疗效评分，治疗组总有效率为 87.5%，对照组总有效率为 60.0%。多普勒超声检查示治疗组治疗后股浅动脉、胫后动脉、足背动脉的血管内径和血流量与治疗前比较有极显著增加（$P < 0.01$），治疗后治疗组各项理化指标改善优于对照组（$P < 0.05$）。

冯琨等将 260 例下肢血管病变患者进行分组对照治疗，治疗组、对照组分别给予疏血通注射液（含水蛭及地龙）和前列地尔，结果表明，治疗组总有效率为 94.4%，优于对照组的 85.0%。同时，治疗组股浅动脉、胫后动脉及足背动脉的血管内径增大、血流量明显增加，均优于对照组。

11. 高脂血症

现代医学认为，高脂血症是指血浆脂质中一种或多种成分的含量超过正常范围，主要是以血浆 TC、TG、LDL 升高，HDL 降低为表现的一种血脂代谢紊乱状态，是中老年人最常见的多发病。血脂增高，容易导致动脉粥样硬化，从而引发心脑血管等疾病。冠状动脉粥样硬化管腔狭窄后心肌供血不足往往会引发冠心病。由于人们生活水平的不断提高，近年来高脂血症的发病率日渐增高，而且许多疾病中常合并高脂血症，如高血压、冠心病、肥胖病、糖尿病、急性脑血管病变等。国内外虽有不少降脂药物问世，但有的疗效不太确切，有的药物不良反应较大。

随着老年人口逐年增多，人们不健康的饮食习惯和生活方式导致了心脑血管疾病也随之增多。国内有学者对缺血性脑卒中患者进行了血液流变学检查，结果显示约 40% 的患者有一个或多个指标异常。血液黏滞度增加、血脂增高和纤维蛋白原增加等因素导致血流缓慢，以及血细胞和血小板黏附聚集形成血管内梗死，被认为是缺血性脑卒中的危险因素。

王辉等将 70 例高脂血症患者随机分为 2 组，治疗组 40 例，对照组 30 例。治疗组采用治疗方法是山楂、丹参各 10 g，煎水，水蛭粉 3 g（水蛭烘干，碾粉）或免煎中药颗粒 1 袋（3 g/ 袋），1 次 / 天；对照组口服血脂康（北京北大维信生物科技有限公司生产），0.6 g/ 次，2 次 / 天。伴高血压、糖尿病、冠状动脉粥样硬化性心脏病患者分别予以常规处理。2 组均以 1 个月为 1 个疗程，所有患者在接受治疗前均停用一切降脂药。结果：治疗组有效率为 97.5%，对照组为 83.3%，2 组有效率比较有显著性差异（$P < 0.05$）。结论：西药虽然有降脂作用，但是药物不良反应比较大，不利于长期服用。山楂具有降低血清 TC 和 TG、促进心肌收缩、保护心肌不受损害、抗动脉粥样硬化、降低血压、改善血液流变学等作用；丹参具有增加冠脉流量、降低心肌兴奋性和传导性、改善微循环、抗血小板聚集和血栓形成、降低血液黏度等作用。但只用山楂和丹参的话，降脂效果不够好，故加少量的水蛭，水蛭有降低 TC、TG 和改善血液流变学等作用。因此，山楂、丹参、水蛭联用治疗高脂血症患者的疗效显著。

同样，王达平等治疗高脂血症 48 例，随机分为 2 组，每组 24 例，治疗组用水蛭胶囊，对照组用相同数量的胃酶胶囊，2 组均采用双盲给药，治疗 4 周。结果：治疗组 TC 由治疗前（195.88 ± 41.26）mg/dL 降到（168.46 ± 31.60）mg/dL，TG 由给药前（160.5 ± 63.93）mg/dL 降到（112.50 ± 47.57）mg/dL，治疗前后各项血脂指标对比差异极显著（$P < 0.01$）。

另外，金德山等采用水蛭粉治疗高脂血症 150 例，服药 1 月，血脂变化为 TC 由给药前（207.6 ± 41.70）mg/dL 降为（190.5 ± 35.50）mg/dL；TG 由（201.3 ± 82.0）mg/dL 降为（146.5 ± 5.46）mg/dL，差异极显著（$P < 0.01$）。治疗的同时对其中 24 例测定 PGI_2 代谢产物 6–K–PGF_{1d}、血栓素代谢产物 TXA_2 的含量，结果：6–K–PGF_{1d} 由治疗前（20.03 ± 7.73）mg/dL 上升到（94.23 ± 29.27）mg/dL，TXA_2 由治疗前（42.74 ± 35.36）mg/dL 降为（11.19 ± 5.85）mg/dL，服药前后比较二者具有显著的统计学差异。其中，有 24 例高脂血症患者测定了水蛭粉治疗前后的 PT，治疗后有 87.5%PT 延长，最长达 19 s，没有出现皮下出血等药物不良反应。这说明水蛭不仅有提高 PGI_2 合成作用，而且是一种作用较强的 TXA_2 合成抑制剂。结果：水蛭既能降血脂，又能调节循环血浆中 PGI_2、TXA_2 的相对平衡，维持内环境稳定，从而使高脂血症患者血液中 PGI_2 升高，TXA_2 下降，为水蛭防治动脉粥样硬化，以及防治多种心脑血管疾病提供了一定的理论依据。

王正红探讨了单味水蛭粉对高脂血症患者的疗效。具体方法：将水蛭烘干打粉，用空心胶囊装服，用温开水送服，1 g/ 次，3 次 / 天，30 天为 1 个疗程。于服药前及服药 2 个疗程后检查血脂，并每半个月检查 1 次血常规、出凝血时间及肝功能，治疗期间停用其他药。结果：受试组 78 例患者中，显效 49 例，好转 20 例，无效 9 例，总有效率 88.5%。治疗前后 TC 分别为（6.14 ± 1.14）mg/dL、（5.68 ± 1.13）mg/dL；治疗前后 TG 分别为（2.11 ± 0.31）mg/dL、（1.64 ± 0.11）mg/dL，差异极显著（$P < 0.01$）。结论：水蛭粉对高脂血症有显著降低血脂的作用，临床上还适用于脾切除后的血小板增多症及血栓性静脉炎。同时，在使用期间通过对血红蛋白、红细胞、出凝血时间的检查对照，亦未发现明显不良影响，证明此药在治疗用量范围内毒性和药物不良反应小，安全且临床疗效显著。

李汉平将水蛭去除杂质，自然风干后粉碎，过 120 目筛，将细粉装入胶囊内，每粒含水蛭粉 0.25 g。使用单味水蛭粉治疗高脂血症 62 例，方法：治疗前 3 天停用任何降脂药物，治疗组给予水蛭胶囊 1 g/ 天，对照组给予胃酶胶囊 1 g/ 天。2 组均采用双盲给药，4 周为 1 个疗程，1 个疗程后评定疗效。服用水蛭粉患者与对照组相比，PGF1α 明显增高，TXB_2 明显下降，使两者比值维持正常，取得较好疗效。结果：水蛭的药物不良反应小，患者服药后均无出血现象，故临床可用于治疗动脉粥样硬化、高脂血症、血栓性疾病等。

李宁等探讨水蛭微粉对高脂血症患者的疗效。将 80 例患者随机平均分为 2 组：粗粉碎水蛭治疗组和超微粉碎水蛭治疗组。观察治疗前后 TC、TG、LDL、HDL、载脂蛋白 A1（ApoA1）、载脂蛋白 B100（ApoB100）及 ApoA1/ApoB100 水平。结果：2 组治疗后 TC、TG、LDL、HDL、ApoA1 及 ApoA1/ApoB100 水平均有极显著改善（$P < 0.01$），且治疗后超微粉组较粗粉组 TC、ApoA1、ApoA1/ApoB100 差异有统计学意义（$P < 0.05$）。结论：水蛭有降低血脂的作用，水蛭微粉疗效优于水蛭粗粉。

二、泌尿系统疾病

肾脏疾病属于泌尿系统疾病，在医学疾病谱中占较大的比例。报道显示，泌尿系统疾病在所有慢性疾病中位居第 4 位，发病率约占所有慢性疾病的 12.3%，最为常见的是慢性肾功能不全和肾病综合征。慢性肾脏病流行病调查显示，慢性肾功能不全总患病率约为 10.8%，由此可见肾脏疾病已经成为社会共同的卫生问题，给患者家庭带来严重的负担。多数肾脏疾病尚不能完全治愈，临床治疗目标仍是延缓肾功能损害。中医药在干预治疗肾脏疾病发生、发展方面具有较好的效果。水蛭是活血化瘀药中的代表药物，也是治疗肾病综合征最常用的药物，对改善肾病血瘀证临床症状、提高肾病综合征的疗效、减少肾病综合征的复发频率发挥着巨大的作用。

1. 慢性肾脏病

慢性肾脏病是一种由各种原因引起的慢性肾脏结构和功能异常的慢性病（肾脏损害病史超过 3 个月，或者出现大于 3 个月的不明原因，使肾小球滤过率下降）。近年来，慢性肾脏病的发病率逐年上升，在全球发病率为 8% ～ 13%。在早期慢性肾脏病的临床症状不明显且无特异性，多数患者无法在早期就意识到自己患有慢性肾脏病，大约 30% 的患者在症状明显后进行初诊时，发现其肾功能已经发展到不可逆转的损伤阶段，即终末期肾病，严重影响着患者的生活质量。终末期肾病患者主要依赖肾脏替代治疗生存，包括采用肾移植、腹膜透析、血液透析等手段进行治疗，且替代治疗并发症多、住院率高，对公共卫生资源的消耗巨大。

临床实践证明，水蛭复方制剂在多种因瘀血所致的疾病中疗效确切，能够通过改善血液流变学和高凝状态，从而改善肾血液循环，防治肾髓皮质瘀血，起到防治肾衰竭的作用；通过抑制凝血酶降低血液黏度、溶解血栓，达到改善患者临床症状，减少蛋白尿、血尿，保护肾功能的目的。可见，水蛭在肾病血瘀证治疗中具有广泛应用前景。

钟光玉等施用水蛭粉治疗慢性肾脏病患者，将医院 60 名慢性肾脏病患者随机分为 2 组，对比 2 组患者治疗前后肾功能指标水平变化情况及疗效。对照组采取常规基础治疗，首先进行原发病治疗，其次控制血压，给予低盐、低脂、低蛋白饮食及运动指导；同时维持水、电解质平衡，纠正代谢性酸中毒，防治心血管疾病，纠正肾性贫血，防治肾性骨病，连续治疗 4 周。观察组在对照组的基础上加服水蛭粉进行治疗，3 g/ 次，3 次 / 天，吞服，疗程为 4 周。结果：治疗前 2 组患者肾功能差异无统计学意义（$P > 0.05$），治疗后 2 组患者的肾功能指标均有所下降，其中观察组患者血肌酐水平下降程度显著高于对照组，由治疗前（240.16 ± 102.28）μmol/L 降低到治疗后（191.27 ± 82.61）μmol/L，差异有统计学意义（$P < 0.05$）；2 组患者 24 h 尿蛋白定量水平差异无统计学意义（$P > 0.05$）；观察组患者有效率（70%）显著高于对照组（20%），差异有统计学意义（$P < 0.05$）。结论：慢性肾脏病患者采用水蛭粉进行治疗，可明显改善其肾功能。

杨敬等利用水蛭粉治疗68例慢性肾脏病，随机分成2组，每组各34例。对照组采用基础治疗方式进行治疗，观察组在对照组的基础上给予患者水蛭粉治疗，3 g/次，3次/天，口服。治疗4周，比较2组患者临床疗效及治疗前后肾功能指标水平的变化。结果：治疗后，观察组的总有效率（73.53%）高于对照组（26.47%），差异显著（$P < 0.05$）；与治疗前相比，观察组血肌酐水平明显降低，且低于对照组，差异显著（$P < 0.05$）；2组患者治疗前后组内及组间的24 h尿蛋白定量比较，差异不显著（$P > 0.05$）。结论：水蛭粉能够有效改善慢性肾脏病患者的肾功能，且临床疗效显著。

詹继红等将54例符合慢性肾脏病3～4期诊断标准的患者用随机数字表法随机分为治疗组和对照组各27例，2组患者均采用慢性肾脏病基础治疗。治疗组在基础治疗上加服水蛭粉；对照组仅予基础治疗。共观察4周，比较中医证候疗效，血肌酐、24 h尿蛋白定量、血常规、肝功能、凝血功能、大便常规、潜血等指标的变化。结果：治疗组与对照组在年龄、性别、原发病及相关指标方面无统计学差异，治疗组脱落1例，对照组自行退出1例。中医证候疗效比较，2组治疗前无统计学差异，治疗后治疗组总有效率为73.1%，对照组总有效率为26.9%，2组治疗后疗效比较有极显著性差异（$P < 0.01$）；2组治疗前血肌酐水平比较无统计学差异，治疗后治疗组平均血肌酐水平较对照组平均血肌酐水平下降，经比较有统计学意义（$P < 0.05$）；2组治疗前后24 h尿蛋白定量比较无统计学差异（$P > 0.05$）；2组患者治疗后血常规、肝功能、凝血功能、大便常规和潜血检查均未见异常。结论：水蛭粉可明显改善慢性肾脏病患者的临床症状及肾功能，大量（9 g/天）吞服疗效确切，且无明显药物不良反应。

2. 肾病综合征

肾病综合征是以大量蛋白尿（大于3.5 g/24 h）、低蛋白血症（少于30 g/L）、高脂血症及高度水肿为特征的一组综合征，常伴有高凝血症。高凝状态是导致肾病综合征病情恶化的一个重要因素，改善高凝状态是减轻肾脏病理损害的有效方法。尤其是难治性肾病综合征患者，大多长期服用激素，耗气伤阴，易出现气阴两伤、湿热内蕴证，阴虚阳亢，煎熬血液，形成血瘀。故此类患者湿热多兼夹瘀，血液呈高凝状态，临床多见反复浮肿，蛋白尿经久不消，肾活检病理多为膜性肾病或局灶节段性肾小球硬化。

姜鹤林等观察水蛭粉治疗肾病综合征高凝血症的疗效和安全性，将患者随机分为2组。对照组予口服醋酸泼尼松片，1次/天，2片/次，早晨1次顿服，服用3个月后减至1次/天,1片/次，维持服药6个月;同时口服阿魏酸哌嗪片3次/天,3片/次。治疗组西药治疗同对照组，加服水蛭粉（将生水蛭焙干，加工成细粉，装入0号空胶囊内，规格为0.3 g/粒），3次/天，3粒/次，连续服用6个月。观察治疗前和治疗后凝血项目指标的变化，如检测肝功能、肾功能、血脂、血凝血常规、24 h尿蛋白定量，以及PT、PT比值、活化凝血时间、APTT、血浆纤维蛋白原含量等，并比较临床疗效。结果：2组治疗6个月后除纤维蛋白原显著减少外，凝血5项指标均显著延长，治疗组优于对照组。结论：水蛭粉治疗肾病综合征高凝血症疗效确切，且药物不良反应少。观察表明，加服水蛭粉能缓解肾病综合征的高凝状态。

王朝治疗肾病综合征61例，对照组予常规西药治疗，治疗组加服水蛭粉0.5 g，2次/天，全部疗程为8周。结果：口服水蛭粉可以使肾病综合征患者的血液高凝状态得以改善，并可以降低蛋白尿及血脂，改善肾功能。

杨书彦等采用水蛭治疗肾病综合征患者，6～9 g/天，分2～3次口服，4周为1个观察期。结果：水蛭对肾病综合征患者的血液流变学有广泛的作用，明显降低了血液黏度、血浆纤维蛋白原和红细胞压积，抑制了血小板的聚集，改善血液高黏状态，同时对高胆固醇和高甘油三酯血症也有明显的调节作用。

何志义等将70例肾病综合征患者随机分为2组，治疗组40例，对照组30例。对照组给予标准激素疗法及对症处理，观察组在对照组治疗的基础上加服水蛭粉3 g，2次/天，口服。治疗后对照组尿蛋白完全缓解12例、显著缓解4例、部分缓解5例，总有效率70%；治疗组尿蛋白完全缓解20例、显著缓解13例、部分缓解5例，总有效率95%。

方新生在自拟的益肾汤中重用水蛭治疗慢性肾炎18例。采用干体水蛭30 g，碾粉，过 60 目筛，分 3 次用益肾汤冲服；少数患者服后有恶心呕吐的症状，可装入胶囊吞服。益肾汤组成：黄芪 50 g，枸杞子 30 g，桑椹子 15 g，山萸肉 10 g，附子 10 g，大黄 10 g，银花 15 g，白花蛇舌草 15 g，车前子 30 g，益母草 30 g，丹参 30 g。1 剂 / 天，分 3 次温服。以未加水蛭的益肾汤 14 例作为对照，水蛭组与对照组血清尿素氮与肌酐的下降情况有显著差异（$P < 0.05$）。水蛭组与对照组临床症状改善有极显著差异（$P < 0.01$）。水蛭益肾汤加减治疗慢性肾功能不全 18 例，患者平均存活 37.4 个月，最长达 8 年之久，较未使用水蛭的对照组存活时长要长 8.4 个月。结论：水蛭对肾脏功能改善和降低血尿素氮、肌酐的疗效甚好，可能与水蛭活血化瘀、改善血液循环、增强肾小球滤过的作用有关。水蛭组用药 2 周后尿量显著增加，水肿渐消，而对照组则不明显，可见水蛭确有“利水道之功”。其中，9 例由便结转为稀便，日行 2 ～ 3 次，6 例便稀者未见排便次数增加，并未见明显不良反应，可见水蛭既能泻腑通便，又无伤正之虞。水蛭治疗慢性肾功能不全，时间宜早，剂量宜重，疗程宜长。所谓早，即不论是本病代偿期，抑或是原发病的急慢性期，愈早愈好，这对治疗原发病、延缓病情发展大有裨益；所谓重，即水蛭剂量要重，常用至 30 g，量小犹如杯水车薪，难以奏效，且宜生用，忌炙或入煎剂，否则疗效大减；所谓长，即治疗有效后，可长时间服用，不仅能延长存活期，还能逆转肾损伤。

李秋霞等自拟康肾灵胶囊治疗 116 例慢性肾功能不全患者，6 粒 / 次（即 3 g），3 次 / 天，口服。以黄芪、附子、白花蛇舌草、益母草、川芎、贯众制成浓缩胶囊。而水蛭胶囊由水蛭、生大黄共研细末制成，3 粒 / 次（即 1.5 g），3 次 / 天，口服。此二药均用白茅根水送服，尿毒症患者配合中药进行灌肠治疗。治疗效果：显效 38 例、有效 73 例、无效 4 例、死亡 1 例，总有效率为 87%。

康友群等用肝素与水蛭粉佐治难治性肾病综合征患者。结果：治疗组总有效率为 93.7%，对照组为 69.2%。

刘耕野在利用水蛭三金汤治疗 34 例尿路结石患者时认为，瘀证不仅仅限于血瘀证，凡郁积停滞不通者，皆瘀也。诸瘀致病，或累及脏腑，或停留肌肤，或阻滞经络，或填塞脉道，或明显有形，或隐晦无形。因此，在辨证立法选方的基础上，治疗尿路结石重用、活用水蛭取得较好疗效。基本方加水蛭 15 ～ 20 g，剧痛者加三棱 10 g、莪术 10 g；有血尿者加白茅根 15 g、小蓟 12 g。治疗尿路结石，总有效率为 82.3%。

研究发现，水蛭具有一定的抗炎、抗纤维化作用。林建明等将水蛭用于治疗狼疮肾炎患者时，发现水蛭具有类炎性介质拮抗作用，能清除循环免疫复合物，减少肾小球内纤维蛋白相关抗原沉积，减少肾小球系膜细胞增殖和肾小球硬化，减轻蛋白尿和低蛋白血症，改善肾功能。

3. 糖尿病肾病

糖尿病肾病是糖尿病常见的并发症，是引起终末期肾病的重要原因。在美国、日本等发达国家，约 40% 的终末期肾病患者并发糖尿病肾病。我国肾病患者中由糖尿病肾病导致终末期肾病的比重日益增加，2010 ～ 2019 年因糖尿病肾病死于肾衰竭者占 53%。糖尿病肾病患者以微循环障碍为主，病程迁延，随着病情的进展，血液运行不畅，常见络脉瘀阻。鉴于水蛭中的各种活性成分有抗血小板聚集、降低血液黏稠度的作用，故治疗时加用水蛭疗效良好。临床研究表明，水蛭注射液对改善糖尿病肾病患者脂质代谢异常及高凝状态有很好的作用，能明显改善糖尿病肾病患者的血脂代谢，血液中 TC、TG 等明显下降，并且能明显缓解肌肤麻木、有蚁行感、肢体疼痛或不知温凉、舌质紫黯、脉弦等中医气滞血瘀症状。结论：水蛭对糖尿病肾病有良好的治疗作用，可以延缓病情进展，提高患者生活质量。

胡宝峰等以口服水蛭胶囊（每粒含药粉 0.5 g）治疗糖尿病肾病患者，3 粒 / 次，3 次 / 天，连服 1 个月，观察不同时期 104 例糖尿病肾病患者的血液流变学变化。结果：治疗后体外血栓干重与长度、血液黏度高切与低切、血浆黏度高切、纤维蛋白原、TC、TG、HDL 等指标较治疗前有显著差异（$P < 0.05$），同时尿蛋白的排出明显减少。研究提示水蛭胶囊对糖尿病肾病患者血液流变总体及尿蛋白的排出有显著影响，可保护肾功能，从而延缓糖尿病肾病的发展。

朱良争等运用通瘀灵片（含大黄、桃仁、水蛭）治疗糖尿病伴高脂血症患者 50 例，治疗 3 个月后患者 TC、TG 和 β－脂蛋白均有显著下降。

史伟等使用水蛭注射液治疗糖尿病肾病患者 55 例并与常规治疗的 55 例作对

照，发现与常规治疗组相比，水蛭注射液治疗组 TC、TG 显著降低，并有 HDL-C 轻度升高。与常规治疗组相比，水蛭注射液治疗组血液黏度高切变速率、血液黏度低切变速率、血浆比黏度显著降低。

李莹等采用口服或静脉滴注的方式研究水蛭对糖尿病肾病患者疗效时，发现静脉滴注起效更迅捷，而长期口服更易维持其效果。水蛭素在干燥及室温条件下结构稳定，效果更好。因此，对比水蛭入煎剂，水蛭打粉冲服可减少对有效成分的破坏且利于人体对有效成分的吸收。

刘玉夏等以疏血通注射液治疗特发性肾病综合征并发的血液高黏滞综合征，分为对照组 34 例、治疗组 34 例。治疗组在常规激素治疗同时加疏血通注射液 6 mL 溶于 5% 葡萄糖 250 mL，静脉滴注，1 次 / 天；对照组在常规激素治疗的同时加双嘧达莫、复方丹参液 250 mL，静脉滴注，1 次 / 天。21 天为 1 个疗程。治疗前后各项指标均有所好转，但以治疗组改善更加明显（$P < 0.05$ 或 $P < 0.01$）。可见疏血通注射液能够改善患者的血液流变学指标，从而改善血液高黏滞综合征及机体的微循环，起到重要的辅助治疗作用。

符为民用水蛭 12 g 为主药，治疗流行性出血热引起的急性肾衰竭患者 150 例，总有效率为 96%。记录服药后开始排尿时间，最短 35 min 即开始有尿。治疗过程中，尿量恢复正常需（1.7 ± 1.01）天，尿蛋白消失需（5.02 ± 3.68）天，服药期间未发现药物不良反应。

杨锋治疗慢性肾炎患者，在辨证用药基础上，加服生水蛭粉 3 g，2 次 / 天，可利尿消肿、消除蛋白尿，效果显著；治疗慢性肾功能不全患者，服益气补肾汤剂加生水蛭粉胶囊 10 g，3 次 / 天，疗效显著。

孙怡等将 46 例原发性肾小球性蛋白尿和继发性肾小球性蛋白尿患者随机分为对照组和治疗组，对照组口服双嘧达莫、盐酸贝那普利片，治疗组在对照组基础上加用自拟黄芪水蛭合剂，2 组均以 20 天为 1 个疗程，连用 2 个疗程，观察治疗前后 24 h 尿蛋白定量、血浆白蛋白、血肌酐和尿素氮指标。结果：治疗组总有效率显著优于对照组（$P < 0.05$）。同时，24 h 尿蛋白总量、血肌酐、尿素氮等临床指标（$P < 0.05$）明显减少。血浆白蛋白指标提高（$P < 0.05$）。结论：黄芪水蛭合剂

治疗肾小球性蛋白尿，疗效显著优于单纯西药组（$P < 0.05$）。临床研究表明，黄芪水蛭合剂能通过保护和修复肾小球电荷屏障来减少损害，减轻肾小管间质损伤，抑制血小板聚集，提高机体免疫力，共奏益气活血、利尿消肿、固摄精微之功效，以此获得控制尿蛋白排泄、调节肾内血流量、减轻炎症细胞在肾小球周围和肾小管间质的浸润、延缓肾功能衰竭进程的较满意疗效。

4. 肾积水病

彭桂阳治疗由结石阻塞引起的肾盂积水患者 20 例。生水蛭经炮制后，研细末，装入 2 号胶囊中，每粒胶囊含生药约 0.25 g，服 8 粒 / 次，早晚各 1 次，连续服 1 周为 1 个疗程。服药 1 周后复查 B 超，提示 18 例肾盂积水均消失，2 例肾盂积水减轻。再服 1 个疗程，肾盂积水消失，有效率达 100%。结论：水蛭可扩张毛细血管，改善肾脏微循环，从而消除肾积水，保护肾功能。

三、肿瘤

恶性肿瘤是当今危害人类生命健康的重要杀手之一，而转移又是恶性肿瘤所特有的一种生物学行为，是肿瘤治疗失败的最根本原因。随着研究的深入，越来越多的研究数据证实破血消癥的中药相较于其他活血化瘀的中药，对肿瘤转移有明显的抑制作用。

水蛭为噬血之物，擅长搜剔瘀血，性和平，可化瘀血而不伤新血，亦不伤气分，实为治瘀血而不伤正气之药，优于一般的活血化瘀药物。诚如清代医学家徐灵胎所言，水蛭“迟缓则生血不伤，善入则坚积易破，借其力以攻积久之滞，自有利而无害也”。治疗肿瘤，凡病因属瘀血阻滞者，无论久病入络之瘀血或新病骤成之瘀血，也不论是血热煎熬之瘀血还是寒邪凝结所致之瘀血，不论患者体质的强弱，均可将水蛭加入不同的药物进行配伍治疗。

以水蛭等活血化瘀之品配伍不同药物，遂成益气化瘀法、理气化瘀法、散寒化瘀法、清热化瘀法、软坚化瘀法等。但临床使用时应注意，对于久病之瘀血且兼虚证者，宜峻药缓攻，以免攻伐太过，耗伤正气。故初用水蛭的量宜小，待有动静时，渐次加重，使瘀血缓缓消散。

水蛭是治疗肿瘤疾病常用的一味虫类活血药，根据肿瘤部位及性质的不同进行配伍应用，疗效显著。现代药理研究证实，水蛭还能通过改善肿瘤缺氧微环境抑制肿瘤血管生成，影响肿瘤细胞的黏附穿膜能力，抑制肿瘤细胞的生长与增殖，促进细胞的凋亡等来发挥抗肿瘤作用。还有研究发现，水蛭能够抑制血管内皮生长因子和基质金属蛋白酶（MMP-9）的表达，降低肿瘤组织的微血管密度及抑制血管内皮细胞的增殖，从而抑制肿瘤血管的生成，起到抗肿瘤转移的作用。

1. 食管癌和胃癌

朱曾柏以水蛭为主制粉剂、煎剂、蜜丸，治疗胃癌和食管癌患者 30 余例（均为晚期危重症），其效果较好。其中报道一名 55 岁男性胃癌患者，进食日益困难，进流食亦有梗阻，常呕吐白色痰涎，进行性消瘦，精力疲惫。处方：①粉剂。水蛭 30 g、壁虎 10 g、生半夏 10 g。这三味药共碾极细末，用下方煎剂或浓米汤送服，0.3 ～ 0.5 g/ 次，5 ～ 10 次 / 天。②煎剂。黄芪 10 g、沙参 15 g、生赭石 30 g、大枣 30 g、白花蛇舌草 60 g、王不留行 10 g、甘草 6 g。每剂药加水约 400 mL，煎成约 250 mL，2 天分多次吞服上方药粉。服药 3 天，梗阻开始减轻，约 3 周，梗阻之症十愈七八，每天能多次少量顺利进食软食。1 年后梗阻已被控制，患者进食顺利，精力日佳，能做轻微劳动。

朱良春对晚期食管癌患者用软坚化瘀、消痰散结的藻蛭散（海藻 30 g、水蛭 8 g，研末）治疗，6 g/ 次，2 次 / 天，黄酒冲服，四五日后可觉咽部松快，可缓解病情、延长生存期。对直肠癌有转移者，可用海藻 30 g、水蛭 15 g，研末分成 10 包，1 ～ 2 包 / 天，有抗癌消瘤的作用，但有溃疡导致的出血患者需慎用。

王慧等报道了运用藻蛭散（海藻 30 克、水蛭 6 克）治疗晚期食管癌、直肠癌患者，有抗癌消瘤的作用。

上官钧等用胃癥散对 72 例中晚期胃癌患者进行治疗观察。胃癥散配方：水蛭、甘草各 50 g，黄芪 30 g，明矾、人中白各 15 g，田七、珍珠粉各 10 g，巴豆霜 3 g 等。上药各另干燥，研磨成细粉后混合均匀。3 g/ 次，3 次 / 天，饭前 30 min 用温开水送服，1 个月为 1 个疗程。手术加化疗组 18 例作为对照组；其余手术 13 例和未手术 41 例服胃癥散 3 个疗程为观察组。经分组观察，单服胃癥散组和手术加胃癥散组各项指标均优于手术加化疗组。

周容华以化瘀破瘀为主自拟化瘤汤（含当归、赤芍、红花、桃仁、丹参、水蛭、半枝莲、白花蛇舌草），加味后用于治疗多种肿瘤，取得很好疗效。

2. 肝硬化、脾肿大

廖有业用水蛭三七散冲服治疗肝硬化、脾肿大的患者 12 例。药方：水蛭 20 g、参三七 20 g、丹参 30 g、三棱 30 g、莪术 30 g、枳实 15 g、白术 30 g。研末分包，5 g/ 包，1 包 / 次，3 次 / 天，连服 1 ～ 4 周。用药 2 ～ 4 周后，治愈 8 例、有效 2 例、无效 2 例（其中 1 例因上消化道出血，自动出院；另 1 例并发自发性腹膜炎）。总体疗效满意。

3. 乳腺癌

潘世庆治疗乳腺癌患者 1 例。内服：将水蛭研末，装入胶囊，口服，0.5 ～ 10 g/ 次，2 次 / 天。外敷：将水蛭粉用陈醋调成糊状，敷于肿块之上，24 h 换药 1 次；或将鲜水蛭捣烂如泥，加 1 ～ 2 mL 陈醋调和外敷。连用 2 周后，肿块明显缩小，质亦变软，继用月余肿块消失。

4. 癌性疼痛

马秀红用具有活血、化瘀、行气、养血、柔肝、止痛功效的“撒痛方”（水蛭粉冲服，配伍柴胡、白芍、当归、青皮、枳实、桃仁、延胡索、三七、甘草）治疗癌性疼痛患者 42 例，其中原发性肝癌 21 例、胃癌 12 例、肺癌 5 例、其他 4 例，总有效率达 92.8%。

李发杰等用胃癌止痛散治疗胃癌疼痛患者 100 例。将水蛭、全蝎各 15 g，血竭、白芥子各 10 g，蟾酥 2 g，蜈蚣 10 条，白花蛇 2 条，共研细末，1.5 ～ 3 g/ 次，2 次 / 天，饭前 30 min 冲服（或装胶囊口服）。结果：显效 72 例、有效 26 例、无效 2 例，总有效率 98%。

齐元富认为水蛭等虫类药对顽固性癌痛有较好的治疗作用，辨证施治，可获良效。

四、男科疾病

《神农本草经百种录》载："水蛭最喜食人之血，而性又迟缓善入。迟缓则生血不伤，善入则坚积易破，借其力以攻积久之滞，自有利而无害也。"临床证实，水蛭确实有良好的破瘀消癥作用。又因"其色黑下趋，又善破冲任中之瘀"，亦善治居下的阴部疾患，故在男科病治疗中应用极广。临床用水蛭治疗男科杂症，如精液不液化、阳痿、不射精、阳强不倒、前列腺肥大（癃闭），疗效良好。

1. 精液不液化

精液不液化是男性不育的常见原因之一，是指精液排出体外 60 min 以上不能液化，呈现胶冻状或者团块状。近年来，因精液不液化导致的不育患者逐渐增多。国外研究显示，不育患者中有 11.8% 为精液不液化导致的不育，而国内精液不液化导致的不育患者占 9.8%。西医治疗精液不液化多采用酶类药物，治疗效果不甚理想，患者治疗后使配偶怀孕的比例较低，而通过精子洗涤来治疗精液不液化又可能对精子造成破坏。

临床报道显示，应用水蛭治疗精液不液化效果显著。男性生殖系统炎症引起的精液不液化占全部精液不液化患者的 50% 以上，其中 43.2% 的患者是由前列腺炎引起的精液不液化。水蛭有抗慢性前列腺炎的作用，研究表明，水蛭对炎症早期、后期的病理变化均有抑制作用，对炎症的治疗效果显著。水蛭可以和凝血酶以等摩尔比构成非共价键的稳定复合物，并使凝血酶失去活性，起到抑制炎症的作用，还能增加瘀血皮瓣局部 SOD 水平、减少瘀血皮瓣局部 MDA 水平，减轻炎症反应。

中医认为，人类精液的液化和凝固与血液的凝血作用相似，精血同源，精不化则为血瘀之象。生水蛭善破冲任中之瘀，有液化精液的作用。人类精液中存在血液纤溶系统中的一些成分，如前列腺液内含有血液纤维蛋白酶原与血液纤维蛋白酶原激活因子，参与射出精液的凝固与液化。同时，在人类精液中也检测出少量纤维蛋白原、凝血因子Ⅷ、凝血酶原、抗凝血酶Ⅲ、纤维蛋白单体。凝血因子Ⅷ在血液中的含量可影响精液的凝固，继而影响精液的液化，而凝血因子Ⅷ抗原的降低有利于精液的液化。水蛭素对凝血酶抑制作用的特异性强，不依赖抗凝血酶Ⅲ。水蛭素与凝血酶结合比纤维蛋白原结合快，与凝血酶活性部位的紧密结合可抑制其蛋白水解作用，使纤维蛋白原无法转化成纤维蛋白，并抑制凝血因子Ⅴ、凝血因子Ⅷ和凝血因子Ⅻ的活化以及凝血酶介导的血小板活化，起到抗凝的作用。

沈国球将 140 例精液不液化的患者随机分为实验组和对照组各 70 例。治疗组给予水蛭栓剂直肠给药，使用时用套有胶质套的食指将水蛭栓剂推入直肠 8 ～ 12 cm 处，早晚各 1 次；对照组给予 α－糜蛋白酶 5 mg，肌内注射，1 次 / 天，随访观察患者 1 年后复发情况及配偶受孕情况。2 组患者在治疗期间忌烟、酒及辛辣食物，性生活有规律，以 4 周为 1 个疗程。结果：经过观察发现，实验组有效率为 82.85%，明显高于对照组的 60%（$P < 0.01$）。治疗后实验组精子液化时间为（39.33 ± 12.63）min，明显低于对照组（56.33 ± 15.34）min，且精子活力明显高于对照组，差异均有显著的统计学意义（$P < 0.01$）。6 个月和 12 个月随访时发现实验组复发率分别为 24.29% 和 37.14%，明显低于对照组的 32.86% 和 52.85%，且第 12 个月配偶妊娠率（27.14%）明显高于对照组（12.86%），差异极显著（$P < 0.05$）。结论：水蛭栓剂临床治疗精液不液化效果明显，并且能提高配偶妊娠率。

荣繁认为精液不液化患者不仅肾气不足、相火旺盛，而且有血瘀痰阻之因，临床用药除滋阴降火益肾外，还应加用活血化瘀、化痰散结药，如水蛭、地龙、王不留行、路路通等。研究证实，精液不液化患者血液黏度增高，表现为血液黏度增高、血浆黏度增高、红细胞电泳时间延长、红细胞压积增高，说明精液不液化与血液流变学异常有关。由于患者血液流动性下降，流变性异常，凝固性增高，故活血化瘀治疗非常重要。

张新东等利用前列倍喜胶囊清利湿热、活血化瘀、利尿通淋的功效治疗精液不液化患者 180 例，疗效显著。说明改善前列腺血液流变状态，恢复或保持前列腺正常的功能状态有助于改善精液不液化。因此，水蛭可能是通过有效缓解前列腺炎，使精液中的前列腺特异性抗原升高、精液 pH 值降低，从而使液化异常的精液液化。另外，水蛭也可能通过抑制凝血酶及抑制凝血因子Ⅷ的活性，从而改善精液的液化。

吴一凡等利用中药水蛭治疗男性精液不液化，对56例精液不液化的不育患者予经炮制的水蛭粉，口服，2次/天，2～3 g/次，1个月为1个疗程。1个月后复查精液，52例患者精液能在0.5～1 h内液化，4例患者治疗后精液仍不能液化，治愈率92.8%。有20例患者在治疗后的2个月内配偶怀孕。水蛭能治疗精液不液化可能与其所含的水蛭素的药理作用有关，使用水蛭治疗精液不液化能明显缩短疗程，经济、方便、疗效确切，基本无药物不良反应，且无须辨证论治，只需辨病治疗。

王安甫根据精液不液化的病因病机，自拟补肾、抗凝、祛湿、化痰之水蛭化精汤治疗228例患者：水蛭粉4 g（冲服），淫羊藿、黄精各20 g，萆薢、菟丝子、女贞子、枸杞子各15 g，浙贝母、车前子、石菖蒲各15 g，辨证加减，1剂/天，水煎分2次服，3个月为1个疗程。每月化验精液1次观察结果。结果：治愈163例（71.5%），显效42例（18.4%），有效15例（6.6%），无效8例（3.5%），总有效率96.5%。

孟战战等用复方水蛭液行前列腺段尿道内保留灌注，微电脑前列腺、精囊腺小管药物渗透，以及经直肠行前列腺、精囊腺脉冲式水囊按摩治疗慢性前列腺炎伴精液不液化症500例。使药液顺前列腺小管的管道自然弥散，药物浓度高、弥散范围广，减少腺体的炎症死角。结果：精液不液化的临床治愈率97.6%，慢性前列腺炎临床治愈率88.6%。

于爱伟等用温水冲服水蛭粉治疗精液不液化患者50例，治愈38例，有效10例，无效2例。

张文灿等以水蛭粉治疗精液不液化、不射精、前列腺肥大、阳痿、精子成活率低等34例患者，全部有效。

周念兴以每次冲服水蛭粉3 g，2次/天，2周为1个疗程治疗精液不液化。合用生地30 g、玄参5 g、知母30 g、黄柏10 g、天冬15 g、石斛5 g、木通9 g、甘草6 g，1个疗程后，患者1 h内精液液化率提高了50%，取得良好疗效。

2. 慢性前列腺炎

慢性前列腺炎是一种常见多发男科疾病，发病率较高，甚至还在不断上涨。

其中，慢性非细菌性前列腺炎占比大，发病率日益提升，发病机制比较复杂，在临床较为常见，表现多样，以腰骶部、盆腔疼痛和尿路异常为主。临床通常采用的治疗方法是微波治疗，但是单独应用无法取得理想的治疗效果，且患者治疗后具有较高的复发率。

医学研究表明，在慢性前列腺炎的治疗中，水蛭蜈蚣栓一方面能够改善患者的临床症状，另一方面还能够改善患者的客观指标等。李建等将 80 例慢性前列腺炎患者分为水蛭蜈蚣栓加入微波治疗组 40 例和单独微波治疗组 40 例 2 组，对 2 组患者的临床症状、临床疗效、性生活质量进行统计分析。单独微波治疗组应用天津施耐德公司生产的 TB–1–D 型微波治疗仪，将探头功率调节为 4.0 ～ 5.5 W，用橡胶套覆盖探头后在患者前列腺患处投影部位放置给予微波治疗，1 h/ 次，1 次 / 天，1 个月为 1 个疗程。联合治疗组除了使用微波治疗，还要外用广东一方制药有限公司生产的免煎中药水蛭蜈蚣栓（药方：水蛭 6 g、蜈蚣 2 条），加入 2 mL 水混匀，制作栓剂，10 g/ 枚，常温下阴干备用，晚间入睡前放入肛门内 3 ～ 5 cm 处。治疗期间督促患者忌食辛辣、刺激食物，不可饮酒，停用其他前列腺炎治疗药物。结果：联合治疗组患者的疼痛或不适、排尿异常、生活质量评分及慢性前列腺炎症状指数评分（NIH–CPSI）总分均显著低于单独治疗组，差异具有统计学意义（$P < 0.05$）；联合治疗组总有效率 90.0%，显著高于单独治疗组的 72.5%，差异具有统计学意义（$P < 0.05$）；联合治疗组性欲、性唤起、性高潮、性生活频率、性生活接受度、性关系满意度评分均显著高于单独治疗组，差异具有统计学意义（$P < 0.05$）；联合治疗组性行为症状发生比例评分显著低于单独治疗组，差异具有统计学意义（$P < 0.05$）。结论：慢性前列腺炎患者实施水蛭蜈蚣栓加入微波治疗的效果较单独微波治疗好。水蛭蜈蚣栓中水蛭的主要功效为破血逐瘀，为排出瘀浊痰湿提供良好的前提条件，可疏通前列腺小管，改善气血运行；蜈蚣具有极强的走窜之力，主要功效为活血祛瘀止痛，能够改善患者的前列腺局部血液流变学特征，降低血液黏稠度，改善血液循环，软化纤维组织，减少前列腺充血，为炎症病灶吸收提供良好的前提条件，可逐渐消退炎症，消除各种症状，特别是能够在极大程度上减轻或消除患者会阴及腰骶部胀痛症状，从而使患者顺利排泄炎性分泌物，有效改

善前列腺炎症，逐渐恢复腺体功能，最终达到使患者性生活质量显著提升的效果。

曾柏禧等选取80例慢性前列腺炎患者，随机将其分为对照组与观察组各40例。对照组患者进行纳米银邦列安栓治疗，1支/天，15天为1个疗程；观察组进行水蛭蜈蚣栓经微波直肠给药治疗，2次/天。水蛭蜈蚣栓成分为白花蛇舌草50 g、夏枯草25 g、王不留行25 g、莪术15 g、蜈蚣4条、水蛭5 g、败酱草50 g、乌药20 g、甘草10 g、官桂15 g，生煎后进行微波直肠给药治疗。结果：对照组患者治愈8例、显效10例、有效15例、无效7例，总有效率为82.5%；观察组患者治愈15例、显效18例、有效5例、无效2例，总有效率为95%，差异有统计学意义（$P < 0.05$）。结论：水蛭蜈蚣栓经微波直肠给药对慢性前列腺炎的治疗效果良好。此方法的主要理论分析如下：其一，虫类药较易入血入络，具有较强的活血化瘀功效。其中，水蛭具有较强的抗凝血作用，能够有效改善前列腺炎的血液循环，减少充血肿胀。其二，虫类药善于“爬行”，满足前列腺位置隐秘的要求。虫类药能够深入到患者的深处，以此达到活血化瘀的作用。所以，此方法在临床上可以用于前列腺炎及前列腺增生等病症的治疗中。

郑进福等从慢性前列腺炎患者中随机抽选120例，分成对照组和研究组各60例。对照组患者给予特拉唑嗪和左氧氟沙星治疗；研究组患者给予水蛭栓剂治疗。水蛭栓剂的做法：取滑石粉入锅内炒热，放入切段的水蛭，炒至微微鼓起，取出，筛去滑石粉，将炒制好的水蛭磨成粉，制成栓剂。每粒栓剂含水蛭粉0.5 g，医师戴手套后将栓剂推进患者直肠内2～12 cm处，每天早晚各1次。所有患者在接受治疗期间要禁食辛辣食物，戒烟戒酒，保持规律的性生活，4周为1个疗程。观察比较2组患者的治疗效果。经治疗，2组患者的NIH-CPSI、最大尿流率、残余尿量、前列腺体积等指标都较治疗前有所改善，而研究组患者相比于对照组改善更明显，差异具有统计学意义（$P < 0.05$）。结论：水蛭栓剂对慢性前列腺炎的治疗效果显著，能够有效地改善患者各项症状，改善血液循环，具有较高的临床应用价值。表明水蛭栓剂对慢性前列腺炎患者的症状改善明显，起到祛瘀散结、活血消肿、化气利水的作用，进而通过改善患者盆底血液循环，减少残余尿量，提高尿流率，效果优于常规西药治疗。

扈新女认为，慢性前列腺炎患者由于湿热瘀阻下焦，气血运行失畅，使腺体血瘀，湿、热、气、血互结，从而导致病情复杂缠绵难愈，可根据本虚标实之特点，以活血逐瘀之水蛭为主药，再配以清热补益之药，改善微循环，促进药物吸收，故病愈。研究发现，水蛭具有活血通淋排石的功效，且疗效颇佳，用于泌尿系统结石、前列腺增生伴炎症的淋证。

杨仓良等以水蛭、虻虫、大黄、桃仁为主，随证配伍利湿、补肾药治疗15例慢性前列腺炎患者，痊愈12例、好转2例、无效1例。

3. 前列腺肥大

前列腺肥大属淋证范畴，为瘀血败精阻塞溺窍而成。前列腺肥大是中老年男性的常见病，根据其排尿困难与尿潴留，以及前列腺的腺体增生、质硬等临床表现，可归属于中医学的淋症、癃症的范畴。

魏世超治疗中老年前列腺肥大患者21例，以单味水蛭治疗。具体用法：水蛭研末分装胶囊，1 g/次，2次/天，20天为1个疗程，停用1周后再行第2个疗程。需3～9个疗程，水蛭总用量少则120 g，最多360 g，均未发现任何药物不良反应。此法使用方便，收效亦佳。在21例前列腺肥大患者当中，显效16例、有效5例。从结果来看，50多岁患者效果较好，年龄越大、病程越长，取效越慢，这可能与前列腺增生纤维化程度有关。

4. 阳痿和不射精症

曹是褒等投以水蛭雄鸡汤治疗阳痿。方法：水蛭30 g、雄鸡1只（去肠杂）同煮，喝汤吃鸡肉，隔3天1剂,5剂痊愈。水蛭雄鸡汤治疗瘀血阻塞络道、经气不通、宗筋失荣所致的阳痿，取得满意疗效。水蛭用量虽大，但未见任何药物不良反应。

郭智荣选用阳和汤为主方，另用水蛭粉冲服，共治阳痿13例，其中11例获痊愈、2例有好转。

孙海洋等自拟当归水蛭散治疗阳痿患者20例。药方及用法：水蛭6 g、当归15 g、紫河车3具、淫羊藿15 g、巴戟肉30 g，共研细末，3 g/次，2次/天，空腹时服用。结果：痊愈14例、显效4例、有效1例、无效1例，有效率95%。20例患者中最多服药5剂，最少1剂，平均服药2剂。临床所见水蛭生粉冲服疗效明显优于炙用。这也证实了水蛭是一味安全、高效、廉价、不可多得的破血消良药。

5. 弱精子症与男性不育

石秀峰对比研究针灸、中药治疗男性不育少精子症、弱精子症的疗效。将临床 97 例男性不育弱精子症的患者分为针灸组 31 例、中药组 33 例和针药组 33 例，观察各组患者治疗前后精液的常规变化情况。针灸组：以气海、关元、中极、太溪、足三里等穴为一组，以命门、肾俞、次髎、三阴交等穴为一组，2 组交替针灸。进针得气后行补法，留针 30 min，1 次 / 天，10 天为 1 个疗程，休息 1 周后再进行下一个疗程。中药组：采用北京同仁堂制药厂生产的中药制剂五子衍宗丸（国药准字 Z11020141），口服，9 g/ 次，2 次 / 天。针药组：同时采用上述针灸和口服中药的方法治疗。各组患者均治疗 6 个月后观察疗效。结果：针灸组有效率为 70.97%，中药组有效率为 72.72%，针药组有效率为 84.84%，针药组治疗效果显著优于针灸组及中药组（$P < 0.05$）。结论：针灸、中药制剂五子衍宗丸均能改善男性不育少精子症、弱精子症患者的精液质量，提高其配偶受孕率，尤以针药结合治疗效果最佳。

陈建龙治疗 1 名精道受阻，婚后 6 年不射精、不生育患者，投以活血化瘀汤剂，冲服水蛭末，6 g / 天。服用 18 剂后射精，服用 40 剂后恢复生育能力。

五、妇科疾病

水蛭在妇科的应用范围很广，对治疗痛经、闭经、漏血不止、输卵管积水、卵巢囊肿、盆腔炎性包块、输卵管阻塞、子宫肌瘤、宫外孕、不孕症、产后血栓性静脉炎、子宫内膜异位症、高促性腺激素血症、多囊卵巢综合征、乳腺增生、宫颈癌、生殖结核等均有较好的疗效。

1. 卵巢囊肿、宫外孕、子宫内膜增殖症

冯子轩用水蛭消散治疗卵巢囊肿患者 44 例。药方及用法：水蛭 150 g，桃仁 50 g，生牡蛎 200 g，土鳖虫 30 g，夏枯草 100 g，大黄 100 g，莪术 50 g，研成细末，装入空心胶囊，10 g / 次，2 次 / 天，20 天为 1 个疗程，经期停服。结果：44 例中，痊愈 36 例，有效 5 例，无效 3 例，总有效率为 93%。

戴立权学习张锡纯用药经验，治疗卵巢囊肿、子宫肌瘤时常加用生水蛭，用量多在 10 g 之上，取效甚捷。此外还选用张锡纯的理冲汤、清带汤加水蛭末治愈多例子宫肌瘤和输卵管阻塞症的患者。

2. 输卵管阻塞

齐玲玲用丹甲水蛭汤治疗输卵管阻塞。治疗组（30 例）以口服丹甲水蛭汤为主，部分患者加用中药灌肠和中药药渣热敷；对照组（20 例）为宫腔内注药。结果：治疗组总有效率为 93.3%，对照组总有效率为 80%。

孙福全等用土鳖虫、水蛭各等量研细末，6 g / 次，3 次 / 天，连服 7 天，3 个月为 1 个疗程。治疗 95 例输卵管阻塞患者，有效 85 例，无效 10 例，总有效率为 89.5%。

3. 输卵管炎和盆腔炎

蒋树松用丹参水蛭散治疗阻塞性输卵管炎患者 30 例。用法：丹参、黄芪、黄柏、淫羊藿、水蛭各等份，研末，15 g / 次，2 次 / 天，月经期停用。总有效率 83%。

杨希仁采用生水蛭粉治愈多种妇科疑难病症，如闭经、盆腔炎性包块、不孕症等。闭经患者应用生水蛭粉，4 g/ 次，以活血化瘀、软坚散结。盆腔炎性包块患者采用单选生水蛭粉 500 g 施治，早晚用温开水各冲服 4 g，服药 2 月余，肿块尽消，诸证豁然，告愈。血瘀型不孕症患者采用生水蛭粉 800 g 施治，早晚各服 4 g，用柴胡 9 g 煎汤冲服，数月后告愈怀子。

4. 子宫肌瘤

陈琳等比较研究了运用米非司酮结合水蛭、土鳖虫等中药治疗子宫肌瘤与单纯米非司酮或单纯中药治疗子宫肌瘤的疗效。将 90 例子宫肌瘤患者随机分为 3 组：A 组 30 例，米非司酮，口服，25 mg/ 次，1 次 / 天；B 组 30 例，予水蛭、土鳖虫等中药方剂治疗，1 剂 / 天，口服；C 组 30 例，米非司酮，口服，25 mg/ 次，1 次 / 天，并予水蛭、土鳖虫等中药方剂治疗，1 剂 / 天，口服，3 个月为 1 个疗程。结果：A、B、C 各组经 1 个疗程治疗，子宫肌瘤平均体积缩小率分别为 44.5%、40.3%、69.1%。结论：米非司酮结合水蛭、土鳖虫等中药治疗子宫肌瘤疗效明显优于单纯米非司酮或单纯中药治疗子宫肌瘤，两者结合治疗子宫肌瘤较单纯米非司酮治疗可减缓停药后反跳速度。

张云鸣以生水蛭为主，结合辨证配伍用药，治疗妇女附件炎性包块、子宫肌瘤等病近百例，疗效满意。应用龙胆泻肝汤合生水蛭粉 5 g 治卵巢囊肿，伴腰痛，带下色重气秽，2 周后症状基本消失。另有患者输卵管不通，伴月经量少，色黯过期，小腹刺痛，腰骶坠胀，证属脾肾阳虚，血瘀阻络，以生水蛭 200 g、鹿角霜 100 g、桂枝 50 g、白术 50 g，共研细末，6 g/ 次，2 次 / 天，口服。4 个月后停经，妊娠试验阳性。

5. 痛经

隋爱荣等运用自拟痛经汤治疗气滞血瘀型行经腹痛患者 112 例，效果满意。方药组成：水蛭 3 g、红花 10 g、土鳖虫 10 g、香附 12 g、甲珠 6 g、延胡索 14 g、木香 12 g、当归 15 g、川芎 10 g、益母草 15 g、甘草 6 g。气滞重者加青皮 15 g、枳壳 12 g、柴胡 10 g、川楝子 9 g；瘀血较甚者水蛭加至 5 g，土鳖虫、红花各加 5 g；伴气血虚者加黄芪 30 g、党参 15 g、山药 12 g；寒凝者加吴茱萸 4.5 g、炮姜 10 g、乌药 12 g; 伴有瘀热者加丹皮、黄柏、生地各 15 g; 经量多者，则水蛭减量，加三七。于经前 12 天服用，1 剂 / 天，水煎服，水蛭粉装胶囊，早晚各 1 次，连用 12 剂为 1 个疗程。结果：痊愈 86 例，占 76.8%；有效 22 例，占 19.6%；无效 4 例，占 3.6%；总有效率为 96.4%。服药最多者 52 剂痊愈，最少者 12 剂痊愈。经临床观察，凡是顽固性痛经及重症痛经，加用水蛭粉可缩短疗程，不易复发，且无药物不良反应。

朱曾柏以含水蛭 15 g 的通经攻寒汤剂治疗女性痛经，治愈 1 名重度痛经奇症患者。患者为 35 岁女性，痛发少则 7 天，多则 10 天，经量极少，血色紫黯有块，剧痛甚时可致休克。中西药多番治疗罔效，皆无法止痛，经多种检查均未发现异常。处方：水蛭粉 15 g、制乳香和制没药各 6 g、茯苓 8 g、炒吴茱萸 15 g、甘草 10 g、大枣 60 g。除水蛭粉外，每剂药 1 次煎好，分 2 天服，一定要热服；或 2 次 / 天，50 mL/ 次，半年后治愈。

6. 宫腔粘连

宫腔粘连常导致闭经、子宫内膜异位、继发性不孕及再次妊娠引起流产等一系列妇科疾病。宫腔粘连常常伴随子宫萎缩或子宫颈内口瘢痕形成，且有瘀血阻滞脉证。王忠民在临床研究中证实，水蛭作为化瘀剂，对宫腔粘连有良好疗效，凡难治者，均可用本品治之。若患者处于经期可适当加大剂量，特别是月经量少、色暗、有块者，在复方中水蛭一般可用 6 ～ 10 g，经后期则以 3 ～ 5 g 为宜，伴有出血性疾病者则应慎用。

六、五官科疾病

1. 口疮

水蛭在五官科的应用也日趋广泛。孙波等使用水蛭药膜治疗复发性口疮，采用双盲对照法分为 2 组，实验组及对照组各 30 例患者。水蛭药膜的制作：将 100 g 水蛭磨成细粉，放入 600 mL 水中，加热至 100 ℃后保持 10 min，置于室温下放置 24 h，再用 3 层纱布过滤，将滤出液加热浓缩至 300 mL，加入聚乙烯醇基质，制成药膜。实验组患处贴敷水蛭药膜，3 次 / 天。对照组口服维生素 B_2 10 mg/ 次，维生素 C 0.2 g/ 次，甲硝唑 0.2 g/ 次，3 次 / 天。结果：实验组痊愈时间为 2 ～ 5 天，平均（3.20 ± 1.11）天；对照组痊愈时间为 7 ～ 14 天，平均（11.06 ± 2.32）天。2 组差异极显著（$P < 0.01$），说明局部应用水蛭药膜治疗复发性口疮较口服维生素 B_2、维生素 C、甲硝唑能显著地缩短痊愈时间。

2. 急性结膜炎

江苏省建湖县五七干校门诊室收治患有双侧性结膜炎患者 400 例，其中单用活水蛭、生蜂蜜浸液滴眼治疗急性结膜炎患者 380 例；合并西药（磺胺类、抗生素药物）治疗患者 10 例，均全部治愈。治愈时间最短为 1 天，最长为 5 天。另有 10 例患者未能坚持治疗。药液配制及治疗方法：用活水蛭 3 条，置于 6 mL 蜂蜜中，6 h 后将浸液倒入清洁瓶内备用。滴眼 1 次 / 天，1 ～ 2 滴 / 次。除用药时稍有疼痛外，未见不良反应。

3. 视神经炎

刘桥养采用水蛭配方治疗因酗酒导致的甲醇中毒性视神经炎患者。方用温胆汤加活水蛭 20 g，方中竹茹改为天竺黄 10 g。1 剂 / 天，内服 3 剂见效，患者视力为 0.1，视神经乳头水肿有所改善。继用上方 24 天，视力达 1.0，视神经乳头水肿消退，渗出物吸收。后用滋补肝肾药方加干水蛭 10 g，巩固治疗 1 个月，视力恢复到 1.5。随访未见复发。

4. 耳病

刘桥养收治 1 例患左耳慢性化脓性中耳乳突炎、胆脂瘤并有颅内并发症患者，做乳突根治胆脂瘤摘除术。手术所见巨大胆脂瘤（3 cm × 4 cm），颅底骨质破坏，术后引流通畅，但颅内并发症无明显减轻。方用：桃红四物汤加水蛭（干）10 g、川黄连 10 g、大黄 10 g（后下），2 剂 / 天。服药 2 天后症见减轻；去大黄，加天花粉 20 g，水蛭加至 15 g，服药 7 天后头痛减轻，恶心呕吐消失；后用上方去川芎，加乳香 10 g，再服 5 天，症状全部消失，病理神经反射消失；再以健脾渗湿、祛瘀生新辅助治疗，痊愈出院。结论：凡有瘀疲之症，必用其药配伍。如在神经水肿、脑膜刺激征、视网膜脉络膜炎、玻璃体混浊、高脂血症中收效甚速。

七、消化系统疾病

1. 慢性萎缩性胃炎

庄千友以香砂四君子汤合当归补血汤加味治疗慢性萎缩性胃炎伴胃息肉患者 66 例。方以党参、炙黄芪各 20 g，茯苓、白术各 12 g，砂仁 6 g（后下），木香 4 g，当归 5 g，鸡内金 10 g，薏苡仁 120 g（包），姜黄、半枝莲各 15 g。经治半年余，慢性萎缩性胃炎好转，但息肉未减小，后加水蛭 3 g（研吞），用药 2 个月，息肉消失。后嘱用香砂四君子汤合当归补血汤，调治 4 月余，慢性萎缩性胃炎乃愈。总有效率 85.3%，说明用水蛭破瘀逐血疗效甚佳。

2. 肝炎、肝硬化

肝硬化腹水是慢性肝脏疾病的晚期并发症之一，也是临床疑难病症之一，其预后极差，常短时间内复发，治疗费用昂贵，对患者的生活质量影响很大，治疗难度颇大。肝腹水是肝硬化失代偿期最突出的临床表现，75%以上失代偿期患者出现腹水。长期肝硬化患者，因肝细胞不断被破坏，纤维组织增生，微循环出现障碍，肝组织变硬，继而门静脉受阻，形成腹水。一旦出现腹水，则标志病情已经发展到晚期，严重地威胁着患者的生命安全。

鲍宗麟等在常规治疗慢性病毒性肝炎的基础上，用甘利欣加水蛭注射液治疗慢性病毒性肝炎，总有效率 98.83%；对照组只用甘利欣治疗，总有效率 71.17%。此外，治疗组在缓解症状、体征，以及改善肝功能、血液流变学方面也优于对照组。

雷经玲等以生水蛭为主配伍其他药物治疗肝硬化腹水，总有效率 96.05%，未见出血和药物不良反应。可见，水蛭有减低门静脉高压的作用，是治疗肝硬化腹水的理想药物。

张伟成用水蛭配伍赤芍、丹参、郁金、虎杖、平地木、六月雪、生大黄等治疗淤胆型肝炎患者，1 ～ 2 个月黄疸消退，疗效满意。

唐振范选取住院肝硬化患者 20 例，在常规治疗（保肝药物、利尿剂、氨基酸、适当补充人血清白蛋白）的基础上，应用中药汤剂内服配合外敷治疗。内服方剂组成及用法：附子、黄芪、干姜、木香、木瓜、田基黄各 15 g，炒白术、大腹皮各 20 g，厚朴、茯苓、泽泻各 10 g，甘草 6 g，1 剂 / 天，水煎，分 3 次温服，10 天为 1 个疗程；兼湿热加茵陈蒿、黄芩；血瘀加水蛭、丹参；口干加知母、葛根；脾肾阳虚加肉桂、杜仲；肝肾阴虚加龟板、制鳖甲、枸杞子、女贞子；肝区疼痛明显加川楝子、延胡索；腹水明显加猪苓、车前子。外敷药组方及用法：甘遂 10 g、大戟 6 g，研末，带须葱白 5 根，混合一起捣烂如泥，再用食用醋调成糊状，取适量敷于脐部神阙穴，纱布固定，24 h 换药 1 次，10 次为 1 个疗程。总共治疗 3 个疗程。结果：在 20 例患者中，显效 10 例，有效 9 例，无效 1 例，总有效率 95.00%。结论：全方共奏益气温脾、化湿利水之功，对肝硬化和肝腹水患者有显著疗效。

八、内分泌疾病

1. 糖尿病

糖尿病周围神经病变是糖尿病最常见的并发症之一。西医对本病的发病机制迄今尚未完全阐明，目前普遍认为其是多种因素共同作用的结果，高血糖是始动因素，代谢异常与血管障碍是公认的病因。

李守军用水蛭粉冲服治疗2型糖尿病患者，血糖控制良好，糖化血红蛋白明显下降；对照组采用西药降糖药物，但效果不佳。

赵胜等使用水蛭胶囊治疗糖尿病周围神经病变患者，采用随机分组双盲法，将40例糖尿病周围神经病变患者分成水蛭胶囊治疗组（20例）及甲钴胺对照组（20例）进行治疗观察。2组患者在治疗期间，降糖药物和饮食与治疗前保持不变，将空腹血糖控制在4.4～6.0 mmol/L，餐后2 h血糖控制在5.6～8.0 mmol/L范围内。治疗组在以上治疗的基础上口服水蛭胶囊（规格0.3 g/颗），3颗/次，3次/天；对照组应用甲钴胺肌内注射，0.5 mg/次，1次/天。15天为1个疗程，共观察3个疗程。结果：治疗组临床痊愈率及显效率均优于对照组（$P < 0.01$），总有效率达86.7%，且无明显药物不良反应。结论：水蛭胶囊能改善感觉运动神经传导速度，缓解消除临床症状，疗效满意，无明显药物不良反应。其机制可能主要与水蛭胶囊扩血管、改善神经组织的微循环有关。

2. 糖尿病血管病变

糖尿病血管病变是常见的糖尿病并发症之一，也是糖尿病患者死亡的主要原因之一。糖尿病患者比正常人更容易发生动脉粥样硬化，而且发展迅速，继而导致冠心病、脑卒中和下肢坏疽等。

曹亮将60例糖尿病患者随机分成对照组和治疗组各30例。对照组于常规用药降糖、调脂的同时，另行西洛他唑片进行治疗（0.05 g／片，2片/次，2次／天，口服；治疗组在常规降糖、调脂基础上，采用三七水蛭散（三七粉、水蛭粉等份混匀）内服，3 g/次，每天分早中晚3次服用。1个疗程为3个月，60例患者均进行为期1个疗程的治疗。结果：采取三七水蛭散治疗的治疗组，总有效率90.0%；对照组总有效率为93.3%，2组之间差异不明显。2组治疗前后踝肱指数均有明显改善，但2组之间差异不明显。结论：三七水蛭散治疗糖尿病周围神经病变患者具有与西洛他唑相同的疗效，这为中医药治疗糖尿病并发症打开了新的思路。

李连江等将74例糖尿病性下肢动脉硬化性闭塞症的患者，随机分为对照组37例、观察组37例。2组患者均给予合理规范的糖尿病治疗，包括饮食控制，按时服用降糖药或是注射胰岛素控制血糖，确保患者的糖化血红蛋白低于7%。此外，对照组患者口服氯吡格雷和瑞舒伐他汀进行治疗，其中氯吡格雷服用剂量是1次/天，10 mg/次，瑞舒伐他汀服用剂量为1次/天，10 mg/次。观察组在此基础上加服三七水蛭粉胶囊，将三七和水蛭晒干后研磨成粉，以三七与水蛭质量比为2 ∶ 1的方式装入胶囊，5 g/次，3次/天，温水服用即可。2组患者均治疗2个月后，对比各组不同治疗方案后的疗效、红细胞沉降率、血小板、肢体循环评分及不良反应发生率等。结果：对比2组患者的血小板、红细胞沉降率、糖化血红蛋白、LDL–C等相关的血液指标，发现观察组较治疗前有显著的改善（$P < 0.05$），各项指标平均有效率可达90%，而对照组治疗前后则无明显变化。结论：在传统治疗的原则前提下，给予糖尿病性下肢动脉硬化性闭塞症的患者三七水蛭粉口服进行治疗，可以有效地提高疗效，缓解疾病带来的痛苦，大大改善患者的生活质量。

九、外科与骨科疾病

医用水蛭在伤口愈合、骨骼周围血管病变、骨性关节炎及骨科其他疾病中的临床应用发挥积极作用。赵新杰等在骨伤科中应用水蛭，治疗疤痕挛缩、膝关节创伤性滑膜炎、深静脉血栓、陈旧性骨折、髌骨软骨炎、颈椎后纵韧带骨化、股骨头无菌性坏死等骨伤科疾病，效果满意。

1. 手术外伤

水蛭在骨折早期使用可减少血小板的聚集，减少炎症反应及降低血肿量，而在骨折中后期使用水蛭可以促进血管生成而加速骨愈合，两者双向调节促进骨折周围损伤组织的修复，为新血管的产生创造一个良好的内环境，加速骨头和伤口的愈合。

刘焕华等用含有水蛭的大黄䗪虫丸对综合性手外伤愈合作用进行研究，发现其可有效缩短伤口的愈合、疼痛、水肿时间和减小疤痕面积，主要因为大黄䗪虫丸使伤口甲襞微循环、血液流变学状态得到有效改善，同时降低了血液抗利尿激素水平、机体对创伤的应激性，提高了血浆表皮生长因子水平。大黄䗪虫丸对综合性手外伤伤口愈合有显著的促进作用，并可推广用于其他部位的组织损伤和手术创伤的缝合切口。

2. 周围血管病变

水蛭在改善周围血管微环境中发挥重要作用。当血液从动脉流入和静脉流出之间不平衡时即可出现静脉淤血。静脉流出血流减少可出现于缩窄性创伤，介入放射中的静脉结构损伤，或重建和再植术后出现的薄壁性低容量性静脉（易于塌陷或撕裂），导致血流对组织灌注减少，从而引起缺氧、酸中毒、动脉血栓形成和组织坏死。医用水蛭活体生物疗法可以去除静脉血液以减少毛细血管充盈压，使受损的静脉有时间恢复以及保证持续动脉灌注。

叶企兵采用自拟水蛭通脉汤，配合自制克骨膏外敷，治疗股骨头无菌性坏死患者258例，效果显著。①内治。自拟水蛭通脉汤：水蛭（研吞）3 g，鹿角霜（烊化）、红花各8 g，赤芍9 g，白芍、紫丹参、熟地黄各30 g，川牛膝、骨碎补、淫羊藿各20 g，地鳖虫、酒延胡索各15 g。加减：畏寒、肢凉加桂枝、防风、川乌各10 g；腰酸疼、头晕加杜仲、熟地黄、山茱萸各10 g；口咽干燥、舌红加生地、女贞子、玄参各15 g。1剂/天，水煎，分2次口服。1个月为1个疗程。②外治。自制克骨膏：龙血竭、乳香、没药各8 g，红花、甘松各6 g，山柰9 g，制川乌、制草乌各3 g，酒延胡索15 g，清凉药肉50 g，调制成膏药。每天外敷，1个月为1个疗程。结果：经治疗1～5个疗程，在258例患者中，基本治愈152例、显效64例、有效37例、无效5例，总有效率为98.1%。经6个月以上随访，有效病例中有225例病情稳定、20例复发。口服中药中含有水蛭，利用其破血、逐瘀、通经的功效，通过治疗后患者临床症状明显缓解，表明在复方中使用水蛭，可使股骨头周围血管血流环境改善，血液黏稠度降低，血液循环加快，股骨头内高压环境得到缓解，对改善患者临床症状及促进坏死股骨头周围血管修复有一定作用。

李平等采用活血溶栓汤治疗因外伤成功行游离皮瓣修复术及断指再植患者共72例。在预防外伤血管吻合术后血管危象临床研究中，治疗组选用协定方活血溶栓汤，对照组使用低分子肝素进行随机对照分析。2组均成功行血管吻合术，术后予基础治疗（抗炎、抗痉挛）及护理，同时治疗组口服活血溶栓汤，对照组皮下注射低分子肝素钙。治疗组在基础治疗上，术后第1天开始服用活血溶栓汤（丹参

15 g、红花 10 g、当归 10 g、鸡血藤 10 g、土鳖虫 5 g、水蛭 3 g、独活 10 g、牛膝 10 g、延胡索 10 g），1 剂 / 天，分 2 次，饭后服，连续观察 7 天。对照组在基础治疗上，术后第 1 天起每天在腹部皮下注射低分子肝素钙 1 次，连续观察 7 天。观察比较 2 组术后皮肤颜色、温度、肿胀出血情况及毛细血管回充盈情况；比较 2 组手术前后凝血功能实验室指标变化情况；观察记录术后总体成活情况并进行疗效评价；观察记录 2 组术后不良反应，并进行安全性比较。结果：治疗组总有效率 94.4%，对照组总有效率 91.7%，差异无统计学意义（$P > 0.05$）；2 组凝血功能实验室指标比较，差异无统计学意义（$P > 0.05$）；2 组不良反应率比较，治疗组低于对照组。结论：活血溶栓汤能有效预防外伤血管吻合术后血管危象的发生，提高术后成活率，且不良反应少，对肝肾功能损害小，是一种安全有效的防治血管危象的中药制剂。方中水蛭作为臣药之一，辅佐君药，活血化瘀通络而不留瘀，血行顺畅，脉管通利，使精气津液输布全身，濡养机体，对预防外伤血管吻合术后出现的血管危象起到了一定作用。

3. 骨性关节炎

骨性关节炎临床主要症状为关节疼痛、肿胀、活动受限及畸形，常见于中老年人及重体力劳动者。骨性关节炎属中医学中骨痹范畴。虫类药（如水蛭）具有破血、逐瘀、通经等功效，可用于治疗骨性关节炎。

《临证指南医案》载痹证的治疗“亦不外乎流畅气血，祛邪养正，宣通脉络诸法”。临床治疗久痹多选用虫蚁搜剔通络，如全蝎、僵蚕、水蛭、地龙、蜂房等活血通络之品；此外，也可使用补气、补肾、柔肝、健脾活血方治疗骨性关节炎。中药对改善骨内微循环，促进软骨细胞增殖、抑制滑膜炎症、清除氧自由基、调节异常细胞因子等效果显著。

徐鹏刚选取 66 例骨关节炎肾虚血瘀证患者进行比较治疗。对照组：双醋瑞因胶囊（瑞士 TRB 药厂生产，进口药品注册证号：H20050031），50 mg/ 次，口服，2 次 / 天。治疗组：在对照组治疗基础上给予口服补肾通络方（熟地黄 20 g、淫羊藿 15 g、狗脊 10 g、续断 15 g、骨碎补 15 g、怀牛膝 15 g、杜仲 15 g、鸡血藤 20 g、白芥子 10 g、地龙 10 g、水蛭 10 g、威灵仙 15 g、独活 10 g），1 剂 / 天，水煎至 400 mL，早晚分服。连续服用 12 周为 1 个疗程。治疗组显效率 33.3%、有效率 54.5%、无效率 6.1%，总有效率 93.9%；对照组显效率 15.2%、有效率 48.5%、无效率 33.3%，总有效率 66.7%。两组在疾病临床疗效上比较有显著差异（$P < 0.05$），治疗组优于对照组。

4. 骨质增生症

戴义龙以“四龙汤”加减治疗骨质增生患者 85 例。药方及用法：蜈蚣 2 条、地龙 15 g、乌梢蛇 10 g、水蛭 10 g，1 剂 / 天，分 2 次煎服。本组平均治疗 1 ～ 2 个疗程，临床治愈 41 例、有效 38 例、无效 6 例，总有效率为 92.3%。

5. 腱鞘囊肿

陈旭辉用水蛭内服治疗腱鞘囊肿。每天少则 6 g，多则 9 ～ 18 g，分 3 次服用。治疗少则 5 ～ 7 天，多则 8 ～ 12 天，患者腱鞘囊肿均消失，疗效甚好。

6. 疤痕挛缩

夏世平利用水蛭活血汤内服治疗疤痕挛缩 31 例，治愈 24 例、有效 4 例、无效 3 例，总有效率为 90.3%。推测与该方可行气活血、通络散结，使毛细血管增生，血管痉挛解除，促进正常组织再生等有关。

7. 颜面损伤性血肿

杨定芳以水蛭治疗颜面损伤性血肿 140 例。内服：水蛭 5 ～ 10 g，研末冲服或装入空心胶囊吞服，1 g/ 次，2 次 / 天，连服 5 天。外敷：水蛭 30 g 研末，用生理盐水调糊后敷于血肿部位，每天更换，隔天敷药，连用 5 天。本组疗程均为 5 天。其中 128 例痊愈、12 例好转，未有无效病例。

8. 创伤性滑膜炎

王涛等以水蛭为主，配合西药治疗筋膜间隔综合征。药方及用法：水蛭 6 g、赤白芍各 15 g、大黄 10 g、黄芩 15 g、当归 15 g、金银花 30 g、紫花地丁 15 g、生薏苡仁 30 g、地龙 30 g、厚朴 10 g、甘草 10 g，2 剂 / 天，水煎，分 4 次服。同时配合应用脱水剂、抗生素等。连续服药 3 天，右小腿肿胀及疼痛明显减轻；1 周后，皮肤麻木感消失，病情显著好转。改用药方及用法：水蛭 6 g、赤白芍各 10 g、当归 15 g、黄柏 10 g、牛膝 10 g、苍术 30 g、金银花 30 g、生薏苡仁 30 g、萆薢

15 g、地龙 15 g、制香附 10 g、甘草 5 g，1 剂 / 天，水煎，早晚分 2 次服。同时配合下肢牵引制动。2 周后膝关节积液消失，浮髌试验呈阴性。嘱患者行股四头肌锻炼，4 周后下地活动，无复发。

十、其他疾病

1. 皮肤病（黄褐斑）

黄褐斑是一种常见的色素沉着性皮肤病。王琳瑛自拟水蛭化斑汤随证加减治疗面部黄褐斑患者。药方：水蛭 5 g、益母草 20 g、桃仁 10 g、当归 15 g、何首乌 15 g、丹参 15 g、凌霄花 6 g、柴胡 9 g、香附 9 g、川芎 12 g、白芷 6 g。水蛭焙干后研细粉（切忌油炙，炙后效减），装入胶囊，5 g/ 天，分早中晚 3 次服用；其余药水煎服，1 剂 / 天。药渣加水 200 mL，煮沸后用海绵块吸取药汁敷面斑处，30 min/ 次，每天数次，2 个月为 1 个疗程。连续用药 2 ～ 3 个疗程。本组 20 例患者中，痊愈 14 例（占 70%），好转 5 例（占 25%），无效 1 例（占 5%），总有效率 95%。

2. 支气管哮喘

哮喘素称难治之症，不易根除，发作时亦难以控制。刘荣全以水蛭、皂荚研粉装胶囊口服，结合辨证施治服用汤剂，对控制哮喘发作颇有效果。药方及用法：制附子 10 g，鹿角霜（先煮）30 g，桂枝、制苍术各 10 g，茯苓 20 g，黄芪 15 g，葶苈子（包）10 g；另炙水蛭 1.5 g，炙皂荚 3 g，研末装胶囊分吞。服用 5 剂。1 周后止咳。

管济生以生水蛭 3 ～ 6 g，加二味参苏饮煎服，治疗久咳患者 36 例，有效率达 94.4%。

3. 小儿肺炎

金文微用水蛭治疗小儿肺炎患者 72 例，并与同期未服用水蛭的 72 例患者作对照。结果：水蛭组 7 天内肺部啰音吸收者 65 例（占 90.3%），7 天后啰音吸收者 7 例（占 9.7%）；对照组 7 天内肺部啰音吸收者 56 例（占 77.8%），7 天后啰音吸收者 16 例（占 22.2%），2 组对比有显著差异（$P < 0.05$）。

4. 梅尼埃病

梅尼埃病为一种突然发作的非炎性迷路病变，具有眩晕、耳聋、耳鸣及有时有患侧耳内闷胀感等症状的疾病，多为单耳发病。董汉良治疗 1 名梅尼埃病患者，主述头晕目眩，如坐舟中，畏光怕声，以水蛭、胆星、川芎、陈皮、防风、甘草各 5 g，半夏、茯苓、当归各 10 g，葛根 30 g，水煎服，3 剂而愈。

5. 阿尔茨海默病

周端求等将来自门诊、住院部或家庭病房患者共 140 例，随机分为治疗组 80 例和对照组 60 例。治疗组方用自制启智胶囊，药用党参 1000 g、黄芪 500 g、白术 500 g、何首乌 1000 g、熟地黄 1000 g、枸杞子 1500 g、肉苁蓉 1500 g、核桃仁 1000 g、石菖蒲 500 g、远志 500 g、天南星 300 g、全蝎 300 g、水蛭 1000 g、虻虫 500 g、川芎 1500 g、灵磁石 1500 g、香橼 250 g、黄连 250 g，共研细末，过 100 目筛，制成胶囊，每粒 0.5 g（含生药 0.38 g），8 粒 / 次，3 次 / 天，饭前半小时温开水送下。对照组服用喜得镇片（天津华津制药公司与瑞士山德士制药厂合资生产，每片 1 mg），1 片 / 次，3 次 / 天；脑复康片（湖南南光药业有限公司出品，每片 0.4 g），2 ～ 4 片 / 次，3 次 / 天；维生素 E（中国厦门鱼肝油厂出品），1 ～ 2 丸 / 次，3 次 / 天。2 组均以 60 天为 1 个疗程，根据病情可连续服用 2 个疗程，半年后统计疗效。结果：治疗组总有效率为 93.75%，对照组总有效率为 70%，两者疗效有显著差异。注意：保持心悦神怡，情绪稳定；忌食酒酪、肥甘、辛辣等刺激性食物；治疗期间停用其他具有抗凝、扩脑血管、神经递质调节及抗精神病等中西药物。

参考文献

[1] BUOTE N J. The use of medical leeches for venous congestion. A review and case report [J]. Vet Comp Orthop Traumatol，2014，27（3）：173–178.

[2] 齐晓飞，李泽宇，贺娟．小剂量凝血酶抑制剂：疏血通注射液对脑出血急性期血肿体积及周围缺血影响 [J]. 中华神经医学杂志，2010，9（3）：312–315.

[3] 王连国．步长脑心通胶囊治疗脑出血恢复期的疗效观察 [J]. 中华中医药学刊，2013，31（5）：1196–1197.

[4] 王海利．奥拉西坦注射液联合脑心通胶囊治疗脑出血患者的临床效果观察 [J]. 中国医药科学，2015，5（6）：35–37.

[5] 陈尚军，王海燕，左毅，等．脑血疏口服液治疗脑出血后继发神经功能损害的疗效观察 [J]. 中西医结合心脑血管病杂志，2016，14（2）：199–202.

[6] 林洪彬．龙生蛭胶囊治疗气虚血瘀型脑梗死的临床研究 [J]. 中国医药导报，2010，7（19）：100，103.

[7] 王强，刘福友．疏血通注射液治疗急性脑梗死 30 例 [J]. 陕西中医，2012，33（2）：158–159.

[8] 李丹，李泽宇，张国华．疏血通注射液治疗脑出血的研究进展 [J]. 中西医结合心脑血管病杂志，2010，8（2）：227–228.

[9] 毕鹏，巩东辉．七清肽产品对心脑血管病临床效果评价 [J]. 中西医结合心血管病电子杂志，2018，6（2）：171–173.

[10] 李连江，马晓玲．三七水蛭粉按照 3 ： 1 配比治疗缺血性脑卒中临床疗效观察 [J]. 四川中医，2017，35（12）：157–159.

[11] 李清涛．水蛭溶栓胶囊治疗缺血性中风随机平行对照研究 [J]. 实用中医内科杂志，2017，31（1）：24–25.

[12] 阮海娃，畅亦杰．脉血康胶囊治疗急性脑梗死 112 例临床疗效观察 [J]. 中国中药杂志，2011，36（5）：642–643.

[13] 蒋家银．水蛭溶栓胶囊合红花注射液治疗急性脑梗死 50 例临床疗效观察 [J]. 中国民族民间医药，2014，23（1）：81，83.

[14] 孙怡，周绍华，谢道珍．水蛭治疗脑出血颅内血肿 48 例临床观察 [J]. 中医杂志，1986（3）：29.

[15] 符为民，杨延光，时永华，等．“通脑灵合剂”治疗急性出血性脑卒中的临床观察：附 60 例临床疗效分析 [J]. 中国中医急症，1992，1（1）：30–32.

[16] 杨剑锋，曹向红．三参黄龙土鳖水蛭汤治疗缺血性中风 56 例临床观察 [J]. 山西医药杂志，2009，38（24）：1168–1169.

[17] 王凤仙．水蛭丸治疗进展性脑梗死 50 例临床观察 [J]. 中西医结合心脑血管病杂志，2009，7（7）：870–871.

[18] 张金玺．中西医结合治疗急性脑梗死 32 例疗效观察 [J]. 四川中医，2006，24（10）：

43-44.
[19] 王淑芳，刘国华，孟祥玲，等. 神脑康对急性缺血性中风患者神经功能及载脂蛋白的影响 [J]. 中国中医急症，2000，9（6）：243-244.
[20] 王瑞芳，王亚洲，陈文洲，等. 水蛭地龙（疏血通）液治疗脑梗死 60 例 [J]. 中国临床医学，2004，11（2）：240.
[21] 秦泗明，秦绪丽，潘为法. 梗塞通治疗缺血性中风 30 例 [J]. 陕西中医，2003，24（2）：131-132.
[22] 于存才. 脑脉通治疗脑卒中 42 例 [J]. 陕西中医，2002，23（8）：691.
[23] 鲍宗鳞，范震，等. 水蛭治疗脑梗死疗效观察 [J]. 新疆中医药，2000，18（3）：17-18.
[24] 梁健芬，李桂贤，黄选华. 水蛭注射液对急性脑梗死患者血液流变学、SOD 的影响及临床疗效观察 [J]. 广西中医药，2000，23（1）：1-3.
[25] 邱全，董少龙，林英辉，等. 水蛭胶囊治疗脑动脉硬化症疗效观察 [J]. 广西中医药，2004，27（3）：14-16.
[26] 张爱梅. 运用中医药辨证治疗脑梗死 28 例 [J]. 云南中医中药杂志，2004，25（2）：8.
[27] 司志国，王玺. 水蛭治疗缺血性中风之血液流变学观察 [J]. 中国急救医学，1984（4）：21.
[28] 孙国定，赵华，孙国兰，等. 水蛭抗栓灵治疗脑梗死 31 例疗效观察 [J]. 国医论坛，2000，15（6）：25.
[29] 中国中西医结合学会活血化瘀研究学会. 血瘀证与活血化瘀的研究 [M]. 北京：学苑出版社，1990：118.
[30] 张平义. 马蛭愈瘫灵治疗中风偏瘫 1000 例 [J]. 陕西中医，1994：15（3）：126.
[31] 周端球. 水蛭粉治疗急性缺血性脑卒中临床研究 [J]. 中国中西医结合急救杂志，2000，7（3）：150-151.
[32] 何小蓉. 水蛭制剂对血液流变学的影响（附 56 例报道）[J]. 重庆医学，2003，32（5）：601.
[33] 司家亭. 血栓心脉宁治疗冠心病心绞痛 35 例 [J]. 中西医结合心脑血管病杂志，2009，7（1）：101-102.
[34] 李林，万毓华，方家. 脑心通胶囊治疗冠心病心绞痛临床疗效观察 [J]. 辽宁中医药大学学报，2012，14（4）：198-199.
[35] 黄伟，张碧华，高素强. 脉血康胶囊治疗冠心病心绞痛临床疗效观察 [J]. 中国医药，2013，8（8）：1051-1052.
[36] 贺志伟，王湘富，杨翰文，等. 脉血康胶囊对经皮冠状动脉介入患者长期预后的影响 [J]. 中国中医药信息杂志，2010，17（4）：59-60.
[37] 吴云虎，陈锦嫦. 丹参水蛭胶囊配合西医治疗颈动脉血管支架成形术后再狭窄 46 例 [J]. 陕西中医，2010，31（4）：429-431.
[38] 徐灵建，王文云. 复方水蛭精胶囊治疗经皮冠状动脉成形术后再狭窄 36 例 [J]. 中

国实验方剂学杂志，2001，7（3）：53-55.
[39] 何群，黄俊军，蔡继明，等.水蛭素治疗不稳定心绞痛疗效观察[J].实用中西医结合临床，2008，8（3）：3-4.
[40] 高曼妮.脉血康胶囊治疗冠心病不稳定型心绞痛50例[J].中西医结合心脑血管病杂志，2010，8（10）：1172-1173.
[41] 宗自文，任凤.水蛭对69例急性心肌梗塞患者血液流变学变化的影响[J].中医研究，2000，13（6）：59.
[42] 张军彩，吕军民.疏血通注射液治疗急性心肌梗死的疗效观察[J].陕西医学杂志，2008，37（8）：1059-1060.
[43] 赵群辉，魏青菊.通心络胶囊辅助治疗急性心肌梗死疗效观察[J].现代中西医结合杂志，2009，18（13）：1507.
[44] 颜文涛.步长脑心通治疗老年人原发性高血压的临床疗效观察[J].实用心脑肺血管病杂志，2008，16（11）：34.
[45] 魏君.通心络联合缬沙坦治疗高血压的疗效观察[J].中国实用医刊，2008，35（22）：76-77.
[46] 饶惠平.通心络胶囊治疗原发性高血压临床疗效及其对血液流变学的影响[J].中国中医药信息杂志，2009，16（12）：15-17.
[47] 李凌云.黄芪注射液配合水蛭胶囊治疗肺心病46例[J].光明中医，2010，25（7）：1193.
[48] 洪用森.水蛭粉用于肺心病[J].浙江中医杂志，1982，17（3）：101.
[49] 钱海凌，张文宗，黄琛.水蛭注射液治疗肺心病高凝状态的临床研究[J].江苏中医药，2006，27（11）：17-19.
[50] 秦亮甫."水蛭汤"对门静脉高压脾切除后血小板增多症的疗效观察[J].上海中医药杂志，1963（5）：15-16.
[51] 孙素芹，常丽，叶婷.血府逐瘀汤为主治疗血小板增多症的临床观察[J].光明中医，2014，29（8）：1663-1664.
[52] 高纪理，王志杰，张明远，等.水蛭对血小板聚集率升高的心脑血管病的治疗作用[J].中医杂志，1993，34（5）：261.
[53] 娄巍巍，王杰，杨文臣.单味水蛭治疗血管瘤30例[J].中国民间疗法，1999，7（11）：34.
[54] 颜乾麟.水蛭治疗血管瘤[J].中医杂志，1993（3）：133-134.
[55] 周高龙.消瘤散治疗肝血管瘤62例临床观察[J].湖南中医杂志，1994，10（3）：19.
[56] 马衍平，黄辉高.水蛭化瘀汤治疗血栓性静脉炎36例[J].中医杂志，2003，44（7）：527.
[57] 李树凯，李奇霞.水蛭治疗深浅部静脉炎及脑血栓形成[J].1993，34（4）：199.
[58] 李淑梅.血脉通胶囊治疗血栓性浅静脉炎110例[J].天津中医药，2006，23（3）：

213.
[59] 张春玲，刘志杰．中西医结合治疗下肢深静脉血栓形成30例［J］．陕西中医，2002，23（12）：1061-1062.
[60] 李密峰，乔作献，赵东鹰，等．鲜水蛭外敷治疗血栓闭塞性脉管炎60例［J］．河南中医，2000，20（4）：69.
[61] 徐珏．逐瘀通脉胶囊治疗糖尿病下肢动脉硬化闭塞症疗效观察［J］．黑龙江医学，2010，34（11）：863-864.
[62] 冯琨，谭静苑，陈影，等．疏血通注射液治疗糖尿病下肢动脉硬化闭塞症临床观察［J］．中国中西医结合杂志，2009，29（3）：255-257.
[63] 王辉，刘冠军，刘东静．山楂、丹参、水蛭联用治疗高脂血症40例临床研究［J］．河南中医，2010，30（3）：256-257.
[64] 王达平，王与章，金德山，等．水蛭粉治疗高脂血症48例临床观察［J］．中西医结合杂志，1988（8）：483.
[65] 金德山，王达平，张成梅，等．水蛭粉治疗高脂血症150例疗效观察［J］．北京中医，1989（1）：21-22.
[66] 王正红．单味水蛭粉治疗高脂血症78例疗效观察［J］．天津中医，1998，15（1）：26.
[67] 李汉平．水蛭粉治疗高脂血症62例临床分析［J］．交通医学，2000，14（3）：320.
[68] 李宁，赵霞，张文高．水蛭微粉治疗高脂血症疗效观察［J］．中国误诊学杂志，2008，8（4）：802-803.
[69] 钟光玉，王亚兰．水蛭粉治疗慢性肾病的临床疗效观察［J］．中医中药研究，2019，11（19）：130-132.
[70] 杨敬，刘承玄，熊燕影．水蛭粉治疗慢性肾病的临床疗效观察［J］．中医临床研究，2018，10（26）：60-61.
[71] 詹继红，王琮瑞，胡茂蓉．水蛭治疗慢性肾脏病54例对比研究［J］．贵阳中医学院学报，2017，39（2）：61-63，97.
[72] 姜鹤林，徐首航，金秋玲．水蛭粉治疗肾病综合征高凝血症40例［J］．中国中医急症，2011，20（3）：476-477.
[73] 王朝．水蛭在难治性肾病综合征中的应用［J］．现代中西医结合杂志，2007，16（9）：1195-1196.
[74] 杨书彦，高桂凤，金翠萍．水蛭治疗肾病综合征36例［J］．中医研究，2002，15（2）：36-37.
[75] 何志义，牛春健．水蛭治疗肾病综合征临床观察［J］．内蒙古中医药，2004，23（1）：11.
[76] 方新生．水蛭在慢性肾功能不全中的应用［J］．中医杂志，1993，34（4）：198.
[77] 李秋霞，晋耐霞．康肾灵合水蛭胶囊治疗慢性肾功能不全116例［J］．河南中医药学刊，1999，14（4）：37-38.
[78] 康友群，骆纯才．肝素与水蛭粉佐治难治性肾病近期疗效观察［J］．宁波医学，

1998，10（5）：233-234.
[79] 刘耕野.水蛭三金汤治疗尿路结石34例[J].湖南中医杂志，2000，16（5）：31-32.
[80] 林建明，程世平，刘加林，等.水蛭对狼疮性肾炎患者血浆内皮素和可溶性白介素-2受体的影响[J].疑难病杂志，2009，11（9）：535-537.
[81] 史伟，唐爱华，吴金玉，等.水蛭注射液治疗糖尿病肾病57例疗效观察[J].新中医，2006，38（3）：38-40.
[82] 朱良争，王寿生，徐蓉娟，等.通瘀灵治疗糖尿病高脂血症的临床和实验研究[J].中医杂志，1991（12）：23-25.
[83] 史伟，刘春红，吴金玉.水蛭注射液对糖尿病肾病患者脂质异常及高凝状态的影响：附常规治疗55例对照[J].浙江中医杂志，2002，37（6）：267-268.
[84] 胡宝峰，孟令双，黄明，等.水蛭胶囊对糖尿病肾病血液流变学尿蛋白的影响[J].辽宁中医杂志，2003，30（3）：238.
[85] 李莹，崔丽.水蛭素药物治疗尿微量白蛋白为主要表现的糖尿病肾病和高血压肾病的临床研究[J].临床合理用药杂志，2010，3（22）：6-7.
[86] 刘玉夏，刘云启，程艳丽，等.水蛭地龙合剂对特发性肾病血液流变学的影响[J].中国中西医结合肾病杂志，2004，5（2）：113.
[87] 符为民.水蛭治疗中风、癃闭[J].中医杂志，1993（3）：133.
[88] 杨锋.水蛭的临床应用[J].上海中医药杂志，1994（11）：27.
[89] 孙怡，贾刚，高立军.黄芪水蛭合剂治疗蛋白尿23例临床观察[J].中医杂志，2002，43（7）：524-525.
[90] 彭桂阳.水蛭粉治疗肾盂积水20例临床观察[J].中国民族医药杂志，1997，3（S1）：71-72.
[91] 李小菊，卢宏达，陈卫群，等.水蛭抑制肿瘤血管生成的作用及其机制[J].肿瘤防治研究，2013，40（1）：46-50.
[92] 张广美，姜梅.水蛭抗肿瘤作用探讨[J].中华中医药学刊，2009，27（11）：2257-2258.
[93] 朱曾柏.水蛭治癌、治痛举隅[J].中医杂志，1993，34（5）：261-263.
[94] 王慧，喇万英.十年来水蛭的临床应用研究[J].浙江中医杂志，1990（1）：42-43.
[95] 上官钧，肖钦朗，高远平，等.胃癥散治疗胃癌72例疗效观察[J].辽宁中医杂志，1994，21（8）：354-356.
[96] 周容华.自拟“化瘤汤”对肿瘤的治疗[J].中医杂志，1993，34（1）：19-20.
[97] 廖有业，姚淑贤.水蛭三七散冲服治疗肝硬化脾肿大临床观察[J].实用中医内科杂志，1994，8（1）：27.
[98] 潘世庆.水蛭治愈乳腺癌1例[J].实用中医内科杂志，1993，7（4）：7.
[99] 马秀红.水蛭的药理及临床应用[J].中国社区医师，2001，17（12）：8.
[100] 李发杰，侯维琪，董玉江.胃癌止痛散治疗胃癌疼痛100例[J].山东中医杂志，

1994，13（10）：443.
［101］齐元富．癌性疼痛的中医论治［J］．山东中医杂志，1995（2）：55–57.
［102］杨欣．水蛭的药理作用及其在男性病治疗中的应用［J］．中医药学刊，2002，20（2）：179–180.
［103］沈国球，刘波，文瀚东，等．水蛭栓剂治疗精液不液化的临床疗效随访观察［J］．中国男科学杂志，2016，30（6）：42–44，48.
［104］荣繁．水蛭在男科病中的应用举隅［J］．湖北中医杂志，2003，25（7）：38–39.
［105］张新东，金保方，周玉春，等．前列倍喜胶囊治疗精液不液化 180 例临床研究［J］．中华男科学杂志，2009，15（7）：665–668.
［106］吴一凡，肖新立，曹茂堂．水蛭治疗精液不液化 56 例体会［J］．时珍国医国药，2003，14（9）：584–585.
［107］王尽圃，李应保．水蛭可提高精子成活率［J］．中医杂志，1993，34（2）：70.
［108］王安甫．水蛭化精汤治疗精液不液化症 228 例［J］．新中医，1998，30（10）：44，50.
［109］孟战战，罗二平．药物灌渗水囊按摩治疗前列腺炎伴精液不液化症［J］．中华男科学，2001，7（4）：265–266.
［110］于爱伟，马爱竹．水蛭粉治疗精液不液化 50 例［J］．中医函授通讯，1997，16（6）：12.
［111］张文灿，郭连澍，张秀玲．水蛭治疗精液不液化［J］．中医杂志，1993（5）：263.
［112］周念兴．水蛭治精液不化症［J］．中医杂志，1993，34（2）：70–71.
［113］李建，陈爽，王强，等．慢性前列腺炎患者实施水蛭蜈蚣栓加入微波治疗的效果［J］．中国性科学，2018，27（9）：23–26.
［114］曾柏禧，魏庆芳，曾炜妃．水蛭蜈蚣栓经微波直肠给药治疗慢性前列腺炎的临床研究［J］．中外医学研究，2017，15（26）：14–15.
［115］郑进福，陈俊辉，马华姣．水蛭栓剂治疗慢性前列腺炎效果评价［J］．深圳中西医结合杂志，2017，27（17）：74–76.
［116］扈新女．水蛭临床应用举隅［J］．山西中医，2001，17（1）：36.
［117］陆晓东．水蛭、细辛临床新用［J］．上海中医药杂志，1995（7）：33.
［118］杨仓良，程方，高渌纹，等．毒剧中药古今用［M］．北京：中国医药科技出版社，1993：171.
［119］魏世超．水蛭治疗前列腺肥大症［J］．中医杂志，1993，34（4）：198–199.
［120］曹是褒，曾四豪．水蛭雄鸡汤治疗阳痿［J］．四川中医，1985（12）：37.
［121］郭智荣．水蛭在男科病中应用经验［J］．江西中医药，2000，31（5）：17.
［122］孙海洋，李廷元．当归水蛭散治疗阳痿 20 例疗效观察［J］．河北中医，1995，17（2）：33–34.
［123］石秀峰．针灸与中药治疗男性不育少、弱精子症疗效观察［J］．中国当代医药，2009，16（15）：115–116.

[124] 陈建龙. 运用活血化痰法治疗男科疾病 [J]. 广西中医药，1995，18（1）：27.
[125] 郭芸. 水蛭在妇科疾病的应用 [J]. 中国民族民间医药杂志，2003（1）：35–37.
[126] 冯子轩，康健. 水蛭消症散治疗卵巢囊肿 44 例 [J]. 山东中医杂志，1996，15（1）：20–21.
[127] 戴立权. 学习张锡纯用药经验点滴 [J]. 北京中医，1994（2）：35.
[128] 齐玲玲. 丹甲水蛭汤治疗输卵管阻塞临床研究 [J]. 山东中医杂志，1995，14（9）：407–408.
[129] 孙福全，许春丽，刘桂英. 蟅蛭散治疗输卵管阻塞 95 例 [J]. 安徽中医学院学报，1995（1）：28.
[130] 蒋树松. 丹参水蛭散治疗阻塞性输卵管炎 30 例 [J]. 医学文选，1995，16（1）：47–48.
[131] 杨希仁. 水蛭治闭经、盆腔炎性包块及不孕 [J]. 中医杂志，1993，34（2）：71.
[132] 陈琳，林红，王应兰. 中西医结合治疗子宫肌瘤 90 例临床研究 [J]. 中国当代医药，2009，16（15）：114–115.
[133] 张云鸣. 生水蛭可消症 [J]. 中医杂志，1993，34（3）：135.
[134] 隋爱荣，周相凤，孔庆兰. "痛经汤" 治疗痛经 112 例临床观察 [J]. 中国实验方剂学杂志，2003，9（1）：65.
[135] 王忠民. 水蛭用于妇科疑难重证 [J]. 中医杂志，1993，34（3）：134–135.
[136] 孙波，赵连强. 应用水蛭药膜治疗复发性口疮的临床观察 [J]. 中华口腔医学杂志，1995，30（2）：82.
[137] 江苏省建湖县五・七干校门诊室. 蚂蝗蜂蜜浸出液治疗急性结膜炎 [J]. 新医学，1972（8）：56–57.
[138] 刘桥养. 水蛭在临床的运用 [J]. 北京中医，1995（2）：37–38.
[139] 庄千友. 水蛭在疑难疾病中应用体会 [J]. 中医杂志，1999，40（8）：469–470.
[140] 鲍宗麟，杨文，解增金. 水蛭治疗慢性病毒性肝炎疗效观察 [J]. 浙江中西医结合杂志，2000，10（9）：519.
[141] 雷经玲，戴传贵，陈先明，等. 水蛭治疗肝硬化腹水的探讨 [J]. 中西医结合肝病杂志，1994，4（3）：40–41.
[142] 张伟成. 谈水蛭在肝病中运用 [J]. 时珍国医国药，2000，11（1）：75.
[143] 唐振范. 中药内服外敷治疗肝硬化腹水 20 例 [J]. 中国中医急症，2011，20（3）：477.
[144] 李守军. 水蛭在 2 型糖尿病中的应用：附 48 例病例分析 [J]. 甘肃中医，2005，18（4）：36–37.
[145] 赵胜，杨传经. 水蛭胶囊治疗糖尿病性周围神经病变的疗效观察 [J]. 贵阳中医学院学报，2009，31（3）：28–30.
[146] 曹亮. 三七水蛭散治疗糖尿病周围血管病变的临床疗效观察 [J]. 糖尿病新世界，2016，19（4）：41–43.

［147］李连江，马晓玲．三七水蛭粉胶囊治疗糖尿病性下肢动脉硬化性闭塞症临床研究［J］．中国医药导刊，2016，18（1）：73–74，76.

［148］赵新杰，夏华玲，冯勇．水蛭的药理作用及其在骨伤科临床中的应用［J］．中医正骨，2001，13（9）：51–52.

［149］董福慧，金宗濂，郑军，等．四种中药对骨愈合过程中相关基因表达的影响［J］．中国骨伤，2006，19（10）：595–597.

［150］刘焕华，于首元．大黄蟅虫丸对综合性手外伤愈合作用的研究［J］．辽宁中医杂志，2002，29（10）：608–609.

［151］叶企兵．自拟水蛭通脉汤治疗股骨头无菌性坏死258例［J］．浙江中医杂志，2012，47（7）：513.

［152］李平，刘勇，孙锋，等．活血溶栓汤预防外伤血管吻合术后血管危象临床研究［J］．中医药临床杂志，2016，28（2）：231–234.

［153］王海南，殷海波，刘宏潇．中医药治疗骨关节炎临床研究进展［J］．北京中医药，2011，30（11）：872–874，880.

［154］徐鹏刚．王素芝学术思想及补肾通络方治疗膝骨关节炎临床研究［D］．北京：中国中医科学院，2017：100–110.

［155］戴义龙．四龙汤治疗骨质增生症85例［J］．福建中医药，1998，29（4）：18.

［156］陈旭辉．水蛭内服治疗腱鞘囊肿2例治验［J］．成都医药，1997，23（3）：184–185.

［157］夏世平．水蛭活血汤治疗疤痕挛缩31例临床观察［J］．实用中医药杂志，1996，12（3）：9–10.

［158］杨定芳．水蛭治疗颜面损伤性血肿140例［J］．云南中医中药杂志，1996，17（5）：28.

［159］王涛，李康，陈砚农．中药水蛭在骨伤科急症中的应用［J］．中医正骨，1999，11（10）：44.

［160］王琳瑛．水蛭化斑汤治疗黄褐斑20例［J］．河北中医，2003，25（8）：579.

［161］刘荣全．水蛭皂荚散治疗哮喘举隅［J］．江苏中医杂志，1986（11）：9–10.

［162］管济生．水蛭治疗久咳［J］．中医杂志，1993（3）：134.

［163］金文微．血瘀证与活血化瘀的研究［M］．北京：学苑出版社，1990：164.

［164］徐兆山．水蛭在内科临床的应用概况［J］．实用中医内科杂志，1990，4（3）：21–22.

［165］周端求，周广青，杨铮铮，等．启智胶囊治疗老年痴呆80例分析［J］．中医药学刊，2003，1（2）：238–240.

［166］王厚伟．低温炮制工艺对水蛭水溶性蛋白组成及纤溶活性的影响［J］．中药材，2007，30（3）：272–275.

［167］丰素娟，夏俐俐．水蛭炮制初探［J］．浙江中医学院学报，2000，24（2）：75.

［168］张永太．水蛭饮片次黄嘌呤含量测定［J］．中成药，2008，30（8）：1175–1177.

[169]史红专，郭巧生，刘飞，等.野生和人工养殖蚂蟥不同炮制品内在质量的比较研究[J].中国中药杂志，2007，32（24）：2657-2659.

[170]王雨林，王实强，刘玉琴，等.不同炮制方法对水蛭中氨基酸及抗凝血酶活性的影响[J].湖南中医药大学学报，2013，33（11）：42-45.

[171]武继彪，刘红兵，吕文海，等.3种水蛭炮制品调脂作用比较[J].中国中药杂志，1994，19（6）：343-345.

第四章　医用水蛭活体生物疗法在我国的临床应用

利用医用水蛭活体生物疗法可用于治疗心脑血管系统疾病（冠心病、脑卒中等），神经系统疾病（帕金森病、癫痫等），内分泌系统疾病（糖尿病、痛风等），呼吸系统疾病（感冒、肺炎等），消化系统疾病（胃病、肠炎等），泌尿系统疾病（肾炎、膀胱炎等），生殖系统疾病（不孕不育、月经不调、阳痿、早泄等），风湿骨科疾病（肩周炎、坐骨神经痛等），五官科疾病（鼻炎、咽炎等），皮肤科疾病（痤疮、脚气等），其他疾病（肥胖等）。本章所提水蛭均为医用水蛭。

第一节　我国医用水蛭活体生物疗法沿革

医用水蛭活体生物疗法是利用饥饿的水蛭进行吸血的疗法，通过水蛭吸血促进血液循环，水蛭在吸血的同时还能释放具有抗凝血功能的水蛭素以及其他生物活性物质，既能清除机体组织中坏死或者淤积的血液，又能增加组织的灌流量，同时起到消除淤血和即时性提高局部血流量的作用。

在中国古代关于医用水蛭活体生物疗法在古代医书亦有详细记录，中医称之蜞针法，酷似中医针灸。蜞针法如同蝎子疗法、蜂毒疗法一样，是中医外治疗法中的一种有效治病方法，历史悠久。时至今日仍被传统中医广泛应用于内科、外科、妇科、男科及皮肤科等领域。蜞针法是把医用活体水蛭置于人体相应穴位上吸血。其原理是活体水蛭的唾液中含有水蛭素，这是一种生物多肽，是已知最强的凝血酶特效抑制剂。当活体水蛭在皮瓣上吸吮血液时，其唾液中释放的水蛭素等活性物质可抑制血小板凝聚、溶解血栓，使创面不断渗血，从而达到疏通局部血液循环，改善皮瓣血液循环的效果。

1987 年，中国科学院水生动物研究所水蛭课题组与湖北省第三人民医院骨科协作，在我国首先应用医用水蛭治疗断指再植术后瘀血，取得了巨大成功。此后，多家医院纷纷引入医用水蛭活体生物疗法，并用于再植或移植手指、脚趾、耳朵、鼻子等手术。国内报道了许多利用医用水蛭活体生物疗法获得成功的案例，受到国内外同行一致好评。

近年来，国内外研究者在水蛭的药理作用方面进行了大量的研究工作，医用水蛭在医学上的新用途受到了人们的广泛关注。随着医学科学的发展和医疗技术的不断提高，人们对医用水蛭活体生物疗法不断地进行探索，国内外医学界和学者相继发表了大量医用水蛭活体生物疗法在治疗各种疾病的研究成果和案例报告，均取得了理想效果。

第二节　医用水蛭活体生物疗法（蜞针法）特点

医用水蛭活体生物疗法的特点：①水蛭可在出现静脉淤血的皮瓣上任意位置进行吸吮血液，在吸吮治疗时所形成的负压促进了新鲜血液向病灶流动，无形中改善了局部微循环障碍的状况，引起细胞内、细胞间、血管局部和整体生理状态的调节反应，起到疏经活络、逐血散瘀的作用，形成一个“静脉输出短路”，有效地为皮瓣消肿、减少张力、促进血液回流；②水蛭吸吮的同时，将大量的水蛭素、镇痛酶、抗炎酶、溶血酶及许多具有药用功效的物质成分直接注入皮瓣内部，这些活性物质具有利水排毒、消肿止痛的功效，进一步起到活血化瘀的作用。

医用水蛭通常由专业饲养场按照一定的医疗标准进行饲养，保证任何季节均可满足临床的需要。

一、穴位按摩

穴位按摩是指通过水蛭叮咬穴位，对穴位进行刺激和按摩的疗法。生理学研究表明，外加在穴位点的刺激在达到一定的强度后，能够引起细胞的兴奋或产生动作电位。水蛭通过叮咬吸血的动作能够产生足够的刺激强度，从而引起相应穴位点的细胞兴奋，进而激发经络功能。实际上，水蛭的叮咬刺激在一定程度上起到了传统中医的穴位针灸作用。

二、放血疗法

水蛭吸出肢体组织中的血液或者淤血，起到了局部组织放血的作用，有利于静脉系统的快速自然恢复，进而使肢体组织细胞得以修复。用医用水蛭活体生物疗法治疗静脉炎和皮肤创伤具有独特效果，其类似于中医的放血疗法和针刺疗法，使人体某一部位的组织静脉释放出一定量的血液，快速疏通局部血液，缓解病痛，以达到治疗目的。

三、穴位给药

水蛭在吸血过程中，通过唾液腺往伤口中注入某些生物活性物质，如天然高效的抗凝剂——水蛭素，以阻止血栓的形成，扩张血管，促进静脉系统的恢复。除了水蛭素，水蛭的消化道和唾液中还含有诸多其他生物活性物质和生物酶，如分泌麻醉剂、消炎剂等物质。

水蛭的免疫系统中存在着多种具有杀菌、消炎效果的肽。水蛭神经系统和神经元还具有独特的再生机制，一旦受损，可在短时间内完全得以再生，水蛭的神经细胞结构和功能与人类的非常相似。因此，可利用水蛭的生物活性物质修复脊髓损伤、中风后遗症和治疗阿尔茨海默病等疑难病症。

第三节　医用水蛭活体生物疗法的医药卫生要求

为确保接受医用水蛭活体生物疗法治疗患者的安全，并降低治疗期间感染和并发症的风险，有必要找到有效的方法来降低和杀灭水蛭身上的各种条件致病细菌。因此，需要制订规范化的医用水蛭繁育要求、卫生要求、运输储存要求，对医用水蛭出厂过程进行严格管控，使其达到使用标准。

一、医用水蛭的规范化繁育

1. 医用水蛭生态养殖

医用水蛭生态养殖环境的水质要求达到《渔业水质标准》（GB 11607—89）；土壤要求达到《土壤环境质量　农用地土壤污染风险管控标准（试行）》（GB 15618—2018）；饲养水蛭的大气环境要求符合《环境空气质量标准》（GB 3095—2012）；饲养水蛭产地要求达到《无公害水产品产地环境要求》（GB35/T 141—2001）；使用饲料要求达到《无公害食品　渔用配合饲料安全限量》（NY 5072—2001）；水蛭的品质要求达到《药用植物及制剂外经贸绿色行业标准》（WM/T 2—2004）、《中国药典》2020 年版和《中药材生产质量管理规范（试行）》（国家药品监督管理局局令第 32 号）的要求。

2. 医用水蛭挑选

挑出优质菲牛蛭作为种蛭，在无菌培育室内，采用灭菌细土，对水蛭进行人工繁殖产卵。挑选健康的水蛭卵茧，经消毒液消毒后，在无菌矿质水净养液（以下简称净养液）中反复清洗、晾干。在无菌气候室内，将卵茧放入盛有经过灭菌细土的泡沫箱里，在人工气候培养箱里饲养，土壤相对湿度为 75% ～ 80%，气温为 29 ～ 32 ℃，空气相对湿度保持在 80%。水蛭孵化后，将幼蛭放入盛有净养液玻璃箱中遮光饲养，其间采用无菌脱纤维牛血（以下简称牛血）饲喂，每周饲喂 1 次；3 天更换净养液，水温控制在 25 ～ 28 ℃，并定期进行玻璃箱清洗、消毒和换液。水蛭饲养到 18 个月以后，平均个体鲜重达到 3 g。

3. 医用水蛭饥饿处理

挑选健康、有活力，体重在（2 ± 0.6）g的水蛭，先将其浸泡在消毒液中15 ～ 20 min，之后按照每10 L净养液200条水蛭的密度在无菌室玻璃缸进行遮光净养1 ～ 3个月，水温控制在25 ～ 28 ℃。每3 ～ 7天更换1次净养液，时间长短视水蛭蜕皮和排泄物多少而定（每次换液的时候将水蛭的蜕皮吸出，以免影响水质）。

二、医用水蛭的卫生标准

经过一系列消毒灭菌处理后，对同一批次的水蛭产品采取随机抽样检测，抽样率在5%。分别对水蛭外观指标、体重指标、活跃度、吸吮（吸血）能力、微生物指标进行检测。

1. 外观指标

外观采用目测、鼻嗅等方法进行检测。

色泽：色泽应均匀，呈暗黄色、暗绿色或暗黄绿色，无杂色斑。

气味：具有水蛭特有的气味，微腥。

性状：长椭圆形、长条形或柳叶状，扁平或扭曲，有少许环节突起，较光滑。前段略尖，后端钝圆，两端各具1个吸盘。前吸盘不显著，后吸盘较大。

杂质：无可见外来杂质。

2. 体重指标

水蛭成品每条重2 ～ 3 g（实验对比研究发现2 ～ 3 g的水蛭活力最强，含有的水蛭素较多，适合用于医用水蛭活体生物疗法）。

3. 活跃度指标

水蛭活跃度测试：抽取同一处理批次的水蛭个体，将水蛭放入25 ℃的水中，搅动水体后，观察和记录水蛭在水中运动游泳速度（波浪式游动，cm/s）；捞出水蛭放在水平放置的玻璃平板上观察和记录水蛭移动速度（尺蠖式移动和攀援式移动，cm/s）。该测试的目的是检测水蛭活力和体能，具体分级标准见表4–1，等级达到B级或A级为合格，表示水蛭活力很好，有较快的运动速度，十分活跃。

表 4–1　水蛭活力（活跃度，Active degree）分级标准表

等级	运动特点	水中运动速度（波浪式游动）（cm/s）	离开水面移动速度（尺蠖式移动和攀援式移动）（cm/s）
D 级	表示水蛭活动能力差，极慢或不动	＜ 1	＜ 0.3
C 级	表示水蛭活动能力一般，缓慢运动	1 ～ 3	0.3 ～ 1
B 级	表示水蛭活动能力很好，呈较快运动	3 ～ 5	1 ～ 3
A 级	表示水蛭十分活跃，呈快速运动	≥ 5	≥ 3

注：环境温度为 25 ～ 30 ℃。

4. 吸血能力指标

抽取同一处理批次的水蛭个体，然后用氯胺酮麻醉兔子，使其腹面朝上固定在一个托盘上，随即将其腹部一段区域的毛发剃光，用采血针刺破兔子的皮肤，使表面出现微量出血，立即将待测水蛭的头部放在刺破点上。观察记录水蛭吸血状况(包括时间和吸血量)，目的是检测水蛭的吸血能力，具体分级标准见表 4–2，等级达到 B 级或 A 级为合格，表示水蛭吸血能力较好，吸血时间保持在 21 min 以上。

表 4–2　水蛭吸血能力（Sucking degree）分级标准

等级	吸血时间（min）	吸血量（体重倍数）
D 级	＜ 5	＜ 0.5
C 级	5 ～ 20	0.5 ～ 2
B 级	20 ～ 50	2 ～ 5
A 级	≥ 50	≥ 5

注：环境温度为 25 ～ 30 ℃。

5. 微生物标准

医用水蛭体表微生物的检测指标和检测标准参照相关国家标准、行业标准和《全国临床检验操作规程 (第 4 版)》中规定的方法执行，具体见表 4–3。

表 4–3　医用水蛭体表微生物的检测指标和检测标准

项目	检测指标	检测方法
产吲哚金黄杆菌	不得检出	参照《全国临床检验操作规程（第 4 版）》

续表

项目	检测指标	检测方法
致病性嗜水气单胞菌	不得检出	参照《致病性嗜水气单胞菌检验方法》（GB/T 18652—2002）
幽门螺杆菌	不得检出	参照《进出口食品中幽门螺杆菌的检验方法》（SN/T 3724—2013）
普通变形杆菌	不得检出	参照《国境口岸蝇类、蜚蠊携带重要病原体检测方法　第5部分：普通变形杆菌和奇异变形杆菌》（SN/T 3064.5—2011）或者《进出口食品中变形杆菌检测方法　第1部分：定性检测方法》（SN/T 2524.1—2010）
恶臭假单胞菌	不得检出	参照《入境环保用微生物菌剂检测方法　第17部分：恶臭假单胞菌》（SN/T 4624.17—2016）
醋酸钙不动杆菌	不得检出	参照《全国临床检验操作规程（第4版）》
厦门希瓦氏菌	不得检出	参照《全国临床检验操作规程（第4版）》
粪肠球菌	不得检出	参照《全国临床检验操作规程（第4版）》
短小芽孢杆菌	不得检出	参照《农用微生物菌剂中芽胞杆菌的测定》（NY/T 3264—2018）
侧孢芽孢杆菌	不得检出	参照《农用微生物菌剂中芽胞杆菌的测定》（NY/T 3264—2018）

凡是达到以上5个指标要求的产品视为合格产品，才能作为一次性医用水蛭进行使用。选择合格的水蛭个体进行单管分装、运输。

三、医用水蛭的运输及存储

1. 储存分装与运输条件

（1）装运前先将水蛭进行缓慢降温至接近生态冰温点的休眠状态，降温梯度每小时不应超过5 ℃，保湿材料和装载容器在装运前应先加湿，冷却至相同的温度。对泡沫箱进行预冷却，冷却方式有冰预冷和冰舱内预冷2种。

（2）将灭好菌的水蛭分装在专门定制的水蛭运输管内。先取一支灭菌的50 mL塑料管（或玻璃管），在其底部塞入10 mL左右体积的浸泡过“净养液 + 抑菌剂”的无菌棉花，每只运输管内装1条合格的无菌水蛭，盖紧管盖，在管外壁粘贴有专用条形码的标签，做到可溯源。

（3）将运输管放进泡沫箱中，泡沫箱立即加盖封箱，盖口用免水胶带顺时针密封 2 圈。

（4）采用保温车运输，可调控温度至接近水蛭的生态冰温点。若无控温设备，温度高时可在泡沫箱中放入冰袋降温，加冰量视气温条件而定。运输时间一般控制在 72 h 内为佳。

2. 接收单位暂时贮存要求

到达目的地后，取出水蛭运输管，取走管盖，补入 5 mL“净养液 + 抑菌剂”的溶液，塞上管盖，置于 10 ～ 15 ℃的室温下避光贮存。

四、操作人员的资质要求

操作和使用水蛭需由持有医师资格证或经过专业培训的医护人员进行。操作人员应知晓医用水蛭活体生物疗法的禁忌证和医用水蛭活体生物疗法的注意事项（本章第五节）。

（1）水蛭吸完血液后，如伤口过量出血，可以采用直接压力和局部凝血酶治疗，必要时可以输血。

（2）75%的乙醇溶液也是一种危险物品，应该丢弃在专门的废弃乙醇容器中，并明确标明已使用过，统一做回收处理。

（3）医用水蛭活体生物疗法常见的并发症为术后感染，罕见并发症包括疼痛、低血压和过敏反应。若手术伤口较大，使用水蛭数量过多，治疗后 2 ～ 7 天内可能出现感染，并表现为脓肿或蜂窝织炎，甚至会继续恶化发展成脓毒症。医用水蛭活体生物疗法结束后要跟踪观察和随访患者，必要时可以通过持续 2 周使用抗生素（左氧氟沙星、环丙沙星、头孢曲松等）预防感染。

第四节 医用水蛭活体生物疗法的适应证、并发症和禁忌证

一、适应证

医用水蛭活体生物疗法适用于断肢（指、趾）再植后、皮瓣移植后静脉血运不畅导致的淤血，显微外科术后局部淤血等循环重建，急性踝关节扭伤、风湿性关节炎、风寒风热性的局部肿痛、秃顶的毛发再生、肱骨外上髁炎、腱鞘炎、静脉曲张，对颈椎病、肩周炎和腰肌劳损有缓解痛症的作用，治疗脑卒中导致偏瘫的后遗症均有疗效。

该疗法在具体应用时需要注意：①尽早判定并发症并及时实行吸血。②对病损皮瓣面积较大或使用水蛭数量较多者，注意同步检查患者的血常规。③合理保护周边正常组织，避免水蛭游走造成损伤。④积极消毒创面，定时换药，必要时可短期应用抗生素预防感染。

二、并发症

近 50 年来，医用水蛭确实是整形外科医生的有力治疗工具。然而，医用水蛭活体生物疗法也存在一些并发症，医务人员在决定和开始治疗之前必须跟患者解释清楚并进行医用水蛭消毒处理。医用水蛭活体生物疗法的主要并发症是出血过多，可以用直接压力和局部凝血酶处理，必要时可以输血。然而，最严重的并发症是感染，由于水蛭的消化道中含有嗜水气单胞菌革兰氏阴性杆菌，会分解摄入的血液，容易引发菌血症、败血症等。

1. 恐惧心理与过敏反应

早期主要是患者看到蠕动的水蛭所引起的精神方面的恐惧，此时需要对患者进行安慰及解释。少数患者静脉注射或皮下注射水蛭素时，可能出现局部过敏反应，一些患者会出现面色潮红，少数出现急性荨麻疹；也有部分患者在使用抗生素的过程中，会因应用医用水蛭活体生物疗法而激发药疹的出现。

2. 失血过多而发生贫血

一次性使用大量医用水蛭，并且让其在较大的皮瓣上长时间吸血，有可能导致患者出现贫血，应监测患者的血红蛋白。实验数据显示，每条水蛭吸饱血液时的体积可以达到其自身体积 3 ～ 5 倍，相当于吸食 8 ～ 15 mL 血液，应根据实际情况使用，以 3 ～ 5 条 / 次为宜。

3. 致病菌局部感染

较为严重的并发症为局部感染、脓肿和全身炎症反应综合征，但发生概率很小。常见的感染是嗜水气单胞菌属感染，此类细菌多栖居在水蛭的肠道中，可防止水蛭吸食的血液腐败变质，并且能够提供水蛭消化血液所需的关键酶。研究发现，应用医用水蛭活体生物疗法的患者中有近 20% 的患者感染了这种细菌，增加了伤口感染的概率。感染表现包括淋巴管炎、皮肤瘙痒、脓肿、严重脓毒症和由于协同感染引起的气体坏死性肌炎。在采用医用水蛭活体生物疗法治疗后 2 ～ 7 天内可能会出现感染，并可能以脓肿或蜂窝织炎的形式出现，严重时可能发展为败血症。在感染的情况下，皮瓣挽救率急剧下降。因此，治疗前要对医用水蛭进行消毒，将医用水蛭放在 0.02% 洗必泰溶液中浸泡 10 ～ 15 min 再使用，可降低感染的发生率，且不影响医用水蛭的附着和吸血。

Aydin 等人报道，用低浓度的次氯酸溶液对野生的水蛭进行外部消毒，不但可以保证消毒效果，而且不会影响水蛭的存活和吸血行为。为防止感染，在治疗前 1 h 可预防性地应用抗生素，避免服用免疫抑制剂。另外，在停止医用水蛭活体生物治疗后持续 2 周预防性应用抗生素可预防感染，通常是应用第三代头孢菌素、氟喹诺酮类等。医用水蛭活体生物疗法的其他并发症虽然很少见，但是也可能存在疼痛、低血压和过敏反应。

4. 医用水蛭逃脱导致危险

在采用医用水蛭活体生物疗法的过程中，水蛭爬到治疗区域以外或爬进伤口深处是该疗法潜在的风险之一。为了避免这种情况发生，可将外科缝线的一端固定在医用水蛭上，另一端固定敷料；或用纱布在治疗区域围一圈“围墙”；或用塑料杯罩在医用水蛭周围以防其跑掉。

三、禁忌证

医用水蛭活体生物疗法的禁忌证包括免疫功能低下的患者，有出血性疾病、既往存在动脉供血不足的患者，以及患有失血或感染风险高的患者。一般公认的禁忌证包括免疫抑制、晚期动脉功能不全、血友病、血液病、败血症及肝胆功能不全等其他严重生理病理反应，或因宗教信仰、心理不稳定而拒绝使用医用水蛭活体生物疗法。

（1）严重体质过敏者禁用；

（2）针刺晕针、晕血者禁用；

（3）对痛感有强烈反应者禁用；

（4）患紫癜（含过敏性紫癜）者禁用；

（5）孕妇、哺乳期、月经期女性禁用；

（6）气血严重亏虚、脸色苍白、身体瘦弱者禁用；

（7）大量饮酒后禁用；

（8）做过大手术还在恢复期者禁用；

（9）血友病（先天缺乏凝血因子，伤口难以止血）患者禁用；

（10）内出血（脏腑出血、颅脑出血、体内其他组织受伤出血）患者禁用，脑卒中患者必须先做 CT 检查，确认没有颅内出血才能使用；

（11）糖尿病患者慎用（空腹血糖 9 mmol/L 以上禁用，血糖降低后可以适量使用）；

（12）高血压患者血压过高时禁用（收缩压低于 180 mmHg 时可以适量使用）；

（13）严重肝病患者禁用。

第五节　医用水蛭活体生物疗法的操作

一、治疗前准备

1. 物品准备

医用水蛭、无菌水、止血粉、医用棉球、创可贴、棉签、75% 乙醇溶液、碘伏、原浆纸巾（无香型）。

2. 确认患者适应证

确认患者是否符合医用水蛭活体生物疗法的适应证，有禁忌证者严格禁用。

3. 水蛭处理

将水蛭取出放入预处理液中 1 ～ 2 min 进行使用前处理，治疗环境温度为 25 ～ 30 ℃。

4. 环境准备

消除患者对蠕动水蛭产生的恐惧心理，除了进行必要的精神安慰，有条件的诊疗室可配备音响，播放轻音乐或电视节目，或与患者聊天，营造放松的环境并转移患者注意力。

二、操作流程

（1）操作人员戴上一次性手套，用棉花或纸巾沾无菌水对患处进行清洗，去掉皮肤上的异味、盐分或残留的药物。

（2）抓住水蛭尾端，将其头部直接放在患处让水蛭吸血，或将水蛭放入无菌塑料管中，引导水蛭进行定点吸血，水蛭下可以垫一块纸巾。

（3）一般使用水蛭 1 ～ 3 条 / 次，特殊情况可用 4 ～ 5 条 / 次，3 次 / 月。

（4）吸血时间持续 0.5 h，如水蛭未脱落，用棉签沾取 75% 乙醇溶液涂在水蛭的头部或尾部，水蛭会自动脱落。

（5）水蛭脱落后，若伤口不做处理会流血约 30 min。如果要处理，建议先将伤口挤压出一些血液，然后用碘伏对伤口进行消毒，之后用医用棉球或棉签蘸取止血粉放至伤口处按压 5 min，最后在伤口处贴上创可贴或用医用绷带包扎伤口。

（6）水蛭叮咬的伤口会持续出血 10 h 及以上，对于手、脚、腰等易引起摩擦位置的伤口应用胶布加固，防止创可贴脱落引起二次出血，伤口止血结痂后需要继续贴创可贴 24 ～ 48 h。

（7）给患者准备几份创可贴和棉球带在身上，如创可贴脱落可再贴上。如无脱落，10 h 后需要更换新的棉花和创可贴。

（8）同时告诉患者注意事项。

三、治疗中的注意事项

1. 水蛭不叮咬

用温水清洗皮肤后用一次性采血针将皮肤刺破出血后放上水蛭，在下列情况下水蛭可能不叮咬吸血或中途脱落：

（1）该部位的皮肤有药味、咸味或乙醇气味；

（2）患者皮肤过于寒冷；

（3）患者吸烟；

（4）患者身上有太浓的香水味或其他异味；

（5）有大伤疤（如烧伤或大疮愈合后）的部位。

2. 一蛭一用

医用水蛭作为一次性医用器具，应确保一蛭一用，避免引起交叉感染，禁止重复使用。

3. 水蛭使用后做无害化处理

水蛭使用后应放置在装有 75% 乙醇溶液的容器中浸泡一段时间，直至水蛭死亡。然后将水蛭放置医用废物回收箱，由专门人员统一收集后做无害化处理。

第六节　医用水蛭活体生物疗法治疗后感染和护理

一、医用水蛭活体生物疗法治疗后感染

1. 特点

由于水蛭的特殊生理特性，在治疗过程中有发生感染的可能，但概率不高。水蛭叮咬过的伤口会出现以下几种情况。

（1）出血：由于水蛭唾液中含有一种组胺样物质，能阻止凝血酶对纤维蛋白的作用，阻碍血液凝固，扩张毛细血管而增加出血。

（2）过敏：小部分患者可出现局部过敏反应。

（3）感染：局部感染、脓肿，大部分感染是由水蛭体内共生菌引起的，范围较为局限，较为严重的并发症为脓肿）。

（4）增生：水蛭反复吸咬皮肤，易造成伤口瘢痕增生。

2. 原因

医用水蛭活体生物疗法治疗后发生感染大部分是由嗜水性气单胞菌引起的。机体免疫降低、营养不良或应用免疫抑制药等造成人体防御功能降低时，患者伤口感染的发生率增加。

3. 分类

非特异性感染：又称化脓性感染或一般性感染。化脓性感染的共同特征为红、肿、热、痛，少数患者伴有肠道症状。

特异性感染：多为急性感染，病程多在 1 周内，个别患者可由急性感染转为慢性感染，但并不多见。

二、医用水蛭活体生物疗法治疗后护理

1. 辅助检查

血常规检查：血液白细胞计数、中性粒细胞比例在正常范围内。

2. 常规护理

水蛭吸血后留下的伤口长约 1 cm，使用 2% 碘伏消毒伤口周围，外敷云南白药药粉，用无菌棉球压迫止血，医用胶布固定（静脉曲张可使用弹力绷带加压固定）；一般第 2 天或第 3 天局部可改用创可贴，每天换药 2 次，3 ～ 5 天内禁止沾水，防止感染。

3. 局部护理

（1）治疗后出血的护理。

①由于水蛭素具有抗凝血的作用，治疗后少数患者伤口会有持续出血的现象，嘱患者不要紧张。用 2% 碘伏消毒伤口周围皮肤，外敷云南白药药粉，用无菌棉球、敷料贴固定，外用绷带或弹力绷带加压再固定。

②对手、脚、腰、颈部等易活动部位的伤口进行常规消毒止血，使用宽胶带固定，防止创可贴脱落引起二次出血。伤口止血后结痂需持续贴创可贴 24 ～ 48 h，如仍未结痂可用创可贴或棉布块持续贴敷。

③如伤口持续出血不止，需将出血位置抬高，加压包扎，前往就近医院就医。

（2）治疗后皮肤红肿的护理。

①水蛭吸吮后，伤口局部会有红色丘疹，1 ～ 2 天后可自行消失，一般不会引起特殊的不良后果，可在伤口周围涂抹 2% 碘伏预防感染。

②个别患者治疗后伤口出现直径 1 cm 大小的红色肿块并伴有发痒，可用碘伏常规消毒患处，一般 2 ～ 3 天后自然消肿、止痒、愈合。

（3）治疗后脓肿的护理。

①伤口周围有红、肿、热、痛等症状，局部使用 2% 碘伏消毒，可给予抗生素，对症进行抗感染治疗。根据情况选择口服抗生素或静脉滴注抗生素。

②伤口有脓肿形成，予切开引流，用 0.9% 氯化钠溶液 10 ～ 20 mL 冲洗伤口处，同时静脉滴注抗生素。

（4）治疗后过敏的护理。

小部分患者可有局部过敏的反应，伤口瘙痒或奇痒难忍，避免手抓止痒，以防感染，予口服小柴胡颗粒，外涂抗过敏软膏（如皮炎平、军中肤王）或低浓度竹盐水擦洗患处。

（5）治疗后头晕乏力的护理。

患者治疗后出现头晕乏力或头疼，应根据血压对症治疗，血压高的患者予口服降压药，血压低的患者予口服补气养血药，并叮嘱患者注意休息和静养。

4. 治疗后饮食

治疗后饮食宜清淡，忌酒和辛辣刺激的食物。同时饮水量以每天 2000 ～ 3000 mL 为宜。

5. 治疗后锻炼

治疗当天不要剧烈运动，注意休息，防止止血敷料摩擦脱落。

第七节　医用水蛭活体生物疗法在我国的临床应用

一、断指再植和皮瓣修复外科手术

张德宗等应用日本医蛭治疗断指再植术后淤血。患者 6 指 5 例、机器轧断伤 4 例、绞断伤 1 例，完全性离断 5 指、不完全性离断 1 指（其中末节 2 指、中节 1 指、近节 3 指）例。受伤至再植的最短时间为 6 h，最长时间为 15.5 h。再植指均吻合一条指动脉，除一指吻合一条指静脉外（术后回流不畅通），其余 5 指均未吻合静脉（静脉严重挫伤及缺损）。治疗方法：将日本医蛭放在清洁过的泥土和经过活性炭过滤贮存 24 h 以上的水盆中，定期更换过滤水，暂养期间不让日本医蛭吸血，使其充分饥饿；再植完毕，在断指末端旁侧切一小口，立即用处理后的日本医蛭对断指进行吸血治疗，2 ～ 3 次 / 天，2 ～ 4 条 / 次。使用的日本医蛭先经生理盐水（每 100 mL 生理盐水加入庆大霉素 4 万 U）浸泡 15 min。吸血之前，在切口周围用无菌纱布保护其他伤口，用生理盐水擦洗伤口（避免乙醇等气味刺激）。先用无齿镊子夹住日本医蛭的尾部，让其头部自动寻找伤口，当日本医蛭有吸吮动作时方可松开镊子；一般 0.5 h 后日本医蛭吸饱血并自动脱落。再植的断指吸血治疗 4 ～ 5 天，

2 周后伤口拆线，肿胀消失，青紫或发白的断指变为红润，血液循环恢复正常。治疗结果显示，再植的断指生长良好，均未出现细菌感染。

水蛭在吸血时唾液腺分泌的水蛭素具有抗凝血、缓解动脉壁痉挛、扩张血管、促进淤血和渗出物吸收的作用。水蛭的唾液能提取一系列活性因子，其中的一种纤维蛋白酶能溶解血凝块，使吸血后的伤口持续不断地小量出血，从而解除静脉瘀血，使再植指产生静脉侧支循环，得以存活。此法简便，无不良反应。

邓红平等进行断指再植术共 32 例 46 指，对其中术后 6 例 9 指 11 次发生静脉危象应用医用水蛭活体生物疗法。具体治疗方法：在指端一侧切口放血，并将水蛭置于凉开水或生理盐水中初步清洗处理后移至侧切口上吸血治疗，直到水蛭吸饱血后再取下，此过程大约 0.5 h，取下水蛭后让侧切口流血。间隔 2 ～ 3 h 更换水蛭重复上述过程，直到危象解除。应用期间需密切注意侧切口渗血情况及患指血液循环的变化。治疗效果：显效 5 例 8 指 10 次、好转 1 例 1 指 1 次。其中 1 例 1 指的指尖部分表皮坏死、1 例 1 指再植部分坏死、2 例 2 指于 1 周后静脉危象复发，治疗后解除。结论：可将水蛭应用于临床中断指再植术后发生的静脉危象。

廖平等采用原位缝合加医用水蛭活体生物疗法治疗指端切割断离 21 例 23 指，均为甲根以远切割伤导致完全离断，离断指端一并送院，在 0.5 ～ 3 h 内进行治疗。结果：23 指中成活 20 指、失败 3 指，成活率为 87%，均无明显感染。随访 3 个月至 8 年，成活的手指长度与健侧相似，大部分指甲生长较好，指端皮肤红润，部分有少许萎缩，按照中野与玉井的再植手指功能评定标准，优 15 指、良 3 指、可以 2 指，总优良率为 90%。水蛭使用前，应注意尽量使其处于饥饿状态，并用生理盐水反复冲洗，供吸血的指端不宜使用刺激性较大的药物，如乙醇、过氧化氢溶液等，应先用生理盐水轻拭后方可进行，以免水蛭拒吸；吸血过程中水蛭应替换使用，以达到最佳效果。

刘坤利用医用水蛭活体生物疗法辅助治疗 18 例耳郭撕脱伤和耳郭部分撕脱伤，取得了很好的疗效。18 例患者中，耳郭撕脱伤 8 例、耳郭部分撕脱伤 10 例，所有患者均常规行清创缝合术，并在预防感染的同时将水蛭经过消毒处理（将处于饥饿状态的水蛭放在庆大霉素蒸馏水溶液中浸泡 1 h）后，取 1 ～ 2 条水蛭放置在经洗净消毒后的皮肤及皮瓣范围内任其寻找吸血部位，水蛭吸血后会自动脱落。治疗 2 ～ 3 次 / 天，持续 3 ～ 5 天。结果：16 例治愈（断离组织完全存活）、2 例组织部分坏死（2 例均系完全撕脱伤，1 例伤后就诊时间过长，吸血不及时；另 1 例因季节导致水蛭缺乏吸血活力）。

杨晓楠等应用医用水蛭活体生物疗法救治皮瓣静脉淤血 8 例，即将水蛭置于皮瓣表面吸吮皮瓣下的静脉淤血，待皮瓣血流明显改善后结束治疗。治疗前将淤血的皮瓣周围用无菌纱布覆盖保护，中央暴露，将水蛭置于皮瓣上，片刻可见水蛭的前吸盘（鄂齿端）吸附在皮瓣上吸吮血液，水蛭出现节律性的膨胀收缩；待水蛭吸吮血液饱满，躯体明显膨大，用 75% 乙醇棉球点蘸其两端吸盘，促使其脱落，根据皮瓣表面的血液运行情况替换水蛭吸血。每例患者共使用水蛭 4 ～ 12 条，持续 1 ～ 3 天，反复操作至移植的皮瓣颜色转为粉红、肿胀消退、皮温升高、毛细血管再充盈时间缩短（≤ 2 s），即体征明显好转后，停止治疗并密切观察。结果：治疗患者 8 例当中，除 1 例患者（巨乳缩小术）经治疗后仍遗留小面积溃疡创面外，其余患者均获得良好的治疗效果。随访 2 ～ 6 个月，患者皮瓣完全成活，手术切口愈合佳，无附加瘢痕形成。结论：医用水蛭活体生物疗法是一种简单、直接、较为廉价的救治皮瓣静脉淤血的方法。

江传福在手指和脚趾离断伤术后运用医用水蛭活体生物疗法治疗 5 例手指和脚趾离断伤，将水蛭放置在断指远端，使对位的小动脉血通过水蛭及吸盘的吸引力流向远端，同时水蛭分泌的血管活性物质作用于断端，使受伤部位血流恢复，结果：无指（趾）坏死且远端水肿愈后良好。

杨晓楠等切除一名男性患者下颌处 2 cm × 3 cm 大小的肿瘤，局麻下行病灶扩大加深切除，创面达 4 cm × 5 cm，于下颌隐蔽处设计以面部浅表肌肉腱膜系统—颈阔肌为蒂、范围为 4 cm × 5 cm 的肌皮瓣，皮瓣蒂长 5 cm、宽 2 cm，行移位术。手术顺利，术毕皮瓣血液运行良好。术后翌日拔除引流片，见肌皮瓣肿胀，表面颜色变为暗紫，考虑为皮瓣静脉回流不畅，故采用医用水蛭活体生物疗法。皮瓣周围用无菌纱布保护，将 4 条水蛭依次置于皮瓣上吸血，待其吸饱后取下。水蛭吸血后创面渗血较多，应及时更换敷料。术后 48 h 皮瓣肿胀明显消退，颜色由暗紫色转为红紫色，逐渐恢复至正常。术后8天切口拆线，肌皮瓣生长良好（图4–1），无不良反应发生。1个月后随访，患者对手术效果满意。结论：医用水蛭活体生物疗法在救治皮瓣静脉淤血方面充分体现了其作用直接、行之有效的鲜明特点，适宜在整形美容外科及相关学科中推广应用。

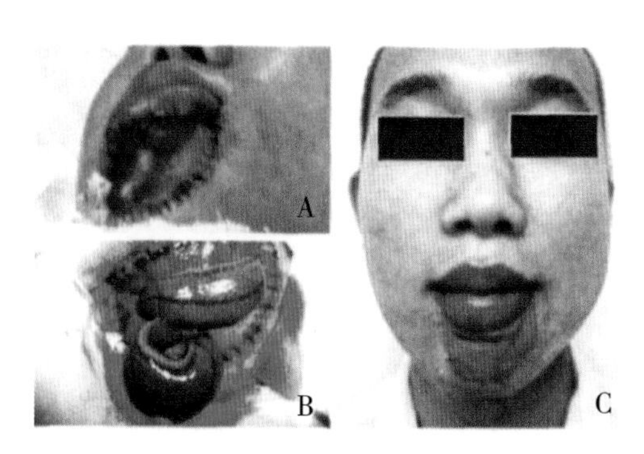

A. 术后24 h内皮瓣发生静脉淤血；
B. 正在吸血的水蛭；C. 术后8天

图4–1 医用水蛭活体生物疗法救治皮瓣静脉淤血

二、痛风

痛风是由于长期嘌呤代谢障碍和尿酸排泄减少所致尿酸水平增高的一组临床综合征，多发于男性和绝经期女性。近年来，该病的发生呈现低龄化趋势，而且发现其与高脂血症、动脉粥样硬化、肥胖、胰岛素抵抗和脏腑结石的产生密切相关。

痛风的发病机制主要有2种来源：一是外源性痛风，病因来源于食物，占体内尿酸来源的20%，是痛风诱发和加重的原因；二是内源性痛风，遗传因素导致原发性尿酸生成增多时体内酶的缺陷所致，占体内尿酸来源的80%。痛风发病的先决条件是高尿酸血症，高尿酸血症是指在37 ℃时血清中尿酸的含量为男性高于416 μmL/L，女性低于357 μmL/L。痛风患者大多数是在睡梦中发作，被如刀割般的疼痛所惊醒。首发部位多为第一跖骨和手指关节，除关节红肿、灼热发胀外，还会逐渐长满大小不一的痛风石，稍有触碰，便疼痛钻心，甚至见风就痛。不痛的时候，关节的炎症似乎消除了，但实际上尿酸的结晶并没有消失，而是进入尿酸能量重新积蓄的间歇期，当遇到外因诱发时就会再次发作，疼痛难忍，周而复始，最终导致手足关节肿胀、僵硬、畸形、屈伸不利等严重后果。

徐惟永等将确诊的60例痛风患者，随机分为治疗组和对照组各30例。2组患者均给予常规治疗，对照组给予芬必得治疗；治疗组在此基础上辅以医用水蛭活体生物疗法，同时嘱患者避免高嘌呤饮食和进行低脂肪饮食，多饮水及进行适当的有氧运动，通过排汗防止体重超重。患者发作期应卧床休息，抬高患肢和防寒保暖。治疗组在上述治疗基础上给予水蛭吸血，原则上每位患者的患处使用3条水蛭，

5～7天治疗1次，3次为1个疗程。2组患者均于1个疗程后的2个月复查血液学指标，观察症状改善程度判定疗效。结果：治疗组总有效率为93%，明显优于对照组的67%，两组比较差异具有统计学意义（$P<0.05$）。结论：医用水蛭活体生物疗法治疗痛风可能成为临床中潜在的医疗新辅助方法。鉴于临床上对痛风的治疗尚无根治的特效药物，因此应用水蛭治疗痛风不失为一种新的医学治疗手段。

苏承武等用水蛭治疗痛风。予痛风患者每次使用3～6条水蛭，5～10天治疗1次，3次为1个疗程，均有疗效。尤其是痛风的急性发作期更显效，可避免内服秋水仙碱类药物和非甾体抗炎药的静脉滴注引起的药物不良反应；对临床确诊关节液内有特异性尿酸结晶（痛风石）、指（趾）关节肿痛的病例，经1～3个疗程的医用水蛭活体生物疗法治疗后基本达到痊愈，血液的生化指标、尿酸指标等得到显著改善。

三、急性踝关节扭伤

杨继斌采用医用水蛭活体生物疗法治疗急性踝关节扭伤韧带软组织撕裂造成的皮下淤血，配合手法和整复，使受伤的软组织3～7天修复，达到治疗踝关节扭伤的目的。

四、脑水肿

陈洪等应用水蛭素止血纱布贴附于脑出血清除术后的残腔壁上，术后脑水肿发生率明显低于使用普通的止血纱布对照组的脑水肿发生率。

第八节 医用水蛭活体生物疗法个案分析

一、治疗皮瓣静脉淤血

患者，男，30岁。因“发现鼻部肿物5周”入院。入院查体：鼻尖部可见直径约2.5 cm的溃疡型隆起型肿块，质偏硬，边界尚清，活动差，触痛阳性。鼻部MR检查：鼻尖肿瘤。诊断为鼻部恶性肿瘤，建议行手术切除。在全麻下行鼻背部皮肤恶性肿瘤切除术、鼻部分缺损修复术、游离皮瓣切取移植术（额瓣转移）。术后病理切片提示：高中度分化鳞状细胞瘤瘤体（1.5 cm × 1 cm × 1 cm），浸润至黏膜下纤维及横纹肌组织。

术后2天，患者皮瓣淤紫，考虑皮瓣静脉回流障碍，予针刺放血，低分子肝素钠注射液加等渗盐水温湿敷治疗。术后3天皮瓣边缘出现黑痂样改变，修剪后持续血性液渗出，经与患者沟通，取得理解同意后，使用医用水蛭活体生物疗法治疗后，伤口少量鲜血渗出，予哌拉西林钠他唑巴坦钠2.5 g，静脉滴注，2次/天，继续用低分子肝素钠注射液加等渗盐水温湿敷治疗。治疗1天后停止渗出，皮瓣颜色由暗红色转为红紫色。术后9天，患者皮瓣生长良好，无感染、出血等不良反应，予出院。出院1个月、3个月后复诊，手术效果满意。

二、治疗急性痛风关节炎

治疗急性痛风患者30例，男25例，女5例，年龄18～55岁，其中30岁以下4例，31～50岁20例，50～55岁6例；病程15天～15年，平均治疗次数16.4次。

治疗方法：患者取俯卧位，选取双侧委中穴，或红肿关节最肿胀处的周围皮肤用聚维碘常规消毒，然后用生理盐水进行冲洗，为了预防感染，给予先锋Ⅳ号药物预防性给药。在每个红肿关节的皮肤上寻找暴露于浅表的脉络或红肿处，在最明显处用三棱针点刺出血，放置2～3条水蛭，让其自然吸血，50 min后如果没有自然脱落，还不停吸血，可用打火机点烤水蛭，水蛭马上自动脱落。对患者委中穴等被水蛭咬过的地方用聚维酮碘溶液消毒，并用聚维酮碘纱布压迫患处，外用纱布加压包扎。脚趾红肿关节处行常规消毒和简单包扎，让其流出大量分泌物，以利红肿快速消退，起到减压作用。患者同时服用痛风汤，2 次 / 天，连服 6 天。结果：30 例患者中，治愈 25 例（83.3%），好转 4 例（13.3%），无效 1 例（3.3%）。

三、辅助治疗儿童耳动脉再植手术

对一名未行静脉吻合术的 10 岁男童进行次全耳再植术，术后静脉充血，采用医用水蛭活体生物疗法治疗并每天摄影记录临床过程。再植手术 4 天后，发现动脉血栓形成，需要采取恢复和挽救与插入静脉移植动脉修复；术后 12 天静脉引流和皮肤边缘动脉血运重建明显；术后 14 天，暴露在外的坏死皮肤成功地覆盖了一层新皮（图 4–2）。结果：采用医用水蛭活体生物疗法成功地控制了术后静脉淤血。

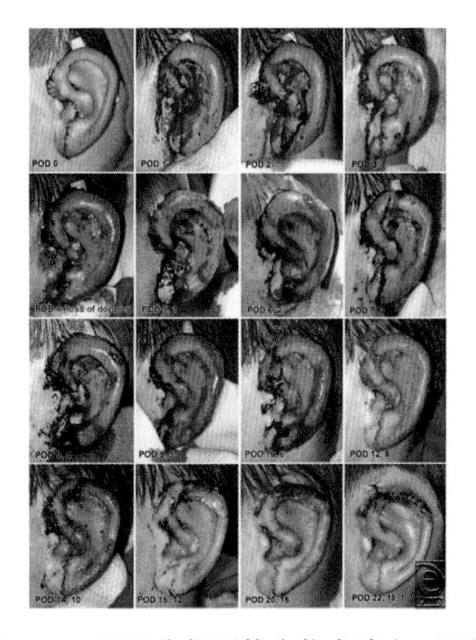

图 4–2　医用水蛭活体生物疗法全耳再植

四、治疗皮肤利什曼病

案例一：患者，男，56 岁。左手受伤，经涂片检查及临床观察，确诊为慢性创面皮肤利什曼病。患者经过服用阿奇霉素和甲硝唑以及 4 个月的冷冻治疗后，伤口都没有愈合。后决定采用医用水蛭活体生物疗法。患者每周间隔进行 4 次水蛭治疗，2 个月后病灶完全愈合。跟踪观察和随访 5 个月，患者病灶未见复发（图 4–3）。

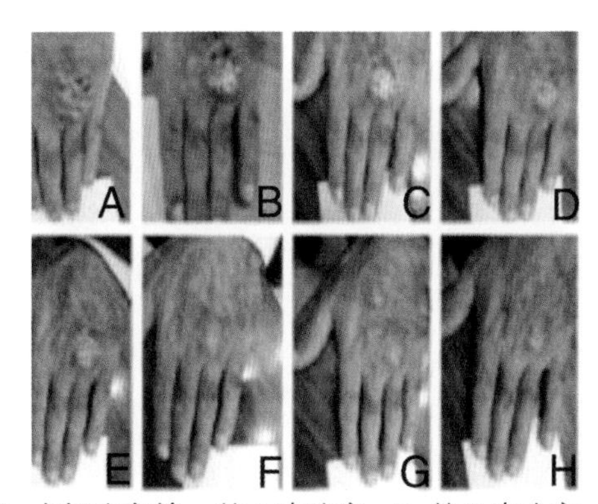

A. 水蛭治疗前 + 第 1 次治疗；B. 第 2 次治疗；C. 第 3 次治疗；D. 第 4 次治疗；E. 水蛭治疗后 2 个月；F. 水蛭治疗后 3 个月；G. 水蛭治疗后 4 个月；H. 水蛭治疗后 5 个月

图 4–3　水蛭治疗前后男性皮肤慢性创面利什曼病患者手部照片

案例二：患者，女，43 岁。面部

受伤感染皮肤利什曼病，此前未经任何药物治疗，医生诊断后决定采用医用水蛭活体生物疗法。经检查患者没有系统性疾病或其他疾病，如血友病、贫血和1型糖尿病等，不对昆虫叮咬过敏，也没有服用抗凝血药物。进行5次医用水蛭活体生物疗法治疗，每隔2周进行1次。将水蛭放置在伤口上30～45 min，吸取5～6 mL血液，治疗过程拍照记录。跟踪观察和随访1年半，发现患者皮肤6个月后完全愈合，1年半后无复发（图4-4）。

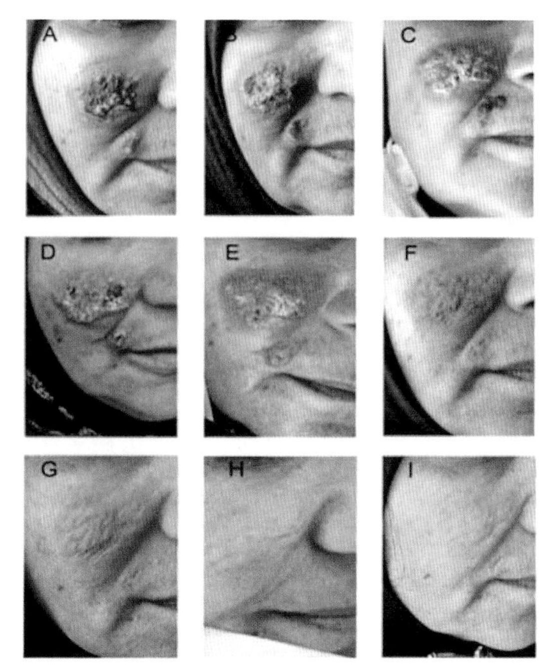

A. 水蛭治疗前 + 第1次治疗；B. 第2次治疗；C. 第3次治疗；D. 第4次治疗；E. 第5次治疗；F. 水蛭治疗后4个月；G. 水蛭治疗后6个月；H. 水蛭治疗后1年；I. 水蛭治疗后1年半

图4-4　水蛭治疗前后女性皮肤利什曼病患者面部照片

五、长春同康医院提供的案例

1. 颈椎病、动脉硬化

患者李某，女。自述记忆力减退，头晕不清楚，面色灰暗。血压130/90 mmHg，心率86次/分。中度动脉硬化，头晕，微循环不畅，体内湿气太重，舌苔厚腻，肥大，有齿痕。

该患者在动脉硬化的中期，出现明显地记忆力减退，头晕不清醒，面色灰暗，说明该患者有微循环障碍，属亚健康人群。经医用水蛭活体生物疗法治疗1次后，自觉头脑清醒许多。

2. 帕金森病

患者徐某，男，60岁。于2002年2月急诊住院，诊断为脑血栓、肢体障碍、口眼㖞斜，住院2个月留手震颤、头震；2018年4月接受医用水蛭活体生物疗法治疗，第1次手部颤抖范围由原来不自觉滑动90° 到现在的40° ，第2次医用水蛭活体生物疗法治疗后手部颤抖范围缩小到20°以内，第3次医用水蛭活体生物疗法治疗后手颤抖现象已消失，第4次医用水蛭活体生物疗法治疗巩固疗效，跟踪至今无复发现象。

可以看出医用水蛭活体生物疗法和蛭肽素结合治疗，使医疗领域中难以解决的帕金森病得到了突破，也给饱受帕金森病折磨的患者带来了福音。

3. 脑血栓后遗症

患者田某，女，72岁。血压130/80 mmHg，脑梗1年，左腿中位藓，手麻，难受冒水，膝关节疼痛。自述：脑梗死后遗症，头疼，似有火苗往里窜，在原来的治疗中以脑梗死治疗后，头脑发蒙，难受得撞床头，难受的时候用安眠药后才能入睡，醒来后还是觉得头很疼，痛苦至极，痛感难以表述清楚。

根据患者的病情分析，决定以蛭肽素配合医用水蛭活体生物疗法治疗。患者在第1次治疗后，稍有好转的感觉；第2次治疗后头顶部感觉不麻木了，头清醒了一些；第3次治疗后前额部和左侧面部也不麻木了；第4次治疗后，整个头部和面颊都正常，连牛皮癣也好了。治疗结束后，该患者激动无比，特别感谢医用水蛭活体生物疗法，感谢研发人员，感谢医院医生，让她摆脱了病魔的纠缠。

4. 心绞痛发作期

患者于某，男，49岁。自述：近1周出现胸闷痛感，于前1晚胸闷痛感很重，连带后背疼痛。查体：意识清醒，检查：先查双峰图像显示缺血正。对医用水蛭活体生物疗法治疗有恐慌感。给予医用水蛭活体生物疗法5点治疗30 min后，症状缓解，患者心情愉悦。嘱其加含服丹参滴丸8粒，头两天每天服，无不适症状。过1周后做第2次医用水蛭活体生物疗法5点治疗后，已痊愈，跟踪无复发，已恢复正常工作。

该患者出现胸部闷痛，属于心绞痛发作的前期征兆，用医用水蛭活体生物疗法治疗能有效控制病情的发展。医用水蛭活体生物疗法中的水蛭素能及时、有效地溶解形成的血栓，加上养生安神开窍的丹参滴丸辅助稳定心肌的供血功能，可避免心肌梗死的发生。蛭肽素的应用也有效地改善了心脏的血流速度，修复受损的心肌细胞。

5. 高血压、高黏滞综合征

患者安某，女，55岁。晨起头晕、走路不稳，即来就诊。查体：血压

150/90 mmHg，面色灰暗，乏力。诊断：高血压、高黏滞综合征。

治疗方案：医用水蛭活体生物疗法和蛭肽素治疗。

第 1 次医用水蛭活体生物疗法：1 天后病情加重，走路不稳严重。3 ～ 4 天后缓解，8 天后稳定病情。

第 2 次医用水蛭活体生物疗法：走路稳当，头晕缓解，言语变得清晰。

第 3 次医用水蛭活体生物疗法：不适症状基本消失。

该患者是一名中年女性，压力大、生活保障低，但相信医用水蛭活体生物疗法和蛭肽素的疗效。发病第一时间就采用医用水蛭活体生物疗法，虽然中途有病情加重，但是患者能理解治疗过程中的调理反应，治疗后免于后遗症的折磨。

6. 脑出血患者

案例 1：患者王某，男，60 岁。脑出血后 2 年来院就诊，因其妻子采用医用水蛭活体生物疗法治疗心绞痛、高黏滞综合征，一次就能有效缓解心绞痛，而坚持要求也采用医用水蛭活体生物疗法治疗，治疗过程中积极配合。检查：CT 片显示多发性腔隙脑梗死、脑萎缩，左侧额叶软化灶、左侧颅骨缺失术后改变。

考虑该患者心态平和，积极配合治疗。脑出血后 2 年，CT 片呈稳定状态，故施以医用水蛭活体生物疗法治疗。以 4 个点位取穴，治疗 40 min 后，患者感到眼睛明亮，不像以前似有黑色的物质遮挡，治疗一次见效。

案例 2：患者张某，女，70 岁。2007 年出现脑出血、脑梗死。2008 年 3 月再次发病，大腿静脉血栓斑块成形，观其体质较弱。脑出血后十余年，血压 180/95 mmHg，手脚麻木。予以蛭肽素 1 盒，口服，用完后来复诊。服蛭肽素 50 天后，第 2 次来本院就诊，手脚麻木逐渐好转，血压 156/80 mmHg；其间曾患急性胃炎，现已痊愈。处置以医用水蛭活体生物疗法治疗 1 次，30 min 后治疗结束，患者感觉轻松，腰也不痛了，走路也放松了，医疗指数良好。

综上所述，脑出血患者体质下降、免疫功能低下、手脚麻木和下肢斑块的形成是日积月累的，欲攻其坚必先软化其质，口服蛭肽素可使其坚软化，再于二次来诊，施以医用水蛭活体生物疗法，一次显效。

案例 3：患者刘某，2013 年患脑出血，18 天后不认人，卧床 2 个月，意识不清、言语速慢。2014 年复发，言语不流畅，脚趾、大拇指翘着。住院治疗 58 天，出院后仍不能翻身。血压 160 ～ 170/110 mmHg，用降压药后血压降至 130/80 mmHg。

第 1 次医用水蛭活体生物疗法：反应不大。

第 2 次医用水蛭活体生物疗法：左手食指不延展，不能穿衣。

第 3 次医用水蛭活体生物疗法：上述症状消失。

第 4 次医用水蛭活体生物疗法：一切恢复正常。

治疗后患者萎缩的手指均可展开，舌质红润、舌下栓已降。

案例 4：患者李某，男，59 岁。初次来本院治疗脑血栓、脑出血后遗症，只能卧床、轮椅维持行动；手抬不起来，左手紧握，左侧腿不能站立，肢体僵硬，感觉神经有缺失；时常有挫伤而无知觉。查体：血压 105/70 mmHg，心率 80 次 / 分。诊断为脑血栓后遗症，肢体功能障碍。予医用水蛭活体生物疗法治疗。

第 1 次医用水蛭活体生物疗法：于当天中午医用水蛭活体生物疗法治疗完毕后，晚上 7 点手恢复知觉和热感。

第 2 次医用水蛭活体生物疗法：能下地走 10 步。

第 3 次医用水蛭活体生物疗法：能下楼到外面晒太阳。

第 4 次医用水蛭活体生物疗法：服用蛭肽素后有调理反应，出现不想继续服用的想法，经医务人员的调解，才继续服用。

第 5 次医用水蛭活体生物疗法后：肢体障碍的功能改善，自己可以行走，能绕楼走 1 圈。

在对该患者的治疗中发现，对较严重的血栓患者需要进行耐心细致的服务，并要求患者持之以恒，坚持服用蛭肽素。

7. 脂肪纤维瘤

患者付某，男，46 岁。自述：患有脂肪纤维瘤、动脉硬化、脂肪肝 7 年，查血糖正常，血压 120/70 mmHg。既往烟酒无度，现已戒烟酒 17 年。初查血压 110/85 mmHg，空腹血糖 6.0 mmol/L，心率 86 次 / 分。颈肩背板状，尤以颈部成脂肪纤维瘤（枕部 15 mm × 10 mm，颈部 20 mm × 10 mm），肩背两侧肌肉板状，有鼻炎史。

第1次医用水蛭活体生物疗法：枕部纤维瘤12 mm×8 mm、颈部纤维瘤18 mm×9 mm，肩背肌肉有软化感。

第2次医用水蛭活体生物疗法：枕部纤维瘤、颈部纤维瘤软化，肩背肌肉已软坚，鼻支3点，一次见效。

六、北京瑶医医院提供的案例

1. 内科

案例1：患者张某，女，78岁。自述出现头晕，头闷，夜间症状明显。检查头颅CT示：腔隙性脑梗死。接受医用水蛭活体生物疗法治疗3次，取风池穴、百会穴、大椎穴。其间出现双上肢静止性震颤，调整取穴继续治疗2次，取百会穴、天柱穴、大椎穴，头晕、双上肢静止性震颤消失。

案例2：患者董某，男，61岁。间断出现胸闷、气短，以活动时明显，不耐受体力活动，偶有双侧肩背部酸痛，诊断：冠状动脉粥样硬化性心脏病。接受医用水蛭活体生物疗法治疗4次，取膻中穴、中脘穴、乳根穴。治疗后患者胸闷、气短明显好转，肩背部酸痛消失，可从事轻度体力劳动。

案例3：患者孟某，男，74岁。于5年前因突然出现眩晕，四肢瘫软，无法站立、行走。脑CT示：多发腔隙性脑梗死，给予输液对症治疗，1周后眩晕、四肢瘫软症状逐渐缓解，双下肢行走不利，间断出现双下肢水肿。住院治疗20天，其间医用水蛭活体生物疗法治疗2次，取丰隆穴、阴陵泉穴、地机穴、风市穴、府舍穴。治疗后患者双下肢水肿消退，双下肢行走不利的症状明显减轻，可正常行走。

案例4：患者李某，男，68岁。无明显诱因出现双下肢乏力，无法长时间行走，而后突发左下肢剧烈疼痛，不可耐受，无法行走，伴左足麻木，检查彩超示：双下肢动脉内-中膜不均增厚伴斑块，多发，右侧股总动脉狭窄（小于50%），左侧股浅动脉狭窄（中段小于50%），股腘移行处腘动脉狭窄（70%～99%），右侧胫前动脉狭窄（小于50%）。诊断：下肢动脉硬化闭塞、高脂血症、高血压2级（极高危组）。建议行血管支架治疗，患者拒绝。住院治疗25日，其间行医用水蛭活体生物疗法治疗6次，取委中穴、承山穴、上巨虚穴、地机穴、三阴交穴。经治疗后患者疼痛症状改善，行走自如。彩超示：左下肢血流正常。

案例 5：患者朱某，女，49 岁。患者于 2013 年无明显诱因出现心慌、胸闷，无胸痛，多于劳累或情绪激动时发作。经冠脉造影检查提示，前降支狭窄 90%。诊断为冠心病、不稳定型心绞痛。建议行冠脉介入治疗，患者拒绝，改行医用水蛭活体生物疗法治疗。住院治疗 38 日，其间医用水蛭活体生物疗法治疗 7 次，经治疗后患者心前区疼痛症状改善，无心慌、心悸，无胸闷气短，无喘憋，可以适量活动。后复查冠状动脉 CT 示：前降支狭窄由 90% 降至 80%。

案例 6：患者殷某，男，57 岁。劳累后间断出现心慌心悸，伴胸闷气短，每次发作持续 1 ～ 3 min，可以自行缓解，行相关检查未提示异常。3 年后出现左侧胸部及背部疼痛，偶伴心慌心悸，胸闷气短，行相关检查后诊断为冠状动脉粥样硬化性心脏病、劳力性心绞痛。建议行支架治疗，患者拒绝，改行医用水蛭活体生物疗法治疗。治疗 3 次后患者胸闷气短明显减轻，可以从事轻度体力劳动。复查心脏 CT 提示：狭窄最大处由原来的 75% 降至 65%。

2. 肿瘤

案例 1：患者褚某，女，51 岁。胸部 CT 示：左侧乳腺占位并左侧腋窝多发淋巴结转移。左乳外象限可见约 6 cm × 10 cm 大小的肿物。诊断：乳腺癌肺转移胸膜转移淋巴结转移。住院期间行医用水蛭活体生物疗法治疗 6 次。取膻中穴、乳根穴、乳房肿物周边，经治疗患者左乳肿瘤明显缩小。胸部 CT 示：左侧乳腺占位并左侧腋窝多发淋巴结；左乳外伤象限肿物由 6 cm × 10 cm 缩小为 4 cm × 6 cm。

案例 2：患者赵某，女，47 岁。检查 PET/CT 示：双颈部、纵隔、双侧腋下、腹膜后、肠系膜及双侧腹股沟多发代谢轻度增高肿大淋巴结，右肺下叶脊柱旁代谢轻度增高絮状团片影，肝脾肿大，考虑恶性病变不除外。诊断：淋巴瘤。患者右侧颈部可触及大小约 1.8 cm × 1.5 cm 的淋巴结，双侧腋下、双侧腹股沟可触及多个肿大的淋巴结，最大 1.5 cm × 1.4 cm，患者颈部及腋下肿大淋巴结局部行医用水蛭活体生物疗法治疗 3 次，治疗后肿大淋巴结明显缩小。复查颈部淋巴结大小为 0.6 cm × 0.7 cm，腹股沟淋巴结大小为 0.4 cm × 0.4 cm。

案例 3：患者史某，男，61 岁。无诱因出现口腔内腥臭味，伴脓性分泌物，无疼痛，无发热，考虑为牙龈炎。对症治疗 1 个月后，症状缓解但出现症状反复，相关检查后考虑左上颌囊肿，行左上颌骨肿物切除术和上颌骨低位切除术，术后病理提示：成釉细胞瘤。后多次复发，肿物大小约 7 cm × 8 cm，破溃，伴渗出暗红色液体，约 50 mL，遂于我院住院治疗 15 日，其间肿瘤处给予医用水蛭活体生物疗法治疗 6 次，经治疗后肿物明显缩小。复查示：肿瘤大小由 7 cm × 8 cm 缩小为 4 cm × 5 cm。

第五章　医用水蛭在国外的临床应用

第一节　医用水蛭在国外医学中的历史沿革

水蛭在医学上的使用可以追溯到石器时代，并且遍及全球。有资料记载，水蛭用于治病在埃及有超过3500年的历史，希腊、罗马和印度文明对其用于治疗的实际证据可以追溯到大约2000年前。古埃及金字塔的墓道壁画上绘有远古人类利用水蛭治病的故事。在古代英语中，“leech”（水蛭）就是医生的意思。公元前1500年，埃及人首创水蛭放血疗法。自从西方医学奠基人希波克拉底在公元前5世纪介绍人体因热瘀而致病的理论之后，以放血疗法盛行的法国被视为欧洲大陆利用水蛭治疗的中心。在过去，水蛭被认为可以驱除体内的邪恶灵魂或体液。

1820年的欧洲非常流行使用水蛭吸血法，这是由于当时西方放血疗法的主要手段是静脉切开术，操作上有一定难度，放血量也很难控制。利用水蛭吸血容易掌握被吸血量。水蛭叮咬时，被叮咬者并不会感觉到疼痛，这是因为水蛭唾液中含有一种具有止痛作用的生物活性物质，就像局部麻醉。西方人正是利用了水蛭的这些特性，达到放血治疗的目的。在欧洲，中古世纪的医者总是利用水蛭治疗血栓性栓塞症，并在19世纪风靡一时，流行到水蛭几乎在欧洲绝迹的地步。19世纪初的法国人口约3000万人，但年消耗水蛭达6000万条，平均每人每年用2条。法国某制药公司培育的水蛭被称为“蚂蟥医士”，其中有三分之二的水蛭用于出口。

水蛭应用于外科手术能够促进伤口愈合、清创修复。对水蛭独特特性的认识使其作为一种有效的辅助手段应用于各种外科手术，特别是在重建手术中。英国生理学家John Haycraft在1884年发现医用水蛭提取物中含有一种特殊的生物活性物质，该物质具有极强的抗凝血特性，并在1904年将这种特殊的生物活性物质命名为“水蛭素”。多肽水蛭素从水蛭的唾液腺中释放出来，与凝血酶高度结合，从而抑制凝血级联反应，阻止纤维蛋白原进一步形成纤维蛋白。因此，在肝素被发现之前，水蛭素是少数已知的用于抑制凝血的药物。20 世纪初以来，水蛭素就被用作输血中的抗凝剂。1957 年，水蛭素首次被 Markwardt 从欧洲医用水蛭的嗉囊液中成功分离提纯后，各国学者们陆续开展了水蛭素的结构、组成和理化性质等方面的研究。直至 20 世纪 90 年代，人们已经能够从水蛭的基因上设计出这种有效的抗凝剂。

随后，科学家们把越来越多的精力投入医用水蛭的研究上来。当时法国骨关节病发患者群占总人口的 15%，法国波尔多医院的波岱教授在 20 世纪 70 年代的断指再植术后外用水蛭，不仅能使再接指（趾）血管保持通畅，消除再接指的水肿与感染，还能加快创口的愈合。医用水蛭吸血时其唾液腺分泌水蛭素，以及扩张血管的类组胺物质，于是 20 世纪 80 年代初，抗凝血药开始用于心肌缺血疾病的治疗中，使得水蛭素抗凝血、抗血栓的价值得到普遍的认可和重视。因此，现代医学把利用水蛭叮咬吸血以治疗疾病的这种外治法，称为医用水蛭活体生物疗法。

1984 年，美国水蛭专家索耶博士在英国威尔士斯西创立了世界第一家水蛭养殖场兼生化药物公司，该公司生产的水蛭素和透明质酸酶已销往欧美各国及日本。

第二节　医用水蛭在国外作为二类医疗器械的临床应用

早期医用水蛭主要用于治疗静脉炎和痔疮，仅偶尔用于放血治疗。在法国，一位 19 世纪早期的医生 François Joseph Victor Broussais 在当时被认为是最血腥的医生之一，他集中开发了活体水蛭在治疗炎症性疾病中的应用，利用水蛭作为具有吸收消化功能的生物进行过度刺激治疗的方法。在他的努力下，1830 年的法国已然成为该领域的领导者，每年有数亿条医用水蛭投入使用。然而，在接下来的几十年里，长期的霍乱流行和路易斯・巴斯德提倡的无菌技术的应用压制了一度流行的医用水蛭应用。

20世纪，各种相互矛盾的学术观点交织在一起。一方面，1974年法国社会保障部门对医用水蛭治疗的报销被正式终止；另一方面，法国外科医生开启了医用水蛭使用的新篇章，特别是整形外科手术。在20世纪60年代，Derganc和Zdravic等人描述了医用水蛭治疗带蒂皮瓣静脉充血的功效。在20世纪70年代，Jacques Baudet强调了水蛭对游离皮瓣静脉淤血的作用。

随着医用水蛭在临床上的应用价值受到越来越多医务工作者的广泛重视和认可，美国食品药品监督管理局（FDA）在2004年首次批准使用医用水蛭。2004年6月，FDA正式批准医用水蛭作为第二类医疗器械，批准文号分别为K132958和K140907，美国FDA批准医用水蛭可以公开销售，而且人工合成水蛭素可以用于部分适应证的临床治疗。美国FDA对医疗器械的定义："任何仪器、装置、器具、软件、材料或其他物品，无论单独使用或组合使用，包括制造商打算专门用于诊断和/或治疗目的的软件，以及制造商打算用于人类目的的适当应用所必需的软件。目的在于：①疾病的诊断、预防、监测、治疗或缓解；②诊断、监测、治疗、减轻或补偿伤害或残疾；③解剖或生理过程的研究、替换或修复；④控制受孕。不能通过药理学、免疫学或代谢手段在人体内或对人体起主要作用，但可以通过这种手段协助其功能的。"据此，将医用水蛭作为二类医疗器械使用。

俄罗斯国家卫生部已正式批准部分水蛭类药物可用于冠心病、心绞痛、心肌梗死的临床治疗。英国和法国所申请作为医疗器械的吸血水蛭都属于分布于欧洲的医用水蛭，是环节动物门蛭纲无吻蛭目蛭科，与菲牛蛭同一科。其中，英国Biopharm公司的合法上市医用水蛭，在科学上被归类为南欧医用水蛭*Hirudo verbana*，而法国Ricarimpex SAS公司的合法上市医用水蛭被归类为北欧医用水蛭*Hirudo medicinalis*；美国Carolina Biological Supply Company公司的合法上市医用水蛭包括以上2种医用水蛭。在2004年，每条医用水蛭的售价就高达4.6欧元。

2010年2月24日召开的联合国《濒危野生动植物种国际贸易公约》第十五届缔约方会议（CoP15）根据地理位置的不同，将欧洲医用水蛭分为两类：南欧医用水蛭和北欧医用水蛭。实际上这两种分布于欧洲的医用水蛭在临床医疗上没有明显的差别，都可用于医用水蛭活体生物疗法。欧洲医用水蛭主要销售到欧洲各国的医院、诊所和整形机构，也包括宠物医院等。

在研究和发展医用水蛭活体生物疗法的过程中，俄罗斯医学学者发挥了非常重要的作用。2013 年，由俄罗斯医学博士康斯坦丁·苏霍夫倡导并成立了“世界医用水蛭活体疗法”医疗学术交流组织，规定每 3 年在莫斯科召开“世界医用水蛭活体疗法”学术研讨会。有来自 50 多个国家的专业医生和医学界学者参加会议，在会上各国学者展示了他们在医用水蛭活体生物疗法的临床效果和经验，及其取得的丰硕成果，并且每次会议均有研究成果编辑成《临床医用水蛭活体疗法使用手册》，展示了医用水蛭在现代医学各个领域的临床治疗上取得的丰硕成果。

随着整形手术兴起，术后的创口恢复和瘢痕消失成为手术成功的关键因素。水蛭可以将伤口的淤血清除干净，而且水蛭吸血的同时还会分泌化学物质刺激患部的毛细血管，提高血流量，使显微手术难以手工缝合的部分得以自然修复。水蛭可以有效地清除烧伤创面的坏死组织和炎性渗出，并吸除移植皮片下的淤血，促进局部血流通畅，提高植皮的成功率。因此，该疗法已经成为救治静脉淤血并发症的一种标准疗法，医用水蛭也被称为“无痕手术刀”。

医用水蛭活体生物疗法有很多优点，特别适用于血栓栓塞性疾病及其后遗症、关节炎、肌腱炎、高血压、暴发性紫癜和偏头痛等疾病治疗，特别是在整形外科手术中，该疗法被广泛认为是领先且难以替换的治疗手段。

第三节　医用水蛭活体生物疗法在国外的临床应用

一、皮瓣移植整形手术

自 1960 年显微外科和组织移植手术出现后，利用医用水蛭拯救移植皮瓣失败的报道逐渐增多。但在显微外科术后局部淤血的循环再建方面，医用水蛭活体生物疗法独树一帜，其医用价值又被重新发现。

在国外，医用水蛭被用于微血管手术（再植术）、重建手术（皮瓣移植），以减少术后由于结构损伤导致的静脉淤血。各种肌皮瓣和游离皮瓣移植及断指再植手术后，如发生顽固的静脉回流障碍往往可引起组织坏死，以往外科医师选用肝素加小切口放血的方法进行治疗，但患者出血多，危险性大，而且不易成功。美国华盛顿大学 Harborview 医学中心整形外科主任 Nicholas Vedder 应用医用水蛭活体生物疗法拯救了大量的断指再植患者。

尽管重建手术有实质性的进展，特别是显微外科手术，但在移植和再植组织中，静脉淤血仍然是一个频繁发生和具有挑战性的术后并发症。虽然部分静脉阻塞能在 3 ～ 10 h 被新生的血管所抵消，但是由于管腔塌陷或静脉血栓造成的完全阻塞会在 3 h 内会导致严重的微循环病变，并在 8 ～ 12 h 内使不可逆的微循环病变达到顶峰，出现皮瓣内无再流现象，随后出现组织坏死。尽管早期修复手术最常用，但在受损组织中重建生理循环并不总是足够有效的。在这种情况下，使用医用水蛭活体生物疗法不失为一种实用技术。

在整形外科和重建手术领域开始使用医用水蛭的主要目的是防止软组织覆盖有缺陷的皮瓣静脉充血阻塞。医用水蛭已被应用于诸如撕脱伤（耳、唇、鼻和指 / 趾再植），微血管游离组织转移和局部皮瓣抢救等重建性情形。在微血管外科手术中，动脉吻合术通常比静脉吻合术更容易完成，并伴有充血。由于瓣膜静脉流出受限，而在皮瓣或补植中为防止皮瓣或补植丢失，可使用医用水蛭去除原本无法排出的血液，使皮瓣充血的情况减少。根据研究结果，辅助采取医用水蛭活体生物疗法的皮瓣抢救率在 65%～ 80%。Herlin 等人认为医用水蛭活体生物疗法的持续时间是不固定的，通常需要与在皮瓣和接受部位之间实现新血管形成所需的时间相对应。

研究报道，环指部分撕脱伤患者的患指动脉供血良好，但静脉回流受阻时，单纯采用医用水蛭活体生物疗法就能收到良好的疗效。医用水蛭在叮咬吸血过程中可通过口向指端注入某些抗凝物质，其有抗凝血和解痉功能，可抑制血小板黏附、凝集及释放。水蛭口吸盘强大的负压可使一些代谢废物不回流至断端，避免代谢物质刺激血管痉挛；断端可能出现的脱落血管内膜、血栓也可能随之排出。较为持续的吸血过程（3 ～ 6 天）可使断端引流充分，有利于侧支毛细血管网的迅速建立，从而使指端成活。

1985 年，美国哈佛大学医学中心整形外科的 Joseph Upton 医生为 1 例因被狗咬伤致全耳完全离断的 5 岁患者行血管吻合再植术，术后运用医用水蛭活体生物疗法为其解除了静脉淤血，使血液循环再建。该手术的成功重新确立了医用水蛭活体生物疗法在现代医学中的地位，并使提供医用水蛭的英国 BIOPHARM 公司销售的医用水蛭量大大增加。美国杜克大学医学中心整形外科主任 L.Scott Levin 评价医用水蛭活体生物疗法是一种古老而有效的治疗方法，对某些特定临床状态下的患者是一种积极的治疗方法。

英国的整形外科医师仍然使用医用水蛭活体生物疗法来拯救失败的皮瓣手术，一项对英国 62 家整形外科机构的调查结果显示：绝大部分的机构都在术后使用医用水蛭活体生物疗法。在临床实践方面，Whitaker 等人对过去 50 年来关于外科重建手术中水蛭有效性的文献进行了回顾，在有关皮瓣挽救的 111 个例子中，82.4％的游离皮瓣和 81.1％的带蒂皮瓣被成功抢救。Nguyen 等人的报告显示，随机局部皮瓣的挽救率为 100％，局部和区域带蒂皮瓣挽救率为 64.3％，游离皮瓣的挽救率为 69.2％。Herlin 等人的研究表明，在 43 名皮瓣损伤患者当中，使用医用水蛭治疗的成功率为 83.7％，最佳使用时间为 2 ～ 8 h，而治疗平均总持续时间为 4 ～ 10 天，可以根据皮瓣的体积确定要施用的医用水蛭数量。因此，他们认为对于带蒂皮瓣或游离皮瓣静脉功能不全的病例（或不建议进行皮瓣修复手术），可采用医用水蛭活体生物疗法。另外，在其他 50％文献报道的病例中，患者需要输血。

Conforti 等人认为，活体水蛭吸血可以消除淤血和即时性提高局部血流量，已经成为救治静脉淤血并发症的一种标准疗法。水蛭吸食的是该区域缺氧的血液，同时释放抗凝物质，使血液能够不断外流而不凝固，并使含氧丰富的血液不断流入患处，这在耳、鼻、唇、眼睑等部位的修复重建手术中尤其重要，水蛭可明显改善患处的血液循环，还可用于局部缺血的治疗，对使用常规方法无法治疗的病例，可应用医用水蛭活体生物疗法促进患处的恢复。

随着医学临床实践的不断进步，皮瓣移植在修复体表创面、改善局部外观等方面起到了不可或缺的作用，在整形美容外科等领域的应用日渐广泛。皮瓣血循环障碍是皮瓣移植术后主要的并发症之一，若未及时进行恰当的治疗，常导致皮瓣部分或全部坏死。救治皮瓣静脉淤血的关键性问题是如何清除淤血、消融微循环中的血栓和构建良好的循环通路。医用水蛭活体生物疗法主要适用于术后早期发生血循环障碍（以静脉淤血为主），且经非手术治疗无效的移植皮瓣、断指再植后远端的静脉淤血及脑出血手术后的水肿治疗等。因此，在有适当的创伤病理特征的情况下，医用水蛭活体生物疗法作为促进成功的皮瓣微脉管系统生存的方案，在当代的重建手术中仍然很有价值，甚至可以在肢体丢失和抢救中凸显重要性。

二、骨性关节炎疼痛

在法国，骨性关节炎疼痛患者约占总人口的 15%。法国与俄罗斯的临床专家给 50 例患者试用医用水蛭活体生物疗法，将水蛭放在关节周围疼痛部位进行吸吮血液，经 4 ～ 6 次治疗后，患者疼痛明显减轻。对骨性关节炎疼痛研究采用 Meta 分析发现：水蛭活体生物疗法具有短期快速镇痛作用（证据级别强）以及长期轻度止痛作用（证据级别中等）。Michalsen 等人采用医用水蛭活体生物疗法对 51 位膝骨关节炎患者进行一项随机短期疗效对照研究，结果显示：接受医用水蛭活体生物疗法治疗膝关节骨性关节炎的患者在有限时间内疼痛得到显著改善。目前，尚无其他药物具有类似的持久疗效。Stange 等人在 Michalsen 等人的研究基础上进行了完善和补充，纳入了 113 例晚期膝关节骨性关节炎患者，进行了一项随机对照研究，结果发现医用水蛭活体生物疗法可以减轻骨关节炎引起的症状，接受 2 次医用水蛭活体生物疗法治疗的受试者，其关节僵硬度及运动功能得到明显改善。

Koeppen 等人在医用水蛭用于疼痛综合征治疗中的临床证据表明，医用水蛭活体生物疗法可大大减轻骨关节炎患者的疼痛。研究证实，水蛭中的透明质酸酶可以蔓延到更深层组织和关节腔内，但其对关节相关组织机制尚不明确。另外，水蛭素具有抑制凝血酶的能力，抗炎过程中同时也可抑制滑膜刺激蛋白（一种滑膜成纤维细胞生长因子）。

三、阴茎离断再缝合

Mineo 等人报道，当阴茎离断再缝合术后出现阴茎水肿，不宜采用显微外科手术处理，仅采用医用水蛭活体生物疗法可取得成功。

第六章　医用水蛭的实验研究

第一节　医用水蛭的活性成分

医用水蛭的生物活性成分包括小分子活性多肽、蛋白质和酶等。分子量在2～20 kDa之间的微量活性多肽和蛋白质达2000多种，对治疗心脑血管疾病有重要意义。这些生物活性物质具有扩张血管、解除血管痉挛、降低血管阻力、增加心脏等重要器官血流量、改善微循环、降低血液黏度、抑制血小板聚集、防止血栓形成、降低血脂水平、减少动脉粥样硬化斑块形成、减少炎症渗出、促进炎症消退、溶解纤维蛋白和抗凝血等作用。

近半个世纪以来，各国学者对水蛭中各种蛭肽蛋白的组成、结构和理化性质等方面开展了不懈地探索与研究。从各种水蛭中陆续发现了新成分和开发了新功能，并致力阐明水蛭破血、逐瘀和通经等多种功效的药理机制。

研究发现，不同种类水蛭在不同实验方法和条件下分离出的活性成分是不尽相同的。随着研究的不断深入，人们相继发现了在凝血机制不同环节起抑制作用的多种生物活性物质。其活性成分包括作用于凝血系统的凝血酶抑制剂，如水蛭素、菲牛蛭素、森林山蛭素、肝素、吻蛭素等，作用于凝血因子Xa、凝血因子XⅢa抑制剂、血小板糖蛋白拮抗剂、胶原诱导血小板聚集抑制剂，以及能够降解血栓的蛋白酶等大分子蛭肽蛋白物质。根据文献报道，水蛭中含有与治疗人类心脑血管疾病有关的腔肽蛋白达20余种。

此外，水蛭中还含有许多小分子生物活性物质，如各种氨基酸（包括8种人体必需氨基酸）、磷脂类、嘧啶类、糖脂类、羧酸酯类、甾醇类及镁、钙、铁、锌、铜、钴、锰、铬等十几种化学元素及小分子物质。

也有人将水蛭生物活性成分，根据其功能的不同大致可分为4类：1类为蛋白水解酶抑制剂，包括专一性凝血酶抑制剂、Xa 因子抑制剂、血浆激肽释放酶抑制剂、补体激活抑制剂、胰蛋白酶抑制剂、组织蛋白酶 G 抑制剂、胰凝乳蛋白酶抑制剂、粒细胞弹性蛋白酶抑制剂和枯草杆菌蛋白酶抑制剂等；2 类为血小板聚集抑制剂，包括血小板膜上腺苷酸环化酶激活剂、胶原蛋白诱导血小板聚集抑制剂、二磷酸腺苷或钙离子通道诱导的血小板聚集抑制剂等；3 类为血小板黏附抑制剂；4 类为特异性酶，包括透明质酸酶、胶原酶、葡萄糖苷酶、激肽原酶和纤溶酶等。现将医用水蛭主要活性酶及其酶抑制剂的成分列于表 6–1。

表 6–1　医用水蛭中含有的主要活性酶及其酶抑制剂成分

生物活性	活性分子
直接抑制凝血酶活性	水蛭素、菲牛蛭素、森林山蛭素、昔罗明、日本医蛭素、赫如斯塔辛
凝血因子Xa 抑制剂	安替斯塔辛、吉利安天、昔罗斯塔辛、莱法辛、维佐特酊
凝血因子XⅢa 抑制剂	萃得金
血小板聚集抑制剂	卡啉、蛭抗血小板蛋白、前列腺素、胶原酶
GPⅡb / Ⅲa 受体拮抗剂	待可辛、奥纳丁
胰蛋白酶抑制剂	瑟啉、泰苏啉、吡胍曼任、博待啉斯、亥茅平Ⅰ、亥茅平Ⅱ、博待拉斯塔辛
纤溶酶	裂纤酶、溶纤素
弹性蛋白酶抑制剂	胍曼啉、奈啡啉、格啉
水解纤维蛋白	失稳酶
糜蛋白酶抑制剂	伊格啉、伊里、赛丁
促进渗透的“扩散因子”	透明质酸酶

临床上研究比较多的水蛭活性物质主要集中在以下三大类。

①第一类是直接作用于凝血系统的成分：凝血酶抑制剂及其他抑制血液凝固的物质，是水蛭活血化瘀的物质基础。

②第二类是蛋白酶抑制剂等活性成分：胰蛋白酶抑制剂、糜蛋白酶抑制剂、粒细胞弹性蛋白酶和组织蛋白酶 G 抑制剂等活性成分。

③第三类是含有生物活性类似吗啡的镇痛剂成分：水蛭在叮咬吸血过程中，人们常常感觉不到疼痛。

同时，水蛭含有生物活性的透明质酸酶，能让水蛭叮咬后的创口愈合后不留下疤痕；此外，水蛭还含有消炎抑菌的生物活性成分。

此外，医用水蛭还含多种如甘油神经鞘磷脂裂解酶、丙酰胆碱酯酶、脂酶、胆固醇脂酶、变构酶和抗胰蛋白酶等活性物质。现将不同种水蛭中含有的生物活性物质及其作用靶点列于表 6–2。

表 6–2　不同种水蛭的生物活性物质及其作用靶点

水蛭种类	活性成分	作用靶点
欧洲医蛭	水蛭素（多型异构体）	抑制凝血酶
菲牛蛭	菲牛蛭素	抑制凝血酶
印度森林山蛭	森林山蛭素	抑制凝血酶
花斑纹蛭	昔罗明	抑制凝血酶
南美（亚马逊）巨型水蛭（舌蛭）	吉利安天（多型异构体）	抑制 FXa
墨西哥水蛭	安替斯塔辛（多型异构体）	抑制 FXa
巴西洼地蛭	莱法辛	抑制 FXa
花斑纹蛭	昔罗斯塔辛	抑制 FXa
欧洲医蛭	卡咻	抑制血小板聚集与黏附
吻蛭	蛭抗血小板蛋白	特异抑制胶原蛋白诱导的血小板聚集
龟蛭	奥纳丁（多型异构体）	抑制血小板聚集
北美巨蛭	待可辛（抗栓肽）	拮抗糖蛋白Ⅱb、Ⅲa，血小板膜的纤维蛋白原受体，抑制血小板聚集
舌蛭	溶纤素	降解纤维蛋白及纤维蛋白原
巴西洼地蛭	溶纤素	活化纤维蛋白原活化因子、降解纤维蛋白及纤维蛋白原
舌蛭	萃得金	抑制XⅧa因子，降解纤维蛋白及纤维蛋白原
欧洲医蛭	失稳酶	作用于异肽酶与溶菌酶类，水解纤维蛋白的 Glu-lys 交联键，溶解血栓
欧洲医蛭	博特林	作用于胰蛋白酶、纤维蛋白溶解酶及顶体粒蛋白
欧洲医蛭	羧肽酶抑制剂	抑制羧肽酶
欧洲医蛭	埃格林（伊格林）	作用于胰凝乳蛋白酶、枯草溶菌酶、凝乳酶
花斑蚊蛭	赛天	作用于胰凝乳蛋白酶
花斑蚊蛭	瑟林	作用于胰蛋白酶，抑制其活性
花斑蚊蛭	泰苏咻	抑制胰蛋白酶－胰凝乳蛋白酶

续表

水蛭种类	活性成分	作用靶点
菲牛蛭	格林	作用于弹性硬蛋白酶、组织细胞溶素 G 及糜蛋白酶
欧洲医蛭	法辛	作用于蛋白酶、弹性硬蛋白酶
欧洲医蛭	腺苷三磷酸双磷酸酶	作用于类胰蛋白酶，抑制 ATP/ADP 介导反应
欧洲医蛭	胶原酶	抑制胶原蛋白诱导的血小板聚集，抗血栓形成
欧洲医蛭	前列腺素	抗血栓形成，防止动脉粥样硬化
欧洲医蛭	透明质酸酶	促进药物渗透、传递与扩散
日本医蛭	透明质酸酶	促进药物渗透、传递与扩散

一、专一性抑制凝血酶活性物质

严格意义上讲，水蛭素指从欧洲医蛭中发现并提取纯化得到的专一性凝血酶抑制剂。除了欧洲医蛭中含有水蛭素，其他水蛭中同样含有凝血酶活性抑制剂，在结构上与水蛭素类似的异构体。例如，从菲牛蛭中获得的菲牛蛭素就是一种水蛭素异构体，其抗凝血作用更强，而且在菲牛蛭中含量非常丰富，其抗凝血作用比其他种类的水蛭更强。通常人们把不同水蛭来源、具有抗凝血作用的水蛭素异构体不加区分，统称水蛭素。本书为使读者了解不同水蛭来源的水蛭素异构体特点，按照水蛭素的英文名称和来源分别展开叙述。

1. 水蛭素（Hirudin，赫如啶）

1884 年 Haycraft 首先从水蛭的提取物中发现含有极强的抗凝血物质以来，各国学者对此进行了不懈探索。终于在 1957 年，Markwardt 成功地从欧洲医蛭唾液中分离出和纯化出这种抗凝物质，并定名为“水蛭素”，这是在水蛭中最早发现的一种典型的天然抗凝成分。

水蛭素主要分布在水蛭唾液腺中，是由 65 ～ 66 个氨基酸组成的小分子单链酸性多肽，如图 6–1 所示。其相对分子质量为 7 kDa，其 N 端（肽 1–48）含半胱氨酸，半胱氨酸之间相互形成 3 对二硫键，使 N 末端肽链绕叠成密集的环肽结构，对蛋白结构起稳定作用。若二硫键被氧化或还原，或者分子发生蛋白降解，则失去抗凝血活性，若羧基被酯化或失去酸性的 C 端氨基酸，也会失去抗凝血活性。二硫键使 N 末端含活性中心，能识别凝血酶碱性氨基酸富集位点并与之结合，即水蛭素的 N 端疏水结构域与凝血酶的非极性结合位点互补，该非极性结合位点靠近凝血酶的催化中心。水蛭素 C 末端富含酸性氨基酸和一个 63 位被硫酸化的酪氨酸，C 端与带正电的凝血酶识别位点形成许多离子键，与凝血酶的纤维蛋白原结合位点结合，与中间区的氨基酸残基起协同作用。N 端、C 端 2 个功能区以协同的方式结合凝血酶，阻止凝血酶与血液内大分子物质相互作用，从而阻止纤维蛋白原转化为纤维蛋白，抑制血小板聚集，防止血液凝固和血栓形成。

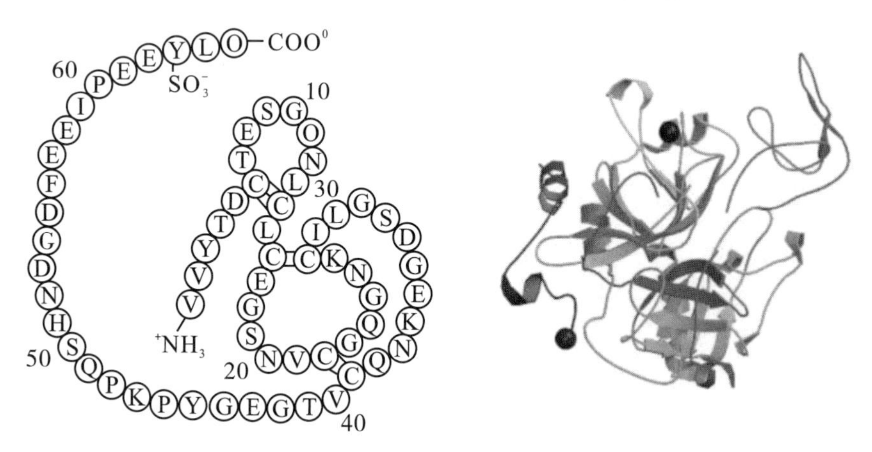

图 6-1　水蛭素的一级结构（左）和高级结构（右）

从不同种类的水蛭中提取的水蛭素异构体一级结构虽有一定程度的差别，但空间结构相似，都具有抑制凝血酶的生物活性。

2. 菲牛蛭素（Bufrudin，卟弗如啶）

菲牛蛭吸食哺乳动物血液作为食物来源，在吸血过程中其可以通过唾液分泌出能够阻止血液凝结的菲牛蛭素，利于其不断地吸食血液。

菲牛蛭素是 Sawyer 等人从菲牛蛭的头部提取到的水蛭素类异构体。它是由 60 多个氨基酸组成的多肽，分子量约为 7 kDa，其中 50% ～ 60% 氨基酸残基与水蛭素相同，其抗凝血作用与水蛭素、森林山蛭素相同，均可直接抑制凝血酶的生物活性。

迄今为止，从广西菲牛蛭消化液中分离提纯得到菲牛蛭素的 2 种异构体：菲牛蛭素 A（BDA）和菲牛蛭素 B（BDB）。其中，BDA 的相对分子量为 15.2 kDa，等电点为 3.97；BDB 的相对分子量为 14.6 kDa，等电点为 4.61。BDA 与 BDB 均能明显延长 APTT、PT 与 TT，两者均有很强的抗凝血活性。但 BDA 对 TT 作用最突出，抑制凝血因子Ⅱ、凝血因子Ⅷ、凝血因子Ⅻ，但对凝血因子Ⅴ、凝血因子Ⅸ、凝血因子Ⅹ、凝血因子Ⅺ无影响；BDB 则对 PT 作用更强，抑制凝血因子Ⅱ、凝血因子Ⅷ、凝血因子Ⅹ、凝血因子Ⅻ，而对凝血因子Ⅴ、凝血因子Ⅸ、凝血因子Ⅺ无影响。BDA 和 BDB 还具有明显的抗血栓形成、抑制血小板聚集、抗菌及溶解纤维蛋白等作用。

由于地理环境等诸多因素的影响，水蛭的基因发生变异，广东菲牛蛭的水蛭素基因全长为 642 bp，有 4 个外显子被 3 个内含子隔开，与分布于菲律宾马尼拉的菲牛蛭水蛭素基因 HM1、HM2 的同源性分别为 90% 和 88.6%。

广西菲牛蛭水蛭素（GXHM）基因 cDNA 序列长度为 251 bp，由 83 个氨基酸组成，其中有由 20 个氨基酸组成的信号肽及 63 个氨基酸组成的成熟肽。分布于广西菲牛蛭水蛭素信号肽与菲律宾马尼拉菲牛蛭水蛭素 HM1 信号肽、HM2 信号肽仅相差 1 个氨基酸，与分布于广东菲牛蛭水蛭素（GDHM）信号肽也只相差 2 个氨基酸，说明相同类型的水蛭素信号肽序列高度保守；广西菲牛蛭第 59 ～ 83 氨基酸序列与马尼拉菲牛蛭水蛭素基因 HM1、HM2 的第 60 ～ 83 个氨基酸序列仅相差 1 个氨基酸；广西菲牛蛭素 N 端第 6、第 13、第 15、第 21、第 27、第 36 位氨基酸与广东菲牛蛭水蛭素 N 端氨基酸完全相同，均为半胱氨酸，这六个半胱氨酸组成 3 对二硫键，对分子构型起稳定作用。

广东菲牛蛭水蛭素 C 端富含酸性羧基，有 7 个酸性氨基酸，分别位于第 50、第 54、第 55、第 59 的谷氨酸和位于第 52、第 58、第 60 位的天冬氨酸；C 末端的酸性羧基片段与凝血酶的识别部位结合，即带负电荷的羧基末端氨基酸残基和凝血酶分子中带正电荷的非催化部位氨基酸以离子键相互作用，形成决定抗凝反应速度的复合物，并且又与凝血酶的纤维蛋白原识别位点结合，从而发挥抑制凝血酶对纤维蛋白原的激活作用。广西菲牛蛭水蛭素 C 端与其他类型菲牛蛭水蛭素 C 端的同源性极高，充分说明分布在不同地区的菲牛蛭均具有相似的抗凝血活性。

不同品种水蛭的水蛭素肽链中部有一个由脯氨酸—赖氨酸—脯氨酸组成的特殊序列，它与凝血酶活性部位相互作用，从而发挥抑制凝血酶的功能。广东菲牛蛭水蛭素羧基端没有水蛭素中硫酸化的酪氨酸，而是以异亮氨酸代之，由此看来，不同品种水蛭，其水蛭素基因的进化方式是略有不同的。广西菲牛蛭 cDNA 序列为：

1 ATGTTCTCTCTCAAGTTGTTCGTTGTCTTCGTGGCTGTTTGCATCTGCGTGTCTCAAGCAGTGAGTTACA 70

71 CCGATTGTACCTCAGGCCAGAATTATTGTCTATGCGTGGAGGTAATTTCTGCGGTGGAGGCAAACATTGT 140

14 1 AAAATGGACGGTTCTGGAAATCAGTGCGTCGATGGGGAGGGTACTCCGAAGCCTAAAAGCCAGACTGAAA 210

21 1 ACGATTTCGAAGAAATCCCAGATGAAGATATATTGAATTAA 251

注：A—腺嘌呤（Adenine），C—胞嘧啶（Cytosine），G—鸟嘌呤（Guanine），T—胸腺嘧啶（Thymine）

GXHM 的氨基酸序列与 GDHM 以及马尼拉菲牛蛭水蛭素基因 1（HM1）、基因 2（HM2）的氨基酸序列同源性高达 84.7%，氨基酸序列如下：

GXHM 1 MFSLKLFVVFVAVCICVSQAVSYTDCT-SGQNYCLCVGGNFCGGGKHC 47

GDHM 1 MFSLKLFVVFVAVCICMSQAVHYTDCTS-GQNYCLCVGGDFCGGGKHC 47

HM_1 1 MFSLKLFVVFLAVCICVSQAVSYTDCTESGQNYCLCVGGNLCGGGKHC 48

HM_2 1 MFSLKLFVVFLAVCICVSQAVSYTDCTESGQNYCLCVGSNVCGEGKNC 48

GXMH 48 KMDGSGNQCVDGEGTPKPKSQTENDFEEIPDEDILN 83

GDMH 48 KMDGSGNKCVDGEGTPKPKSQTENHFEEIPDEDILN 83

HM_1 49 EMDGSGNKCVDGEGTPKPKSQTEGDFEEIPDEDILN 84

HM_2 49 QLSSSGNQCVHGEGTPKPKSQTEGDFEEIPDEDILN 84

注 1：A—丙氨酸（Alanine，Ala），C—半胱氨酸（Cysteine，Cys），D—天冬氨酸（Aspartic acid，Asp），E—谷氨酸（Glutamic acid，Glu），F—苯丙氨酸（Phenylalanine，Phe），H—组氨酸（Histidine，His），I—异亮氨酸（Isoleucine，ILe），G—甘氨酸（Glycine，Gly），K—赖氨酸（Lysine，Lys），L—亮氨酸（Leucine，Leu），M—甲硫氨酸（Methionine，Met），N—天冬酰胺（Asparagine，Asn），O—吡咯赖氨酸（Pyrrolysine，Pyl），P—脯氨酸（Proline，Pro），Q—谷氨酰胺（Glutarnine，Gln），R—精氨酸（Arginine，Arg），S—丝氨酸（Serine，Ser），T—苏氨酸（Threonine，Thr），V—缬氨酸（Valine，Val），W—色氨酸（Tryptophan，Trp），Y—酪氨酸（Tyrosine，Tyr）。

注 2：下划线部分为信号肽序列，**黑体字**部分表示不同的氨基酸。

3. 森林山蛭素（Haemadin，亥玛啶）

森林山蛭素是从森林山蛭体内得到的一种可与凝血酶缓慢结合的多肽，分子量约为 5 kDa，也是凝血酶的特异抑制剂。虽然森林山蛭素和水蛭素系列同源性较小，但是它们对凝血酶的抑制机制相似。人类 α 凝血酶 -Haemadin 复合物的晶体结构已被阐明，森林山蛭素的 N 末端片段与凝血酶的色氨酸 214- 甘氨酸 216 形成β缠绕。与水蛭素不同的是，它的酸性C末端不是结合于纤维蛋白原识别位点，而是与肝素结合位点作用。尽管森林山蛭素与水蛭素有整体上的相似性，但它却以一种全新的方式与凝血酶结合发挥抗凝作用。

4. 日本医蛭素（Granulin，胍努啉）

日本医蛭素是一种提取自韩国的日本医蛭小肽类物质，分子量约为6 kDa，富含半胱氨酸（约20%）的酸性蛋白（pI=3.75）。根据多肽的氨基酸组成和N末端氨基酸序列分析，表明其有高含量丝氨酸及独特的序列与提取自其他生物的胍努啉相似，称为日本医蛭素。日本医蛭素表现出与凝血酶抑制剂很相似的性质，它是第一次从蛭体内提取到的具有凝血酶抑制活性的日本医蛭素类蛋白多肽。

5. 昔罗明（Theromin）

昔罗明提取自花斑纹蛭，是活性较强的凝血酶抑制剂（Ki=12 fmol/L）。这种蛋白为67个氨基酸残基组成的同形二聚体，有16个半胱氨酸形成8个二硫键桥。从肠蛭属不同种肠蛭中提取的蛋白质分析显示，肠蛭中都有凝血酶抑制蛋白存在。和水蛭素比较，二者均带负电，并都富含半胱氨酸残基。昔罗明的N末端高度质子化，C末端因有10个半胱氨酸残基的存在而非常紧密。水蛭素类中典型的氨基酸46–48残基（脯氨酸–赖氨酸–脯氨酸）结构对连接凝血酶很重要。然而，昔罗明并没有这个明显的序列。事实上，昔罗明与现在已知的任何一种动物凝血酶抑制剂都没有序列同源性。

并非每个医院都可以随时使用医用水蛭，常见的替代方法是在充血区域做一个切口，然后通过皮下注射或连续输注肝素，以确保有足够的血液流动，但肝素不如水蛭素的效果好，必须定期清除血块以保持血液流动。

二、其他抗凝血物质

研究人员相继发现了水蛭中还含有多种其他抗凝血物质，它们对血液凝固具有明显抑制作用。如凝血因子Xa抑制剂、凝血因子XⅢa抑制剂、血小板糖蛋白拮抗剂、胶原诱导血小板聚集抑制剂，以及能降解血栓（富含血小板）的蛋白质等。

人们很早就发现水蛭提取物具有抑制某些蛋白质水解酶的活性，并成功地从水蛭中分离纯化出多种蛋白酶抑制剂。水蛭体内含有丰富的多肽或蛋白质，其中就包括许多具有抑制蛋白酶活性的抑制剂，这些蛋白酶抑制剂对蛋白酶、纤维蛋白酶等蛋白酶具有很强的活性。

类胰蛋白酶抑制剂（TPI）属于丝氨酸蛋白酶抑制剂家族，具有稳定肥大细胞的作用。类胰蛋白酶是肥大细胞分泌的最丰富的介质之一，在多种疾病的进程中起到诱导作用。类胰蛋白酶抑制剂是通过抑制类胰蛋白酶的活性来达到治疗疾病的目的。

研究证实，水蛭源性类胰蛋白酶抑制剂与人 β－类胰蛋白酶有高度亲和力，并以此抑制其活性。王森等人运用 DNA 重组技术，构建了水蛭源性类胰蛋白酶抑制剂原核表达质粒，通过双酶切以及核酸序列分析进行分析鉴定后将其转化入大肠埃希菌 BL21（DE3）中，并使其在原核系统中高效表达，为下一步分析 LDTI 蛋白的特性与功能奠定了良好的基础。

1. 昔罗斯塔辛（Therostasin）

昔罗斯塔辛是从花斑纹蛭内提取到的一种天然的、可与哺乳动物 Xa 因子紧密结合的蛋白（Ki=34 pmol/L），含有 82 个氨基酸残基，富含半胱氨酸（16 个），相对分子质量为 8.9 kDa（pI=4.9）。序列分析显示，它是一种全新的物质，与其他蛭类体内的 Xa 因子抑制剂没有明显的同源性，而与昔罗明有 70% 的同源性，这可以认为是水蛭的进化过程中同一祖先基因逐渐分化，分别形成了与不同底物作用的蛋白质。昔罗斯塔辛在水蛭的唾液腺细胞中表达并储存。

2. 安替斯塔辛（Antistasin）

安替斯塔辛是从一种墨西哥水蛭的唾液腺中分离出来的一种含有 119 个氨基酸的多肽，分子量约为 15 kDa，也是在蛭体内最早发现的具有 Xa 因子抑制活性的蛋白多肽。采用安替斯塔辛在小鼠体内进行实验证明，安替斯塔辛是 FXa 抑制剂，能通过抑制含有 FXa 因子的血清酶来阻止血液凝固以及动脉血栓和静脉血栓形成。FXa 属于胰蛋白酶样丝氨酸蛋白酶，位于内源性与外源性凝血途径的交叉点，可促进凝血酶原的水解产生凝血酶，继而降解纤维蛋白原生成纤维蛋白，从而形成血凝块。因此，安替斯塔辛通过抑制 FXa 因子的活性，可阻止凝血的进一步放大反应，可以获得更好的抗凝效果。

在动物模型实验证明，安替斯塔辛体内治疗的半寿期在 30 h 以上，在不同的血栓模型中表现出比肝素更好的效果，是一种稳定的多肽抗凝剂。此外，安替斯塔辛不仅能够抑制主动脉平滑肌增生，还能减少肿瘤细胞的扩散，使肿瘤细胞保持运动状态而无法聚集在一处，有利于肿瘤患者体内的免疫系统将肿瘤细胞各个击破。在免疫组织化学实验中，安替斯塔辛还常常被用来发现和抑制含有 FXa 因子的恶性细胞——小细胞癌。蛭肽蛋白对恶性肿瘤具有一定的治疗作用，也可能与水蛭含有安替斯塔辛有关。临床上常用的抗凝剂肝素的治疗指数较低，而且存在较高的出血危险，并且对抗凝血酶Ⅲ缺乏症患者的治疗是无效的。因此，安替斯塔辛是一种有效的、出血性并发症风险最小的抗凝剂。

3. 吉利安天（Ghilianten）

吉利安天是从南美巨蛭中提取得到的，具有 119 个氨基酸残基的蛋白质，含 20 个半胱氨酸残基，在 C 末端具有一个肝素结合序列，34 位的精氨酸是抑制 Xa 因子活性的位点。吉利安天的氨基酸序列分析显示，它和安替斯塔辛有很高的同源性，对人的 Xa 因子及胰蛋白酶都有抑制活性。

4. 莱法辛（Lefaxin）

莱法辛是从洼地蛭中提取纯化得到的多肽，分子量约为 30 kDa（pI=5.7），对发色底物的外显氨基具水解活性（Ki=4 nmol/L）。它是一种对 FXa 具有显著抑制作用的多肽，多肽链 N 端序列与其他 FXa 抑制剂（安替斯塔辛和吉利安天）没有相似性。

5. 萃得金（Tridegin）

萃得金是从南美巨大亚马逊水蛭中提取的抑制血小板因子 XⅢa 的多肽，含有 66 个氨基酸，分子量约为 7.3 kDa，序列与其他水蛭来源的蛋白质几乎没有相似之处。它能特异性地抑制 XⅢa 因子，降解纤维蛋白及纤维蛋白原而发挥抗凝血作用，但它对人体血浆凝固时间和凝血酶 FXa 都没有影响，似乎是通过作用于谷氨酰胺转移酶的特异性药物，抑制纤维蛋白的单体交联反应而抗凝。

6. 卡啉（Callin）

卡啉是从欧洲医蛭中提取的分子量约为 5.5 kDa 的多肽。它可以特异性地阻止胶原诱导的血小板聚集和黏附的活性物质，不仅抑制胶原与血小板的相互作用，还可以阻止血管性血友病因子与胶原的结合所诱导的聚集。实验证明，其在血小板聚集的血栓模型中起到明显的抗血栓效果，能够阻止胶原激活血小板的活性，这也许是水蛭吸血后几小时血液不凝固的原因之一。

7. 待可辛（Decorsin）

待可辛是从北美一种水蛭中提取的，也是最早发现于水蛭体内具有抗血小板聚集能力的蛋白。它是一种由 39 个氨基酸组成，分子量约为 4.4 kDa 的寡肽，也包含有其他粘连蛋白类所具有的 RGD 结构。待可辛是通过与 GPⅡb/ Ⅲa 蛋白竞争血小板上受体而抑制血小板聚集。在这种水蛭体内还存在缺少 3 个 N 末端氨基酸的异构体，称为 N–3，也具有相似的活性，可以抑制 ADP 诱导的人类血小板聚集，拮抗血小板膜上的纤维蛋白原受体，抑制血小板聚集。待可辛的 IC_{50} 为 1.5 nM，是一种有较强活性的血小板聚集抑制剂。

8. 奥纳丁（Ornatin）

奥纳丁是从饰纹牛蛭中提取的蛋白，与待可辛有很高的同源性。奥纳丁与待可辛一样，也是通过自身的 RGD 序列与 GPⅡb/ Ⅲa 受体竞争性结合，从而抑制血小板聚集。它也是一种强效的 GPⅡb/ Ⅲ受体拮抗剂。

9. 蛭抗血小板蛋白（Leech antiplatelet protein，LAPP）

蛭抗血小板蛋白是从吻蛭中提取的，由 126 个氨基酸残基组成的蛋白质。它通过抑制胶原蛋白对血小板的刺激作用来抑制血小板的黏附、聚集反应，从而抑制凝血块的形成。因此，具有选择性抑制胶原诱导的血小板聚集的作用。

10. 胍曼啉（Guamerin）

胍曼啉是从日本医蛭体内提取的，由 57 个氨基酸残基组成的蛋白，富含半胱氨酸，分子量约为 6.1 kDa，是一种小分子的人白细胞弹性蛋白酶抑制剂。序列分析显示，胍曼啉与其他已知的蛭类蛋白酶抑制剂没有明显相似性，而与赫如斯塔辛有 51% 的序列同源性；它的 10 个半胱氨酸残基序列显示，它与安替斯塔辛属同一类丝氨酸蛋白酶抑制剂，但在 36 位活性位点由甲硫氨酸取代了精氨酸。

11. 瑟啉（Therin）

瑟啉是从花斑纹蛭中提取的，由 48 个氨基酸残基组成的蛋白，分子量约为 5.4 kDa。它是一种与胰蛋白酶紧密结合的抑制剂（Ki 为 45±12 pmol/L），而对弹性蛋白酶及组织蛋白酶 G 都没有抑制活性。在与来自同一种水蛭的凝血酶抑制剂昔罗明联合作用时，可以明显地降低脂多糖诱导的人体白细胞激活。它对人体免疫细胞的作用方式和进行大手术时使用的抗扩散性炎症反应药物抗蛋白肽酶在功能上很相似。

12. 泰苏啉（Tessulin）

泰苏啉与瑟啉一样，也是从花斑纹蛭中提取的，分子量约为 9 kDa，由 81 个氨基酸残基组成，其中包含 16 个半胱氨酸，其氨基酸序列与安替斯塔辛类抑制剂有 16% 的同源性。它对胰蛋白酶（Ki=1 pmol/L）和胰凝乳蛋白酶（Ki=150 pmol/L）均具抑制活性，而对凝血酶、Xa 因子、组织蛋白酶及弹性蛋白酶都没有抑制活性。

13. 吡胍曼啉（Piguamerin）

吡胍曼啉是从日本医蛭中提取的蛋白质，分子量约为 5 kDa，由 48 个氨基酸残基组成，也含有 10 个半胱氨酸的序列。这种蛋白对胰蛋白酶、组织及血浆激肽释放酶都有抑制活性。在部分激活凝血活酶时间的试验中，其纳摩尔级的浓度就能延缓血浆凝聚。

三、纤溶酶

纤溶酶是指能专一降解纤维蛋白凝胶的蛋白水解酶类，是纤溶系统中的一个重要组分，属于丝氨酸蛋白酶，它最敏感的底物是纤维蛋白和纤维蛋白原。人体一旦产生凝血反应，几乎会同时激活纤溶系统，移除体内多余的血栓，并通过负反馈效应使体内纤维蛋白原的水平降低，从而避免纤维蛋白的过多凝聚。

水蛭中发现的裂纤酶和溶纤素都属于纤溶酶类，可以将纤维蛋白和纤维蛋白原分解为许多可溶性小肽，成为纤维蛋白降解产物。纤维蛋白降解产物通常不再发生凝固，部分小肽还具有抗凝血作用。血液凝固过程中纤维蛋白的形成是触发纤维蛋白溶解的启动因素，通过纤溶酶选择性地产生并作用于纤维蛋白形成部位（即血凝块形成的部位)，从而溶解纤维蛋白，清除血凝块，恢复正常的血管结构和血流。从水蛭中分离出的纤溶酶，其作用效果与某些蛇毒相似，但机理不同。

从广西菲牛蛭中分离出的纤溶酶，分子量约为 42 kDa，在普通纤维蛋白平板和加热平板上都能溶解纤维蛋白凝块，其纤溶机理是直接降解纤维蛋白。菲牛蛭中含有丰富的菲牛蛭素，它不仅可以直接抑制凝血酶，阻止纤维蛋白的形成而起抗凝作用，还具有纤溶酶直接降解纤维蛋白和纤维蛋白原，而起溶解血栓的作用。因此，从菲牛蛭中提取的蛭肽蛋白的溶血栓和促进血液循环的能力比一般吸血水蛭和非吸血水蛭都强很多。

四、水蛭透明质酸酶

透明质酸酶是一种内切－β－葡萄糖苷酶。从水蛭头部分离提取出的透明质酸酶是一种相对分子量为 28 kDa 的蛋白质，这种水蛭透明质酸酶不降解透明质酸以外的黏多糖，只降解透明质酸，这与从哺乳动物和细菌中分离出来的透明质酸酶形成了明显的差异。

水蛭透明质酸酶具有很强的抗菌能力，表现在它能溶解体内外细菌的多糖被膜并形成抗体。水蛭透明质酸酶能促进药物迅速穿透皮肤并在皮下扩散，在治疗血栓性疾病时不被肝素抑制。因此，水蛭中的透明质酸酶比哺乳动物体内的透明质酸酶有更大的应用价值。

研究发现，水蛭透明质酸酶在治疗青光眼及白内障方面有很好的效果。由于水蛭透明质酸酶能降解在细胞间起联系作用的透明质酸，如果将它与水蛭胶原酶一起使用则会分散动物组织的细胞，便于挑取单个细胞进行分代培养或细胞克隆。因此，在生物工程领域，特别是在细胞工程应用中水蛭透明质酸酶被广泛应用，并成为眼科和整形医学的有力工具。水蛭透明质酸酶能够增加其他药物的组织渗透性、促进扩散或分散。此外，水蛭透明质酸酶能够水解透明质酸，调节结缔组织的渗透性，减少细胞介质的黏度，促进注射液的扩散，进而促进药物吸收。因此，透明质酸酶在临床上常用作药物渗透剂。

水蛭的透明质酸酶能够促进手术及创伤后局部水肿或血肿消散。在整形美容领域中，水蛭透明质酸酶可用于处理当面部注射透明质酸进行除皱后发生的不良反应。在采用医用水蛭活体生物疗法进行治疗时，水蛭唾液腺能够分泌透明质酸酶，可促进唾液里其他活性成分在组织间渗透和扩散，伤口不易感染，起效快速，疗效明显。水蛭透明质酸酶在抗菌和促进药物吸收方面发挥了重要作用。因此，与其他天然产物提取物制成的化妆品相比，水蛭提取物添加到化妆品中，其美容效果就会更加明显。

五、氨基酸

医用水蛭发挥药效作用的成分不局限于上述物质的作用，其含有的微量元素及氨基酸也具有协同作用。医用水蛭含丰富的蛋白质氨基酸和游离氨基酸，氨基酸总量在 55.93% ～ 73.12%，其中谷氨酸含量最高，约占 10%。

研究表明，菲牛蛭体内除了含有抗凝血生物活性成分，还含有丰富的游离氨基酸，其中还有 8 种人体必需氨基酸，其含量占氨基酸总量大于 33.53%，明显高于日本医蛭 22.50% 和宽体金线蛭 21.40%。在测定出的氨基酸中，菲牛蛭天冬氨酸、甘氨酸、亮氨酸等含量较高，这类氨基酸在菲牛蛭的活血化瘀的功效中也起到了十分重要的药理作用。不同品种水蛭（冻干粉）的氨基酸含量比较见表 6–3。

表 6–3 不同品种水蛭（冻干粉）的氨基酸含量

氨基酸种类	菲牛蛭	日本医蛭	饲养宽体金线蛭	欧洲医蛭	天然宽体金线蛭	湖北牛蛭	光润金线蛭	尖细金线蛭	棒纹牛蛭	八目石蛭	齿蛭
谷氨酸	10.20% ～ 11.75%	9.51% ～ 11.03%	11.39% ～ 12.97%	10.92%	10.26%	10.07%	10.23%	10.49%	10.94%	11.80%	10.70%
天冬氨酸	7.66% ～ 8.50%	6.99% ～ 9.44%	7.35% ～ 7.94%	8.17%	6.36%	5.95%	6.32%	7.19%	7.68%	6.56%	6.75%
亮氨酸*	6.84% ～ 7.46%	5.60% ～ 8.77%	5.22% ～ 6.08%	7.62%	4.30%	3.79%	4.25%	4.70%	6.31%	4.36%	4.46%
赖氨酸*	5.73% ～ 5.83%	4.81% ～ 6.65%	4.66% ～ 5.02%	5.82%	3.94%	1.28%	2.94%	4.92%	5.01%	4.37%	2.01%

续表

氨基酸种类	菲牛蛭	日本医蛭	饲养宽体金线蛭	欧洲医蛭	天然宽体金线蛭	湖北牛蛭	光润金线蛭	尖细金线蛭	棒纹牛蛭	八目石蛭	齿蛭
丙氨酸	4.99%～5.38%	4.83%～5.58%	3.65%～4.21%	4.98%	3.28%	4.68%	3.47%	3.66%	5.20%	3.91%	3.75%
甘氨酸	5.26%～6.68%	4.66%～5.67%	5.50%～6.23%	4.85%	3.79%	12.60%	6.22%	4.82%	5.98%	4.47%	5.04%
缬氨酸*	5.13%～5.68%	4.26%～6.51%	3.31%～4.41%	5.69%	3.29%	3.11%	3.13%	3.60%	5.10%	3.27%	3.25%
苯丙氨酸*	3.98%～4.00%	3.08%～4.77%	2.33%～2.78%	4.20%	2.23%	2.15%	2.14%	2.67%	3.75%	2.58%	2.46%
精氨酸	3.86%～4.54%	3.63%～4.17%	4.36%～5.18%	4.15%	3.45%	4.97%	4.01%	3.70%	3.93%	4.16%	3.95%
丝氨酸	3.00%～3.35%	2.85%～3.38%	2.89%～3.25%	3.06%	2.88%	2.59%	2.63%	2.77%	3.63%	2.70%	2.84%
组氨酸	3.48%～3.83%	2.56%～4.57%	1.62%～2.65%	3.97%	1.60%	0.70%	0.87%	1.67%	2.66%	1.61%	0.45%
苏氨酸*	3.03%～3.46%	2.72%～3.03%	2.89%～2.92%	3.26%	2.63%	1.93%	2.47%	2.86%	3.64%	2.76%	2.80%
脯氨酸	3.05%～3.28%	2.78%～2.92%	2.53%～2.82%	2.78%	2.16%	4.18%	2.67%	2.56%	3.20%	2.20%	2.28%
羟脯氨酸	1.49%	1.92%	2.24%	—	0.95%	6.24%	2.55%	1.46%	1.77%	1.30%	1.82%
酪氨酸*	1.64%～2.10%	2.52%～2.62%	1.62%～2.31%	2.38%	1.69%	0.43%	0.56%	2.30%	1.83%	0.86%	1.18%
异亮氨酸*	1.29%～1.92%	1.40%～2.28%	1.94%～2.75%	2.41%	1.76%	1.06%	1.82%	2.13%	1.36%	2.60%	2.51%
γ－氨基丁酸	0.37%	0.44%	0.52%	—	0.27%	1.47%	0.58%	0.39%	0.43%	0.38%	0.34%
半胱氨酸	0.36%～1.12%	0.37%～1.35%	0.76%～1.21%	1.20%	0.52%	0.22%	0.34%	0.63%	0.36%	微量	0.40%
甲硫氨酸*	0.36%～0.97%	0.25%～1.11%	0.49%～1.20%	1.09%	0.55%	微量	0.23%	0.41%	微量	0.91%	0.56%
氨基酸总含量	71.72%～81.71%	65.28%～86.21%	65.27%～76.69%	76.55%	55.91%	67.42%	57.43%	62.93%	72.78%	60.08%	57.55%

注：*为人体必需氨基酸。

由表 6–3 可知，水蛭氨基酸总含量在 55.91% ～ 86.21%，其中有 8 种水蛭氨基酸总含量超过 60%。水蛭的谷氨酸含量都很高，而甲硫氨酸含量较低，γ – 氨基丁酸含量也较低。另有研究测得几种主要水蛭的氨基酸含量见表 6–4。

表 6–4　几种主要水蛭的氨基酸含量

氨基酸含量	日本医蛭（天然）	宽体金线蛭（天然）	宽体金线蛭（饲养）	光润金线蛭（天然）	尖细金线蛭（天然）	菲牛蛭（天然）	湖北牛蛭（天然）
天冬氨酸	6.99%	6.36%	7.35%	6.32%	7.29%	7.66%	5.95%
苏氨酸	2.72%	2.63%	2.89%	2.47%	2.86%	3.46%	1.93%
丝氨酸	2.85%	2.88%	3.25%	2.63%	2.77%	3.57%	2.59%
谷氨酰胺	9.51%	10.26%	11.39%	10.23%	10.49%	10.20%	10.07%
甘氨酸	5.67%	3.79%	5.50%	6.22%	4.82%	5.26%	12.60%
丙氨酸	4.83%	3.28%	3.65%	3.47%	3.66%	5.38%	4.86%
半胱氨酸	0.37%	0.52%	0.76%	0.34%	0.63%	0.36%	0.22%
缬氨酸	4.26%	3.29%	3.31%	3.13%	3.60%	5.13%	3.11%
甲硫氨酸	0.25%	0.55%	0.49%	0.23%	0.41%	0.36%	0.38%
异亮氨酸	1.40%	1.76%	1.94%	1.82%	2.13%	1.29%	1.06%
亮氨酸	5.60%	4.30%	5.22%	4.25%	4.70%	6.84%	3.79%
酪氨酸	2.62%	1.69%	1.26%	0.56%	2.30%	1.64%	0.43%
苯丙氨酸	3.08%	2.23%	2.33%	2.14%	2.67%	3.98%	2.15%
赖氨酸	4.81%	3.94%	4.66%	2.94%	4.92%	5.73%	1.28%
组氨酸	2.56%	1.60%	1.62%	0.87%	1.67%	3.48%	0.70%
精氨酸	3.64%	3.45%	4.36%	4.01%	3.70%	3.86%	4.97%
脯氨酸	2.78%	2.16%	2.53%	2.67%	2.56%	3.05%	4.18%
γ – 氨基丁酸	0.44%	0.27%	0.52%	0.58%	0.39%	0.37%	1.47%
羟脯氨酸	1.92%	0.95%	2.24%	2.55%	1.46%	1.49%	6.24%
氨基酸总量	66.30%	55.91%	65.24%	57.43%	62.93%	73.11%	67.42%

由表 6–4 可知，采取不同的实验方法和条件，从水蛭中分离得到氨基酸、脂肪酸等物质的含量是有差异的。有研究表明，广西菲牛蛭和广东菲牛蛭的氨基酸含量以甘氨酸最高，其次为亮氨酸（表 6–5），人体必需氨基酸的含量高于其他品种的水蛭。

表 6-5 广东菲牛蛭与广西菲牛蛭中氨基酸含量 (单位：μg/g)

氨基酸	广东菲牛蛭含量	广西菲牛蛭含量	氨基酸	广东菲牛蛭含量	广西菲牛蛭含量
甘氨酸	5123.07	5392.70	苏氨酸	494.20	520.21
亮氨酸	2223.56	2340.59	缬氨酸	487.02	512.65
天冬氨酸	2035.13	2142.24	组氨酸	378.99	398.94
精氨酸	1555.48	1637.35	苯丙氨酸	363.87	383.02
丙氨酸	1404.23	1478.56	脯氨酸	336.05	353.74
异亮氨酸	1331.23	1401.29	色氨酸	304.25	320.26
赖氨酸	854.33	899.29	甲硫氨酸	202.68	213.35
半胱氨酸	653.33	687.72	谷氨酸	195.37	205.65
丝氨酸	575.90	606.21	酪氨酸	106.91	165.17

翟新艳等观察水蛭提取物对小鼠凝血、出血时间和家兔离体血浆复钙时间的影响，测定提取物中游离氨基酸的含量。通过实验研究表明，水蛭提取物能延长小鼠凝血、出血时间，明显延长家兔离体血浆复钙时间，并随着其质量浓度的升高而呈现明显的量效关系。游离氨基酸测定结果表明，水蛭提取物含有 19 种游离氨基酸，游离氨基酸总量占提取物的 23%，见表 6-6。

表 6-6 水蛭提取物中游离氨基酸成分含量 (总氨基酸含量为 23.00%)

氨基酸	质量分数	氨基酸	质量分数
丝氨酸	0.84%	精氨酸	0.91%
谷氨酸	0.56%	脯氨酸	1.27%
缬氨酸	1.40%	丙氨酸	3.30%
苯丙氨酸	1.75%	牛磺酸	0.38%
赖氨酸	1.51%	天冬氨酸	0.17%
色氨酸	0.21%	γ-氨基丁酸	0.20%
异亮氨酸	2.42%	亮氨酸	4.92%
组氨酸	0.34%	酪氨酸	0.34%
甘氨酸	0.62%	苏氨酸	1.09%
蛋氨酸	0.77%		

六、脂肪酸

水蛭中除了含有氨基酸，还含有多种饱和脂肪酸以及不饱和脂肪酸，如棕榈酸、硬脂酸、肉豆蔻酸等也具有生理活性。

前列腺素就是水蛭体中的一类由不饱和脂肪酸组成的，具有多种生理作用的活性物质。前列腺素是人体内分布最广、作用极大的、有生理活性的不饱和脂肪酸，具有化学信使的功能，并且在体内许多生理过程中扮演着重要角色。它可以使平滑肌收缩、血小板凝结或血液稀释，并可以作为一种信使告诉身体产生疼痛和引起发烧，还负责调节受损组织或注射点周围的炎症。

利用气相色谱－质谱联用技术等方法，可从水蛭中分离得到有较强抗凝血活性的甾体与不饱和脂肪酸甲酯。若用甲醇提取日本医蛭，可分离得到腺苷、尿苷、烟酸、苯丙氨酸、缬氨酸、脯氨酸、丙氨酸、异亮氨酸、棕榈酸、琥珀酸、尿嘧啶、黄嘌呤、次黄嘌呤、次黄嘌呤核苷、菜油甾醇、胆甾醇、十六烷基甘油醚等。

相关实验分析研究发现，菲牛蛭中含有 16 个脂肪酸组分，占脂肪酸总量的 92.52%，其中饱和脂肪酸占 60.17%，不饱和脂肪酸占 32.35%。饱和脂肪酸主要有硬脂酸、软脂酸、肉豆蔻酸等；不饱和脂肪酸主要包括油酸、11－二十碳烯酸等。其中，含量最多的是软脂酸，达到 22.59%；其次是 9－十八碳烯酸和 11－二十碳烯酸，含量分别为 11.90% 和 10.58%。

七、微量元素

医用水蛭含有镁、钙、铁、硒等 28 种常量元素和微量元素。这些化学元素对医用水蛭的活性起协同作用。赵惠芳、张汉贞、郭文菊等人对多种水蛭进行了化学元素含量测定，结果见表 6–7 至表 6–9。

表 6–7 4 种水蛭的化学元素测定（赵惠芳等） （单位：μg/g）

元素	日本医蛭	蚂蟥	水蛭	菲牛蛭
Ca	1660	2330	2750	2430
Mg	631	882	929	868

续表

元素	日本医蛭	蚂蟥	水蛭	菲牛蛭
P	4340	4930	4580	4670
Fe	212	192	227	369
Co	2.56	3.45	3.20	3.49
Cu	32.36	12.30	13.20	37.40
Cr	3.69	5.90	5.09	5.29
Mn	6.74	27.30	18.80	14.30
Mo	2.57	3.29	3.20	3.25
Ni	1.52	14.20	11.70	14.10
Sr	2.79	8.73	10.00	7.15
Zn	224	254	235	311
V	1.16	1.96	1.98	2.19
Se	3.33	2.57	1.72	2.70
Al	50.90	65.70	74.70	70.50
Ti	1.48	3.98	2.12	26.60
Si	19.80	26.80	30.30	26.60
Sn	429	442	460	441
Cd	0.397	0.579	0.477	0.803
Hg	0.011	0.036	0.0032	0.14
Pb	6.89	9.11	8.42	8.62
总量	7632.178	9215.905	9365.920	9288.133

表 6-8　2 种水蛭中 14 种化学元素含量表（张汉贞等）　（单位：mg/kg）

元素	日本医蛭	蚂蟥
Zn	370	256
Cu	58	32
Mn	25	6.9
Ca	5711	3457
Mg	1506	967
Fe	2073	527
Cr	3.3	1.8
Co	6.9	1.5

续表

元素	日本医蛭	蚂蟥
Ni	4.7	0.8
Mo	0.2	0.1
Pb	11.7	4.1
Hg	0.42	0.44
As	1.5	6.0
Se	7.2	1.2

上述结果表明，医用水蛭含有钙、镁、铁、磷、铜、锌、锡、硒等常量元素和微量元素，其中钙、磷、镁、锡、锌的含量较高。不同品种的医用水蛭中，常量元素和微量元素存在差异。

第二节　医用水蛭的药理作用

多年医学科学研究表明，医用水蛭具有抗凝血、抗血小板聚集、抑制血栓形成、保护脑组织、抗细胞凋亡、抗肿瘤、抗纤维化、抗炎、抗着床（妊娠）、改善肾功能、降血脂、促纤溶、促进周围神经再生、促进血管新生及抗新生血管等作用，其中以抗凝血、抑制血栓形成、降血脂、抗肿瘤等作用较为突出。

水蛭素具有抗凝血、抑制血小板聚集、防止血栓形成、降血脂、降低血液黏度、改善血液循环（尤其是微循环）、抗早孕及抗肿瘤等作用，故在临床上广泛应用，尤其用于治疗各种血栓栓塞性疾病，如弥散性血管内凝血、静脉血栓、动脉血栓、高黏滞综合征等心脑血管疾病，外科手术后防止血栓形成、疤痕挛缩、慢性肾炎、眼病、慢性前列腺炎及肿瘤等。由于水蛭素能明显延长 APTT、PT、TT，而且 APTT 的长短与水蛭素的血浆浓度呈正相关，故 APTT 被广泛用来衡量水蛭素治疗效果与调整治疗剂量的重要参数指标。水蛭素能抑制凝血过程中血纤维蛋白肽 A 的减少，且成剂量相关性，表明水蛭素具有抑制凝血酶水解纤维蛋白原形成纤维蛋白的作用。

一、抗凝血作用

从水蛭中提取的天然水蛭素具有强大的抗凝血和溶栓作用，被广泛用于心脑血管疾病的治疗中。特别是对于脑血栓、高脂血症等疾病，天然水蛭素能发挥很好的效果。具体来说，天然水蛭素能预防血栓形成、扩张外周血管、加速血液循环，其抗凝血机理主要是特异性抑制凝血酶的活性。

1. 凝血机理

血液凝固过程是一个复杂的酶促级联放大反应，每个凝血因子都逐步被有关因子所激活，最后生成凝血酶和纤维蛋白。通常血液凝固可分为 2 条主要途径（见图 6–2）。

①外源性凝血途径是指从凝血因子Ⅲ的释放到凝血因子Ⅹ被激活的过程，包括凝血因子Ⅲ、凝血因子Ⅶ和 Ca^{2+} 之间的相互作用。

②内源性凝血途径是指从凝血因子Ⅻ激活到凝血因子Ⅹ被激活的过程，包括凝血因子Ⅻ、凝血因子Ⅺ、凝血因子Ⅸ、凝血因子Ⅷ、Ca^{2+}、PK、HMWK 之间的相互作用。

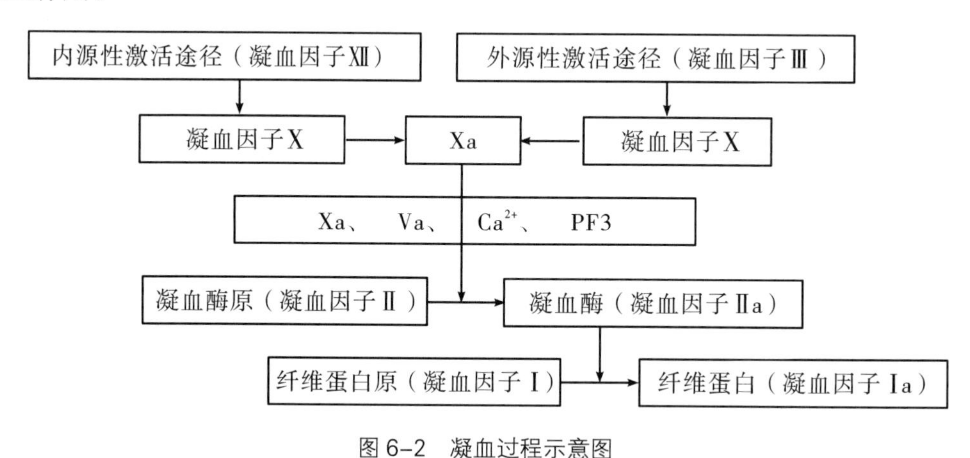

图 6–2 凝血过程示意图

上述内外凝血途径是相互促进的。凝血因子Ⅻa、凝血因子Ⅸa 可促使凝血因子Ⅶ活化；凝血因子Ⅶ a–Ca^{2+}– 凝血因子Ⅲ复合物也能直接激活凝血因子Ⅸ。在内源性凝血过程和外源性凝血过程中使凝血酶原活化，生成凝血酶。凝血酶是一种丝氨酸蛋白酶，催化纤维蛋白原变成纤维蛋白，促使血液凝固，在血栓形成过程中起非常关键的作用，包括血液凝固过程的级联反应、纤维蛋白沉积和血小板活化等。凝血酶是血液凝固和止血过程中的中心酶，它不仅能剪切纤维蛋白原，将纤维蛋白原转化为纤维蛋白，还能激活其他凝固血液的酶类，如凝血因子Ⅴ、凝血因子Ⅶ、凝血因子Ⅻ和抗凝血酶蛋白 C 等。凝血酶在凝血过程中处在“凝血瀑布”的最后步骤，是凝血过程的关键酶。因此，抑制凝血酶的活性可以抑制血液凝固，防止血栓形成。

抗凝血药物就是阻止血液凝固的药物，其主要作用机制是抑制凝血酶活性，可简单地将其分为间接凝血酶抑制剂和直接抗凝血酶抑制剂。间接凝血酶抑制剂是通过催化凝血酶的天然抑制剂（AT－Ⅲ或肝素辅助因子Ⅱ）而产生抗凝作用，如肝素、低分子量肝素。直接凝血酶抑制剂能与凝血酶直接结合特异性阻滞凝血酶的活性，从而阻止纤维蛋白原形成纤维蛋白，通过阻断“凝血瀑布”的最后一个步骤而抑制凝血，水蛭素就是直接凝血酶抑制剂。

2. 水蛭素抗凝血机理

凝血酶有 4 个结合位点：纤维蛋白结合位点、非活性底物识别位点、酶活性中心位点和肝素结合位点。水蛭素作用于非活性底物识别位点和酶活性中心位点 2 个位点，它们以 1 ∶ 1 的方式形成紧密的非共价结合的牢固复合物（结合常数为 230 fmol/L）而发挥抗凝血作用。水蛭素与凝血酶特异性结合是一个二相的过程，首先是 C 末端的酸性氨基酸与凝血酶的碱性部位结合，封闭凝血酶的底物识别位点；其次是这种结合使凝血酶构型发生改变，促使水蛭素 N 端与凝血酶的酶活性中心结合，从而抑制凝血酶的催化活性。水蛭素是目前发现的天然的最强的凝血酶特异性抑制剂，它对凝血酶的抑制作用不依赖任何辅助因子（如 AT－Ⅲ因子），与凝血酶以非共价键形式以 1 ∶ 1 摩尔比形成牢固复合物，故水蛭素有别于肝素、枸橼酸钠等其他抗凝药，即使是弥散性血管内凝血，血液中缺乏 AT－Ⅲ因子，水蛭素仍有强大的抗凝血、抗血小板聚集的作用。

水蛭素能与凝血酶直接结合，水蛭素的 N 端能封阻凝血酶的活性位点，其疏水结构域与凝血酶的非极性结合位点互补，该结合位点靠近凝血酶的催化中心。水蛭素 C 末端有 6 个酸性氨基酸，能与带正电的凝血酶识别位点形成许多离子键。

水蛭素通过作用于血液中凝血酶的非活性底物识别位点和酶活性中心，与凝血酶按1∶1结合形成稳定复合物，从而使凝血酶失去作用（图6-3）。

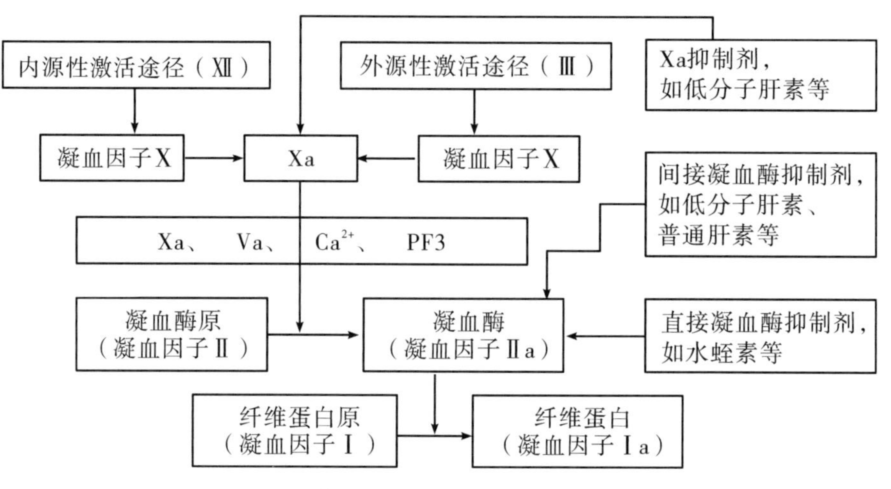

图6-3 抗凝血药物的抗凝血途径示意图

水蛭素不仅能结合血浆中游离的凝血酶，而且能有效地结合与血凝块结合的凝血酶，其抗凝作用不依赖AT-Ⅲ或肝素等辅助因子，且与维生素K无关；其抗凝效果具有浓度依赖性，可能成为肝素禁忌证患者的抗凝血治疗药物。水蛭素与凝血酶结合形成一种非共价复合物，该复合物解离常数为10^{-12}数量级，且反应速度极快。水蛭素与凝血酶的亲和力极强，1 μg水蛭素即可中和5 μg凝血酶。水蛭素活性的定义为中和一个NIH单位凝血酶的水蛭素量为一个抗凝单位（1ATU）。

3. 水蛭素的药理特性

水蛭素是一种单链多肽，易溶于水，主要分布于细胞外液中，难以透过血脑屏障，不与血浆蛋白结合，在室温且干燥的条件下可保存较长时间。在pH值为13及温度为80 ℃时，若加热时间超过15 min，其结构就会被破坏，其稳定性与pH值呈负相关。多肽的N端含有相互作用的半胱氨酸，形成了3个二硫键，这决定了分子构型的稳定性和高抗凝活性。其活性中心位于结构紧密的N末端，能识别凝血酶碱性氨基酸富集位点，并与之结合。多肽C末端含有多个酸性氨基酸和1个被磺酸化的酪氨酸，酸性氨基酸残基能阻止凝血酶与纤维蛋白原结合，从而产生抗凝血的作用。水蛭素上的6个酸性氨基酸能够以离子键的形式与凝血酶的识别位点结合。肽链中部还有一个由脯氨酸－赖氨酸－脯氨酸组成的特殊序列，普通的蛋白酶无法将其水解，这一个重要的结构对诱导分子与凝血酶分子结合的过程起到了关键性作用。

水蛭素亲和凝血酶的能力相当强，其与凝血酶的中和可以在低温环境下高速进行。动脉粥样硬化主要是由血小板聚集引起的，而凝血酶是激活血小板的重要物质，水蛭素与凝血酶的结合可以抑制血小板聚集，从而达到治疗的目的。凝血酶是促进血小板激活的作用最强的物质，水蛭素与凝血酶结合后可使凝血酶的激活血小板作用减弱，进而抑制凝血。

而水蛭素可以与凝血酶直接作用发挥抗凝作用，但是凝血酶Ⅲ和其他辅助因子不参与这个过程，血小板的数量不会减少，血管通透性也不会增加。水蛭素与凝血酶结合后，在凝血酶的活性部位形成一个“帽子”，阻止了凝血因子Ⅰ和凝血酶的结合，从而使得凝血过程被抑制，这表明水蛭素可以直接参与抑制凝血过程。当水蛭素与游离的凝血酶结合时，可以有效防止血栓的形成与延伸。水蛭素作为能治疗弥散性血管内凝血的良好抗凝剂，主要是通过使体内的凝血酶生成量减少，抑制组织因子的表达，从而使凝血症状得到缓解。因此，水蛭素可用于预防和治疗脑卒中等疾病。

与肝素不同，水蛭素的抗凝血作用不依赖于其他内源性抗凝因子，也不受血小板第 4 因子（PF4）和富组氨酸糖蛋白的影响，是目前世界上已知抗凝血物质中最安全、最有效的一种天然抗凝血酶物质，它可以使伤口处的血液流动而不凝固的时间达 20 min 以上，其扩张血管、降低血液黏稠度、增加血液循环的作用十分显著。同时，水蛭素还是一种低分子量多肽，具有非凡的渗透能力，其抗凝血活性明显强于肝素。

水蛭素静脉注射给药符合二房室模型方程。水蛭素分布于细胞外的空间，未经代谢的水蛭素不与机体其他成分结合，仍以具有活性形式通过肾小球过滤排出。在静脉注射或皮下注射纯水蛭素没有明显的药物不良反应，消除半衰期约 1 h。其功能域以协同的方式结合到凝血酶上，在凝血酶的活性部位形成一个“帽子”，可阻止底物的结合。水蛭素与其他抗凝血药物临床应用效果对比见表 6-10。

表 6-10 水蛭素与其他抗凝血药物临床应用效果对比

比较项目	天然水蛭素	肝素	低分子量肝素	重组水蛭素	阿司匹林
作用机理	与凝血酶直接结合	与抗凝血酶Ⅲ结合	抑制 Xa 因子的活性	与凝血酶直接结合	抑制环氧酶的活性和减少 TXA_2 的形成
与结合凝血酶	对已结合凝血酶及流动相凝血酶均能灭活	只能灭活流动相凝血酶	只能灭活流动相凝血酶	对已结合凝血酶及流动相凝血酶均能灭活	—
抑制纤维蛋白降解产物	能	不能	不能	能	—
引起血小板减少	不会	能部分抑制血小板活化及 CD40L 表达	不会	不会	能部分抑制血小板活化及 CD40L 表达
与血红蛋白结合	不结合，抗凝效果可预测	结合，抗凝效果难预测	结合，抗凝效果可预测	不结合，抗凝效果可预测	有影响
实验室检测	要求低	要求高	要求高	要求低	要求低
对血小板的影响	不会	会	不会	不会	可能对抗栓不明显
对肝肾功能影响	无影响	有	少见	少见	会造成肝肾功能损害
药物不良反应	无明显的药物不良反应	有过敏反应和免疫原性；易引起出血，溶解后的血栓易复发	易引起出血，溶解后的血栓易复发	易引起出血，生物半衰期短	出血、溶血、造血功能障碍

4. 不同种水蛭的抗凝血效果

一般认为，水蛭幼体中的活性成分高于成体水蛭，饥饿状态时的水蛭活性成分高于吸血的水蛭后，而且不同种类水蛭的活性成分和活性强弱有差异。菲牛蛭抗凝血活性与日本医蛭、欧洲医蛭相当，而优于宽体金线蛭；菲牛蛭抗胰蛋白酶活性优于日本医蛭、欧洲医蛭而与宽体金线蛭相当；菲牛蛭抗糜蛋白酶活性低于日本医蛭，而优于宽体金线蛭和欧洲医蛭，见表 6-11。

表 6-11　不同品种水蛭体外生物活性测定　（单位：μg/g）

水蛭品种	抗凝血酶活性	抗胰蛋白酶活性	抗糜蛋白酶活性
菲牛蛭	1350.00	21.90	29.79
日本医蛭	1500.00	12.15	37.53
宽体金线蛭	50.00	21.83	25.05
欧洲医蛭	1400.00	11.25	23.16

李文等对菲牛蛭、湖北牛蛭、日本医蛭、天然宽体金线蛭等 7 种水蛭抗血小板聚集与抗凝血进行研究，血样预处理后，分别测定 ADP、胶原诱导的血小板聚集，血小板聚集采用血小板最大聚集率（PAm）和一分钟时血小板聚集速率（PAr）来评价。抗凝全血与血浆复钙试验采用血样常规以枸橼酸钠抗凝血，经预处理后用氯化钙给血样复钙，并迅速在恒定低剪应率下开始监测凝血剪应力（τ）—时间（t）曲线。评价凝血采用 3 项指标，即凝血时间（tr）、动态凝血速率（dτ/dt）及凝血生成物最大剪应力（τm），见表 6-12。

表 6-12　7 种水蛭对不同浓度 ADP 诱导血小板聚集速率（%）的影响（$\bar{x}\pm s$）

组别	3.08 mg/mL		9.23 mg/mL		18.5 mg/mL	
	PAm	PAr	PAm	PAr	PAm	PAr
对照组	29.6±3.3	26.8±3.0	51.9±3.7	37.1±4.5	37.8±2.2	28.2±0.9
菲牛蛭	30.9±3.3	26.5±3.1	42.5±1.4*	25.9±3.0**	24.4±1.9**	12.2±0.8**
湖北牛蛭	53.2±15.8	35.7±6.1	51.8±3.2	30.0±1.0**	28.3±3.3*	16.1±1.4**
日本医蛭	19.2±3.9*	20.3±9.5	19.2±3.6**	16.4±5.5**	12.9±1.0**	6.7±1.0**
天然宽体金线蛭	47.5±21.1	33.6±8.6	76.2±1.8**	48.2±4.6*	58.9±1.0**	39.7±7.4
饲养宽体金线蛭	54.2±16.0	36.3±4.0**	59.2±6.1	37.3±4.2	40.9±3.0	23.0±1.9*
尖细金线蛭	55.2±21.5	38.8±7.6	69.8±3.4**	43.5±2.8*	50.8±2.4**	28.5±1.4
光润金线蛭	50.3±17.6	36.3±5.7*	91.4±11.3	47.3±7.9	56.9±3.2**	32.7±1.8

注：与对照组比较，$^{*}P < 0.05$，$^{**}P < 0.01$。

由表 6-12 可见，7 种水蛭对抗 ADP 诱导血小板聚集的活性有明显差异，强度依次为日本医蛭＞菲牛蛭＞湖北牛蛭，其他几种金线蛭则不同程度地表现抑制血小板聚集，但作用较弱。

从7种水蛭中抗胶原诱导血小板聚集活性比较来看，以吸血水蛭日本医蛭、菲牛蛭、湖北牛蛭明显优于其他非吸血水蛭（表6–13）。

表6–13 7种水蛭对不同深度胶原诱导血小板聚集的影响（$\bar{x}\pm s$）

组别	5.25 mg/mL		10.4 mg/mL	
	PAm	PAr	PAm	PAr
对照组	33.8±1.5	25.5±4.8	43.1±6.2	28.2±10.1
菲牛蛭	32.8±8.0	19.8±6.0	23.1±2.7**	11.5±4.7*
湖北牛蛭	40.9±3.1	22.0±3.1	28.8±3.1*	20.6±5.3
日本医蛭	25.8±6.7	17.8±8.5	19.5±1.9**	13.6±0.9*
天然宽体金线蛭	43.5±3.4**	27.9±9.3	35.4±2.3	26.7±2.7
饲养宽体金线蛭	37.3±3.6	26.1±1.4	34.4±8.8	23.3±3.9
尖细金线蛭	39.4±1.6*	29.7±4.1	38.4±2.2	31.1±3.6
光润金线蛭	39.3±2.0*	28.5±3.5	31.9±4.8	26.4±1.8

注：与对照组比较，*$P<0.05$，**$P<0.01$。

以全血复钙试验的凝血指标来评价，日本医蛭、菲牛蛭有强大的抗凝血作用（样品在10 min测试时间内均不凝血）。湖北牛蛭也有十分突出的抗凝血作用，天然宽体金线蛭和光润金线蛭对全血复钙凝血也有一定的抑制作用（表6–14）。但整体来看，这几种金线蛭的抗凝作用较弱。

表6–14 7种水蛭（4.8 mg/mL）对全血复钙凝血的影响（$\bar{x}\pm s$）

	tr（min）	$d\tau/dt$（Pa/min）	τm（Pa）
对照组	5.02±0.24	97.0±29.0	89.9±14.1
菲牛蛭	10 min测试时间内均不凝血		
湖北牛蛭	8.00±0.13**	56.5±7.8	58.6±7.3
日本医蛭	10 min测试时间内均不凝血		
天然宽体金线蛭	6.02±0.85	44.7±3.2*	54.9±9.1*
饲养宽体金线蛭	4.74±1.05	93.0±7.0	78.2±2.5
尖细金线蛭	5.48±1.77	96.0±33.0	82.3±19.0
光润金线蛭	6.80±0.88*	25.0±3.0**	41.5±11.5

注：与对照组相比较，*$P<0.05$，**$P<0.01$。

动物试验和临床研究表明，静脉注射或皮下注射水蛭酸性多肽（如水蛭素等）均无明显的药物不良反应，无论急性、亚急性的毒性试验，对血压、心率、血常规、出血时间和血液化学成分均不影响，对呼吸系统也没有影响，无过敏反应，一般无特异抗体发现。半数致死剂量 LD_{50} 大于 50 mg/kg，远大于治疗所用的剂量（1 mg/kg）。

值得一提的是，水蛭酸性多肽可以口服，这给用药带来很大便利。水蛭酸性多肽比较稳定，胰蛋白酶和糜蛋白酶并不能破坏其活性，而且水蛭酸性多肽的某些水解片段仍有抑制凝血酶的作用，这就可以解释为何口服中药水蛭提取液经过胃肠道吸收后仍具有疗效。

总之，与现有传统临床上应用的抗凝药物，如肝素、阿司匹林等相比，水蛭素作为抗凝血、防栓药物有几大优点：抗凝血作用强、作用专一，仅对凝血酶有抑制作用，而对血浆中其他凝血因子没有作用；能与凝血酶的非活性底物识别位点直接结合，不需要抗凝血酶Ⅲ和肝素辅助因子的参与；对血浆中游离的凝血酶和纤维蛋白结合的凝血酶都有作用；无明显抗原性，药物不良反应小，较少引起过敏反应。

二、抗血小板聚集（抗血栓）作用

血小板聚集在血栓形成过程中扮演重要的角色，具有黏附、聚集、稀释等多种功能。血管壁损伤时血小板可因胶原的暴露而黏附于血管壁，经不同的生物因子激活，释放出各种具有活性的物质，且彼此互相聚集，形成血小板血栓。血小板血栓会导致冠心病及动脉粥样硬化。水蛭作为天然药品，疗效明确且安全性较好，在血栓性疾病方面得到了广泛的应用。在多种动物模型和临床观察中，均证实水蛭能有效地阻止血栓的形成，特别是在血栓性脑梗死、急性冠脉综合征、弥散性血管内凝血以及静脉血栓栓塞方面已取得满意的效果。

血管内血栓的形成有多种原因，凝血酶引起的血液凝固是主要原因。水蛭素与凝血酶特异性结合，使凝血酶失去活性，并抑制凝血酶对纤维蛋白原与血小板的作用。与肝素的抗凝作用不同，水蛭素与凝血酶作用不需要辅助因子，不仅抑制循环中的凝血酶，而且能抑制与血栓结合的凝血酶。水蛭素与凝血酶结合后可使凝血酶激活血小板作用减弱，通过抑制凝血酶诱导的血小板激活，抑制血小板的聚集。凝血酶诱发的血液凝固是诱导血管血栓形成的重要因素，故水蛭素对各种血栓性疾病均有效。

水蛭素除了与血浆中游离的凝血酶结合，还能中和已经与纤维蛋白结合的凝血酶。水蛭素与凝血酶结合后，也抑制凝血酶与血栓调节蛋白（TM）的结合，从而阻断了凝血酶 2TM 介导的蛋白 C 活化，达到抗凝血作用。水蛭素不仅能阻止纤维蛋白原的凝固，还可阻止凝血酶催化的进一步血瘀反应，如对凝血因子Ⅴ、凝血因子Ⅷ的活化及凝血诱导的血小板反应等的抑制。血液凝固的延缓或完全被阻止则取决于水蛭素的浓度。

此外，水蛭素可抑制凝血酶诱导的成纤维细胞的增殖和凝血酶对内皮细胞的刺激，亦可抑制凝血酶同血小板的结合及血小板受凝血酶刺激的释放，并可使两者解离。故水蛭素能高效抗凝血 / 抗血栓形成以及防止凝血酶催化的凝血因子活化和血小板反应等。

1. 血栓性脑梗死

脑梗死的形成机理较为复杂。一般认为主要原因是在动脉硬化的基础上，血管内膜损伤促进血小板、纤维素等血液中有效成分黏附、聚集、沉着形成血栓；聚集的血小板释放血管活性物质，进一步加重血管痉挛与血小板聚集，促进血栓形成。而高脂血症、红细胞压积升高、血液黏度增加、血流缓慢等都是脑梗死的促发因素。

水蛭历来被中医用为破血逐瘀之良药。《神农本草经百种录》谓：“水蛭最喜食人之血，其性又迟缓善入，迟缓则生血不伤，善入则坚积易破。借其力以攻积久之滞，自有利而无害也。”

脑血栓和脑出血后在脑实质内形成凝血块，并伴有脑血液循环障碍，按中医辨证为瘀证。中医认为瘀血性出血，或出血伴有血瘀时，瘀不除则新血难安，故前人有“活血止血”之说。水蛭能破瘀血而不伤新血，用于治疗脑出血、脑血栓，恰合病机。

有研究采用大鼠体外颈总动脉颈外静脉血流旁路法，进行水蛭注射液抗大鼠血栓形成试验，结果显示，水蛭注射液可抑制 47.66% 的血栓形成；采用端 – 端吻合法建立微小血管吻合术后家兔动物模型，用水蛭精致颗粒作为药物给药，显示水蛭能有效抑制吻合口血栓的形成，提高远期通畅率，减少血管危害的发生。此外，大量的临床观察性研究亦证实了水蛭中的活性物质在治疗血栓性脑梗死中发挥着重要积极作用。

2. 急性冠脉综合征

急性冠脉综合征是以冠状动脉粥样硬化斑块破裂或侵袭，继发完全或不完全闭塞性血栓形成为病理基础的一组临床综合征。急性冠脉综合征是一种常见的心血管疾病，严重影响患者的生活质量和寿命。急性冠脉综合征的发生与冠状动脉内易损斑块发生破裂和出现裂隙等有关，易损斑块的自动破裂或机械性破裂使粥样斑块中促进血栓形成的物质与血液接触，引起血小板黏附和聚集、激活凝血途径并产生凝血酶，从而导致冠状动脉内闭塞性血栓或非闭塞性血栓形成，发生心肌缺血或原有心肌缺血恶化，甚至心肌坏死。在此过程中，凝血酶发挥重要的作用。

基于人们对凝血酶在冠状动脉内血栓形成过程中所起作用的认识，阻断凝血酶的生成或灭活凝血酶的药物和方法治疗急性冠脉综合征得到了重视。普通肝素和低分子量肝素通过抗凝血酶对凝血酶起到间接的抑制作用，因而在动静脉血栓性疾病中得到广泛应用。对于非 ST 段抬高的急性冠脉综合征患者，在应用阿司匹林治疗的基础上，应用肝素治疗可使第 1 周复发急性心肌梗死或死亡的危险性下降 30%。然而，肝素有其不足之处，即其不能抑制与血凝块结合的凝血酶，一旦肝素与纤维蛋白、可溶性的纤维蛋白降解产物或暴露的内皮下基质蛋白结合，就不能发挥其活性，并能通过凝血因子Ⅴ和凝血因子Ⅷ，使凝血酶的产生不断增加而促进血栓的形成。

水蛭素是一种能够直接抑制凝血酶的制剂，与肝素相比，水蛭素的优点见表 6–15。它对血液中的游离型凝血酶以及已经与血凝块结合的凝血酶均有抑制作用，因此，在急性冠脉综合征中水蛭素对抑制凝血酶和降低其活性较肝素和低分子量肝素更为有效。

表 6-15　水蛭素与普通肝素、低分子量肝素的比较

作用特点	水蛭素	普通肝素	低分子量肝素
是否与血浆蛋白、内皮结合	否	部分结合	是
是否被肝素灭活	否	部分灭活	是
是否有抗凝效应	Ⅱa	Xa=Ⅱa	Xa ≥ Ⅱa
是否有抗凝血酶依赖	否	是	是
是否能抑制血凝块中的凝血酶	是	否	否
是否能抑制血小板功能	是（仅抑制由凝血酶所诱导的）	是（可激活血小板）	有限
是否能增加血管通透性	否	是	否
是否有血小板减少	否	是	很少
是否能肝毒性	无	常见	不常见

此外，有研究者根据急性冠脉综合征的发病特点，设计了犬不稳定型心绞痛模型，静脉滴注水蛭素 0.6 mg/kg、2.0 mg/kg、6.0 mg/kg，均能防止因狭窄及局部损伤犬冠状动脉引起的血小板依赖的血栓形成，表现在周期性冠状动脉血流量降低发生次数呈剂量依赖性减少，停药期内仍有所减少，表明水蛭素具有一定的治疗心绞痛的作用。

3. 弥散性血管内凝血

水蛭有直接溶解血栓的作用，尤其对弥散性血管内凝血作用显著。日本学者松田春秋以水蛭等药材的 70% 乙醇提取物分别进行了体内试验、体外试验，采取凝血酶在大鼠体内诱导的弥散性血管内凝血和用内毒素在兔和猪的体内诱发的弥散性血管内凝血，同时静脉滴注肾上腺素及凝血酶在狗的体内诱发的弥散性血管内凝血；当通过 20 ～ 30 ng/mL 浓度的水蛭素进行提前干预时，可明显抑制各种弥散性血管内凝血的形成。而当采用体外试验时，发现水蛭具有活化纤溶系统的作用。由此说明，水蛭与植物性中药如丹皮、赤芍等抗血栓药物的药理作用不同，其作用不是预防血栓形成，而是直接溶解血栓。

4. 静脉血栓栓塞

静脉血栓栓塞的发病率较高，且易复发，10 年内复发率超过 30%，常因肺栓塞致死。其发病机理尚不十分明确，可能与静脉受挤压、过度扩张等损伤静脉内皮细胞，导致机体的修复反应异常有关，而血小板的黏附、聚集及组织因子的暴露或表达，凝血酶的产生参与了静脉血栓的形成过程。水蛭素作为直接凝血酶抑制剂可预防静脉血栓栓塞。

山东大学附属第二医院周围血管病科收治的骨折后伴发下肢静脉血栓的患者 56 例，随机分为对照组 28 例和实验组 28 例。骨折术后 12 h 内，对照组患者给予低分子量肝素钙皮下注射，实验组在对照组基础上给予脉血康胶囊（含水蛭素）口服。治疗前后，对所有患者的血浆凝血激酶—抗凝血酶复合物（TAT）、凝血酶激活的纤溶抑制物（TAFI）、TT、PT、APTT、D- 二聚体（D–D）、纤维蛋白原水平及临床疗效进行观察检测。结果：实验组患者的总有效率（92.86%）明显高于对照组（71.43%，$P<0.05$），与对照组比较，实验组血浆 TAT、TAFI 的水平较低（$P<0.05$），血浆 D–D、纤维蛋白原的水平较低（$P<0.05$），血浆 TT、PT、APTT 的水平较高（$P<0.05$）。结论：水蛭素能够通过抑制骨折后伴发下肢静脉血栓症患者的凝血酶活性及凝血功能，降低血浆 D–D、纤维蛋白原水平，改善高凝状态，防治血栓形成，以提高临床疗效。

有研究报道了 1587 例行全髋关节置换术的患者，为预防深静脉血栓的发生，随机分为水蛭素（术前 30 min 开始皮下注射 15 mg，2 次 / 天）和依诺肝素（术前 1 晚开始皮下注射 40 mg，1 次 / 天）进行预防，共 8 ～ 12 天，结果显示与依诺肝素比较，水蛭素可降低新近深静脉血栓形成的发生，差异显著（分别为 4.5% 和 7.5%，P=0.01，相对危险性降低 40.3%），总的深静脉血栓形成的发生率也明显降低，差异极显著（分别为 18.4% 和 25.5%，P=0.01，相对危险性降低至 28.0%），围手术期、术后失血量、总失血量以及严重出血事件的发生率无明显差异。

三、降血脂作用

高脂血症是由于全身脂肪代谢紊乱引起血浆脂质中一种或几种脂质失衡的疾

病，其对人体最重要和最直接的损害是加速全身动脉粥样硬化，而动脉粥样硬化又是脑卒中、冠心病、心肌梗死、心脏猝死、肾衰竭等疾病的最危险因素；同时也是导致高血压、糖耐量异常、糖尿病的一个重要危险因素；高脂血症还会导致脂肪肝、胰腺炎、周围血管疾病、代谢综合征等，严重影响患者的生活质量和生命安全。

高脂血症主要是以血浆中TC、TG、LDL升高，HDL降低为表现的一种血脂代谢紊乱状态，口服西药有明确的降脂作用，但药物不良反应比较大，不利于长期服用。水蛭有降低血液TC、TG、改善血液流变学等作用。水蛭虽有小毒，但只有剂量远远大于抗凝血所需剂量时才发生明显中毒。

实验发现，水蛭粉能显著降低高脂饮食兔血清中TC、TG、LDL-C的含量，升高HDL-C含量（见表6-16），减少脂类物质在血管内的沉积，增加脂质的逆转运，从而抑制血脂水平，起到预防保健作用。

表6-16 不同时期各组TC水平 （单位：mmol/L）

时间	空白组	高脂组	高剂量组	中剂量组	低剂量组
实验前	1.893±0.167	2.217±0.127	1.933±0.067	2.233±0.202	1.807±0.139
第20天	2.303±0.177	3.113±0.197	2.707±0.327	2.947±0.383	2.363±0.297
第40天	2.090±0.307[B]	3.887±0.371[A]	2.650±0.23[B]	2.253±0.169[B]	2.093±0.156[B]

注：相同字母表示无显著差异，不同字母表示差异显著；不同的小写字母表示差异显著（$P<0.05$），不同的大写字母表示差异极显著（$P<0.01$）。

表6-17 不同时期各组TG水平 （单位：mmol/L）

时间	空白组	高脂组	高剂量组	中剂量组	低剂量组
实验前	0.747±0.003	0.963±0.147	0.857±0.056	0.880±0.195	0.830±0.330
第20天	0.980±0.242	1.490±0.340	1.987±0.387	1.380±0.250	1.870±0.570
第40天	0.763±0.282[B]	1.923±0.247[A]	0.787±0.053[B]	0.967±0.173[B]	0.690±0.032[B]

注：相同字母表示无显著差异，不同字母表示差异显著；不同的小写字母表示差异显著（$P<0.05$），不同的大写字母表示差异极显著（$P<0.01$）。

表 6-18　不同时期各组 HDL 水平　（单位：mmol/L）

时间	空白组	高脂组	高剂量组	中剂量组	低剂量组
实验前	1.037±0.193	1.027±0.318	0.787±0.098	1.110±0.146	0.790±0.115
第 20 天	1.123±0.186	1.340±0.270	0.930±0.160	1.430±0.280	0.863±0.133
第 40 天	1.030±0.090[b]	1.273±0.237[ab]	1.707±0.038[a]	1.257±0.232[ab]	1.180±0.031[b]

注：相同字母表示无显著差异，不同字母表示差异显著；不同的小写字母表示差异显著（$P<0.05$），不同的大写字母表示差异极显著（$P<0.01$）。

表 6-19　不同时期各组 LDL 水平　（单位：mmol/L）

时间	空白组	高脂组	高剂量组	中剂量组	低剂量组
实验前	0.517±0.027	0.740±0.180	0.757±0.138	0.723±0.133	0.640±0.042
第 20 天	0.637±0.131	1.097±0.083	0.873±0.007	0.893±0.217	0.650±0.170
第 40 天	0.713±0.273[B]	1.737±0.198[A]	0.587±0.044[B]	0.557±0.018[B]	0.600±0.171[B]

注：相同字母表示无显著差异，不同字母表示差异显著；不同的小写字母表示差异显著（$P<0.05$），不同的大写字母表示差异极显著（$P<0.01$）。

通过临床观察，发现应用水蛭微粉治疗高脂血症能达到满意疗效。主要观察TC、TG、LDL、HDL、ApoA 1、ApoB 100 及 ApoA 1 /ApoB100 水平。结果表明，水蛭有降低血脂的作用。

高脂血症与心脑血管疾病密切相关，血脂增高引起动脉粥样硬化及血液流变学的一系列变化，均是导致心脑血管疾病的主要病因。研究证明，由于内皮缺损、粥样斑块内富含的脂过氧化物对前列环素（PGI_2）合成具有抑制作用，使 PGI_2 显著降低，导致血小板内 CAMP 含量降低，TXA_2、5-HT、ADP 等血管活性物质释放，血管收缩，血栓形成，导致动脉粥样硬化。

水蛭既能降血脂，又能调节循环血浆中 PGI_2、TXA_2 的相对平衡，维持内环境稳定，从而使高脂血症患者血液 PGI_2 升高、TXA_2 下降，为水蛭防治动脉粥样硬化，防治多种心脑血管疾病提供了一定的理论依据。

郑君莉用水蛭粉治疗高脂血症 25 例，服药 30 天，结果表明：降脂均值为 TC 23.24 mg/dL（有效率 77%）、TG 144.52 mg/dL（有效率 91%）、β－脂蛋白 173.3%（有效率 79.1%），三者 P 值均小于 0.01，有显著意义，其中以 TG 降低效果最好。治疗同时，对患者肝功能、血红蛋白、红细胞计数、出凝血时间等进行观察，未见明显影响，证明此药在治疗用量范围内毒性小、安全性好。

四、抗炎作用

1. 脑出血炎症因子

脑出血时释放的凝血酶是一种细胞外信号因子，通过 PARs 的介导作用，凝血酶可以损伤脑组织，在凝血酶的促进作用下易形成脑水肿。在脑出血 24 h 之内，凝血酶会突破血脑屏障，使得血管通透性增加并且直接损害神经细胞，甚至会诱发更严重的损伤，如脑水肿、炎症细胞浸润及神经细胞凋亡等。脑出血患者在发病后一段时间内出现进行性神经功能恶化，导致血肿周围存在大量炎性细胞浸润，炎性反应是脑出血继发性神经损伤的重要原因之一。

凝血酶原裂解形成的凝血酶，是一种丝氨酸类的多功能蛋白酶，其主要功能结构域包括精氨酸侧链口袋、非极性结合位点和阴离子结合位点，具有广泛的细胞生物学效应，浓度较低时可以起到保护组织细胞的作用，随着浓度的升高，凝血酶则显示出一定的细胞毒性。

水蛭提取液中含有抗炎酶，这是其发挥抗炎作用的主要机制之一。水蛭素的尾部和凝血酶受体在同一区域里都具有羟基，二者结构类似，以非共价键紧密结合且能以等摩尔比形成阻断凝血酶催化位点的稳定复合物，使得阴离子的结合位点被占据从而失活，因此有效地抑制了炎症。

研究表明，采用大鼠局灶性脑缺血模型研究水蛭微粉对脑缺血再灌注损伤大鼠炎症因子的影响，结果表明：水蛭微粉可以降低脑缺血再灌注损伤大鼠的细胞间黏附分子 -1（ICAM-1）、血小板源性生长因子（PDGF）的水平，减少炎症因子的产生，缓解炎症，从而改善脑出血。在脑出血早期，局部应用水蛭素能够达到抑制炎症因子及减轻神经损伤的目的，以减少脑组织损伤。

2. 动脉粥样硬化炎症因子

炎症反应参与动脉粥样硬化的整个过程，最终导致动脉粥样硬化斑块的破裂及血栓的形成。血管内皮受损是动脉粥样硬化及其斑块形成中重要的环节，当血管受损后，局部发生炎症反应，使得多种致炎因子，如IL-6、E-选择素、C反应蛋白等分泌增多。E-选择素只有在活化的内皮细胞表达，是内皮细胞受损的标志。IL-6在动脉粥样硬化斑块肩区表达，刺激基质金属蛋白（MMP）参与动脉粥样硬化发展过程中的基质重建过程。

C反应蛋白是由肝脏产生，是急性感染或炎症反应所产生的一种急性期反应蛋白，在人体正常细胞内含量极低，但在急性反应阶段可迅速增加上千倍，IL-1、IL-6及肿瘤坏死因子-α可调节其合成。田晋帆等研究表明，重组水蛭素能够调节载脂蛋白E基因敲除小鼠动脉粥样硬化斑块发生发展过程中的炎症因子IL-6、E-选择素、MMP及高敏C反应蛋白的水平，延缓动脉粥样硬化的发生发展。

3. 皮瓣移植炎症因子

患者皮瓣移植中常出现皮瓣坏死，常见原因有血液循环障碍、皮瓣下血肿、皮瓣撕脱、皮瓣感染等。患者术后皮瓣坏死的机理及其防治是皮瓣移植的热点及难点。凝血酶是一个重要的前炎症因子，纤维蛋白原在它的作用下转变为纤维蛋白，从而引起血液凝固。同时，凝血酶能上调众多炎症因子（如IL-1、IL-6、E-选择素、P-选择素）的表达，如凝血酶作用于PAR-1后可将NF-κB激活，进而激活相关的靶细胞，促进炎症介质的表达，促进炎症反应的发生。被激活的PAR-1耦联异源三聚体G蛋白，继而转导下游信号，如激活丝裂原活化蛋白激酶（MAPKs），进而引起下游因子（如p38）的改变。研究表明，水蛭素能够降低超长随意型皮瓣移植术后的组织中IL-6、肿瘤坏死因子-α、细胞间黏附分子-1（ICAM-1），其作用机制是凝血酶通过蛋白酶激活受体1（PAR-1）介导的，被激活的PAR-1可通过跨膜信号转导产生一系列级联反应。水蛭素与凝血酶结合后竞争性抑制了凝血酶与PARs受体的结合，从而避免将刺激信号传导到细胞内p38/MAPKs信号通路被阻断，IL-6、NF-κB、ICAM-1等炎症介质的表达受到抑制，从而减轻炎症反应。

水蛭素还可以减轻由凝血酶引起的血管内皮细胞骨架排列紊乱及内皮细胞凋亡，减少血管内皮增生，减少新生内膜面积44%～59%，从而保护血管内皮的完整性及正常的生理功能；水蛭素又通过影响细胞周期调控蛋白，如p27、Cyclin E等的表达和调控某些细胞因子的分泌，抑制疤痕组织成纤维细胞的生长增殖，从而抑制疤痕组织的形成。

五、促纤溶作用

纤维蛋白溶解（简称纤溶）是指纤维蛋白重新溶解液化的过程，分为 2 个基本阶段：一是纤维蛋白溶酶原激活；二是纤维蛋白溶解。纤溶是一种正常的机体保护性生理反应，对体内血液保持液体状态与管道畅通起着重要的作用。

血液循环中不仅存在抗凝系统，还存在纤溶系统。纤溶系统是指能将血液凝固过程中形成的纤维蛋白重新分解液化的系统，主要由纤溶酶原激活剂（PA）、纤溶酶原（PLG）、纤溶酶（PL）、纤溶酶原激活物抑制剂（PAI）和纤维蛋白原降解产物组成。PA 含有组织纤溶酶原激动剂、尿激酶、链激酶；组织纤溶酶原激动剂（t-PA）对纤维蛋白有高度的亲和力，可将酪氨酸纤溶酶原形成纤溶酶，降解纤维蛋白（原）和部分凝血因子；尿激酶（u-PA）直接作用于内源性纤维蛋白溶解系统，能催化裂解纤溶酶原生成纤溶酶；链激酶（SK）是由 A、C、G 群链球菌中一种溶血性链球菌分泌的胞外非酶蛋白质，能和纤溶酶原结合，将纤溶酶原激活为纤溶酶，具有溶解血栓的功能。PAI 是 t-PA 和 u-PA 的特异性快速抑制剂，t-PA 和 PAI-1 是纤维系统最重要的调节物质。凝血酶活化的纤溶抑制剂（TAFI）的活化可以抑制纤溶而促进血栓形成。

研究发现，组织纤溶酶原激活物在纤溶激酶的体外溶栓模型中，用同位素 ^{125}I 标记水蛭素，发现水蛭素不能直接与凝血酶复合物结合（B/T 为 0.82%），只有当凝血酶（Th）与凝血酶复合物形成后，水蛭素才能与该复合物中的凝血酶结合形成水蛭素 – 凝血酶 – 凝血酶复合物三元复合物，其分子比为 14 ∶ 14 ∶ 1，该结果说明水蛭素可以有效结合纤维蛋白上的凝血酶。水蛭素可通过抑制 Th，特别是干扰（凝血酶 – 血栓调节蛋白）Th-TM 复合物或阻碍 Th-TM 复合物的形成来有效地抑制 Th 或 Th-TM 复合物对 TAFI 的活化，减少 TAFIa 的产生。水蛭素还可干扰 FXⅢa 的产生，这可能是通过抑制 Th 间接作用的结果；另外，FXⅢa 的量随着 rH 浓度的升高而下降，而 tPA 作用的纤溶效果（D-Dimer 的水平）随着 rH 浓度的升高而增加。

在尿激酶诱发的纤溶模型中，一方面，水蛭素能有效抑制血小板的活化以及结合在纤维蛋白或血小板表面的凝血酶，从而抑制了纤溶诱发的血栓形成，降低了尿激酶和纤溶酶原的浪费，减少了尿激酶和纤溶酶原的短暂性耗竭；另一方面，水蛭素从分子水平刺激内皮细胞 t-PA 基因表达、抗原的合成和分泌并增强其活性，合成的 t-PA 迅速释放到血管内皮表面，与纤维蛋白凝块和 PLG 形成三元复合物，在局部形成明显高于基础水平的 t-PA 高浓度，超过其抑制剂 PAI-1 的浓度而形成抗凝界面，促进纤溶，从而激活内源性纤溶系统，使其能够有效地促进血栓溶解。

综上所述，水蛭素在纤溶系统中不是直接作用于凝血酶原复合物，而是通过间接作用于凝血酶，从而起到促纤溶作用。水蛭素促纤溶的药理作用分为以下几个方面。

1. 动脉粥样硬化

实验证明，纤维蛋白原在凝血过程中起着重要作用，纤维蛋白原的升高使血液黏滞性增加，外周阻力升高，促使血管平滑肌细胞增殖及血小板聚集，诱发动脉粥样硬化。王明等人研究发现，水蛭素能有效抑制纤维蛋白原的活性，可以在高脂血症和动脉粥样硬化形成时有阻止机体纤溶系统活性降低的作用。

2. 急性心肌梗死

急性心肌梗死患者采用静脉溶栓疗法是公认的一种医疗手段，采用静脉滴注水蛭素注射液使冠脉再通拥有较好的疗效，可以有效降低病死率，这与水蛭素具有纤溶作用密不可分。在治疗过程中，水蛭素组患者无出血或过敏反应。吉亚军等人将 30 例 ST 段抬高型急性心肌梗死患者分别给予低分子量肝素和水蛭素。研究结果表明，水蛭素治疗效果优于低分子量肝素，能更有效地改善心功能效果，同时不出现脑出血、消化道出血及皮肤黏膜出血等不良反应，说明水蛭素用于急性心肌梗死的辅助治疗是安全有效的。

3. 缺血性脑血管疾病

肖兵等人采用体外大鼠大脑皮质微血管内皮细胞培养模型为研究对象，结果表明，水蛭素激活内源性纤溶系统，可抑制血栓的形成或促进血栓的溶解，但不会过度刺激其功能而导致出血。

六、抗纤维化作用

纤维化是指由炎症导致器官实质细胞发生坏死，组织内细胞外基质异常增多和过度沉积的病理过程，轻者发生纤维化，重者引起组织结构破坏而发生器官硬化。纤维化可发生于多种器官，主要病理改变为器官组织内纤维结缔组织增多，实质细胞减少，持续进展可导致器官结构破坏和功能减退，乃至衰竭，严重威胁人类健康和生命。在全世界范围内，组织纤维化是许多疾病致残、致死的主要原因，在人体各主要器官疾病的发生和发展过程中均起着重要作用。

研究人员对水蛭抗纤维化的研究日益深入。在抗肝纤维化方面，李校天等借助激光共聚焦显微镜，采用第三代钙荧光探针 Fluo-3/AM 技术，观察水蛭对血管紧张素Ⅱ（Ang-Ⅱ）介导造血干细胞（HSCs）胞浆游离钙荧光强度变化的影响，探讨其抑制 HSCs 活化与增殖的机制。结果发现，经正常大鼠及肝纤维化大鼠分别制备的 2 种水蛭药物血清预处理 HSCs 后，其钙荧光强度均明显低于肝纤维化模型对照组及正常对照组，显示 2 种水蛭药物血清均显著抑制了 HSCs 细胞内钙的升高。该结果提示，水蛭可能通过抑制 HSCs 胞浆游离钙的升高而抑制 HSCs 的活化与增殖，这可能是其发挥抗肝纤维化作用的重要途径之一，结果见表 6-20 和表 6-21。

表 6-20　不同血清预处理的 HSCs 胞浆游离钙荧光强度相对值（$\bar{x}\pm s$）

组别	动物数	HSCs 胞浆游离钙
正常对照组	8	55.20±12.82
正常大鼠水蛭组	8	35.36±17.30*
肝纤维化模型对照组	8	64.11±13.06
肝纤维化模型水蛭组	8	32.94±10.18**

注：与正常对照组和肝纤维化模型对照组比较，q=2.54，$^{*}P<0.05$；q=3.77，$^{**}P<0.01$。

表 6-21　经 Ang Ⅱ刺激后不同血清预处理的 HSCs 胞浆游离钙荧光强度变化百分数（$\bar{x}\pm s$）

组别	动物数	HSCs 胞浆游离钙
正常对照组	8	0.80±0.34
正常大鼠水蛭组	8	0.10±0.07*
肝纤维化模型对照组	8	1.05±0.39
肝纤维化模型水蛭组	8	0.09±0.07**

注：与正常对照组和肝纤维化模型对照组比较，q=2.91，$^{*}P<0.05$；q=6.01，$^{**}P<0.01$。

晏丹等以二甲基亚硝胺（DMN）制备大鼠肝纤维化模型，同时给予水蛭桃仁汤灌胃治疗，通过免疫组织化学法检测肝组织的 α－平滑肌动蛋白（α-SMA）和转化生长因子（TGF-β1），并做组织病理学检测和 RT-PCR 检测肝内 TIMP-1 的 mRNA 含量。经图像分析，药物防治组 α-SMA 和 TGF-β1 较模型组极显著减少（P 值均小于 0.01），TIMP-1 mRNA 表达降低，与模型组相比，差异极显著（$P < 0.01$）。说明水蛭桃仁汤对 DMN 诱导的实验性大鼠肝纤维化具有良好的防治作用，其机制可能为抑制 HSC 的激活、减少 TGF-β1 的生成和降低 TIMP-1 mRNA 的表达，见图 6-4、表 6-22 和表 6-23。

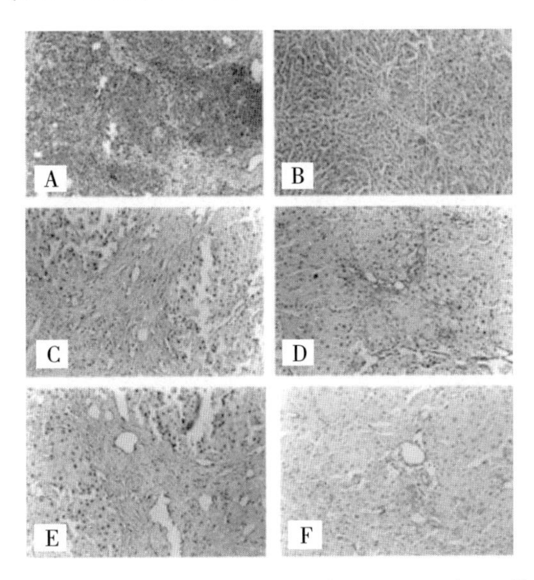

A. 模型组（HE 染色，×100）；B. 药物防治组（HE 染色，×100）；C. 模型组（免疫组化 α-SMA，×200）；D. 药物防治组（免疫组化 α-SMA，×200）；E. 模型组（免疫组化 TGF-β1，×200）；F. 药物防治组（免疫组化 TGF-β1，×200）。

图 6-4　各组肝组织病理学检测

表 6-22　肝组织中 α-SMA 和 TGF-β1 表达的图像分析

组别	n	α-SMA 积分光密度	TGF-β1 积分光密度
正常对照组	8	7.06±1.94	4.29±1.70
模型组	10	18.87±3.26*	17.04±4.19*
药物防治组	11	10.54±2.36#	7.73±1.24#

注：与正常对照组比较，*$P < 0.01$；与模型组比较，#$P < 0.01$。

表 6-23 肝组织中 TIMP-1 mRNA 表达情况

组别	n	TIMP-1/GAPDH
正常对照组	8	0.30±0.08
模型组	10	1.23±0.27*
药物防治组	11	0.47±0.12#

注：与正常对照组比较，$^{*}P < 0.01$；与模型组比较，$^{\#}P < 0.01$。

陈姝等制备小鼠血吸虫性肝纤维化模型，给予水蛭桃仁汤灌胃治疗，采用免疫组化细胞凋亡染色（Tunel）结合形态计量分析，观察小鼠肝细胞凋亡的形态和数量改变，并做组织病理学检测。结果发现，药物防治组的肝纤维化程度显著降低，细胞凋亡数量显著减少（$P < 0.01$），见表 6-24。说明水蛭桃仁汤可以抑制纤维化小鼠肝细胞的凋亡，这可能是其抗肝纤维化的机制之一。

表 6-24 各组肝细胞凋亡数的表达值

组别（n=40）	凋亡数
对照组	6.9±1.3
药物防治组	3.0±1.7*

注：与对照组比较，$^{*}P < 0.01$。

贾彦等以四氯化碳制备大鼠肝纤维化模型并给予水蛭素进行干预，采用 RT-PCR 法检测大鼠肝组织 CTGF mRNA 的表达。结果发现，水蛭素可使肝纤维化模型大鼠肝组织 CTGF mRNA 表达水平下调，提示水蛭素可能通过下调 CTGF mRNA 转录，抑制肝脏细胞外基质异常增生并发挥抗肝纤维化的作用，结果见表 6-25。

表 6-25 各组大鼠肝脏组织 CTGF 基因表达相对值比较（$\bar{x}$±s）

组别（n=5）	CtCTGF	CtGAPDH	ΔCt	ΔΔCt	$2^{-\Delta\Delta Ct}$
空白对照组	24.39±0.13	16.56±0.23	7.82±0.30	0±0.34	1.02±0.23
模型对照组	22.51±0.20	16.52±0.28	5.99±0.19	−1.83±0.21	3.59±0.52*
水蛭素组	23.48±0.14	16.48±0.15	6.96±0.28	−0.86±0.26	1.8±0.34#

注：与空白对照组比较：$^{*}P < 0.05$；与模型对照组比较：$^{\#}P < 0.05$。

而在临床研究中，孙学强等观察中药水蛭对肝硬化的治疗作用，选择了 30 例肝硬化患者，随机分成 2 组，每组各 15 例，分别在药物中加用水蛭和去除水蛭，干预治疗 3 个月。观察症状前后变化，症状分级量化评分标准：按无、轻、中、重 4 个等级记分，分别记“-”(无)、“+”(轻)、“++”(中)、“+++”(重)，每个“+”记 1 分，“-”记 0 分。具体评价内容：胁肋疼痛、脘闷腹胀、倦怠乏力、大便稀溏。治疗前后采用放免法检测血清Ⅲ型前胶原（PC Ⅲ）、透明质酸（HA）、层粘连蛋白（LN）、Ⅳ型胶原（Ⅳ-C）水平。结果发现，2 组治疗后肝硬化患者症状均有改善，水蛭治疗组胁肋疼痛症状改善更明显。治疗前后 HA、LN 指标有明显差异，水蛭组治疗后血清 PC Ⅲ浓度明显降低，见表 6-26 和表 6-27。说明在抗肝硬化中药复方中加用水蛭，有助于提高中药复方合剂抗肝纤维化的治疗效果。

表 6-26　二组治疗前后评分变化（$\bar{x}\pm s$）　　（单位：分）

组别	治疗前积分				治疗后积分			
	胁肋疼痛	脘闷腹胀	倦怠乏力	大便稀溏	胁肋疼痛	脘闷腹胀	倦怠乏力	大便稀溏
治疗组	1.68±0.18	1.87±0.26	1.87±0.22	1.07±0.15	0.60±0.12$^{**\#}$	1.06±0.18*	1.33±0.25*	1.13±0.19
对照组	1.87±0.22	1.80±0.26	1.73±0.25	1.40±0.18	1.20±0.17**	0.80±0.14*	0.93±0.18**	0.87±0.17

注：与本组治疗前比较，$^{**}P < 0.01$，$^{*}P < 0.05$；与对照组比较，$^{\#}P < 0.05$。

表 6-27　二组治疗前后血清纤维化指标变化（$\bar{x}\pm s$，μg/L）

组别	治疗前				治疗后			
	HA	PC Ⅲ	Ⅳ-C	LN	HA	PC Ⅲ	Ⅳ-C	LN
治疗组	352.42±71.93	197.77±21.84	233.13±37.23	217.43±30.84	175.00±40.93*	131.09±8.05$^{**\#}$	171.17±26.49	130.85±17.97*
对照组	340.27±67.07	205.34±17.39	215.06±23.40	211.32±29.00	179.07±39.42*	181.61±13.93	186.78±15.35	134.46±18.58*

注：与本组治疗前比较，$^{**}P < 0.01$，$^{*}P < 0.05$；与对照组比较，$^{\#}P < 0.05$。

在抗肾纤维化方面，何敏等采用大鼠单侧输尿管结扎动物模型导致肾间质纤维化。给予重组水蛭素进行治疗，采用 HE 染色、Masson 染色观察肾间质病理变化，用免疫组化法测定肾 TGF-β1、α-SMA 的表达。结果发现，重组水蛭素可减轻 UUO 大鼠肾脏病理结构变化，减轻肾功能损害，有效保护残肾功能，延缓肾纤维化的进展，且可抑制梗阻性肾病大鼠肾组织 TGF-β1 和 α-SMA，减少促纤维化细胞因子生成，抑制肾小管上皮细胞向肌成纤维细胞的表型转化，使 ECM 生成减少，进而抑制肾间质纤维化的进展。具体实验结果见表 6–28 及图 6–5。

表 6–28 各组大鼠 α–SMA 及 TGF–β1 的表达比较（$\bar{x}\pm s$）

组别（n=12）	TGF–β1	α–SMA
假手术组	0.374±0.0023##	0.1760±0.0124##
模型组	4.641±0.0089**	3.4546±0.0042**
重组水蛭素组	0.570±0.0235##**△	0.3061±0.0215##**△
依那普利组	0.689±0.0027##**	0.2878±0.0041##**

注：与假手术组比较，$^{*}P<0.05$，$^{**}P<0.01$；与模型组比较，$^{\#}P<0.05$，$^{\#\#}P<0.01$；2 个治疗组比较，$^{\triangle}P>0.05$。

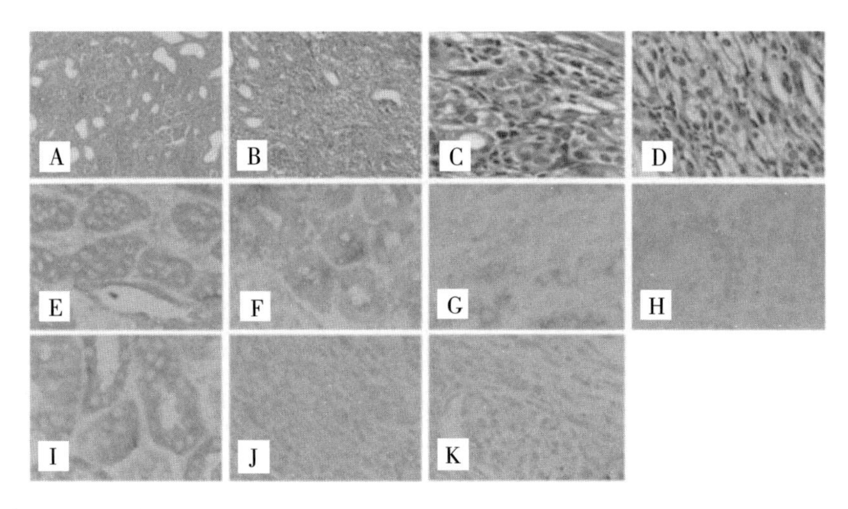

A. 模型组（HE 染色，×100）；B. 重组水蛭素组（HE 染色，×100）；C. 模型组（Masson 染色，×400）；D. 重组水蛭素组（Masson 染色，×400）；E. 模型组（免疫组化 TGF–β1，×400）；F. 重组水蛭素组（免疫组化 TGF–β1，×400）；G. 依那普利组（免疫组化 TGF–β1，×400）；H. 假手术组（免疫组化 α–SMA，×400）；I. 模型组（免疫组化 α–SMA，×400）；J. 重组水蛭素组（免疫组化 α–SMA，×400）；K. 依那普利组（免疫组化 α–SMA，×400）。

图 6–5 各组肝组织病理学检测

在抗肺纤维化方面，盛丽等用暴露式气管内注入法造成小鼠肺纤维化模型后，给予水蛭及地龙进行治疗，测定其肺指数、肺病理形态变化及肺组织羟脯氨酸（HYP）含量。结果发现，水蛭、地龙均可不同程度改善博来霉素所致的小鼠肺纤维化，而以水蛭为优。具体实验结果见表 6–29 和图 6–6、图 6–7。

表 6-29 各组肺系数对比（$\bar{x}\pm s$）

组别（n=5）	肺系数（mg/g）	
	7 天	28 天
正常对照组	9.91±2.19	7.38±0.69$^{\#}$
模型对照组	15.53±6.24*	17.09±5.58
水蛭组	15.85±4.03*	9.80±2.69$^{\#}$
地龙组	15.75±6.69*	8.66±1.20$^{\#}$

注：与正常对照组比较，$^{*}P<0.05$；与模型组比较，$^{\#}P<0.05$。

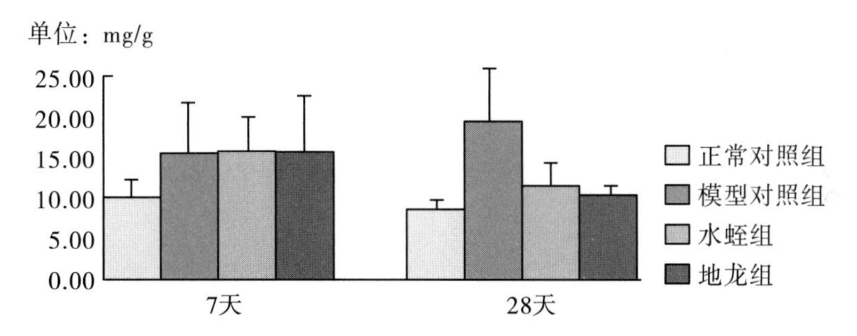

图 6-6 7 天及 28 天各组肺系数变化的对比

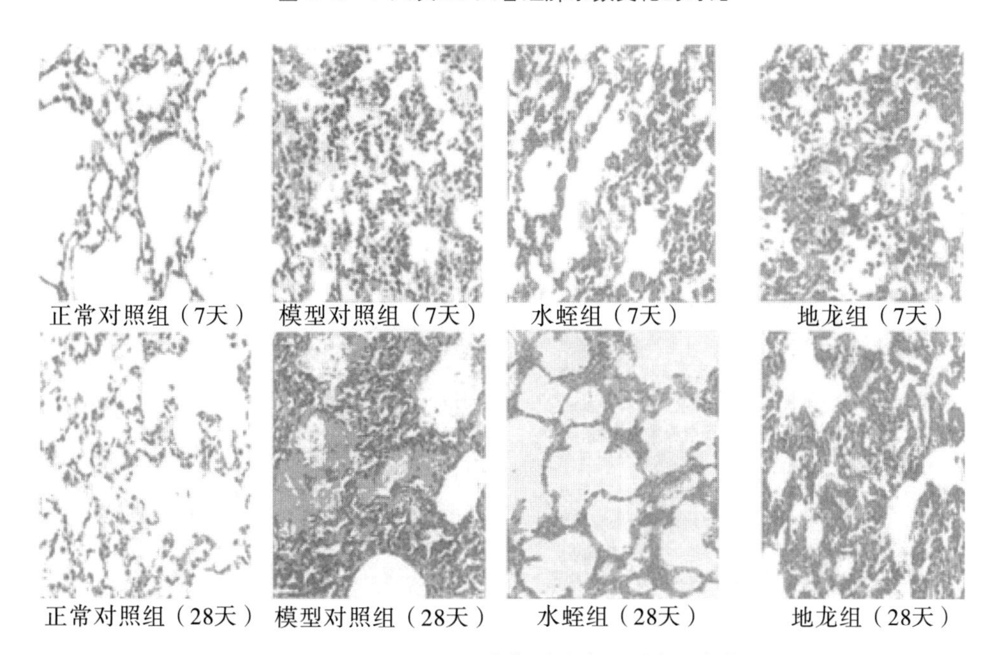

图 6-7 7 天及 28 天各组肺的病理形态学变化

李晓娟等采用气管内注入博来霉素制作大鼠肺纤维化模型，给予水蛭治疗后，采用 ELISA 法测定血浆 PAI-1 的含量及活性，同时检测肺组织中羟脯氨酸（HYP）

的含量。结果发现，水蛭对大鼠肺纤维化有较好的抑制作用。研究提示，可能为水蛭通过减少凝血酶在肺内的表达，抑制 PAI-1 生成及活性，使重组尿激酶型纤溶酶原激活物（uPA）活性升高，减少纤维蛋白沉积，对肺纤维化大鼠肺组织具有保护作用。具体实验结果见表 6-30 和图 6-8。

表 6-30 各组大鼠 PAI-1 水平及 HYP 含量（$\bar{x}\pm s$）

组别（n=8）	PAI-1（μg/L）	PAI-1 活性（AU/mL）	HYP（mg/g）
正常对照组	0.4692±0.0813	0.3634±0.0470	0.2458±0.0116
模型组	8.9205±1.0948*	2.0667±0.5986*	0.9069±0.0407*
水蛭组	3.4798±0.4872$^{*\#}$	1.2253±0.1994$^{*\#}$	0.7422±0.0974$^{*\#}$

注：与正常对照组比较，$^{*}P < 0.01$；与模型组比较，$^{\#}P < 0.01$。

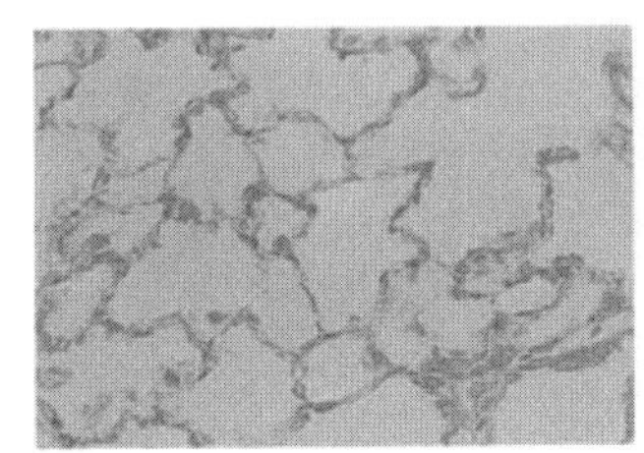
正常对照组

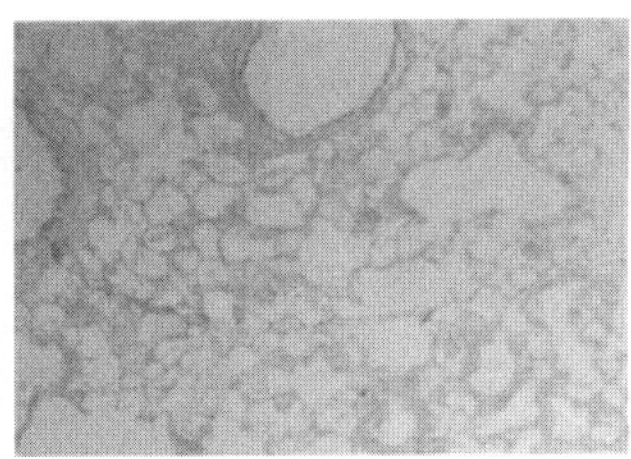
模型组（28天）

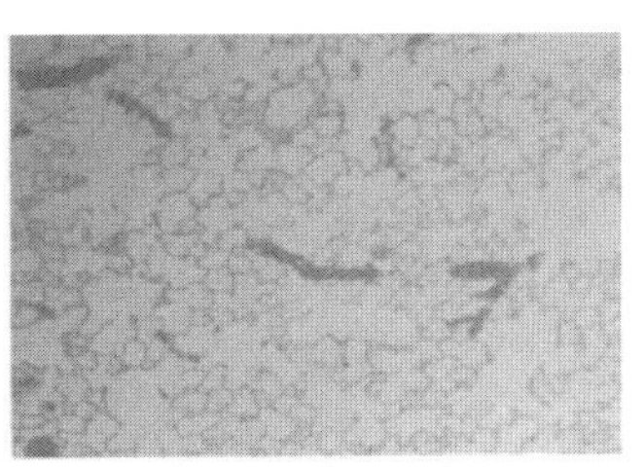
水蛭组（28天）

图 6-8 各组肺组织病理图（Masson，×200）

综上所述，水蛭对纤维化有比较好的抑制作用，其机制可能与减少促纤维化细胞因子生成，使组织内细胞外基质生成减少有关。

七、抗肿瘤作用

水蛭抗肿瘤作用仍处于试验研究阶段，临床应用案例已有报道。动物体内外试验表明，含水蛭素的复方制剂对小鼠接种瓦克 W_{256} 肿瘤细胞、肉瘤 S_{180} 肿瘤细胞和肝癌 $HepG_2$ 细胞有抑制作用。复方水蛭素可明显抑制移植瘤组织中 P_{53}、Ki67、基质金属蛋白酶及血管内皮生长因子（VEGF）的表达，降低肿瘤组织的微血管密度，抑制血管内皮细胞增殖，抑制肿瘤血管的生成而直接抑制肿瘤细胞的生长与增殖，这些现象表明，水蛭提取物通过调控肿瘤细胞中某些基因的表达，使肿瘤细胞 DNA、RNA 及蛋白质合成受阻而抑制肿瘤细胞生长。

国内有学者研究水蛭素和阿霉素分别或两者配伍使用对人舌鳞癌细胞株TCA8113细胞增殖的影响，结果表明水蛭素可明显增强阿霉素的抗癌作用，水蛭素还使细胞阻滞于G_0/G_1期。此外，复方水蛭素能抑制肿瘤细胞胶原酶活性，水蛭唾液中的天冬氨酸酶能抑制血小板分泌ATP，从而阻止血小板聚集，抑制肿瘤转移生长。因为血小板与肿瘤细胞生长密切相关，肿瘤细胞可激发并活化血小板，与此同时，血小板又刺激肿瘤细胞增殖、生长，促进肿瘤细胞转移。

在C57BL/6小鼠Lewis肺癌模型实验中显示，水蛭提取物能明显降低荷瘤小鼠的血液黏度，抑制肺癌的转移。水蛭素通过影响肿瘤细胞的黏附穿膜能力、抑制凝血酶的作用，抑制血小板聚集，提高动物免疫力来抑制肝癌$HepG_2$细胞的生长。可以肯定地说，水蛭素的抗肿瘤作用是多方面综合作用的结果，其主要途径如下。

1. 抑制肿瘤细胞的浸润增殖与转移

水蛭素抑制凝血酶活性及凝血酶诱导的凝血反应、血小板聚集反应、抑制纤维蛋白形成，防止肿瘤细胞与纤维蛋白或血小板聚集凝结。水蛭素的抗凝作用能够提高自然杀伤（NK）细胞的活性，促进NK细胞侵入肿瘤组织中，有利于NK细胞和其他效应细胞对肿瘤细胞的围攻和杀伤，从而抑制肿瘤细胞的浸润增殖与转移。

2. 诱导肿瘤细胞凋亡

在动物实验中，水蛭提取物能诱导人肝癌$HepG_2$细胞凋亡；在小鼠接种肉瘤S_{180}实验中，复方水蛭素能降低P_{53}的表达而促进肿瘤细胞凋亡；在对人舌鳞癌细胞株TCA8113的实验中，也证明水蛭能够诱导TCA8113细胞凋亡；给荷瘤白细胞L_{1210}小鼠灌服水蛭提取物，结果显示动物存活期明显延长，小鼠接种肝癌H_{22}细胞或肉瘤S_{180}细胞，用水蛭提取物后，均能明显抑制肿瘤细胞生长。

3. 抑制肿瘤转移前微环境的形成，阻止并延缓肿瘤增殖

水蛭素可使肿瘤细胞无法转移到远处靶器官，只能在原发部位受水蛭活性成分攻击而抑制肿瘤生长。水蛭素能完全抑制纤维蛋白的沉淀堆积，一方面是抑制脂多糖对器官的损伤，另一方面是又能阻断有丝分裂原的作用。水蛭提取物能促进蛋白质合成，调节免疫功能，提高SOD活性，抑制MDA活性，诱导干扰素产生，阻止并延缓肿瘤细胞的增殖、生长。

4. 抗肿瘤多药耐药性

众所周知，多药耐药性（MDR）是肿瘤化疗失败的原因之一，也是化疗亟待解决的焦点问题。研究发现，水蛭提取物能明显下调肝癌 $HepG_2$ 细胞的表达，从而发挥抗肿瘤 MDR 的作用。

肿瘤细胞转移是患者死亡的主要原因之一，转移性肿瘤细胞分布广泛且侵袭性强，使肿瘤的疗效降低，死亡率增加，特定的癌细胞总是倾向于转移到特定的靶器官组织，表现出癌转移的亲器官性。

不同类型的癌细胞可以分泌特定的细胞因子，通过靶向性干预转移前微环境（PMNs），使 PMNs 生成有利于癌细胞转移的适宜环境，促进癌细胞靶向性转移，最常见的靶器官是肺、肝、骨骼。例如，皮肤恶性黑色素瘤易转移到肺、脑，肠癌易转移到肝，乳腺癌易转移到胸骨。在癌细胞到达靶器官之前会释放若干因子，某些因子又会直接作用于靶器官，使靶器官微环境发生改变，以利于癌细胞转移、定植、存活与增殖，水蛭提取物通过改善血液流变学，改善微循环，保护血管内皮细胞的完整性、减少渗透性，使癌细胞所产生的因子及蛋白酶类不易渗透到血管内壁细胞间隙、减少癌细胞内渗、抑制癌细胞转移，让癌细胞在原发部位或在血液中被机体的相关物质（如抗体、IL-2、NK 细胞等）逐个击破、杀死，或诱导癌细胞凋亡，从而达到治疗癌症的目的。

20 世纪 90 年代，国内曾有以水蛭治疗晚期胃癌及晚期食管癌数十例的病例，对改善患者的症状、提高患者的生活质量有一定作用；也有用复方水蛭制剂治疗癌性疼痛 100 多例的病例，总有效率达 92% 以上。值得注意的是，有以口服兼外敷水蛭的方法治疗乳腺癌的病例，连用 2 周后，肿块缩小，续用月余，肿块消失。

八、终止妊娠和抗着床作用

研究报道，无论是口服、皮下注射、肌内注射或腹腔注射，水蛭提取物的不同给药途径对小鼠的着床期（受精着床 1 ～ 5 天）、妊娠早期（着床 6 ～ 9 天）、妊娠中期（着床 10 ～ 15 天）、妊娠晚期（着床 16 ～ 20 天）均有终止妊娠的作用。这种作用与水蛭提取物杀精子、杀胚胎及刺激子宫收缩有关，故妊娠期女性禁用。

九、改善肾功能的作用

众所周知，凝血酶在增殖性肾炎的系膜增殖和炎症细胞浸润过程中起着重要作用，因为凝血酶可促进系膜细胞增殖，而水蛭素则能抑制凝血酶及其催化的凝血反应和血小板聚集反应，用水蛭及水蛭素治疗肾病综合征可显著改善肾病综合征的症状，明显减少蛋白尿，减少纤维蛋白原及血小板聚集力，降低 TC、LDL，提高血浆白蛋白水平，缓解凝血系统参与所致的肾脏局部炎症反应对肾组织的损害，因此可阻止肾炎的发展，减少蛋白尿，改善血液流变学和高凝状态，改善肾脏血液循环，防止肾皮质、髓质发生凝血，改善 PGI_2/TXA_2 值，预防肾功能进一步衰竭。

系膜细胞增生、细胞外基质增加是多种肾小球疾病的基本病理特征，系膜细胞增生的同时产生大量的细胞外基质（ECM），ECM 积聚可致肾小球硬化。水蛭素及重组水蛭素可减少肾小球内纤维蛋白相关抗原沉积，减轻肾小球系膜细胞增殖和肾小球硬化，减轻蛋白尿和低蛋白血症，改善肾功能。

转化生长因子（$TGF-B_1$）的过度表达与 ECM 沉积增加相一致，已知 $TGF-B_1$ 是肾小球硬化的重要介质，而水蛭素则通过明显抑制系膜细胞 $TGF-B_1$ 表达而抑制肾小球硬化的发生。动物实验显示，水蛭及水蛭素含药血清均可阻断大鼠肾小球系膜细胞进入 S 期，并且又能提高肾小球系膜细胞生长周期的凋亡率，从而抑制增生。

IgA 肾病（IgAN）是一种复杂的免疫相关的以 IgA 等免疫复合物在肾小球内沉积并伴有各种病理损伤的肾小球肾炎，也称为 Berger 病。它是全球范围内最常见的一种原发性肾小球肾炎，临床表现多样，但以无症状性尿检测异常或血尿为主。

水蛭素可减轻 IgA 肾病患者蛋白尿、血尿和炎症状态，降低纤维蛋白原等，其作用优于双嘧达莫。对特发性膜性肾病，水蛭素在降蛋白尿速率、Cre 上升速度方面均优于双嘧达莫，可明显降低 TC、TG、LDL 水平，升高白蛋白水平。对于以尿微量白蛋白为主要表现的 2 型糖尿病肾病和高血压肾病，水蛭素可以降低尿微量白蛋白，改善高凝状态，从而起到保护肾脏的作用。

史伟等按 1999 年 WHO 制定的糖尿病肾病诊断标准选择糖尿病肾病病例，但原发性肾小球肾病、高血压及其他继发性肾病、造血系统功能异常及血小板功能低下、合并其他脏器（如心、肺、肝）严重疾病患者均不纳入观察。发现水蛭素是通过抗血小板聚集，抗血栓形成、降低全血及血浆比黏度、改善血液流变学及降低TC、TG、LDL、SCr、BUN水平，减少尿蛋白、抗炎、抗增殖、抗纤维化，从而改善糖尿病肾病的肾脏病理变化达到护肾的目的。

十、脑保护作用

研究发现，缺血性脑血管疾病发病48 h内，绝大多数患者的缺血皮质已发生再灌注，脑缺血后的再灌注是神经功能恢复的基本条件，同时也是脑组织损伤加重的重要因素。急性脑梗死的病灶是由缺血中心区及其周围的缺血半暗带组成，若能迅速恢复缺血半暗带的血流，该区的脑组织损伤是可逆的，神经细胞存活并恢复功能。因此，尽早恢复缺血半暗带的血流供应和应用有效的脑保护药物对减少脑卒中的致残率是非常重要的。王希通过研究水蛭多肽对大鼠局灶性脑缺血再灌注损伤的保护作用，发现水蛭多肽能显著降低脑组织含水量、缩小脑梗死面积、提高SOD活性、降低MDA含量，证实了水蛭多肽对于大鼠脑缺血再灌注损伤具有保护作用，其作用机制可能与抑制脂质过氧化、提高抗氧化酶活性有关。

十一、抗细胞凋亡作用

水蛭提取物对体外缺氧性新生大鼠大脑皮层神经细胞凋亡的作用研究，证明水蛭提取物具有明显的抗脑神经细胞凋亡的作用。中药水蛭水煎醇提取液对大鼠肺缺血再灌注后细胞凋亡的保护作用研究，证实水蛭可降低缺血再灌注后的细胞凋亡率，是肺缺血再灌注损伤的有效保护剂。水蛭、水蛭素、黄芪、水蛭黄芪配方含药血清均能阻止大鼠肾小球系膜细胞（GMCs）进入S期从而达到抑制增生的目的，且能提高GMCs的凋亡率。水蛭桃仁汤可抑制纤维化小鼠肝细胞的凋亡，这可能是其抗肝纤维化的机制之一。由此可见，水蛭对各脏器发生的细胞凋亡有一定的阻断作用，其中以对脑、肺、肾、肝等细胞作用更明显。

十二、其他作用

研究表明，水蛭除了具有上述药理作用，还具有促进周围神经再生、促进血管新生及抗新生血管的双重作用等。菲牛蛭素刺激人脐静脉内皮细胞和鸡胚绒毛尿囊膜血管，对血管新生具有促进作用。不同浓度的水蛭提取液对视网膜血管内皮细胞 RF/6A 的增殖产生不同作用，64 g/L 水蛭提取液可以抑制血管内皮细胞的增殖，将细胞阻滞在 G_1 期，改变了凝血酶对视网膜血管内皮细胞的作用，对凝血酶诱导的细胞增殖有抑制作用。

综上所述，随着现代医学技术的进步与发展而不断深入，无论是品种选择、养殖技术、质量评估、炮制方法，还是有效成分、药理作用、临床应用范围等方面，学者对水蛭药理作用的研究都有了可喜的成果。可见，只有从多个视角去探索水蛭的药用价值，才能更好地应用于临床。

第三节　医用水蛭的毒理学与药代动力学

水蛭中毒量 15 ～ 30 g，中毒潜伏期 1 ～ 4 h，中毒时可出现恶心、呕吐、子宫出血，严重时可致胃肠出血、剧烈腹痛、血尿、昏迷等。无血瘀者若使用不当，会出现皮疹、瘙痒等过敏反应；消化系统有较严重疾病者，会出现恶心、呕吐、腹痛、腹泻；贫血者可出现凝血时间延长、出血难止等症状。

一、医用水蛭的毒理学

曾有因水蛭中毒导致死亡的报道：一位慢性肾病患者，男，28 岁，病程 4 年，用 200 g 水蛭研末与面粉少许，做成煎饼 1 次食下，食后 2 h 左右，肘关节、膝关节僵硬，逐步出现全身青紫僵直、不能言语、神昏、呼吸弱、心跳微弱，经吸氧、强心、心外按摩等抢救无效后死亡。也曾有因水蛭引起过敏反应的报道：一位 29 岁女性患者，因闭经腹痛就诊，用桃红四物汤加减（含水蛭），第 1 剂煎服后 2 h，四肢出现过敏反应。

《本草纲目》谓水蛭无毒，但《神农本草经疏》记载水蛭："其味咸苦，气行有大毒。其用与虻虫相似，故仲景方中往往与之并施。咸入血走血，苦泄结，咸苦并行，故治妇人恶血，瘀血月闭，血瘕积聚因而无子者……以其有毒善破血也。"

据动物实验研究报道，水蛭素在体内具有良好的耐受性和安全性，给动物注射重组水蛭素 250 μg/kg 剂量时或长期使用，未发现机体发生功能性和组织形态病理学改变，包括心率、血压、呼吸等指标均正常，且免疫性弱，不通过血脑屏障等，不同动物注射等量重组水蛭素，其半衰期几乎一致，大约为 1 h。皮下注射、肌内注射 1 ～ 2 h 后血浆药物浓度达高峰，半衰期为 6 ～ 8 h，水蛭素主要分布在细胞外，在体内不被代谢，几乎以原型从肾小球滤过，从尿道排出。

水蛭素对恒河猴作用的靶器官为血液系统，其药物不良反应是可逆的，主要表现为延长 CT、TT 和 APTT 时间，并且呈量效关系。安全剂量为 1.0 mg/kg，只有当水蛭素剂量远远大于抗凝血所需要的剂量时，才会出现明显的出血，但与肝素相比较，水蛭素引起的出血风险较小，而肝素引起的出血风险明显大得多。给昆明种小鼠灌喂菲牛蛭冻干粉混悬液 1 mL/ 只（相当于菲牛蛭冻干粉 10 g/kg）做急性毒性试验，结果动物无一死亡，其主要脏器组织未见明显病理变化。

水蛭在临床上常见的不良反应主要有过敏、出血现象。由于水蛭素是一种外源性蛋白质，在临床应用过程中会出现水蛭素抗体。有学者对接受皮下注射不同剂量水蛭素预防血栓的患者进行检测发现，有 9.8% 的患者血清中含有 IgG 抗水蛭素抗体，其与剂量、血浆水蛭素浓度、深静脉血栓形成、肺栓塞、过敏反应及出血都无关。有学者对 1994—2002 年期间使用重组水蛭素的临床资料进行了总结，共有 9 例（约 0.015%）患者发生了过敏反应。其中，4 例发生了致死性的事件，如心搏骤停、呼吸骤停以及低血压导致的急性心肌梗死，这四例患者在 1 ～ 12 周之前曾经使用过重组水蛭素，但当时未发生过敏反应。另外有 1 例发生过敏反应的患者有高滴度的 IgG 抗重组水蛭素抗体。动物实验表明：妊娠 7 ～ 11 天的小鼠每天灌服水蛭煎剂 0.5 g/kg、1.0 g/kg，均可使胎鼠体重下降，且有明显致畸作用，死胎和吸收胎比例升高，堕胎作用显著。

二、医用水蛭的药代动力学

水蛭素是一种小分子的多肽，口服不易被吸收，而皮下给药的吸收率为100%，可以在血浆中或尿液中检测出药物浓度。对健康人静脉注射1.0 mg/kg水蛭素后，其半衰期为5～18 min，最大的血浆浓度可达到0.6～1.0 mg/L。一次静脉给药或多次给药后，水蛭以开放的二室模型在全身分布，半衰期约1 h。而一次或多次皮下注射给药后，水蛭素都以一室模型分布全身，但半衰期明显延长，需要1.7～2.6 h方可达到血浆药物浓度峰值，并维持稳定，直到药物释放完全。无论一次或多次给药，水蛭素都以一级动力学的形式消除，即消除速率常数呈线性。

第四节　蛭肽蛋白制备

一、蛭肽蛋白概述

蛭肽蛋白是从水蛭体内提取出来的，是水蛭的主要药效成分，它是水蛭中一类含有生物活性的蛋白质和肽类物质的总称。

水蛭酸性多肽（如天然水蛭素）可用于治疗各种血栓疾病，是一类很有前途的抗凝化瘀药物，尤其是用于静脉血栓和弥散性血管凝血的治疗；也可用于外科手术后预防动脉血栓的形成，预防溶解血栓后或血管再造后血栓的形成；改善体外血液循环和血液透析过程。在显微外科手术中常因为吻合处血管栓塞而导致失败，采用水蛭酸性多肽可促进伤口愈合。研究还表明，水蛭酸性多肽在肿瘤治疗中也能发挥作用，能阻止肿瘤细胞的转移，对一些肿瘤如纤维肉瘤、骨肉瘤、血管肉瘤、黑色素瘤和白血病等有一定的疗效。由于其能够促进肿瘤中的血流、增强疗效，所以水蛭酸性多肽还可配合进行化学治疗和放射治疗。

重组的水蛭酸性多肽远远比不上天然的水蛭酸性多肽，天然的水蛭酸性多肽对人体没有任何药物不良反应。因此，目前市面上的多种水蛭多肽蛋白片就是用天然的水蛭酸性多肽制作而成的。天然水蛭素具有如下优点：第一，水蛭酸性多肽与水蛭肽抑制凝血酶的反应不需要抗凝血酶Ⅲ（AT-Ⅲ）作为辅助因子，使其抗凝作用与量效关系更吻合，而且可在缺乏 AT-Ⅲ的患者（如弥散性血管内凝血）中使用。第二，肝素不能灭活结合于血栓上的凝血酶，而水蛭酸性多肽与水蛭肽则对循环中的凝血酶和结合于血栓上的凝血酶都可以抑制。第三，肝素会被激活的血小板释放的 PTF4 或富含组氨基酸的糖蛋白等结合，水蛭酸性多肽与水蛭肽则不受这些因素的影响。第四，水蛭酸性多肽与水蛭肽可用于抗血栓治疗，出血等药物不良反应较少。

在我国，以水蛭酸性多肽为主要成分的保健品和中成药已有许多种，如水蛭素、蚂蟥素和新蛭康多肽蛋白片等；含水蛭的新药也在不断研究和推出，如利用基因工程生产重组水蛭类多肽药物，以取代酸性多肽或作为抗凝化瘀药的添加成分。作为注射剂用于心血管系统疾病和肿瘤治疗药物等方面，则还需要进一步的临床研究。毋庸置疑，水蛭酸性多肽类药物的开发将会带来巨大的社会效益和经济效益。

在医药市场上，抗血栓药物的需求与日俱增，但由于天然水蛭来源有限，各国医药界都将注意力集中在重组水蛭酸性多肽的开发上。美国、法国、瑞士、德国、英国、日本等国家十多家生物技术公司和医院都在临床应用或研究重组水蛭酸性多肽类多肽抗栓药物治疗血栓类疾病的范围和疗效。1998 年底，德国首先上市了重组水蛭酸性多肽药物；1999 年，该类药物在英国也获批准上市。

心血管系统疾病和肿瘤是主要危害人类健康的两大类疾病，防治这两大类疾病的药物是新药研制的重点。由于水蛭在破血、逐瘀、通经、消癥等方面的疗效已被我国数千年中医实践所证明，同时利用生物工程技术生产的重组水蛭酸性多肽在抗凝消栓，以及配合肿瘤化疗和放疗上的作用也被国外临床试验所证明。随着临床试验的扩大，重组水蛭酸性多肽将用于更多疾病的防治，发展前景十分广阔。

国内具有巨大心血管疾病药物和肿瘤药物的潜在市场，水蛭酸性多肽又是传统中药，因此重组水蛭酸性多肽的开发前景好。我国血栓类疾病患者约有 2000 万人，如果其中 100 万人采用水蛭酸性多肽治疗，每年共需 300 ～ 500 kg 水蛭酸性多肽。

国际上常用肝素作为抗凝药物，这类抗凝药物的使用已有 60 多年历史，需求量逐年增加。20 世纪 70 年代的美国每年就有 1000 万患者使用肝素，大部分用于手术后预防血栓的形成。仅美国的肝素年用量就超过 9000 亿单位，相当于 6 t。研究表明，水蛭酸性多肽在许多性能上都优于肝素，且用药量小，不会引起出血，也不依赖于内源性辅助因子。因此，随着临床研究的广泛开展，重组水蛭酸性多肽的应用范围不断拓宽，它的需求也会日益增大。

二、蛭肽蛋白提取方法

水蛭中活性物质种类众多，不同水蛭中提取分离出活性成分有所不同，而且含量不等。目前发现的有医药功能的蛭肽蛋白有几十种。科学家还在不断探索和发现水蛭中新的功能物质。

水蛭素是医用水蛭中的主要活性物质，受 pH 值、温度、有机溶剂等多因素的影响，而中药制剂传统的炮制方法及常规使用的加温灭菌方法对医用水蛭活性效价有一定的影响。有研究报道比较了不同种水蛭在不同提取工艺处理后的抗凝血酶活性，结果表明未经高温处理的医用水蛭有非常强的体外抗凝作用，而传统的炮制法破坏了其中的水蛭素，从而使抗凝作用减弱。有研究采用钴 60- γ 射线辐射灭菌前后抗凝活性进行比较研究，发现经钴 60- γ 射线辐射后水蛭素活性效价不受影响，因此，这是一种有效可行的灭菌方法。除了水蛭素，医用水蛭中还含有多种抗凝血活性蛋白质或多肽，采用仿生亲和介质来筛选医用水蛭中的活性蛋白，并对纯化出的蛋白进行抗凝活性分析，可以从中筛选出多种具有很高的开发研究价值的新型抗凝血活性蛋白。

水蛭的蛭肽蛋白提取方法主要采用传统溶剂提取方法和酶解提取方法，提取物的抗凝活性强弱与原料的处理和提取方法有关。在蛭肽蛋白提取纯化方面研究得最深入的是水蛭素。蛭肽蛋白有效成分的活性和纯度直接影响其临床应用的疗效，选择合适的提取纯化方法就显得至关重要。

粗提物的提取是在分离纯化之前，将经过预处理或组织破碎的细胞置于溶剂中，使被分离的生物大分子充分释放到溶剂中，并尽可能保持原来的天然状态，不丢失生物活性的过程。这一过程是将目的产物转入外界特定的溶液中。蛭肽蛋白活性组分较多，不同蛋白质和多肽具有不同的理化性质，所以其提取工艺也不同。蛭肽蛋白各成分功能不同，活力测定方法也因活性蛋白质和多肽种类的不同而不一样。本节主要介绍几种常见蛭肽蛋白的提取分离方法。

1. 溶剂提取方法

蛋白抽提或肽类提取一般以水溶剂为主。传统的溶剂提取包括水溶剂提取和有机溶剂提取，或是二者混合提取。水蛭中蛭肽蛋白无论采用哪种溶剂提取，均能在不同程度上将里面的抗凝活性成分提取出来。

如果提取水蛭小分子多肽，提取剂一般以水溶剂为主。由于稀盐溶液和缓冲液对肽类的稳定性好，溶解度大，最常选用的水系溶剂是生理盐水或磷酸缓冲液。如果提取水蛭中大分子蛋白质活性物质，在水溶剂中可以适当加入有机溶剂，提高脂蛋白的溶出率。

用水溶剂提取蛋白质或肽类时应注意盐浓度的变化、pH 值和温度等对提取蛋白或肽类的影响，必要时控制这些因素，以减少杂蛋白或肽类对被提取物的干扰。一些与脂类结合较牢固、分子中非极性侧链较多的蛭肽蛋白，难溶于水、稀盐、稀酸或稀碱中，常需用不同比例的有机溶剂提取。常用的有机溶剂有乙醇、丙酮、乙酸乙酯等。这些溶剂可以与水互溶或部分互溶，具有亲水性和亲脂性，因此常用来提取含有非极性侧链较多的蛋白质或肽类。

2. 酶解提取法

动物组织中的蛋白质、黏多糖等大分子物质可在胃肠道中被消化酶、酸、碱等酶解或水解成小分子的肽、低聚糖和其他小分子物质。随着对水蛭活性成分提取方法研究的不断深入，人们发现利用酶催化的高选择性和高活性特点能较温和地分解组织细胞，水解蛋白质成为活性肽，从而提高样品中活性物质的提取回收率、纯度和提取速度等。

在水蛭样品的提取过程中，针对提取样品的特点，加入蛋白酶解液。水蛭的酶解提取方法中主要用胃蛋白酶、胰蛋白酶、仿生酶进行酶解提取，将蛋白类大分子水解成具有一定活性的小分子物质，从而获得较高的提取效率。水蛭酶解提取工艺中提取温度、提取时间、药液 pH 值及加酶量对提取效率有较大影响，根据所用酶的来源和种类，关键是采用该酶的最适 pH 值和最适温度，至于酶量和酶解时间，根据使用酶的活性而定，没有统一的标准。

酶解提取法主要应用于非吸血水蛭干品，将其中无生物活性的蛋白质水解成肽，提高其抗凝血活性。水蛭为贵重药材，使用一般的匀浆法、水煎煮法、水提醇沉法等工艺的得膏率较低，其药材利用率低，提取后的药渣仍有较大活性，因此，采用酶解提取法可提高活性成分的得率，酶解后的药渣基本没有活性，能够较好地利用药材，是理想的中药水蛭活性物质提取方法。

3. 蛭肽蛋白的分离纯化

采用何种分离纯化方法主要取决于所提取的主要功能活性物质是什么，提取组分不同，性质差异很大。具有抗凝血功能的蛭肽蛋白的分离纯化方法有盐析法、膜分离技术、柱层析技术等。

（1）盐析法。

盐析法是指在药物溶液中加入大量的无机盐，使某些高分子物质的溶解度降低，使沉淀析出，与其他成分分离的方法。盐析法主要用于蛋白质的分离纯化。盐析沉淀蛋白质是一个可逆的过程。常用于盐析法的无机盐有硫酸铵、硫酸钠、硫酸镁等，用这种方法析出的蛋白质仍可以溶解在水中，而不影响原来蛋白质的性质。利用这个性质，可以采用多次盐析的方法来分离、提纯蛋白质。盐析法的优点是操作简便，成本低廉，对蛋白质或肽有保护作用，重复性好。

无论是干品还是活体干燥保鲜的水蛭，蛭肽蛋白的提取都可采用盐析法，最大程度保留活性成分。在 pH 值为 7 的提取液中，饱和度 30% 的硫酸铵几乎可把所有毒性物质除掉，而饱和度为 30% ～ 70% 的硫酸铵几乎可把全部蛭肽蛋白活性物质沉淀下来。

（2）膜分离技术。

膜分离技术是利用特殊薄膜对液体中的某些成分进行选择性透过方法的统称，是根据不同粒径分子的混合物在通过半透膜时实现选择性分离的技术。半透膜又称分离膜或滤膜，膜壁布满小孔，根据孔径大小（或称为截留分子量）可以分为微滤膜（MF）、超滤膜（UF）、纳滤膜（NF）和反渗透膜（RO）等。

根据材料的不同，可分为无机膜和有机膜。无机膜主要是微滤膜，主要有陶瓷膜和金属膜；有机膜是由高分子材料做成的，如醋酸纤维素、芳香族聚酰胺、聚醚砜、聚氟聚合物等。交叉流膜工艺中各种膜的分离与截留性能以膜的孔径和截留分子量来加以区别。

由于膜分离技术兼有分离、浓缩、纯化和精制的功能，又有高效、节能、环保、分子级过滤及过滤过程简单、易于控制等特征，所以膜分离技术已广泛应用于食品、医药、生物、水处理等领域，产生了巨大的经济效益和社会效益，已成为当今分离科学中最重要的手段之一。

微滤膜的截留特性是以膜的孔径来表示，通常孔径范围在 0.1 ～ 1 μm，能对大直径的菌体、悬浮固体等进行分离。因此，微滤膜可以作为一般料液的澄清、预过滤、空气除菌用。超滤膜的截留特性是以对标准有机物的截留分子量来表征，通常截留分子量范围在 1000 ～ 300000，能对大分子有机物（如蛋白质、细菌）、胶体和悬浮固体等进行分离。因此，超滤膜广泛应用于料液的澄清、大分子有机物的分离纯化、除热源等方面。纳滤膜的截留特性是以对标准氯化钠、硫酸镁、氯化钙溶液的截留率来表征，通常截留率范围在 60% ～ 90%，相应截留分子量范围在 100 ～ 1000。因此，纳滤膜能将小分子有机物等与水、无机盐进行分离，实现脱盐与浓缩同时进行。蛭肽蛋白的提取分离可采用 0.9% 氯化钠提取液，选择相对分子质量为 30000 和相对分子质量为 500 的膜分别过滤，即可达到精制的目的。

干品水蛭中蛭肽蛋白的提取可以针对不同的料液及工艺处理要求，选择合适的膜工艺，对料液进行有效的分离、过滤澄清、浓缩，降低能耗、提高产品的质量和回收率、减少环境污染，从而降低生产成本，促进效益。

（3）柱层析技术。

柱层析技术是利用不同物质理化性质的差异而建立起来的分离纯化技术。所有的层析系统都由 2 个相组成：一个是固定相，另一个是流动相。当待分离的混合物随流动相通过固定相时，由于各组分的理化性质存在差异，与两相发生相互作用（吸附、溶解、结合等）的能力不同，在两相中的分配（含量比）不同，且随流动相向前移动，各组分不断地在两相中进行再分配。分步收集流出液，可得到样品中所含的各单一组分，从而达到将各组分分离的目的。

在蛭肽蛋白的分离纯化过程中，常采用吸附层析、离子交换层析和凝胶层析等技术。

①吸附层析可以脱去水蛭提取液中的色素类物质。吸附色谱的分离效果，取决于吸附剂、溶剂和被分离化合物。常用的吸附剂有硅胶、活性炭、硅酸镁、聚酰胺、硅藻土等，水蛭提取过程常用活性炭或大孔吸附树脂除去色素。

②离子交换层析是在生物大分子提纯中最广泛应用的方法之一。离子交换层析分离蛋白质是在一定 pH 值条件下，蛋白质所带电荷不同而进行的分离方法，其分辨率高、操作简易、重复性好、成本低。在分离蛋白质时，应快速操作，防止蛋白酶的初始分离和不稳定蛋白质的纯化。

离子交换层析提供了很多加速分离的手段，蛭肽蛋白的分离纯化可以采用 DEAD 或 CM-Sepharose 等琼脂基的树脂，效果更好，选择不同浓度的盐溶液洗脱，回收率和纯化倍数都能达到不同的生产要求。

③凝胶层析又称分子排阻层析或凝胶过滤，是以被分离物质的分子量差异为基础的一种层析方法。该层析技术的使用材料是具有多孔、网状结构的颗粒状凝胶。不同型号的层析凝胶，其网孔大小是不同的，能分离的物质分子量范围也不同。

水蛭活性成分中有小分子量的多肽、大分子量的蛋白质和酶类物质，要根据分离物质分子的大小及目的来选择一定孔径的凝胶，如葡聚糖凝胶 Sephadex 和聚丙烯酰胺葡聚糖凝胶 Sephacryl 都是常用的分离填料。

三、天然水蛭素提取工艺

天然水蛭素是从水蛭中提取的一类凝血酶特异性抑制剂。通常情况下，人们将这些不同来源的水蛭中含有能够直接抑制凝血酶的肽类统称为水蛭素，它是水蛭中抗凝血活性最显著并且研究得最多的成分。通常以水蛭中水蛭素类抗凝活性成分的高低作为商品水蛭质量好坏的评判指标。水蛭素最早是从欧洲医蛭的唾液腺中分离得到的一类多肽。通过研究对比发现，广西菲牛蛭和欧洲医蛭一样，其抗凝活性成分和含量均比其他已知水蛭要多。

1. 天然水蛭素提取方法

水蛭素主要位于水蛭唾液腺中，且含量很少，所以提取较为困难。通常水蛭唾液可以通过诱导、挤压等方法获得，但这些方法较为烦琐且效率很低。水蛭素分离和纯化的方法很多，主要分粗提取和精提取 2 种。原料预处理、粗提取、精细纯化和提取工艺流程的流程如下。

（1）原料预处理。

提取水蛭素先要破碎组织，将其从细胞中释放出来。由于原料来源是动物，含有大量蛋白质、脂肪和糖类物质，又因水蛭素是小分子蛋白质，虽然耐热、性质稳定，但是在原料的粉碎过程中应尽可能避免引起蛋白质变性的条件，所以宜采用低温快速破碎的办法，这个过程直接影响产物的回收率。

①匀浆：匀浆是机体组织破碎常用的方法之一。它的工作原理是通过固体剪切力破碎组织和细胞，释放蛋白质或肽类进入溶液。匀浆器有刀片式组织破碎匀浆器、内切式组织匀浆器、玻璃匀浆器和用于规模生产的匀浆器 4 种。

②超声波破碎：高能超声波作用于溶液时会产生气泡，气泡变大和破碎出现空化现象。空化现象引起的冲击波和剪切力会使细胞裂解。超声波破碎在处理少量样品时，操作简便，液量损失少，适于实验应用。

③酶解：酶解就是利用生物酶将细胞壁和细胞膜消化溶解。使用此法时需根据样品细胞结构和化学组成选择适当的酶或酶系。要注意控制温度、酸碱度和酶的用量。酶解法已广泛用于实验和生产。

④仿生诱导：将水蛭在充氧的条件下饥饿处理 1 周，然后用诱导剂体系在适宜的温度和 pH 值条件下，对水蛭进行活体诱导，收集诱导液即可。诱导完的水蛭可继续存活以待再次利用，但操作整体周期较长。

⑤其他方法：低渗裂解法和冻融裂解法等。

（2）粗提取。

粗提取是将原料预处理后获得的原液进行初步提纯，除去大部分杂质的操作过程。在水蛭素的初级分离中，常用的方法有热沉淀法、膜过滤法和双水相萃取法。

①热沉淀法：热沉淀法是根据水蛭素一定的热稳定性而采取的分离方法，能

够除去大量杂质蛋白。黄仁槐等将水蛭素置于 65 ～ 75 ℃的条件下保温，由于杂质蛋白不耐热而变性沉淀，离心取上清液便可获得水蛭素的粗提液。此法常与等电点沉淀连用，即在热沉淀之后，用三氯乙酸调节溶液的 pH 值。由于等电点附近蛋白易沉淀，此法可将水蛭素进一步提纯，两轮沉淀后，水蛭素原液中的杂质去除量为 70%。沉淀法不需要特殊设备，操作简单，但总体回收率不高。

②膜过滤法：膜过滤法是根据目标分子与杂质分子量的不同来进行分离的。段超等对水蛭素原液进行超滤，通过采用不同截留分子量的滤膜，达到分离提纯的目的。经此步骤可将水蛭素的纯度提高一倍。膜过滤法在分离蛋白时的总体效率较高，但是后续滤膜的清洗过程相对复杂，若清洗不彻底，会影响分离效率和膜的再利用。

③双水相萃取法：双水相萃取法与一般分离纯化技术不同，通过聚合物与盐的水溶液在一定浓度下形成双水相系统，利用蛋白质在两相中分配情况的不同而进行分离。该方法分离操作温和、处理容量大、能耗低、易连续化操作，仅一步萃取便可满足需要。方富永等建立了双水相萃取 – 凝胶色谱联用法提取菲牛蛭中水蛭素的方法，以聚乙二醇（PEG）和硫酸铵构成双水相体系，凝胶色谱柱脱盐、去除聚乙二醇获得产品。

（3）精细纯化。

精细纯化是蛋白质分离提纯中最后获得高纯度终产物的过程，通常采用多种不同的色谱分离方法。

①离子交换色谱法：在水蛭素的分离提纯中应用最广。水蛭素的等电点为 3.8 左右，实验中一般采用阴离子交换柱，如选用 DEAE–C52 纤维素柱、Q–Sepharose 快速离子交换层析柱。水蛭素分离纯化工艺中最常用的方法是选择离子交换色谱，其所用树脂价格便宜，分离特异性好，在实际操作中可供调控的参数非常多，实验者可以通过各参数的不断优化组合来获得最佳的纯化效果。

②反相色谱法：采用 C18 疏水层析柱，将经过离子交换色谱中洗脱的水蛭素活性成分直接进样。以 0.1% 的三氟乙酸水溶液平衡柱子，之后用含有 0.1% 三氟乙酸的乙腈水溶液线性梯度洗脱，收集蛋白洗脱液即可。反相色谱分离的灵敏度高，但只能用于分离相对分子质量较低的蛋白，多用于实验室的少量制备。

③亲和色谱法：根据凝血酶可与水蛭素特异性结合的原理，将亲和色谱运用到水蛭素的分离纯化中，将凝血酶偶联到了 Sepharose 填料上制备亲和层析柱。水蛭素粗品上样后，选取含苯甲脒的 Tris–HCl 缓冲溶液将柱上的水蛭素洗脱下来，得到高纯度的水蛭素。这种方法特异性强，结合效率高，分离速度快。但由于要与特异性的酶偶联，亲和色谱柱制备价格非常昂贵。可采用离子交换色谱结合亲和色谱和凝胶过滤脱盐的方法制备电泳纯产品，该方法适合于制备高纯度的水蛭素，用于结构测定和制备注射药物等。

（4）提取工艺流程。

天然水蛭素的分离纯化大体上包括水蛭预处理、初级分离和精细纯化 3 个阶段，每个阶段都有不同的提纯方法可供选择。这些方法可以独立使用，也可联合起来对水蛭素进行分离。但通常情况下，随着分离纯化的步骤越多、纯度的提高，产品损耗会越严重。

在工业生产中，水蛭素的分离纯化需要有合理的效率、速度、回收率和纯度，同时保留有水蛭素的高级结构完整性及其生物学活性。因此，在具体的生产实践中，还需结合企业或实验室的实际条件，选用恰当的技术做出合理取舍，力求寻找到一整套低成本、高效率的水蛭素分离提纯方法。关于水蛭中蛭肽蛋白产品加工工艺流程见图 6–9。

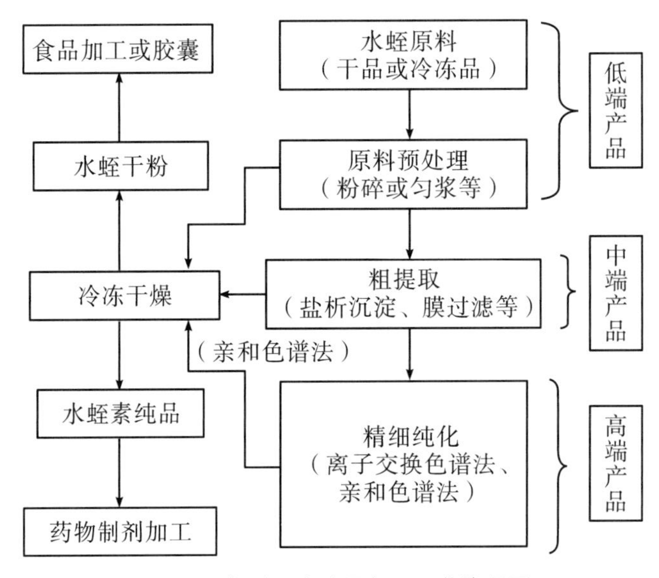

图 6–9　蛭肽蛋白产品加工工艺流程图

2. 水蛭不同提取工艺的药效分析

实验表明不同炮制方法提取不同提取液的抗凝效果不同。大鼠体外活性实验结果表明，水蛭的乙酸乙酯层抗凝血效果最好，然而正丁醇层、正己烷层也都存在着不同程度的抗凝血作用。

有学者研究水蛭不同提取物对人血浆的抗凝血活性及作用环节，测定水蛭乙醇提取物不同萃取部位对PT、APTT、TT和纤维蛋白原凝固时间的影响。发现水蛭的乙酸乙酯部分能显著地延长人PT、APTT、TT和纤维蛋白原凝固时间；石油醚部分、正丁醇部分、水溶液部分有较弱抗凝血活性。结果表明，水蛭乙酸乙酯提取部分抗凝血作用最强，直接抑制凝血酶催化的纤维蛋白原凝固（见表6–31、表6–32）。

表6–31　水蛭提取物对人PT、APTT、TT的影响（$\bar{x}\pm s$）

组别（n=6）		PT（s）	APTT（s）	TT（s）
二甲基亚砜组		24.43±1.92	157.67±16.60	81.40±2.08
石油醚部分	（3 mg/mL）	38.88±1.15**	234.54±18.77**	123.51±5.34**
	（1.5 mg/mL）	23.57±2.08	164.67±13.69	89.62±4.16
	（0.75 mg/mL）	24.33±3.11	160.12±12.36	83.33±3.31
乙酸乙酯部分	（3 mg/mL）	69.00±5.12**	＞500**	＞500**
	（1.5 mg/mL）	47.77±4.56**	346.35±78.86**	372.67±25.37**
	（0.75 mg/mL）	40.34±3.35**	280.54±55.55**	233.00±25.64**
正丁醇部分	（3 mg/mL）	34.89±1.56**	235.00±15.52**	124.35±4.33**
	（1.5 mg/mL）	27.97±2.86	194.28±22.46	95.13±5.51
	（0.75 mg/mL）	25.65±2.34	181.15±19.78	90.11±4.86
生理盐水组		12.76±0.29	64.53±3.31	19.70±2.89
水溶液部分	（3 mg/mL）	23.52±0.43△△	123.76±4.86△△	29.66±1.45△△
	（1.5 mg/mL）	15.30±0.32	74.62±3.36△△	19.80±0.70
	（0.75 mg/mL）	13.02±0.55	69.44±4.65	19.23±1.23

注：与二甲基亚砜组比较，**$P<0.01$；与生理盐水组比较，△△$P<0.01$。

表 6-32 水蛭提取物对人纤维蛋白质凝固时间的影响（$\bar{x}\pm s$）

组别（n=6）	50 μg/mL	25 μg/mL	12.5 μg/mL
二甲基亚砜组（s）	27.53±0.90	—	—
石油醚部分（s）	58.35±1.66**	33.75±2.28	30.11±1.22
乙酸乙酯部分（s）	＞500**	263.55±60.11**	205.46±30.45**
正丁醇部分（s）	48.28±2.46**	36.02±1.48	31.25±1.02
生理盐水组（s）	25.77±2.58	—	—
水溶液部分（s）	56.43±2.79△△	38.77±2.15△△	31.34±3.12

注：与二甲基亚砜组比较，**$P < 0.01$；与生理盐水组比较，△△$P < 0.01$。

有学者研究3种提取方法对菲牛蛭不同处理品的抗凝作用，采用筛选出的最佳提取方法分析了5种水蛭各处理品的抗凝血酶活性，并比较了3个不同地理分布的野生菲牛蛭和2个不同饵料饲喂菲牛蛭各处理品的抗凝血酶活性。结果发现，丙酮浸提法在菲牛蛭各处理品中均具有最高的提取得率，所测抗凝血酶活性显著高于其他方法（$P < 0.05$）；5种水蛭抗凝血酶活性测定结果显示，非吸血水蛭的湿体匀浆液和干体无抗凝活性或有微弱的抗凝活性，吸血水蛭（日本医蛭和菲牛蛭）具有较高抗凝血活性，且菲牛蛭的抗凝血活性显著高于日本医蛭（$P < 0.01$）；不同地理分布的野生菲牛蛭和不同饵料饲养菲牛蛭的湿体匀浆液、干体粉末和唾液腺分泌物抗凝活性均无显著差异（$P > 0.05$）。研究表明，菲牛蛭具有较强的体外抗凝血酶活性，且人工养殖对菲牛蛭的抗凝血活性并未产生不利影响。

有研究分析人工养殖条件下日本医蛭活体、干品的抗凝活性，以日本医蛭超低温冻干品及日本医蛭晒干品，研碎，过三号筛；日本医蛭鲜品直接采用低温匀浆机进行匀浆，测定抗凝血活性，依据《中国药典》2020版规定。结果发现，在3种不同处理方式中，抗凝血活性的大小依次为超低温冻干品、鲜品、晒干品，其中超低温冻干品的抗凝活性高达（2974.67±159.52）U/g，鲜品以及晒干品的抗凝活性分别为（380.00±17.44）U/g、（110.67±10.01）U/g（结果见表6-33）。因此，不同处理方式能直接影响日本医蛭的抗凝血活性，甚至决定了其入药的疗效。

表 6-33 日本医蛭不同处理方式抗凝血活性 （单位：U/g）

日本医蛭处理组	抗凝血活性	平均值	标准差（SD）
超低温冻干	3120	2974.67	159.52
	2804		
	3000		
晒干	100	110.67	10.01
	112		
	120		
鲜品	392	380.00	17.44
	388		
	360		

刘良红等探讨水蛭提取液对凝血酶诱导血管内皮细胞释放组织因子途径抑制物及表达组织因子的影响。将体外培养的人脐静脉内皮细胞随机分为 5 组，分别给予不同处理，培养 12 h 后，取上清液测定组织因子途径抑制物的活性，取细胞冻融液测定组织因子的活性。结果发现，凝血酶可提高血管内皮细胞表达组织因子的活性，较空白对照组明显增高（$P < 0.01$），水蛭各剂量组与凝血酶刺激组比较，血管内皮细胞表达组织因子明显降低（$P < 0.01$）。与空白对照组比较，凝血酶刺激组可抑制血管内皮细胞释放组织因子途径抑制物，且差异极显著（$P < 0.01$），水蛭各剂量组与凝血酶刺激组比较能明显促进血管内皮细胞释放组织因子途径抑制物（$P < 0.01$）。结论：水蛭提取液能抑制凝血酶诱导血管内皮细胞表达组织因子，并对抗凝血酶抑制血管内皮细胞释放组织因子途径抑制物，其作用机制可能与水蛭抗凝血、抗血栓形成以及对心脑血管疾病的治疗作用有关。

有研究观察水蛭提取物和脉血康对急性血淤模型大鼠血液流变学的影响，以及对凝血功能的作用。大鼠连续给药 2 周后，采用皮下注射盐酸肾上腺复合冰浴的方法复制大鼠急性血淤模型，通过测定血液黏度、血浆黏度、红细胞压积、红细胞变形指数和红细胞聚集指数，观察水蛭提取物和脉血康对血液流变学的影响；通过测定 APTT、PT、TT、纤维蛋白原的含量，血小板聚集率，凝血因子 FⅡ、FⅤ、FⅦ、FⅧ、FⅩ的活性来观察水蛭提取物和脉血康对凝血系统的影响。结果发现，水蛭提取物能够显著降低血瘀模型大鼠血液黏度、血浆黏度和血小板聚集率，抑制凝血因子FⅡ的活性，延长APTT和TT；脉血康能够降低血液黏度和血小板聚集率，延长APTT和TT。结论：水蛭提取物和脉血康均有显著改善血液流变学和凝血功能的作用。

四、重组水蛭素

天然水蛭素来源匮乏，获取较为困难，导致水蛭素的研究与临床应用受到了限制，故通过基因工程获得重组水蛭素就显得尤为重要。近年来，随着基因工程技术的发展，国内外研究人员研制和开发了多种新型重组水蛭素。水蛭素的cDNA被克隆出来之后，重组水蛭素的研究取得了很大的进步，相继获得了建立在大肠杆菌、枯草杆菌、酵母菌及真核细胞等多种载体上的重组水蛭素。

1. 重组水蛭素研究概况

1986年后，国外利用PCR定点诱导技术对天然水蛭素进行定点诱导生产了重组水蛭素，其氨基酸序列的结合与天然水蛭素类似，在63位酪氨酸残基末硫酸化，使其对凝血酶的抑制常数降低了90%。重组水蛭素在结构、药理活性、药代动力学与天然水蛭素非常相似。重组水蛭素是采用基因技术对水蛭素进行改造后产生的新药物。重组水蛭素通过抑制凝血酶诱导的血小板激活，具有明确的抑制血小板聚集的作用。

有学者优化了表达载体和发酵条件，利用酿酒酵母成功表达重组水蛭素，并分泌到细胞外，表达水平达到460 mg/L。1996年，Rosenfeld等用毕赤酵母系统表达重组水蛭素，表达量达到1.5 g/L。有研究利用山羊β-酪蛋白在转基因小鼠奶中成功诱导出了水蛭素。2008年，廖高勇等研究了重组水蛭素Ⅲ对半乳糖损伤的人晶状体上皮细胞的保护作用，观察了各实验组细胞密度和形态、细胞存活率和SOD活力等指标，结果证明重组水蛭素Ⅲ对人晶状体上皮细胞有明显的保护作用。

研究表明，重组水蛭素可加大链激酶的疗效，接受链激酶患者重组水蛭素与肝素比较观察到重组水蛭素与链激酶合用疗效优于肝素和链激酶合用。临床上应用重组水蛭素，可以在很大程度上改善血栓的预防和治疗效果。在使用重组水蛭素时，最需要注意的不良反应是出血。静脉注射或皮下注射水蛭素一般没有明显的药物不良反应，对患者的血压、心率和呼吸速率没有不良影响，也不会产生过敏反应。虽然重组水蛭素免疫原性较弱，在血浆中也未发现重组水蛭素的抗原，但是可能有一半的患者在用水蛭素治疗之后的 5 ～ 10 天会产生重组水蛭素的抗体，这个抗体会减缓水蛭素排出体外的速度，当这些患者再次接受重组水蛭素治疗的时候，很小的一部分患者会产生过敏反应。重组水蛭素不会损害肝脏和肾脏的功能，既不影响血小板的计数和功能，也不影响红细胞系统的稳定。肝素对于与血栓结合的凝血酶没有明显作用，但是重组水蛭素却可以抑制凝血酶。

重组水蛭素虽然表现出微弱的出血，但是很少会引起过敏反应。出血发生率与使用剂量、用药时间、基础疾病、合并用药等有关。只要严格选择适应证、控制用药剂量并加强观察（包括凝血指标的观察），可使重组水蛭素的出血发生率减少到很低的程度。

2. 重组水蛭素药物品种

由于水蛭素具有重要开发价值，而水蛭的来源有限，故国内外医药界均着重研究通过基因工程获得重组水蛭素。1986 年后，重组水蛭素已在大肠杆菌中表达成功，与天然水蛭素相比，重组水蛭素在第 63 位氨基酸（酪氨酸）上未硫酸化，活性略低，其余性质基本相同。在治疗的剂量下静脉注射无药物不良反应。1998 年底重组水蛭素药物在德国正式上市，1999 年在英国批准上市，已注册的国家有欧洲多国及美国、澳大利亚、新西兰、南非等国家和地区。国际市场上重组水蛭素药物主要有如下品种。

（1）来匹芦定（Lepirudin）。

来匹芦定是一种基因重组人工合成的抗凝血药物，是由酿酒酵母表达、由 65 个氨基酸组成的重组体水蛭素，是一类凝血酶的直接抑制剂（DTI），于 2000 年获准在美国上市。它主要用于肝素诱导的血小板减少患者的抗凝血治疗，以预防进一步发生的血小板减少等并发症，并且可作为该类患者手术中体外循环的抗凝血药物。

来匹芦定是一个含 65 个氨基酸的多肽，分子量约为 6980。来匹芦定是多肽，故只能通过静脉注射或皮下注射给药，不能口服给药。来匹芦定静脉注射或皮下注射时生物利用度几乎为 100%。皮下注射来匹芦定 0.75 mg/kg 后 3 ～ 4 h 血浆浓度达峰值，血浆浓度峰值为 0.7 mg/L。1 次静脉注射来匹芦定 0.01 ～ 0.5 mg/kg 后，$T_{1/2}$ 为 0.8 ～ 1.7 h。90% 的来匹芦定通过肾脏清除，肾功能不全时来匹芦定的清除时间明显延长。

来匹芦定是重组水蛭素中最重要和最常用的药物。重组水蛭素可抑制凝血酶的促凝血作用，使凝血过程减慢，其作用不需抗凝血酶Ⅲ和其他辅助因子协助。重组水蛭素的作用机制是抑制凝血酶与凝血因子 I 的结合位点，使凝血因子 I 不能和凝血酶结合，从而直接抑制了凝血过程。

来匹芦定主要用于急性冠脉综合征、急性心肌梗死、冠脉内介入治疗、肝素引起的血小板减少、深静脉血栓形成以及血液透析等。急性冠脉综合征患者静脉给予来匹芦定 7 ～ 35 天后，死亡和心肌梗死发生率均低于给予肝素的患者，表明在治疗急性冠脉综合征时，来匹芦定的作用略优于肝素；在急性心肌梗死时，重组水蛭素可与溶栓药物、阿司匹林等合并应用，且重组水蛭素在早期恢复和维持病变冠状动脉通畅中，与肝素疗效相近；重组水蛭素对降低亚急性期血栓形成、维持血管通畅有一定的作用。有研究对 61 例不稳定心绞痛患者在冠脉内介入治疗时分别使用来匹芦定和肝素进行治疗，比较二者临床治疗效果，结果来匹芦定组肌钙蛋白 T 水平明显下降。重组水蛭素可在血液透析时作为抗凝剂使用。在血液透析前，来匹芦定推荐使用剂量为 0.08 mg/kg。有研究报道一患者使用来匹芦定作为抗凝剂，有效、安全地血液透析 50 次以上。

来匹芦定常用剂量为每次 0.4 mg/kg 静脉注射，再继续以 0.15 mg/（kg・h）的剂量持续静脉滴注；或 0.5 mg/kg，1 次 / 天。在用药前先测定 APTT，用药后 4 h 测定 1 次，以后每天测定 1 次。由于来匹芦定主要在肾脏代谢，轻度肾功能不全者来匹芦定应减量，中重度肾功能不全者禁用或慎用来匹芦定。重组水蛭素可与阿司匹林、溶栓药物合并使用。

（2）地西卢定（Desirudin）。

地西卢定由 65 个氨基酸组成，用于人工髋关节置换术后预防深静脉血栓，也是一类凝血酶直接抑制剂。地西卢定与来匹芦定的区别仅仅是 N 末端第 1、第 2 位的氨基酸残基不同，来匹芦定为 Lue1–Thr2，而地西卢定为 Val1–Val2。它们的作用机制和药代动力学特性是相同的。它们的N端球状结构域与凝血酶的活性位点相互作用，同时C端的带负电氨基酸残基与凝血酶外表面位点1-非活性底物识别位点相结合。两者都能与凝血酶形成不可逆的复合物。另一个研究观察到地西卢定（40 mg，静脉注射1次，再用0.2 mg/（kg・h）的剂量静脉滴注24 h，再继以40 mg，2次/天，用3天）比肝素组使早期血管事件发生率更加降低；对有肝素引起的血小板减少病史的患者，在需要使用肝素时可以用重组水蛭素代替肝素。重组水蛭素对预防深静脉血栓形成有效。研究表明，地西卢定（15 mg，2次/天）在髋关节手术后预防下肢深静脉血栓形成上比低分子量肝素更有效。

（3）培莫西卢定（Pegmusirudin）。

培莫西卢定是一种高度选择性的直接凝血酶抑制剂，由重组水蛭素和两分子聚乙二醇（PEG）-5000修饰而成，其平均分子量为17 kDa。在正常人体中，其半衰期为18～24 h；在有严重肾功能损害但没有进行血液透析的患者体内，其半衰期可以延长到38.4 h。

（4）r-RGD融合水蛭素（r-RGD-hirudin）。

r-RGD融合水蛭素是在保留天然水蛭素原有活性的基础上，将精氨酸-甘氨酸-AspRGD融合在水蛭素分子的合理部位，由此形成新型分子，然后构建了含RGD编码顺序的水蛭素衍生物cDNA克隆RGD-Hirudin-pPIC9K，表达质粒转化毕赤酵母后，经筛选获得高表达的菌株，并建立工程菌株。通过发酵罐大量培养工程菌，经甲醇诱导后，在培养液上进行纯化表达产物，结果显示表达产物兼有抗凝血酶和抗血小板聚集的双重功能。R-RGD-融合水蛭素已于2005年获国家食品药品监督管理总局批准进入临床研究，临床适应证为血管吻合术后的抗凝血、防血栓治疗。

3. 重组水蛭素面临问题

重组水蛭素主治手术后血栓形成、体外循环、血管成形术、深静脉血栓形成等问题，但也存在如下问题亟待解决。

（1）重组水蛭素在使用过程中血清半衰期太短。重组水蛭素在氨基酸序列和结构上与天然水蛭素极其相似，而且重组水蛭素与天然水蛭素的药理活性和药动学性质十分接近。但是重组水蛭素在结构上，除了缺乏天然水蛭素63位酪氨酸的硫酸化，包括N端3个二硫键在内，重组水蛭素与天然水蛭素的组成和构型大致相同，仅有的差别是N端几个氨基酸和赖氨酸47位氨基酸残基的改变。这就使得重组水蛭素对凝血酶的抑制常数比天然水蛭素低，难以发挥抗血栓效果。

（2）重组水蛭素今后研发方向。针对重组水蛭素在临床应用中所出现的问题，为更好地开发利用重组水蛭素，重组水蛭素的研究热点大都集中在对重组水蛭素类多肽药物进行分子改造或是结构修饰上，以期降低不良反应，提高药效。基于许多抗凝溶栓药物具有协同和互补作用，利用蛋白融合技术连接，产生的融合蛋白较单一使用有更好的活性，有的甚至产生新的活性。

重组水蛭素及其类似物已经应用于由血栓引发的多种病症，如何延长水蛭素的半衰期也已成为研究的热点。实验研究了多种重组水蛭素融合蛋白，如重组表达了葡激酶－重组水蛭素融合蛋白，其不仅保持了原有的抗凝血和溶栓活性，还对富含纤维蛋白的血栓具有一定的靶向性，因此有着广阔的应用前景。将RGD序列融合于水蛭素分子中，使这种水蛭素的衍生物既有抗凝血酶作用，又有抗血小板激活和聚集双重功能。两者在产生治疗效果的同时，双功能水蛭素的治疗剂量可降低至天然水蛭素半衰期，随着剂量的加大，治疗效果越好，并有明显的量效关系。

（3）如何减少重组水蛭素容易引起出血等。例如，通过研制纤维蛋白抗体－重组水蛭素融合蛋白，使得融合蛋白在非血栓部位不表现出抗凝血活性；在血栓部位，由于人体血液中无活性的凝血因子FX在凝血部位被活化成活性形式的凝血因子FXa，后者再将水蛭素从融合蛋白上切割下来，使其发挥抗凝血作用，从而在不减少水蛭素抗凝血活性的同时，最大程度地降低了出血量，这在临床上具有非常重要的意义。研制具有抗凝血酶及抗血小板激活、聚集双重功能的重组水蛭素衍生物，或研制重组水蛭素模拟肽，通过蛋白质工程技术减少重组水蛭素的出血问题，以及研制重组水蛭素口服制剂等长效、强效多功能抗凝、防栓药物是目前的研究方向。

参考文献

[1] 张德宗，彭建强，杨潼，等.医蛭在断指再植术后瘀血中的应用[J].中国中西医结合杂志，1990(2)：84.

[2] 邓红平，徐煜，林一奇，等.水蛭在断指再植术后处理静脉危象时的应用[J].实用手外科杂志，1999，13(3)：171.

[3] 廖平，熊金波.原位缝合加水蛭吸血治疗指端切割断离[J].中国乡村医药，2000，7(10)：11-12.

[4] 江传福.水蛭吸吮原位缝合治疗断指(趾)(附5例报告)[J].中国乡村医药，2005，12(3)：19.

[5] 刘坤.医用蛭在治疗耳廓撕脱伤中的应用[J].中国中西医结合耳鼻咽喉杂志，2004，12(4)：180.

[6] 杨晓楠，殷国前，杨健祥，等.活体水蛭吸血疗法临床应用8例[J].中国美容整形外科杂志，2007，18(4)：284-285.

[7] 杨晓楠，殷国前.活体水蛭吸血疗法救治皮瓣静脉淤血一例[J].中国修复重建外科杂志，2006，20(11)：1129.

[8] 徐惟永，邓彰恂，苏承武，等.水蛭生物治疗痛风的效果观察[J].蛇志，2014，26(1)：28-29.

[9] 苏承武，唐东平，贺彬.水蛭生物疗法的进展及基础研究概况[J].蛇志，2011，23(4)：370-372，402.

[10] 杨继斌.活水蛭治疗急性踝关节扭伤[J].湖北中医杂志，2001，23(6)：37.

[11] 陈洪，郭伟，陈建良，等.术中应用水蛭素治疗出血后脑水肿[J].中国临床神经外科杂志，2006，11(7)：406-407.

[12] 欧兴长，刘振丽，丁家欣，等.十种水蛭的氨基酸分析[J].天然产物研究与开发，1995，7(1)：23-25.

[13] 欧兴长.水蛭活血有效成分研究概况[J].中国中医基础医学杂志，1997，4(2)：60-63.

[14] 黄爱民，黎肇炎，廖共山，等.广西菲牛蛭消化液中抗凝物质的分离纯化[J].中国生化药物杂志，2006，27(5)：273-276.

[15] 谭恩光，刘秀平.广东菲牛蛭水蛭素基因的克隆和序列测定[J].中山医科大学学报，2002，23(2)：84-86.

[16] 黎渊弘.广西菲牛蛭水蛭素基因cDNA的克隆与序列分析[J].中国生化药物杂志，2011，32(2)：92-94，98.

[17] 王森，何韶衡，魏继福.水蛭源性类胰蛋白酶抑制剂表达载体的构建与表达[J].江苏大学学报(医学版)，2008，18(5)：410-412.

[18] NUTT E，GASIC T，RODKEY J，et al. The amino acid sequence of antistasin. A

potent inhibitor of factor Xa reveals a repeated internal structure [J]. Journal of Biological Chemistry, 1988, 263 (21): 10162-10167.

[19] BLANKENSHIP D T, BRANKAMP R G, MANLEY G D, et al. Amino acid sequence of ghilanten: anticoagulant-antimetastatic principle of the south American leech [J]. Biochemical and Biophysical Research Communications, 1990, 166 (3): 1384-1389.

[20] MUNRO R, JONES C P, SAWYER RT. Calin-a platelet adhesion inhibitor from the saliva of the medicinal leech [J]. Blood Coagulation Fibrinolysis, 1991, 2 (1): 179-184.

[21] KREZEL A M, WAGNER G, SEYMOUR-ULMER J, et al. Structure of the RGD protein decorsin: conserved motif and distinct function in leech proteins that affect blood clotting [J]. Science, 1994, 264 (5167): 1944-1947.

[22] KVIST S, SARKAR I N, SIDDALL M E. Genome-wide search for leech antiplatelet proteins in the non-blood-feeding leech ***Helobdella robusta*** (Rhyncobdellida: Glossiphoniidae) reveals evidence of secreted anticoagulants [J]. Invertebrate Biology, 2011, 130 (4): 344-350.

[23] 钟小斌，黎渊弘，周维海，等. 广西菲牛蛭中一种纤溶酶的分离纯化 [J]. 中国生化药物杂志，2010，31 (4)：225-227.

[24] GÜLSAHI A, ĞLAM N S. The investigation of hyaluronidase activity in muscle of medicine leech [J]. Turkish Journal of Science & Technology, 2016, 11 (1): 31-36.

[25] 瞿新艳. 水蛭的抗凝血作用研究 [J]. 现代中西医结合杂志，2010，19 (13)：1582-1583.

[26] 荆文光，符江，刘玉梅，等. 水蛭的化学成分 [J]. 中国实验方剂学杂志，2014，20 (19)：120-123.

[27] 苗艳丽，方富永，宋文东. 中药菲牛蛭化学成分的分析 [J]. 中国药学，2007，16 (3)：223-226.

[28] 赵惠芳，王荫淞，张天锡. 4 种水蛭类药材的微量元素测定 [J]. 微量元素与健康研究，1997，14 (4) 35-36.

[29] 张汉贞，柏传明. 水蛭氨基酸、微量元素的含量测定 [J]. 时珍国药研究，1993，4 (2)：14-16.

[30] 郭文菊，李长安. 水蛭的氨基酸及微量元素分析 [J]. 中医药研究，1997，13 (2)：46-49.

[31] 吴志军，张灵霞，于立华. 四种不同品种水蛭生物活性的研究与比较 [J]. 中成药，2006，28 (2)：232-234.

[32] 李文，廖福龙，殷晓东，等. 七种水蛭抗血小板聚集与抗凝血研究 [J]. 中药药理与临床，1997，15 (5)：32-34.

[33] 杨洪雁，杜智恒，白秀娟. 水蛭药理作用的研究进展 [J]. 东北农业大学学报，

2012，43（3）：128-133.
[34] 罗承锋. 水蛭的药理作用与临床应用[J]. 血栓与止血学，2006，12（6）：267-272.
[35] 李克明，张国，武继彪. 水蛭的药理研究概况[J]. 中医研究，2007，20（2）：62.
[36] 杨燕菲，吴鹏. 水蛭素治疗骨折后伴发下肢静脉血栓的临床疗效及可能机制[J]. 中国生化药物杂志，2016，36（6）：173-175.
[37] 王辉，刘冠军，刘东静. 山楂、丹参、水蛭联用治疗高脂血症 40 例临床研究[J]. 河南中医，2010，30（3）：256-257.
[38] 罗哲容，苏双良，任慧君，等. 不同剂量水蛭粉对高脂饮食兔血脂水平的影响[J]. 食品工业科技，2014，35（14）：359-362.
[39] 周乐，赵文静，常惟智. 水蛭的药理作用及临床应用研究进展[J]. 中医药信息，2012，29（1）：132-133.
[40] 郑君莉. 水蛭粉治疗高血脂症 25 例疗效分析[J]. 新中医，1985，17（2）：36-37.
[41] 金德山，王达平，张成梅，等. 水蛭粉治疗高脂血症 150 例疗效观察[J]. 北京中医，1989，8（1）：21-22.
[42] 李克明，武继彪，隋在云，等. 水蛭微粉对脑缺血再灌注损伤大鼠 ICAM、VCAM、PDGF 的影响[J]. 中药新药与临床药理，2009，20（2）：136-138.
[43] 田晋帆，吕树铮，苑飞，等. 重组水蛭素对载脂蛋白 E 基因敲除小鼠动脉粥样硬化斑块的影响及机制[J]. 中国中西医结合杂志，2015，35（2）：198-203.
[44] 彭鎏. 水蛭素通过 p38 MAPK/IKK/NF-κB 通路调节大鼠血运障碍皮瓣炎症反应及细胞凋亡相关因子表达的研究[D]. 南宁：广西医科大学，2016.
[45] 黎明，张荣军，曹国宪，等. 水蛭素对凝血过程中凝血酶活化的纤溶抑制物的影响[J]. 中华血液学杂志，2006，27（3）：201-203.
[46] 唐瑜菁，张莲芬，段作营，等. 水蛭素促尿激酶纤溶作用研究[J]. 中国药理学通报，2006，22（1）：89-93.
[47] 王明，张颖，范亚明，等. 水蛭、丹参对实验性动脉粥样硬化及纤溶系统的影响[J]. 心肺血管病杂志，1996，15（1）：52-55.
[48] 吉亚军，张海中，胡建强，等. 尿激酶溶栓联合不同抗凝剂治疗 ST 段抬高型急性心肌梗死对心脏超声指数的影响[J]. 现代实用医学，2011，23（7）：806-808.
[49] 肖兵. 水蛭地龙提取液促纤溶脑保护作用实验研究[D]. 重庆：重庆医科大学，2005.
[50] 李校天，杨书良，王军民，等. 水蛭对 Ang-Ⅱ刺激鼠肝星状细胞活化 Ca^{2+} 效应的抑制作用[J]. 中国全科医学，2006，9（6）：472-474.
[51] 晏丹，陈建明，舒赛男. 水蛭桃仁煎剂抗实验性大鼠肝纤维化机理研究[J]. 江苏中医药，2005，26（8）：45-48.
[52] 陈姝，陈建明. 水蛭桃仁汤对肝纤维化小鼠肝细胞凋亡的影响[J]. 现代实用医学，

2005，17（12）：737-738，748.

［53］贾彦，牛英才，张英博，等．天然水蛭素对实验性肝纤维化大鼠肝脏结缔组织生长因子 mRNA 表达的影响［J］．时珍国医国药，2009，20（1）：95-97.

［54］孙学强，张晨光，毛致方．水蛭抗纤维化临床疗效观察［J］．淮海医药，2008，26（4）：312-313.

［55］何敏，徐再春，潘庆，等．重组水蛭素对 UUO 大鼠肾间质纤维化影响及机制研究［J］．江西中医药，2013，44（9）：56-58.

［56］盛丽，姚岚，王丽，等．水蛭、地龙抗实验性小鼠肺纤维化作用的研究［J］．中医研究，2006，19（2）：15-17.

［57］李晓娟，张骞云，蔡志刚，等．水蛭对肺纤维化大鼠 PAI-1 的影响［J］．贵阳医学院学报，2012，37（2）：170-173.

［58］张博，王晓敏，任青华，等．复方水蛭素对小鼠移植瘤组织中 p53、Ki-67 及 VEGF 表达的影响［J］．山东医药，2008，48（43）：29-30.

［59］牟忠祥，任青华，张博，等．中药水蛭素对荷瘤鼠超氧化物歧化酶及丙二醛水平的影响［J］．实用医学杂志，2010，26（17）：3103-3104.

［60］郭永良，田雪飞，肖竺，等．水蛭提取物对人肝癌 HepG2 细胞体外抑制作用研究［J］．中国中医药信息杂志，2009，16（8）：30-31.

［61］LIN Y，CAO K.Characteristics and significance of the pre-matastatic nicke［J］.Cancer Cell，2016，30（5）：668-681.

［62］杨宁宁，刘俊，苏兰．水蛭治疗肾病综合征的药理学研究及临床应用［J］．华西医学，2000，15（3）：388.

［63］任现志，汪受传，翟文生．水蛭治疗系膜增生性肾小球肾炎的探讨［J］．辽宁中医杂志，2005，32（3）：244-245.

［64］王希，武建卓，宋淑亮，等．水蛭多肽对局灶大鼠脑缺血再灌注损伤保护作用［J］．中国生化药物杂志，2010，31（1）：42-44.

［65］林明宝，黄湘，张进．水蛭提取物对体外培养大鼠大脑皮层神经细胞缺氧性凋亡的影响［J］．华西药学杂志，2008，23（5）：543-545.

［66］王洋，王善政，何伟．中药水蛭对肺缺血再灌注后细胞的抗凋亡作用［J］．山东中医药大学学报，2001，25（2）：139-140.

［67］任现志，蒋淑敏，翟文生．黄芪、水蛭、水蛭素及水蛭黄芪配方含药血清对大鼠肾小球系膜细胞生长周期及凋亡的影响［J］．中华中医药杂志，2009（5）：625-627.

［68］周中，朱亚亮，王炎，等．水蛭对坐骨神经损伤再生作用影响的实验研究［J］．中国中医骨伤科杂志，2011，19（11）：7-9.

［69］朱翠玲，牛嫒嫒，朱明军，等．水蛭对鸡胚绒毛尿囊膜（CAM）血管生成的影响［J］．中医学报，2011，26（4）：442-444.

［70］刘言香，黎渊弘，钟小斌．菲牛蛭素对血管新生作用的研究［J］．广西医科大学学报，

2014，31（1）：55-57.

[71] 郑燕林，刘聪慧，谭笑彦 . 水蛭提取液对恒河猴视网膜血管内皮细胞增殖和细胞周期的影响 [J]. 眼科新进展，2010，30（5）：413-417.

[72] 吴志军，于立华 . 菲牛蛭成分与急性毒性试验研究 [J]. 中成药，2006，28（11）：1625-1627.

[73] BASKOVA I P，NIKONOV G I. Detection of prostaglandins in preparations from medicinal leeches（Hirudo medicinalis）[J]. Doklady Akademii Nauk SSSR，1987，292（6）：1492-1493.

[74] STEINER V，KNECHT R，BÖRNSEN K O，et al. Primary structure and function of novel 0-glycosylated hirudins from the leech hirudinaria manillensis [J]. Biochemistry，1992，31（8）：2294-2298.

[75] VINDIGNI A，FLLIPPIS V D，ZANOTTI G，et al. Probing the structure of hirudin from Hirudinaria manillensis by limited proteolysis [J]. European Journal of Biochemistry，1994，226（2）：323-333.

[76] 黄仁槐，舒芹，梁宋平 . 抗凝血药物水蛭素的纯化与鉴定 [J]. 湖南师范大学自然科学学报，1998（1）：56-59，65.

[77] 刘娟，刘利成，段超 . 蚂蝗抗凝血酶活性物质提取工艺改进 [J]. 时珍国医国药，2010，21（8）：1969-1970.

[78] 方富永，苗艳丽，苏舒华，等 . 双水相萃取 - 凝胶色谱联用法提取菲牛蛭中的水蛭素 [J]. 中国药学杂志，2012，47（7）：489-494.

[79] ROSENFELD S A，NADEAU D，TIRADO J，et al. Production and purification of recombinant hirudin expressed in the methylotrophic yeast pichia pastoris [J]. Protein Expression and Purification，1996，8（4）：476-482.

[80] 廖高勇，欧瑜，吴梧桐 . 重组水蛭素Ⅲ对半乳糖损伤的人晶状体上皮细胞的保护作用 [J]. 药物生物技术，2008，15（4）：266-269.

第七章　医用水蛭的相关产品

医用水蛭主要应用在中医治疗、保健、美容护肤等 3 个方面，相关产品包括药材饮片、中成药、保健食品、化妆品等四类。

第一节　水蛭药材饮片

一、水蛭药材的用法

石志超在总结老中医石春荣使用的虫类药时提到，水蛭临床内服、外敷均有良效，入药以水中黑小者佳，忌火，最宜生用；又本品入煎剂味甚腥秽，服之欲呕，故多碾末装胶囊吞服，1 ～ 2 g/ 次，2 ～ 3 次 / 天。

李文芳等提到王为兰老中医根据其临床经验强调水蛭以生用晒干研粉为佳，不可油炙，亦勿焙干。因水蛭为虫类，富含蛋白质，经高温加热后有效成分被破坏，则效力降低。王为兰在临床上发现，当水蛭入煎剂时，其破血通行之力不大，而改用水蛭粉冲服或改用丸剂时，则其破血之力明显增强。

张瑞珍等在介绍老中医张锡纯使用动物类药运用方面时提到，张锡纯善于生用药物，提出鸡内金与水蛭须生用，特别是水蛭最宜生用，甚忌火炙。水蛭原得水之精气而生，炙后则伤水之精气，破血逐瘀的作用会减少。

潘静认为水蛭的炙品效能不佳，在临床应用时不必炮制，用生品配伍入煎才能收到最佳疗效，吞煎均可。

吕文海等在研究中证实，水蛭的药效由强到弱为制水蛭超微散、生水蛭超微散、生水蛭散、生水蛭水煎剂、对照组（石膏炮制的水蛭丝），说明水蛭生用在活血化瘀等方面的药效确实优于传统烫制品。这一研究成果也从现代药理学角度对张锡纯对水蛭入药的认知给予了充分肯定。

现代医学研究证实水蛭富含蛋白质、水蛭素、多肽、组织胺样物质等成分，经高温加热后有效成分会被破坏，效力降低。因此，水蛭入煎剂时其破血通经之力不大，而改用水蛭粉冲服或改用丸剂，则破血之力明显增强。

二、水蛭药材的用量

针对不同疾病，水蛭用量在中药临床上的各种配方中差异较大，典籍多载其有毒，主张用量宜小。历代医家皆以本品破血逐瘀力强且有毒性，用量不宜大。《中国药典》2020 版规定用量为每次 1 ～ 3 g。郭晓庄认为内服超过 15 ～ 30 g 可引起中毒，潜伏期 1 ～ 4 h。按韩青科的经验，煎服用量可达 60 g。据临床报道，医用水蛭使用须从小剂量开始，可在 1 ～ 3 g 之间选择运用。有病例用于恶露不绝，取水蛭粉冲服 30 g/ 次，2 次 / 天，一天总量达 60 g，未见任何不良反应。

动物实验未证实水蛭有毒。家兔和大白鼠的亚急性毒性实验表明，大剂量水蛭服用无脑、心、肝、肾等实质性脏器的损害，红细胞和体重也无异常变化。吕文海等用生水蛭粉煎剂对小鼠做耐受性试验，以成人常用剂量 3 ～ 10 g/kg 计，其耐受倍数为 550 ～ 1650 倍，可见水蛭无毒的可能性较大，也似无耗气破气之弊。大量临床报道表明水蛭无毒，水蛭药物不良反应仅见于用药不当、过敏体质及消化系统重症患者。大量实践证明，临床中只要掌握好适应证，注意剂量、配伍及注意事项，如脾胃状况、是否有过敏史等，水蛭的药物不良反应是可以减轻和避免的。

沈仕伟等搜集古代医籍及现代医家临证经验，总结水蛭的特点如下：若水蛭打粉吞服，用量为 0.3 ～ 10 g；若煎服，用量为 1 ～ 36 g。不同剂量所发挥的作用及治疗的疾病也有所差异。如治疗脑梗死、阿尔茨海默病用量为 1 ～ 36 g，治疗冠心病、顽固性头痛、动脉粥样硬化用量为 1 ～ 9 g，治疗糖尿病周围神经病变、慢性肾病、肝硬化等用量为 0.3 ～ 10 g，研末吞服。配伍相应的中药可发挥不同的功效，如破血逐瘀配伍虻虫、桃仁、大黄，活血化瘀配伍当归、川芎、赤芍，活血通络、逐瘀消癥配伍三七粉、莪术、大黄、黄芪等。

三、水蛭药材药用禁忌证

（1）历代本草皆载水蛭有堕胎的作用，孕妇忌用。如《名医别录》在水蛭项注有“堕胎”,《中国药典》2020 年版亦规定“孕妇禁用”。现所用各版《中药学》教材都注明“孕妇忌用”。而李文芳等报道称水蛭无堕胎作用，曾治孕妇数人，妊娠 6 ～ 9 周不等，要求服药堕胎，用水蛭粉 30 g，1 次 / 天，连服 3 日不见胎下，只有少许血水流出，随后仍无动静，最终还是做了人工流产手术。万兰清曾将水蛭粉用于 7 例孕期长短不等的孕妇患者，无一例堕胎。临床上确有孕妇瘀血者，亦可酌情使用水蛭，即所谓“有故无殒，亦无殒也”。

（2）水蛭是否有毒，古今记载不一。近代《中药大辞典》及各版《中国药典》皆言有毒，高等中医院校试用教材《中药学》将其定为“小毒”，而许多临床报道谓其无毒。也有学者称，水蛭不但无毒，而且破瘀血、消积水，不伤阴，故常在各科临床中配伍使用。但也有医家认为，水蛭如用量不当，会产生毒性。水蛭的中毒量为 15 ～ 30 g，中毒潜伏期为 1 ～ 4 h，中毒时可出现恶心、呕吐、子宫出血，严重时可引起胃肠出血、剧烈腹痛、血尿、昏迷等。

彭平建报道了 6 人 6 次在中药制剂室采用不同方法炮制水蛭过程中先后出现不良反应（水蛭炮制方法均按炮制规范要求进行，分别为用滑石粉炒水蛭后粉碎，或水蛭不经滑石粉炒而先行干燥至酥脆再单独粉碎）。6 人 6 次均于粉碎水蛭后 4 ～ 6 h 出现眼睛发红、喉头干燥、呼吸加粗，继而寒战、高热、恶心，如此寒热往来，反复交替，彻夜不眠；或出现轻微鼻出血或咯血、倦怠无力、精神不振等。上述反应持续 12 ～ 24 h，不经任何治疗，症状逐渐消退至身体恢复正常。6 人裸露的手臂、颈及面部无过敏现象，均无过敏史。为寻找致病源，又以同批水蛭为阳性药，取制水蛭 10 g，粉碎过 80 目筛。取干药粉适量（用水调糊）涂于被试者手腕内侧 5 cm 处，直径 2 cm，行斑贴试验，24 h 后观察皮肤变化；同时以含水蛭及去水蛭的活血 I 号及益气活血丸为阴性对照。实施组与对照组均呈阴性，即无过敏反应，故认为上述反应是由于水蛭粉尘吸入所致的中毒反应。

李宏杰报道了医院中药制剂室因制剂工艺需要，将水蛭粉碎成 100 目细粉的过程中，3 人 3 次出现严重不良反应，随后进行斑贴实验反应均为阴性。故认为水蛭粉尘吸入后刺激呼吸道黏膜，可能影响毛细血管的通透性，引发后来的全身症状，其机理不清，尚需继续探讨。

（2）在临床使用水蛭时须注意其不良反应。如服用水蛭 30 g 以上可导致毛细血管过度扩张、出血，损伤心血管系统，引起呼吸道过敏等；孕妇、有出血倾向者慎用乃至禁服，虚弱之人使用水蛭时宜从小量开始，或配伍益气养血之品。临床应在关注水蛭安全性的前提下通过合理配伍，选择不同用量治疗不同的疾病，充分发挥水蛭的功效，提高其临床疗效。

临床实践表明，水蛭入药是单方还是复方，是服生粉还是入煎剂服用，是短期服用还是长期服用，均可取得明显的疗效，不良反应很少，但是出血性疾病患者、凝血功能障碍者忌服。已有出血倾向、月经过多或经期、体弱血虚、无瘀滞症状者及孕妇均不宜服用。常规用量的水蛭入药尚属安全，用量过大会引起中毒，表现为恶心、呕吐、子宫出血、胃肠出血、血尿及昏迷。

第二节　水蛭中成药和菲牛蛭冻干粉

一、中成药

水蛭素可用于治疗各种血栓疾病，尤其是深静脉血栓和弥散性血管内凝血；也可用于外科手术后预防动脉血栓的形成及预防血栓溶解后或血管再造后血栓的形成。在创伤手术、再植手术和显微外科手术中，采用水蛭素可促进伤口愈合，避免吻合处血管栓塞而导致失败。大量研究报道，水蛭素在肿瘤治疗中也能发挥作用，其能防止肿瘤细胞的转移，可配合化学治疗和放射治疗，有利于促进肿瘤中的血液流动而增强疗效。

水蛭素性状比较稳定，可以口服，胰蛋白酶和糜蛋白酶并不能破坏其活性，这给用药带来很大方便，而且水蛭素的某些水解片段仍有抑制凝血酶的作用，这就可以解释为什么水蛭提取液配制的中药，经口服仍然具有较好疗效。

近年来，我国批准生产的以水蛭为主要成分的中成药有 20 多种。中医临床常用水蛭配方煎服，亦有制粉冲服或装胶囊吞服。在药理实验中所用的水蛭有粉剂、水浸剂、水煎剂、水提醇沉剂等。许多研究认为，制粉吞服优于煎服。水蛭在活血化瘀的中成药中应用较多，剂型有胶囊剂、片剂、丸剂、口服液等，如脑心通胶囊、通心络胶囊、血栓心脉宁胶囊、蛭龙血通胶囊等；也有少数制成注射剂的临床应用。这些中成药都以水蛭为主要成分，具有活血化瘀、益气通络、利水消肿、通络止疼等功效，对于治疗心脑血管疾病有良好效果，见表 7–1、表 7–2。

表 7–1　含水蛭成分的制剂种类

品名	组方	功效	生产企业	批准文号
脑心通胶囊	黄芪、赤芍、丹参、水蛭等	益气活血、化瘀通络	陕西步长制药有限公司	国药准字 Z20025001
通心络胶囊	冰片、蝉蜕、川芎、丹参、水蛭等	益气活血、通络止痛	石家庄以岭药业股份有限公司	国药准字 Z19980015
血栓心脉宁胶囊	水蛭、地龙、三七、川芎、蕲蛇等	益气活血、开窍止痛	通化惠康生物制药有限公司	国药准字 Z22020854
蛭龙血通胶囊	水蛭、地龙、全蝎、土鳖虫、何首乌等	活血祛瘀、益气通络	哈尔滨市龙生北药生物工程股份有限公司	国药准字 B20020249
芪蛭通络胶囊	黄芪、水蛭、地龙、三七、川芎、蕲蛇等	益气、活血、通络	山西振东制药股份有限公司	国药准字 B20171001
脉血康胶囊	水蛭	破血、逐瘀、通脉止痛	重庆多普泰制药股份有限公司	国药准字 Z10970056
脑血康胶囊	水蛭、地龙	活血化瘀、破血散结	山东昊福药业集团制药有限公司	国药准字 Z10960009
疏血通注射液	水蛭、地龙	活血化瘀、通经活络	牡丹江友博药业有限责任公司	国药准字 Z20010100
活血通脉胶囊	水蛭	破血逐瘀、活血散瘀、通脉止痛	乐普恒久远药业有限公司	国药准字 Z41020059
芪蛭胶囊	黄芪、桃仁、何首乌、莪术、水蛭等	通经、通脉、止痛	哈尔滨中药四厂有限公司	国药准字 B20020452
蛭芎胶囊	水蛭、川芎、丹参、葛根、益母草等	活血、化瘀、通经活络	山西丕康药业有限公司	国药准字 Z20163104

续表

品名	组方	功效	生产企业	批准文号
脑血栓片	红花、当归、水蛭（制）、赤芍等	活血祛瘀、醒脑通络、潜阳熄风	广东元宁制药有限公司	国药准字Z44021038
脑血疏口服液	黄芪、水蛭、石菖蒲等	益气活血	山东沃华医药科技股份有限公司	国药准字Z20070059
龙生蛭胶囊	黄芪、水蛭、川芎、当归、红花等	补气活血、逐瘀通络	陕西步长制药有限公司	国药准字Z20010059
中风安口服液	水蛭、黄芪	益气活血	河北瑞生药业有限公司	国药准字Z20000037
五味通栓口服液	黄芪、水蛭、川芎、当归、丹参	益气活血、化瘀通络	江西地康药业有限公司	国药准字Z20020034
复方丹蛭片	黄芪、丹参、水蛭、地龙、川芎	益气通络、活血化瘀	通化白山药业股份有限公司	国药准字Z20010114
复方马其通胶囊	水蛭、土鳖虫	破血祛瘀、通络止痛	养生堂药业有限公司	国药准字Z20040068
肾元胶囊	益母草、瓜子金、水蛭	活血化瘀、利水消肿	贵州肾元制药有限公司	国药准字Z20025816
芪参胶囊	黄芪、丹参、人参、茯苓、三七、水蛭等	益气活血、化瘀止痛	上海凯宝新谊（新乡）药业有限公司	国药准字Z20044445
芪蛭降糖胶囊	黄芪、地黄、黄精、水蛭	益气养阴、活血化瘀	吉林一正药业集团有限公司	国药准字10950116
逐瘀通脉胶囊	水蛭、虻虫、桃仁、大黄	破血逐瘀、通经活络	哈药集团三精千鹤制药有限公司	国药准字Z20000138

表 7–2　含水蛭制剂种类

品名	主治	水蛭状态	给药方式
通心络胶囊	冠心病心绞痛、心肌梗死、高血压、脑梗死等	原粉	口服
疏血通注射液、血栓心脉宁胶囊	出血性脑卒中、缺血性脑卒中、冠心病、心肌梗死	提取物（50 kDa 以下蛋白及多肽）	静脉注射、口服
脑心通胶囊	冠心病心绞痛、脑血栓、高血压	原粉	口服
芪蛭通络胶囊、脉血康胶囊、脑血栓片	冠心病心绞痛、急性心肌梗死、脑梗死、脑出血、高血压、高脂血症、糖尿病并发症等	原粉	口服

续表

品名	主治	水蛭状态	给药方式
脑血康胶囊	出血性脑卒中、缺血性脑卒中等	提取物	口服
脑血栓片	脑血栓、脑卒中等	提取物	口服
脑血疏口服液	出血性脑卒中	提取物	口服

二、菲牛蛭冻干粉及特点

2018 年，复鑫益旗下子公司广西康愉生物股份有限公司（以下简称康愉生物）与云南普瑞制药（集团）有限公司正式达成战略合作，联合推出首款药品——菲牛蛭冻干粉中药口服饮片。菲牛蛭冻干粉是采用零下 60 ℃冻干工艺做出的菲牛蛭冻干纯粉，含水蛭素、抗凝血酶、透明质酸、安替斯塔辛、前列腺素等物质，最大限度地保留了菲牛蛭的活性药用成分。其中，每克菲牛蛭所含的水蛭素和抗凝血酶等药用成分为同类水蛭粉的 30 ～ 60 倍，可让血液达到健康平衡的状态（图 7–2）。

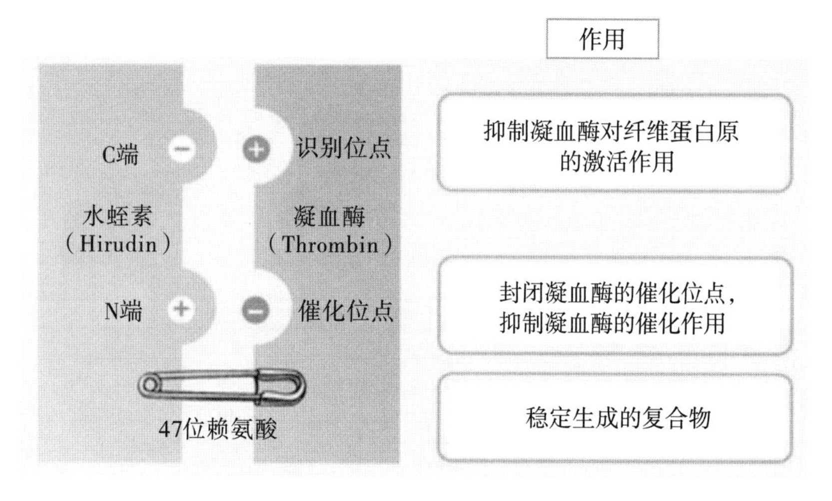

图 7–2　菲牛蛭冻干粉抗凝作用效果示意图

菲牛蛭冻干粉中药口服饮片具有以下特点。

（1）菲牛蛭优选自广西，原料纯正，质量可控可追溯，精心炮制，无重金属，无农药残留，各项微生物指标合格，安全性高，无药物不良反应；患者使用更放心。

（2）中药饮片属于医保乙类品种，无需招标、无需经过药事会，属于长线产品，适用人群广泛。

（3）采用零下 60 ℃低温超声速气流式超微破壁粉碎技术，为国内独家技术，菲牛蛭冻干粉的有效活性成分提高至 90%，生物利用率大幅度增加。

（4）药用活性成分稳定，临床效果显著，对改善肺癌、胃癌、直肠癌等癌痛有良好的疗效；长期服用，对心脑血管疾病、妇科疾病、泌尿系统疾病有着较好的预防和治疗效果。

（5）属于全科用药品种，与血液循环相关的病症都可以使用。

（6）可自主定价，有足够的利润空间，受市场严格保护，不受两票制限制。

（7）每瓶含凝血酶活性为 300 ATU，水蛭素与凝血酶的负荷稳定，几乎不可逆转，可使凝血酶丧失活性，抑制作用强，达到稳定的抗凝血效果，可疏通血管血栓。

水蛭素与凝血酶的亲和力极强，1 μg 水蛭素可中和 5 μg 凝血酶，相应摩尔比为 1∶1，形成稳定的复合物，能有效抑制凝血酶诱导的微血栓的形成（表 7–3、表 7–4）。

表 7–3　菲牛蛭冻干粉对凝血功能的影响

凝血因子	治疗前	治疗后	正常值
国际标准化比率（s）	1.27±0.14	1.41±0.25	0.8～1.3
APTT（s）	34.67±5.65	39.23±6.27	25～37
TT（s）	15.19±1.23	16.35±2.17	12～16
纤维蛋白原（g/L）	2.88±0.75	2.66±0.75	2.4

表 7–4　菲牛蛭冻干粉对体外血栓形成的影响

组别	剂量 TAU	湿重（mg）	湿重抑制率（%）	干重（mg）	干重抑制率（%）
对照组	—	36.42±6.04	—	8.13±1.35	—
高剂量	1.5	0	100	0	100
中剂量	0.75	27.13±2.68	32.8	5.92±1.28	24.8
小剂量	0.5	33.25±8.10	7.4	7.38±2.27	5.5

菲牛蛭冻干粉每天以 0.4 g/kg、0.2 g/kg、0.1 g/kg 3 个剂量组（相当于临床患者用量的 80 倍、40 倍、20 倍）连续给大鼠灌胃给药 3 个月（13 周）后，停药恢复 3 周，整个周期无动物死亡，各受试动物一般状况良好。

三、菲牛蛭冻干粉的应用

菲牛蛭冻干粉可广泛应用于心血管内科、神经内科、神经外科等。

（1）心血管内科：心绞痛、高血压、心律失常、心力衰竭、心肌炎、心肌梗死等。

（2）神经内科：中风、头痛、眩晕、帕金森病、坐骨神经痛、急性脊髓炎、神经麻痹等。

（3）神经外科：颅内血肿、脑挫伤、脑干损伤、外伤性蛛网膜下腔出血、颅脑损伤、颅脑震荡等。

（4）骨科：骨折、感染性肋软骨炎、关节炎、肌腱炎、滑囊炎、关节痛、软骨病等。

（5）妇科：妇科炎症、闭经、绝经、不孕不育、子宫肌瘤等。

（6）内分泌科：糖尿病、骨质疏松、痛风、脂质代谢紊乱等。

（7）眼科：视网膜病变、视网膜脱落、视网膜中央动脉阻塞、眼干燥症、飞蚊症、结膜炎等。

（8）风湿科：类风湿性关节炎、强直性脊柱炎、骨关节炎、系统性红斑狼疮等。

（9）老年病科：脑血栓、脑出血、动脉硬化、高黏滞综合征、高脂血症、高血压、肺源性心脏病等。

第三节　水蛭保健食品

在国内市场上，水蛭保健食品主要有水蛭冻干粉、片剂、胶囊等（图 7–3）。水蛭冻干粉的加工生产方式主要采用水蛭整体研磨或匀浆，然后直接进行干燥而获得粗加工产品。据初步统计，水蛭冻干粉的生产厂家和销售商多达 200 余家，其产品主要作为中成药深加工原料。不同水蛭的有效生物活性成分存在一定差异，更重要的是此类产品中可能存在许多杂质，这些杂质一方面导致药效降低，不利于吸收；另一方面，其包含的一些不明成分的物质可能会产生一定的药物不良反应。

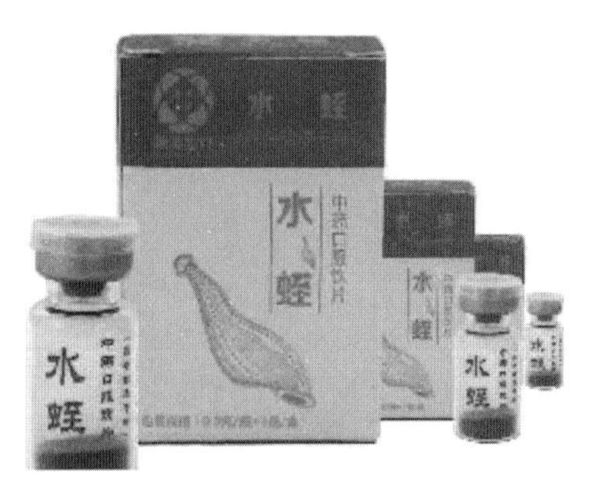

图 7–3　水蛭产品

水蛭片剂、胶囊的加工生产方式主要是采用先进技术提取、分离、纯化蛭肽蛋白，添加辅料压片或装胶囊而成。天然水蛭素能改善人体微循环，消除自由基，延缓衰老，增强免疫力，降血脂等，对人体神经、消化、吸收、代谢、循环、生长、生殖和内分泌等系统具有重要作用。蛭肽蛋白作为功能性食品和保健品等产品的原料，其生产需要经过一系列严格的分离纯化程序，除掉其中的有毒物质，才能成为符合食品药品管理规定指标的健康产品。经过精细纯化的蛭肽蛋白中除了要含有抗凝血成分，还要有效保留其他活性多肽蛋白成分及必需氨基酸等，才能达到好的保健效果。

复鑫益是以医用水蛭养殖为基础，致力水蛭产品的深度开发，集医药原料、保健食品和化妆品等为一体的多元化企业，其生产的蚂蟥素保健食品，是以野生菲牛蛭为原料，采用酶解、冷冻干燥提取蛭肽蛋白的生产新工艺，最大程度地除去杂质，尽可能地保留活性成分。旗下康愉生物生产的蚂蟥素保健食品（图 7–4），含有自主生产的水蛭蛋白水解物——水蛭素（产品名“蚂蟥素”），含有丰富的活性小分子多肽，有效成分含量高。研究表明，蚂蟥素保健食品连续服用 3 个月，可以降低血液黏稠度、抑制炎症因子表达、改善血液循环、促进微血管再生、抗血小板聚集、降低血脂、提高人体新陈代谢能力、帮助清除体内垃圾、增强免疫力等。

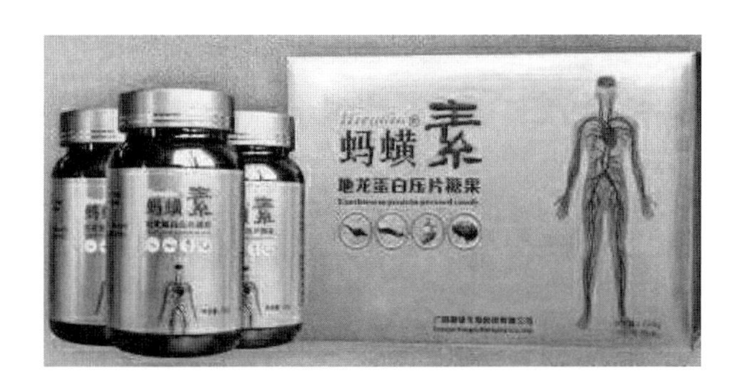

图 7–4　蚂蟥素

复鑫益建立了一套科学化、系统化并富有特色的健康管理理念。在弘扬中华医学文化的同时，不断挖掘中华传统医药文化的精髓，通过医用水蛭活体生物疗法这一项具有民族特色的医疗保健法，配合应用蛭肽蛋白系列健康食品，真正起到清除血毒、软化血管、通畅血液的作用，达到预防保健的效果。

第四节　水蛭化妆品

天然水蛭素能够直接、迅速渗透到皮肤深层，降低血液黏度、加快血流速度、改善面部微循环、维持正常的新陈代谢、抑制或减少黑色素的形成。另外，产品中还含有天然抗菌肽，具有消炎和消肿的作用，对治疗粉刺、痤疮及细腻皮肤、收缩毛孔、美白、防晒具有独特的效果，且无刺激、无药物不良反应。高活性的蛭肽蛋白决定了化妆品质量与效果。因此，复鑫益研制了一系列含蛭肽素的面膜以及相关化妆品。在化妆品中添加的水解蛭肽蛋白，可使血液黏度降低、毛细血管畅通、微循环改善，促进细胞再生，使皮肤表现出弹性、红润和白皙。由于蛭肽蛋白的提取物中含有水蛭透明质酸酶等促进药物扩散吸收的成分，所以此类化妆品具有很强的直接渗透功能，能促使化妆品中的活性成分快速渗透到皮肤深层，加速细胞的新陈代谢、疏通毛细血管、改善面部深层及头部毛囊微循环、抑制黑色素生长。

对蛭肽蛋白进一步酶水解成小分子活性多肽，将水蛭中有效的小分子活性多肽添加到化妆品中可供皮肤吸收，从而改善皮肤新陈代谢，使皮肤柔嫩、光滑、去皱、增加弹性、抗氧化、防衰老。此外，在保湿的同时还是良好的透皮促进剂，可促进胶原蛋白增生，修复紫外线对皮肤的伤害，达到祛痘、抗皱、增白、祛斑的效果。另外，产品中还含有天然抗菌肽，具有消炎、消肿功能，不会引起过敏反应，对青春痘具有显著的治疗作用。

参考文献

［1］石志超．石春荣治疗阳痿常用的10种虫类药［J］．吉林中医药，1989（2）：6-8，5.
［2］李文芳，李桂玲．王为兰运用水蛭的经验［J］．中医杂志，1993，31（6）：343-344.
［3］张瑞珍，刘淑彦，贾云芳，等．张锡纯动物类药应用特色初探［J］．环球中医药，2013，6（1）：40-41.
［4］潘静．浅谈生水蛭临床应用的体会［J］．吉林中医药，1996（3）：39.
［5］吕文海，邱福军，王作明．炮制与超微粉碎对水蛭药效影响的初步实验研究［J］．中国中药杂志，2001，26（4）：241-244.
［6］郭晓庄．有毒中草药大辞典［M］．天津：天津科技出版翻译公司，1992：128-130.
［7］韩青科，韩生先．五虫汤为主治疗血栓闭塞性脉管炎81例［J］．成都中医学院学报，1991，14（4）：22-24.
［8］吕文海，王琦．中药水蛭现代研究进展［J］．中国中药杂志，1994，19（12）：755-759.
［9］沈仕伟，邸莎，韦宇，等．水蛭临床应用及其用量［J］．吉林中医药，2019，39（3）：313-316.
［10］万兰清．水蛭在流行性出血热中的应用［J］．中医杂志，1993，34（1）：6-7.
［11］彭平建．炮制水蛭出现不良反应6例［J］．中国中药杂志，1996，21（10）：58.
［12］李宏杰，付静．粉碎水蛭引起严重不良反应3例［J］．中国现代应用药学，2000，17（s1）：148-149.

附录

附录 1

《广西壮族自治区壮药质量标准　第二卷（2011 年版）》有关内容摘录

水　蛭

Shuizhi

HIRUDO

本品为水蛭科动物蚂蟥 *Whitmania pigra* Whitman、水蛭 *Hirudo nipponica* Whitman 或柳叶蚂蟥 *Whitmania acranulata* Whitman 的干燥全体。夏、秋二季捕捉，用沸水烫死，晒干或低温干燥。

【性状】蚂蟥　呈扁平纺锤形，有多数环节，长 4 ～ 10 cm，宽 0.5 ～ 2 cm。背部黑褐色或黑棕色，稍隆起，用水浸后，可见黑色斑点排成 5 条纵纹；腹面平坦，棕黄色。两侧棕黄色，前端略尖，后端钝圆，两端各具 1 个吸盘，前吸盘不显著，后吸盘较大。质脆，易折断，断面胶质状。气微腥。

水蛭　扁长圆柱形，体多弯曲扭转，长 2 ～ 5 cm，宽 0.2 ～ 0.3 cm。

柳叶蚂蟥　狭长而扁，长 5 ～ 12 cm，宽 0.1 ～ 0.5 cm。

【鉴别】取本品粉末 1 g，加乙醇 5 mL，超声处理 15 分钟，滤过，取滤液作为供试品溶液。另取水蛭对照药材 1 g，同法制成对照药材溶液。照薄层色谱法（中国药典 2010 年版一部附录Ⅵ B）试验，吸取上述两种溶液各 5 μL，分别点于同一硅胶 G 薄层板上，以环己烷 - 乙酸乙酯（4 ∶ 1）为展开剂，展开，取出，晾干，喷以 10% 硫酸乙醇溶液，在 105 ℃加热至斑点显色清晰。供试品色谱中，在与对照药材色谱相应的位置上，显相同的紫红色斑点；紫外光灯（365 nm）下显相同的橙红色荧光斑点。

【检查】**水分** 不得过 18.0%（中国药典 2010 年版一部附录Ⅸ H 第一法）。

总灰分 不得过 10.0%（中国药典 2010 年版一部附录Ⅸ K）。

酸不溶性灰分 不得过 2.0%（中国药典 2010 年版一部附录Ⅸ K）。

酸碱度 取本品粉末（过三号筛）约 1 g，加入 0.9% 氯化钠溶液 10 mL，充分搅拌，浸提 30 分钟，并时时振摇，离心，取上清液，照 pH 值测定法（中国药典 2010 年版一部附录Ⅶ G）测定，应为 4.5 ～ 6.5。

【浸出物】照醇溶性浸出物测定法（中国药典 2010 年版一部附录Ⅹ A）项下的热浸法测定，用稀乙醇作溶剂，不得少于 15.0%。

【含量测定】取本品粉末（过三号筛）约 1 g，精密称定，精密加入 0.9% 氯化钠溶液 5 mL，充分搅拌，浸提 30 分钟，并时时振摇，离心，精密量取上清液 100 μL，置试管（8 mm × 38 mm）中，加入含 0.5%（牛）纤维蛋白原（以凝固物计）的三羟甲基氨基甲烷盐酸缓冲液（临用配制）200 μL，摇匀，置水浴中（37 ℃ ± 0.5 ℃）温浸 5 分钟，滴加每 1 mL 中含 40 单位的凝血酶溶液[注 1]（每 1 分钟滴加 1 次，每次 5 μL，边滴加边轻轻摇匀）至凝固（水蛭）或滴加每 1 mL 中含 10 单位的凝血酶溶液[注 2]（每 4 分钟滴加 1 次，每次 2 μL，边滴加边轻轻摇匀）至凝固（蚂蟥、柳叶蚂蟥），记录消耗凝血酶溶液的体积，按下式计算：

$$U=\frac{C_1V_1}{C_2V_2}$$

式中：U——每 1 g 含凝血酶活性单位，U/g；

C_1——凝血酶溶液的浓度，U/mL；

C_2——供试品溶液的浓度，g/mL；

V_1——消耗凝血酶溶液的体积，μL；

V_2——供试品溶液的加入量，μL。

中和一个单位的凝血酶的量，为一个抗凝血酶活性单位。

本品每 1 g 含抗凝血酶活性水蛭应不低于 16.0 U；蚂蟥、柳叶蚂蟥应不低于

3.0 U。

【炮制】水蛭 洗净，切段，干燥。

烫水蛭 取净水蛭段，照烫法（中国药典2010年版一部附录Ⅱ D）用滑石粉烫至微鼓起。

【性味与归经】中医 咸、苦，平；有小毒。归肝经。

壮医 咸、苦，平；有毒。

【功能与主治】中医 破血通经，逐瘀消癥。用于血瘀经闭，癥瘕痞块，中风偏瘫，跌扑损伤。

壮医 通龙路、火路。用于京瑟（闭经）、肝硬化，麻邦（脑血栓），高脂血症，委哟（阳痿），子宫嘹北（子宫肌瘤），林得叮相（跌打损伤）。

【用法与用量】 1～3 g。

【注意】 孕妇禁用。

【贮藏】 置干燥处，防蛀。

注1：三羟甲基氨基甲烷盐酸缓冲液的配制　取0.2 mol/L三羟甲基氨基甲烷溶液25 mL与0.1 mol/L盐酸溶液约40 mL，加水至100 mL，调节pH值至7.4。

注2：凝血酶溶液的配制　取凝血酶试剂适量，加生理盐水配制成每1 mL含凝血酶40个单位或10个单位的溶液（临用配制）。

金边蚂蟥

Jinbianmahuang

POECILOBDELLA

本品为医蛭科动物菲牛蛭 *Poecilobdella manillensis* 的干燥全体。夏、秋二季捕捉，洗净，用沸水烫死，晒干或低温干燥。

【性状】 本品呈长椭圆形、长条形，或扭曲，扁平，柳叶状，长4～13 cm，体宽0.3～1.2 cm，体厚0.05～0.1 cm。背部黑色或黑褐色，有少许环节突起；腹面黑色，较光滑。前端略尖，后端钝圆，两端各具一吸盘，前吸盘不显著，后吸盘圆大。质脆，断面胶质状，黑色。气腥臭，味咸。

【鉴别】（1）取本品粉末 1 g，加乙醇 5 mL，超声处理 15 min，滤过，取滤液作为供试品溶液。另取金边蚂蟥对照药材 1 g，同法制成对照药材溶液。照薄层色谱法（中国药典 2010 年版一部附录Ⅵ B）试验，吸取供试品溶液 2 ～ 4 μL，对照药材溶液 3 μL，分别点于同一硅胶 G 薄层板上，以环己烷 - 乙酸乙酯（4 ∶ 1）为展开剂，展开，取出，晾干，喷以 10% 硫酸乙醇溶液，在 105 ℃加热至斑点显色清晰，分别置日光和紫外光灯（365 nm）下检视。供试品色谱中，在与对照药材色谱相应的位置上，显相同的颜色斑点或荧光斑点。

（2）取本品粉末 1 g，加 70% 乙醇 5 mL，超声处理 30 min，滤过，取滤液作为供试品溶液。另取金边蚂蟥对照药材 1 g，同法制成对照药材溶液。再取亮氨酸对照品、缬氨酸对照品、丙氨酸对照品、谷氨酸对照品，加 70% 乙醇制成每 1 mL 各含 1 mg 的混合溶液，作为对照品溶液。照薄层色谱法（中国药典 2010 年版一部附录Ⅵ B）试验，吸取供试品溶液 3 ～ 8 μL，对照药材溶液 4 μL，混合对照品溶液 1 μL，分别点于同一硅胶 G 薄层板上，以苯酚 - 水（3 → 1）为展开剂，展开，取出，晾干，喷以茚三酮试液，在 105 ℃加热至斑点显色清晰。供试品色谱中，在与对照药材色谱和对照品色谱相应的位置上，显示相同颜色的斑点。

【检查】水分 不得过 15.0%（中国药典 2010 年版一部附录Ⅸ H 第一法）。

总灰分 不得过 6.0%（中国药典 2010 年版一部附录Ⅸ K）。

酸不溶性灰分 不得过 0.50%（中国药典 2010 年版一部附录Ⅸ K）。

酸碱度 取本品粉末约 1 g，加入 0.9% 氯化钠溶液 10 mL，充分搅拌，浸渍 30 min，并时时振摇，离心，取上清液，照 pH 值测定法（中国药典 2010 年版一部附录Ⅶ G）测定，应为 5.5 ～ 7.5。

【浸出物】照醇溶性浸出物测定法（中国药典 2010 年版一部附录Ⅹ A）项下的热浸法测定，用稀乙醇作溶剂，不得少于 8.0%。

【含量测定】取本品粉末（过三号筛）约 0.5 g，精密称定，精密加入 0.9% 氯化钠溶液 15 mL，充分搅拌，浸渍 45 min，并时时振摇，离心，精密量取上清液 100 μL，置小试管中，加入含 0.5%（牛）纤维蛋白原（以凝固物计）的三羟甲基氨基甲烷盐酸缓冲液[注1]（临用配制）200 μL，摇匀，置水浴中（37 ℃ ±0.5 ℃）温浸 5 min，滴加每 1 mL 中含 40 单位的凝血酶溶液[注2]（每 1 分钟滴加 1 次，每次 5 μL，边滴加边轻轻摇匀）至凝固，记录消耗凝血酶溶液的体积，按下式计算：

$$U=C_1V_1/C_2V_2$$

式中：U——每 1 g 含凝血酶活性单位，U/g；

C_1——凝血酶溶液的浓度，U/mL；

C_2——供试品溶液的浓度，g/mL；

V_1——消耗凝血酶溶液的体积，μL；

V_2——供试品溶液的加入量，μL；

中和一个单位的凝血酶的量，为一个抗凝血酶活性单位。

本品每 1 g 含抗凝血酶活性应不低于 220.0 U。

【性味与归经】咸、苦，平；有小毒。归肝经。

【功能与主治】破血通经，逐瘀消癥。用于血瘀经闭，癥瘕痞块，中风偏瘫，跌打扭伤。

【用法与用量】1 ～ 3 g。

【注意】孕妇禁用。

【贮藏】置干燥处，防蛀。

［注 1］：三羟甲基氨基甲烷盐酸缓冲液的配制　取 0.2 mol/L 三羟甲基氨基甲烷溶液 25 mL 与 0.1 mol/L 盐酸溶液约 40 mL，加水至 100 mL，调节 pH 值至 7.4。

［注 2］：凝血酶溶液的配制　取凝血酶试剂适量，加生理盐水配制成每 1 mL 含凝血酶 40 个单位的溶液（临用配制）。

附录 2

壮医水蛭疗法操作规范

1 范围

本文件界定了壮医水蛭疗法所涉及的术语和定义，给出了人员资质、操作人员、环境要求、适用证、禁忌证和慎用情况的信息，规定了操作方法、治疗剂量、时间及疗程、特殊情况和注意事项、不良反应及处理措施等操作指示。

本文件适用于壮医水蛭疗法的操作。

2 规范性引用文件

下列文件中的内容通过文中的规范性引用而构成本文件必不可少的条款。其中，注日期的引用文件，仅该日期对应的版本适用于本文件；不注日期的引用文件，其最新版本（包括所有的修改单）适用于本文件。

《医院消毒卫生标准》(GB 15982—2012)

《医院隔离技术规范》(WS/T 311—2023)

《医务人员手卫生规范》(WS/T 313—2019)

3 术语和定义

下列术语和定义适用于本文件。

3.1 壮医水蛭疗法 leech therapy in Zhuang medicine

壮语名为 Cangyih Duzbing Liuzfaz，利用饥饿的活体水蛭（菲牛蛭）对人体体表道路网结（穴位 / 痛点）进行吸治，吸拔局部瘀滞之气血，同时释放水蛭素入人体，从而疏通三道两路，维护人体天、地、人三气同步，调节气血均衡，以达到治疗疾病目的的一种方法。

3.2 壮药菲牛蛭 Phenanthrene leech of Zhuang medicine

又称金边蚂蟥，外观呈长椭圆形、长条形或扭曲扁平柳叶状，体长 4 cm ～ 13 cm，体宽 0.3 cm ～ 1.2 cm，体厚 0.05 cm ～ 0.1 cm，背部黑色或黑褐色，有少许环节凸起，腹面黑色，较光滑。前端略尖，后端突圆，两端各有一吸盘，前吸盘不显著，后吸盘圆大。

3.3 医用水蛭 hirudo medicinalis

严格按照相关要求饲养，经过系列净化及有资质的第三方检验机构检验证明无致病菌的菲牛蛭。

4 基本要求

4.1 人员资质

取得中医、壮医和护理执业类别等相关资质，经过具备相关资质机构组织的培训，考核合格。

4.2 操作人员

仪表整洁，举止端庄，态度和蔼。操作前洗手或者卫生手消毒，戴帽子、戴口罩及无菌手套。操作人员的手卫生应符合 WS/T 313 的规定，防护用品的使用应符合 WS/T 311 的规定。

4.3 环境要求

清洁、安静、避风、室温（26±1）℃为宜、有帘子或屏风等遮挡物。环境卫生消毒应符合 GB 15982 的规定。

4.4 适应证

主要适用于风、寒、湿、痰、瘀等导致“三道两路”不通，机体平衡失调引起的病症，包括以下内容：

—— 气道病（呼吸系统疾病）：楞瑟（鼻炎）；

—— 谷道病（消化系统疾病）：腊胴尹（腹痛）；

—— 水道病（泌尿及生殖系统疾病）：奔浮（水肿）、幽堆（前列腺炎）、约京乱（月经不调）、子宫啈北（子宫肌瘤）、卟佷裆（不孕不育）等；

—— 龙路病（血管性疾病）：阿闷（胸痹）、静脉曲张、脉管炎等；

—— 火路病（神经系统疾病）：麻邦（脑梗死后遗症）、哪呷（面瘫）、巧尹（头痛）、年闹诺（失眠）、三叉神经痛等；

—— 免疫代谢性疾病：发旺（风湿病）、隆芡（痛风）、令扎（强直性脊柱炎）；

—— 外科疾病：能嘎累（臁疮）、富贵包、旁巴伊（肩周炎）、皮下脂肪瘤、乳腺增生、手术后皮瓣静脉瘀血、呗哝（脓肿和创伤性溃疡）等；

—— 皮肤科疾病：唝呗啷（蛇串疮）、能啥能累（湿疹）、痂怀（银屑病）、泵栾（脱发秃顶）等。

注：静脉曲张、脉管炎等血管性疾病应注意做相关检查排除血栓形成及堵塞，并评估其风险和做好提示及告知。

4.5 禁忌证

包括以下内容：

—— 活动性出血者，大量吐（咯）血者，出血性脑血管疾病（急性期）；

—— 血友病、紫癜等凝血功能异常有出血风险者，或大手术后；

—— 急性心肌梗死、高血压危象、呼吸衰竭、严重肝病及肝功能衰竭、急慢性肾衰竭、肿瘤晚期等引起恶病质状态；

—— 晕针或晕血者，对痛觉高度敏感者；

—— 经期月经量多或崩漏状态，孕期及产后（或小产后）1 个月内者。

4.6 慎用情况

以下情况慎用水蛭疗法：

—— 对水蛭恐惧者；

—— 糖尿病合并并发症者；

—— 大量饮酒后和严重肝病者；

—— 皮肤严重过敏者；

—— 精神病无法配合治疗者；

—— 体质较虚弱者；

—— 妇女经期；

—— 婴幼儿；

—— 长期服用抗凝药物者。

5 操作方法

5.1 签署知情同意书

诊疗前，对患者进行适应证、禁忌证和慎用情况评估。应获得患者同意，并取得患者或家属签署的诊疗知情同意书。

5.2 用物准备

经过净化并检验合格的医用水蛭、治疗车、治疗盘、一次性治疗单、无菌干棉球、医用棉签、无菌小方纱、无菌手套、注射针头、医用胶布、速干手消毒液、无齿镊、污物杯、生活垃圾桶、医疗垃圾桶、75%乙醇、茂康碘、生理盐水、止血粉、创可贴等。

5.3 体位选择

以患者舒适并能较长时间保持体位为原则。部位的选择侧重在患部、疼痛点或相应穴位，具体参照壮医常见治疗穴位图（附录 A）。

5.4 操作步骤

5.4.1 醒蛭

治疗前 10 min，应先将水蛭连同包装逐步提温至（26 ± 2）℃，有条件者升温速度应控制在 2 ℃ /h。当温度达到 28 ℃后，可用相同温度的生理盐水注入瓶管轻缓摇晃以清洗水蛭，或把水蛭放在容器内暂养待用。

5.4.2 定位

确定水蛭吸治的穴位 / 部位，做好标记。

5.4.3 消毒

用茂康碘消毒局部皮肤，待干，再用无菌生理盐水去除消毒部位茂康碘异味。

5.4.4 吸治

5.4.4.1 用无齿镊子夹取水蛭，用小方纱包住水蛭后端，引导水蛭头部吸盘对准治疗部位或刺血点定点吸血后固定，操作者全程监护。

5.4.4.2 水蛭吸血饱食后会自动脱落，一般历时 1h，如超 1 h 仍不脱落，可使用棉签蘸 75%乙醇涂在距水蛭吸盘 0.3 cm ～ 0.5 cm 处，水蛭会自动脱落。

5.4.5 清洁、消毒

用生理盐水清洗水蛭吸治的部位 2 ～ 3 次后，再用茂康碘消毒 1 次。

5.4.6 止血

用无菌干棉球按压吸治口 15 min，确认吸治口无渗血后，更换干净无菌干棉球加无菌方纱加压包扎后固定。

5.4.7 废弃物处置

吸过血的水蛭不应重复使用，应直接用 75% 乙醇浸泡令其死亡后作医疗垃圾处理。所有使用过物品，应严格按照消毒隔离规范化处理。

6 治疗剂量、时间及疗程

首次接受治疗者水蛭用量不宜多于 3 条，以后重复治疗时水蛭用量不多于 6 条。每周 1 ～ 2 次，每次水蛭吸血时间为 0.5 h ～ 1 h，连续治疗 2 周为 1 个疗程。第 2 个疗程开始，可根据病情的变化，重新选择施术穴位或部位。如上个疗程吸治口尚未愈合，可在吸治口附近选取新的部位或穴位，不宜重复在同一部位吸治。

7 特殊情况和注意事项

7.1 特殊情况

7.1.1 在下列情况下出现水蛭吸咬不成功或中途脱落：

—— 治疗部位的皮肤有药味、咸味和氯的气味；

—— 治疗部位有大伤疤（如烧伤或大疮愈合后）；

—— 接受水蛭治疗者皮肤过于寒冷；

—— 接受水蛭治疗者身上烟味过重；

—— 接受水蛭治疗者身上香水味过于浓烈。

7.1.2 局部反复擦拭清洁皮肤。如水蛭仍不吸吮，操作者可用无菌注射针头在选定的穴位或痛点快速浅刺至轻微出血。

7.2 注意事项

壮医水蛭治疗应注意以下内容：

——治疗前应与患者交代可能会出现色素沉着或留疤风险。颜面部治疗者，建议先在身体其他部位施术，无疤痕形成后再治疗；

——治疗过程中宜多饮温开水；

——低血压或情绪紧张者需监测血压；

——头、面部等部位注意防止水蛭爬入口腔、鼻腔和耳朵等；

——高血压患者在治疗结束后应观察 30 min 方可离开；

——吸治口如出现血液渗出纱布需重新加压包扎；

——24 h 内吸治口不可沾水。

8 不良反应及处理措施

8.1 过敏

应立即停止吸治，若症状轻微者无需特别治疗，必要时给予抗过敏药物治疗。

8.2 感染

伤口如出现感染，及时就医。

8.3 瘙痒

轻者用艾条灸熏瘙痒处，必要时及时就医。

附录A
（资料性）
壮医常见治疗穴位图

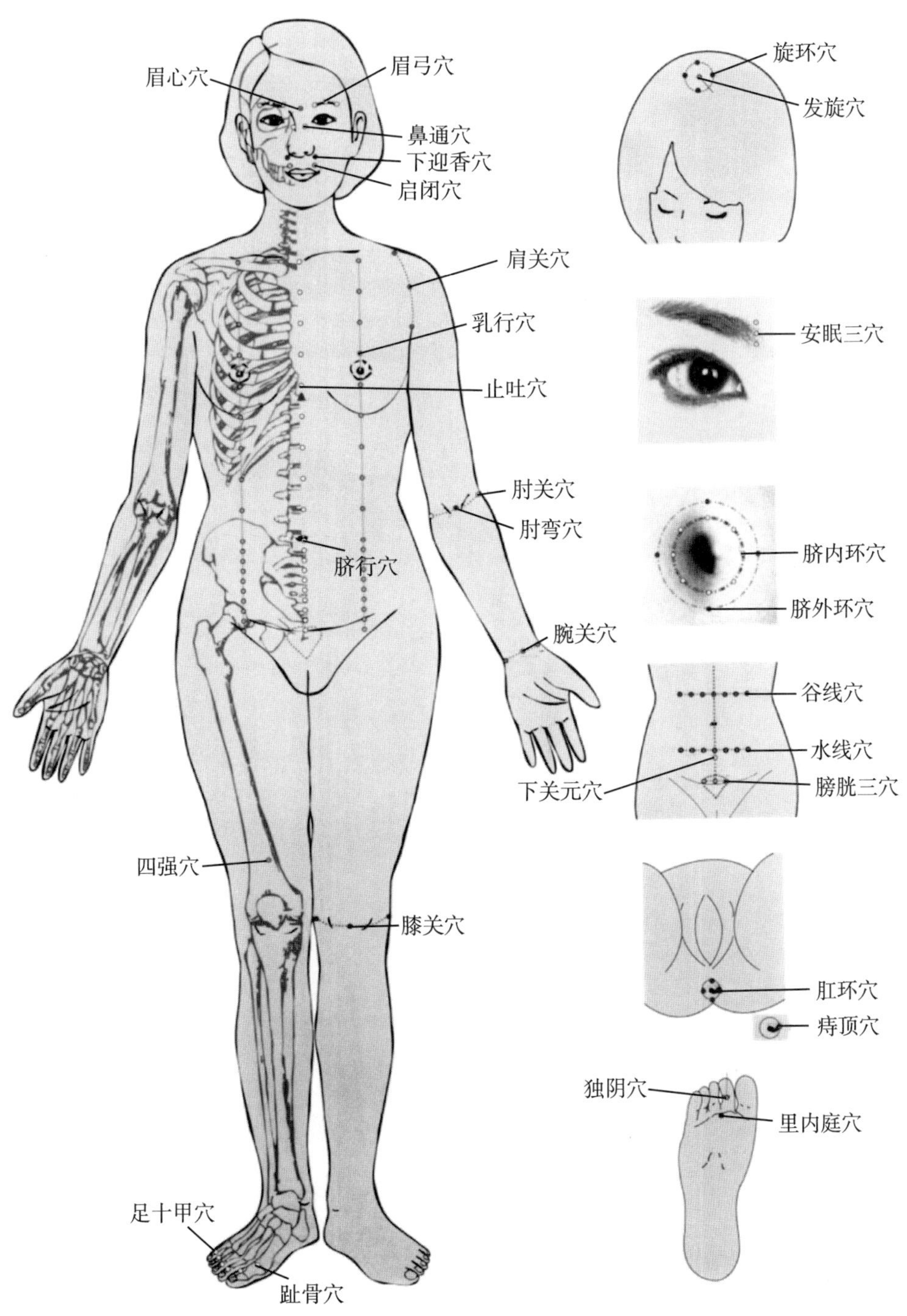

图 A.1　壮医常见治疗穴位图（正面图）

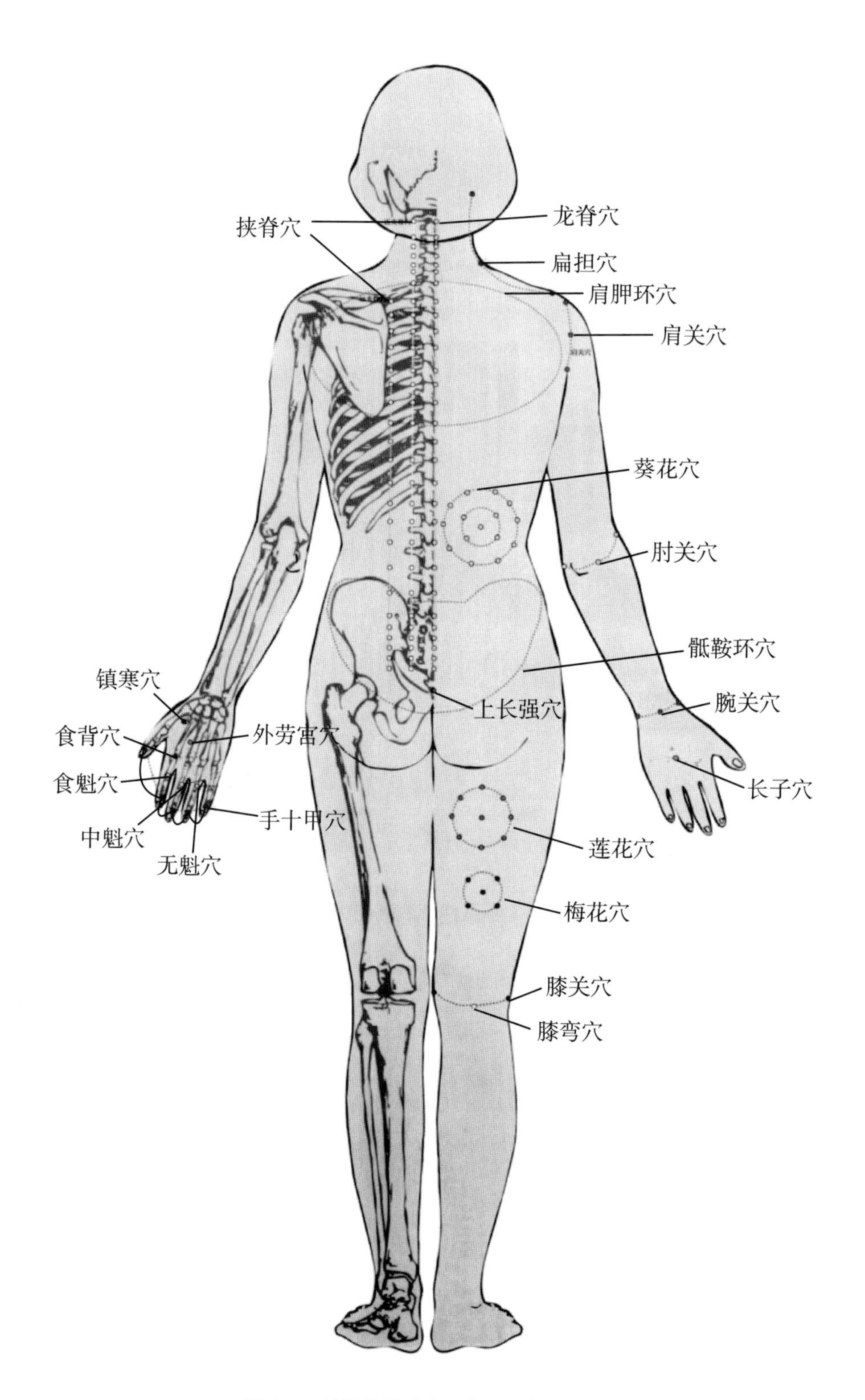

图 A.2 壮医常见治疗穴位图（背面图）

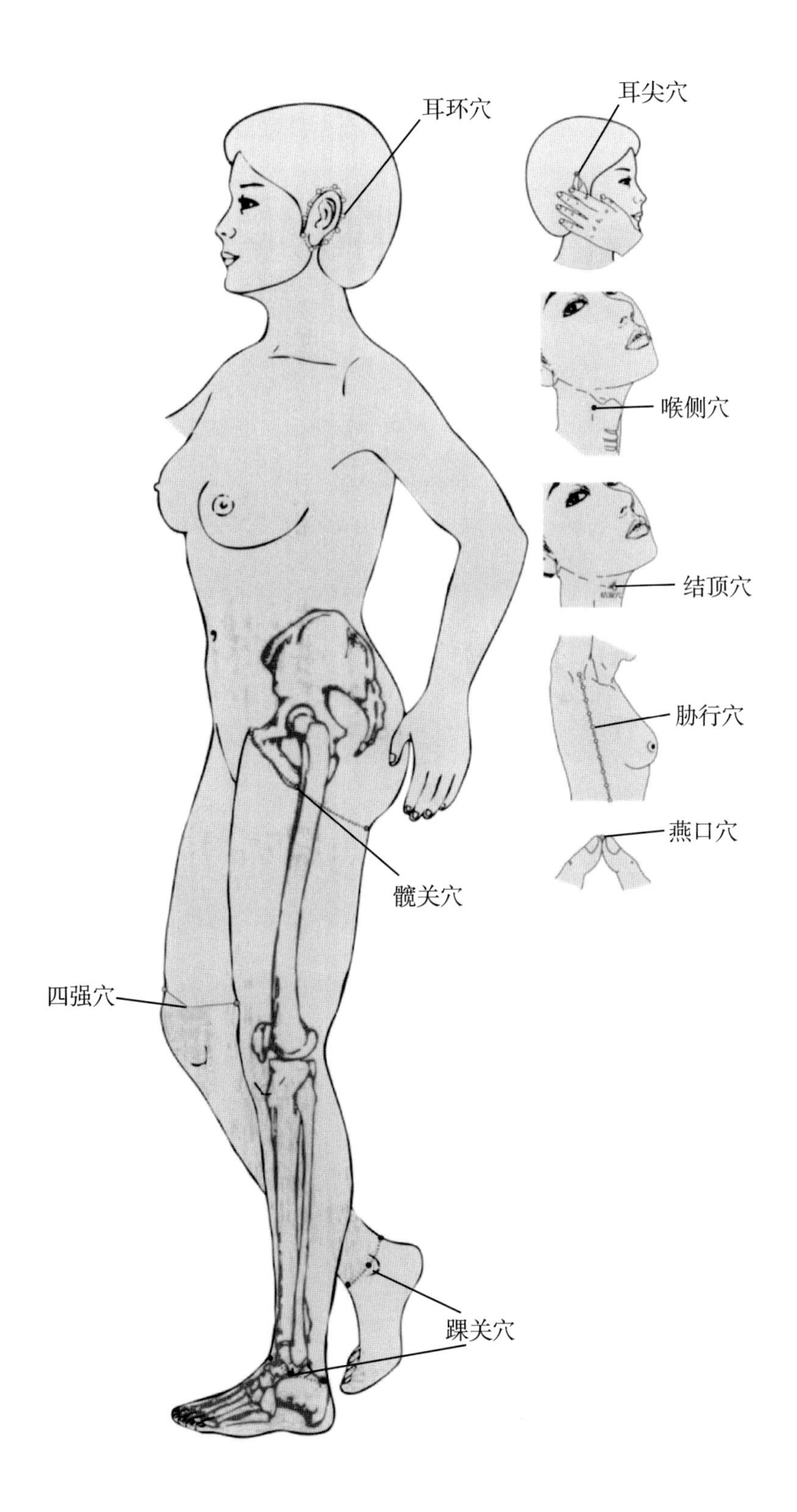

图 A.3　壮医常见治疗穴位图（侧面图）

附录 3

稻田菲牛蛭套养技术规范

1 范围

本标准规定了稻田菲牛蛭套养的术语和定义、环境与设施、放养前准备、种苗放养、套养管理、起捕及暂养技术。

本标准适用于稻田中套养菲牛蛭的养殖生产。

2 规范性引用文件

下列文件对于本文件的应用是必不可少的。凡是注日期的引用文件，仅所注日期的版本适用于本文件。凡是不注日期的引用文件，其最新版本（包括所有的修改单）适用于本文件。

《渔业水质标准》(GB 11607—89)

《无公害水产品产地环境要求》(DB 35/T 141—2001)

《无公害食品　渔用配合饲料安全限量》(NY5072—2002)

3 术语和定义

下列术语与定义适用于本文件。

3.1 菲牛蛭 *Hirudinaria manillensis*

物种分类隶属于环节动物门蛭纲无吻蛭目医蛭科牛蛭属。居住于中国华南地区的湖泊、池塘以及水田的淡水中，具有圆柱形的身体，稍扁平，约 32 节，在头端和尾端各有一个圆盘形的吸盘，背部棕绿色，有 3 条细密的绿黑色斑点组成的纵线，其中背中线粗大；身体侧面具有两条明显的橘红色纵线的水蛭，又称金边蚂蟥。

3.2 稻田套养菲牛蛭 intercropping of *Poecilobdella manillensis* in rice field

在水稻种植田中，放入一定比例的菲牛蛭，经过养殖，达到一定规格的种植养殖方法。

4 环境与设施

4.1 环境要求

4.1.1 产地环境符合《无公害水产品产地环境要求》（DB 35/T 141—2001）的规定。

4.1.2 水源水质符合《渔业水质标准》(GB 11607—89）的规定。

4.1.3 稻田水源充足、水质清澈无污染、保水力强、天旱不干、洪水不淹、排灌水便利且交通方便，每个单元面积 3335 ～ 6670 m^2 (即 5 ～ 10 亩)。

4.1.4 稻田内不应有水蛭的天敌，如龙虾、蛇、肉食性鱼类和青蛙等。

4.2 水稻品种选择

宜选择秸秆较高、能抗病害和倒伏的早熟水稻。

4.3 防逃设施

在稻田的四周和排水口布上 80 目尼龙防逃网，要求将网片插入土中 20 ～ 30 cm，比土面高出 1 m。

5 放养前准备

5.1 挖建

稻田以“田”字形结构挖建，水稻田中间挖 0.5 m 深、0.8 m 宽的“十”字形水沟，稻田周边与田埂接壤处开挖“口”字形水沟为 0.8 m 深、1.5 m 宽。使用挖建沟的土壤堆建 1.5 m 宽且比稻田高出 1 m 的田埂。田埂上安装上述防逃设施。并在进排水口处设置上述防逃网。

5.2 进水

种植水稻之前 10 d 开始注水，注入新水时要用 80 目尼龙网过滤，初始进水层约 10 cm，在水稻生长中期可增加到 20 cm。

5.3 消毒

进水后立即按 7 kg/667 m^2 的比例投放漂白粉水溶液进行全稻田泼洒消毒，漂白精用量减半，放置 15 d 以上。

5.4 肥水

消毒后，按 50 kg/667 m^2 的比例在稻田内施撒发酵好的农家肥。此时水位较浅，随着水的加深，要逐步增加施肥量。

6　种苗放养

在种植水稻 7 d 后开始放养水蛭，放养水蛭应个体完整、无损伤、无病灶、活动敏捷。水蛭放养前用 20 mg/L 高铁酸钾溶液浸泡 15 ～ 20 min，然后用清水冲洗 3 次，每次 5 min。放养密度为 5 kg/667 m^2。放养规格为 0.5 ～ 1.0g/ 条。

7　套养管理

7.1　投喂

饲料为畜禽血液，应符合 NY 5072 的规定，可通过屠宰场获取猪血、牛血等当天新鲜血液，装入人工肠衣或猪（牛）小肠内投喂，投喂最好选择在清晨或者傍晚，投放地点在水沟内均匀投放。投喂周期为 3 ～ 7 d，幼蛭 3 d 投喂 1 次，大苗 7 d 投喂 1 次，投喂量为菲牛蛭重量 10%～ 15%。

7.2　施肥、施药

7.2.1　稻田施入有机肥，在水稻后期管理期间，禁止使用化学农药，如需使用应使用低毒生物农药。

7.2.2　喷洒农药前把稻田中的水排放露出泥土，菲牛蛭进入泥土中后再进行喷洒。喷洒完后立即往稻田内加注新水，排水和注水同时进行，让稻田中的水交换 2 ～ 3 次。

7.3　病害防治

菲牛蛭常见病症状表现为死前身体肿大，游动无力，常潜伏池底不动；死后身体柔软如泥；剖检见体内充满大量带有恶臭味的体液，呈浅黄色，内脏腐烂；或腹部出现红斑，肛门红肿，食欲减退；剖检肠管见局部充血发炎，肠内黏液较多；或皮肤有硬结节等。

病害防治应以预防为主，在夏季高温季节里如发现有大量病死水蛭，应选用适宜的抗生素（如喹诺酮类）等药物拌入血浆液中进行投喂 2 ～ 3 次，7 d 之后水中泼洒益生菌。具体使用浓度可参照用药说明书。

7.4　换水

定期更换稻田中的水，一般 15 d 更换 1 次，每次换 1/5 的水。

7.5 巡查

观察水质变化、生长情况，做好日常记录。检查稻田四周的防逃围栏是否完整，每周巡视 1 次。

8 起捕及暂养技术

8.1 起捕

在气温低于 15 ℃之前 10 ～ 15 d 开始捕获。前期捕获可以采用牛血诱捕方法，即先将干稻草扎成两头紧中间松的草把，将牛血注入草把内，在傍晚或者清晨的时间将若干个带有牛血的草把横放在水沟里处，2 ～ 3 h 后即可取出草把，收取水蛭。后期捕获时放干沟池内水后，采用人工捕捉。捕捞工作应在水蛭入土越冬之前 2 周内完成。

8.2 暂养

将捕获的水蛭放入盛有 1/4 清水的容器或者水泥池内暂养，如采用自来水，应暴晒除去氯方可使用。容器开口的四周用纱布盖严，防止水蛭逃脱。其间禁止喂食。

附录 4

医用水蛭企业执行标准

1 医用水蛭复鑫益企业执行标准范围

本标准规定了医用水蛭的术语和定义、使用原则、技术要求、试验方法、检验规则、标志、标签、包装、运输、存储和处置。

本标准适用于医用水蛭的生产。

2 规范性引用文件

下列文件对于本文件的应用是必不可少的。凡是注日期的引用文件，仅所注日期的版本适用于本文件。凡是不注日期的引用文件，其最新版本（包括所有的修改单）适用于本文件。

《包装储运图示标志》(GB/T 191—2008）

《计数抽样检验程序　第 1 部分：按接收质量限（AQL）检索的逐批检验抽样计划》(GB/T 2828.1—2012）

《食品安全国家标准　食品微生物学检验　副溶血性弧菌》检验（GB 4789.7—2013）

《食品安全国家标准　食品微生物学检验　金黄色葡萄球菌》检验（GB 4789.10—2016）

《食品安全国家标准　食品中总砷及无机砷的测定》(GB 5009.11—2014）

《食品安全国家标准　食品中铅的测定》(GB 5009.12—2023）

《食品安全国家标准　食品中镉的测定》(GB 5009.15—2023）

《食品安全国家标准　食品中总汞及有机汞的测定》(GB 5009.17—2021）

《分析实验室用水规格和试验方法》(GB/T 6682—2008）

《渔业水质标准》(GB 11607—89）

《医疗器械生物学评价》(GB/T 16886）

《致病性嗜水气单胞菌检验方法》(GB/T 18652—2002）

《定量包装商品净含量计量监督抽查工作规范》(DB5301/T 16—2019)

《渔药使用规范》(SC/T 1132—2016)

《进出口食品中绿脓杆菌检测方法》(SN/T 2099—2008)

《进出口食品中变形杆菌检测方法 第1部分：定性检测方法》(SN/T 2524.1—2010)

《进出口食品中幽门螺杆菌的检验方法》(SN/T 3724—2013)

3 术语和定义

下列术语和定义适用于本文件。

3.1 医用水蛭

一种实验室培养的吸血水蛭——菲牛蛭，物种分类隶属于环节动物门蛭纲无吻蛭目医蛭科牛蛭属，生活于中国华南地区的湖泊、池塘以及水田等淡水环境中。具有圆柱形的身体，稍扁平，约32节。在头尾两端各有1个圆盘形的吸盘。背部棕绿色，有3条细密的绿黑色斑点组成的纵线，其中背中线粗大；身体侧面具有2条明显的橘红色纵线。

4 使用原则

4.1 总体要求

在医院、诊所及医生的指导下使用，遵循禁忌事项。如出现不良反应应立即停止使用并就医问诊。

4.2 适用范围

主要应用于手术外科创口修复，缓解皮肤外部局部淤血，缓解局部痛风，缓解脑卒中、心肌梗死、血栓等心脑血管疾病。

4.3 禁忌事项

有凝血机制障碍者（包括凝血酶减少、血小板减少性紫癜、糖尿病、血友病、再生障碍性贫血、白血病等）、传染病和急危重症者、孕妇、产妇、经期妇女、未成年人及酗酒者不应使用此疗法。

5 技术要求

5.1 原材料要求

5.1.1 选育品种为吸血水蛭：菲牛蛭（俗称金边蚂蟥）。抽查选育水蛭不含致病菌或不明传染物质。

5.1.2　选用在符合国家中药材生产质量管理规范（GAP）环境下养殖出来的性已成熟且年龄在 3 年以上的活体金边蚂蟥作为种蚂蟥，以其繁育出来的第二代成年水蛭个体。

5.1.3　第二代水蛭经过 3 ～ 5 个月的室内无土培养后，再进行无土饥饿净化养殖处理 1 个月以上。

5.1.4　无土饥饿净化养殖后转移至无菌实验室进行除菌养殖处理 1 个月以上。

5.1.5　采用致病菌检测方法和专用仪器设备监测后合格的成品个体。

5.1.6　养殖用水符合《渔业水质标准》(GB 11607—89）要求。

5.2　感官指标

感官指标应符合表 1 的规定。

表 1　感官指标

项目	指标
色泽	色泽应均匀，呈暗黄、暗绿或暗黄绿色，无杂色斑
气味	具有医用水蛭特有气味，气微腥
性状	长椭圆形，长条形，柳叶状，扁平或扭曲，有少许环节突起，较光滑。前段略尖，后端钝圆，两端各具 1 吸盘。前吸盘不显著，后吸盘较大
杂质	无可见外来杂质

5.3　净含量指标

医用水蛭成品每条重 2 ～ 3 g。

5.4　微生物指标

微生物指标应符合表 2 的规定。

表 2　微生物指标　（单位：CFU/g）

项目	检测部位	指标
金黄色葡萄球菌	体表、体内	不得检出
嗜水气单胞菌	体表、体内	不得检出
幽门螺杆菌	体表、体内	不得检出

续表

项目	检测部位	指标
变形杆菌	体表、体内	不得检出
绿脓杆菌	体表、体内	不得检出
副溶血性弧菌	体表、体内	不得检出

5.5 污染物限量指标

污染物限量指标应符合表3的规定。

表3 污染物限量指标 （单位：mg/kg）

项目	指标
铅	≤0.5
无机砷	≤0.5
镉	≤0.1
甲基汞	≤0.1

5.6 安全性

安全性应符合医疗器械生物学评价（GB/T 16886）的规定。

5.7 渔药使用

渔药使用应符合《渔药使用规范》(SC/T 1132—2016）的规定。

6 试验方法

6.1 抽样

按照《计数抽样检验程序 第1部分：按接收质量限（AQL）检索的逐批检验抽样计划》(GB/T 2828.1—2012）规定的抽样规则进行抽样。

6.2 试验用水

试验用水应按照《分析实验室用水规格和试验方法》(GB/T 6682—2008）的规定执行。

6.3 感官指标

采用目测、鼻嗅等方法进行检测。

6.4 净含量指标

净含量指标应按照《定量包装商品净含量计量监督抽查工作规范》（DB5301/T 16—2019）规定执行。

6.5 致病微生物指标

致病微生物指标应按照《食品安全国家标准　食品微生物学检验　副溶血性弧菌检验》（GB4789.7—2013）、《食品安全国家标准　食品微生物学检验　金黄色葡萄球菌检验》（GB4789.10—2016）、《致病性嗜水气单胞菌检验方法》（GB/T 18652—2002）、《进出口食品中绿脓杆菌检测方法》（SN/T 2099—2008）、《进出口食品中变形杆菌检测方法　第1部分：定性检测方法》(SN/T 2524.1—2010)、《进出口食品中幽门螺杆菌的检验方法的方法》(SN/T 3724—2013）检测。

6.6 污染物限量指标

污染物限量指标应按照《食品安全国家标准　食品中总砷及无机砷的测定》(GB 5009.11—2014)、《食品安全国家标准　食品中铅的测定》(GB 5009.12—2023)、《食品安全国家标准　食品中镉的测定》(GB 5009.15—2023)、《食品安全国家标准　食品中总汞及有机汞的测定规定的方法检测》(GB 5009.17—2021)。

7 检验规则

7.1 检验分类

产品检验分为出厂检验和型式检验。

7.1.1　出厂检验

7.1.1.1　每批产品须经本企业质检部门按本标准进行抽样检验，经检验合格签发检验合格证后方可出厂。

7.1.1.2　感官指标、致病微生物指标、污染物指标、净含量为每批产品的必检项目。

7.1.2　型式检验

有下列情况之一时，需对技术要求的全部指标进行检验：①正常生产时，每年1次；②停产6个月以上再生产时；③产品质量不稳定时；④原料、配方或工艺改变时；⑤国家相关监督部门提出检验要求时。

7.2 判定规则

指标有 1 项以上（包括 1 项）不符合本标准时，应从同批产品中双倍量抽样复检不符合指标，如仍不符合本标准规定的，整批产品判为不合格。

8 标志、标签、包装、运输

8.1 标志、标签

产品外包装图示标志应符合《包装储运图示标志》（GB/T 191—2008）的规定，产品标签应符合相关规定。

8.2 包装、运输

8.2.1 选择灭菌消毒的玻璃器皿、塑料器皿或网袋等装载容器，采用干净卫生、无菌并具有质量轻、吸水、保湿性能好的材料，如泥土、吸水纸、木屑、谷壳、海绵、棉花等进行保湿。

8.2.2 装运前先将水蛭进行缓慢降温至接近生态冰温点的休眠状态，降温梯度每小时不应超过 5 ℃，保湿材料和装载容器在装运前应先加湿并冷却至相同的温度。对泡沫箱进行预冷却，冷却方式有冰舱外预冷和冰舱内预冷。

8.2.3 包装时先在装载容器底部铺上经加湿及冷却的保湿材料，厚度为 1.5 ～ 2 cm，然后放入水蛭，盖紧瓶盖或扎紧袋口，放进泡沫箱中，泡沫箱立即加盖封箱，且盖口要加免水胶带顺封 2 周。

8.2.4 采用保温车运输，可调控温度至接近水蛭的生态冰温点，若无控温设备，温度高时可在泡沫箱中放入冰袋降温，加冰量以气温条件而定。

8.2.5 运输容器、设备应专用，不得与有毒有害物质混装运输。

8.2.6 运输时间一般控制在 72 h 内为佳。

8.2.7 运输完成后及时取出，再次消毒包装器皿和用无菌生理盐水清洗医用水蛭。

9 存储

9.1 不得与有毒有害物品混放，使用器具应进行消毒，在 15 ～ 30℃的条件下进行避光存储。

9.2 每天使用无菌生理盐水换洗医用水蛭，在换洗过程中使用器皿应先消毒，并佩戴一次性医用手套进行操作。

9.3 定期对用水进行化学污染物和生物污染物进行测试。

9.4 如出现水蛭个体异常应及时隔离。

10 处置

10.1 在任何可能暴露人体体液的场合，处置时应强制穿着私人装备，操作人员应一直佩戴手套。

10.2 用于患者治疗后的水蛭浸渍于75%（或更高浓度）的乙醇溶液至少5 min后处死，不得重复使用。

附录 5

复鑫益：建设百姓可信赖的中医药企业

党的十八大以来，国家对扶持“三农”做出了具体安排，尤其是对发展现代农业，促进广大农民群众发家致富走进小康社会给予了重点关注与支持。随着科技的发展与环境的变化，中医药产业的药材原材料越来越依靠养殖和种植。当现代农业遇上中医药产业，对中医药产业的发展、农民创收及全民健康带来哪些影响，值得一探究竟。

一、菲牛蛭养殖

平南县菲牛蛭养殖业发展形势良好。广西平南县位于西江上游，水源充沛，地处低纬度地区，气候温和，光照充足，具备发展农业养殖、种植的诸多优势条件。平南县水陆交通便利，方便物资流通，距贵港市约 126 千米，距南宁市约 300 千米，距广州市 400 多千米。农业在当地发展中占有主要地位，历史上一直以种植业为主，兼营林、渔、牧业等，其中农业生产主要是人工操作，属于自给自足的自然经济，生产效率低，发展不稳定。随着科学技术进入了农业领域，平南县优质的自然条件得到了充分利用，农业发展扩展到了药材种植上。菲牛蛭是当地极具特色的药材，在科技的引领下，菲牛蛭养殖进入了现代农业模式，并取得了可喜的成绩。

菲牛蛭，俗称金边蚂蟥，是世界上众多水蛭中药用价值最高的一种，属于广西特有的药用动物资源，具有破血、逐瘀、通经的功效。菲牛蛭的主要有效成分为一种抗凝血物质——水蛭素。作为常用的活血化瘀的中药成分，水蛭素在临床上广泛用于治疗脑出血、冠心病、脑水肿等疾病。现代医学认识中，菲牛蛭的药用功效多样，可通过多种途径保护内皮细胞，降低血脂，防治动脉粥样硬化及多种心脑血管疾病，效果显著。此外，菲牛蛭中含有 18 种氨基酸，可以说全身都是宝。

复鑫益专注菲牛蛭的养殖、研发、生产、应用及拓展延伸，是一家综合型、集团化运营的生物医药高新技术企业。复鑫益董事长谢海林曾说："随着科学技术的不断改进，水蛭的药用领域还将会有新的延伸和扩展，而且随着环境改变，中药材野生资源越来越少，我认为现代农业养殖模式势在必行。"

二、菲牛蛭养殖示范基地

复鑫益位于广西贵港市平南县平南工业园农民工创业园，该创业园项目于 2012 年 8 月 18 日开始建设，截至目前已投入 1000 万元人民币用于完善前期基础设施。创业园总投资 3.5 亿元人民币，规划占地面积 30 万 m^2，已建成两期。其中一期占地 13.33 万 m^2，已建成 13 栋标准化工业厂房，面积共 15.56 万 m^2，二期预计占地 16.67 万 m^2。未来规划将其建设成农民工生活配套区、物流中心和仓储中心。

平南县地理位置优越，是养殖菲牛蛭的理想之地。复鑫益目前已拓展菲牛蛭养殖面积达 133.33 万 m^2。复鑫益旗下拥有多家控股子公司，其中平南县金边菲牛蛭养殖有限公司（以下简称金边养殖）和康愉生物分别掌管菲牛蛭的养殖和生产环节。菲牛蛭养殖是复鑫益的核心业务之一，公司科研团队经验丰富，与苏州大学联合形成"协同创新中心"合作。其研发的菲牛蛭育苗及养殖技术科研成果，已申报了国家专利。金边养殖采取"合作社 + 养殖户"加盟的模式运营，现已有菲牛蛭养殖合作社十余个，养殖户范围更是扩展到了广西区内外多个市县。复鑫益不仅为养殖户提供技术支持，还保价回收菲牛蛭药材，定期为养殖户培训养殖技术，打消了他们可能出现的产品滞销的顾虑。复鑫益带领当地民众脱贫致富，促进了平南县水蛭养殖产业的发展，也为现代农业的发展探索出了新模式。

三、创新"蚂蟥素"

2014 年复鑫益在广西南宁市注册成立，它的鲜明特色与蓬勃发展得到了贵港市平南县政府的热烈关注与高度重视。2015 年，复鑫益积极响应家乡平南县的招商引资政策，迁址落户平南县工业园，与县政府签约菲牛蛭养殖与研发提取加工项目，平南县政府主要领导出席见证签约仪式，复鑫益菲牛蛭项目正式立项备案，项目总投资 3 亿元人民币。2017 年，平南县政府进一步支持水蛭多肽蛋白素（蚂蟥素）

生物医药项目入园，并无偿提供了20000 m^2的标准工业厂房，为期3年。该项目落成后能为当地提供近300人的就业岗位，年生产蚂蟥素产品8000万片，年产值约4.5亿元人民币，每年纳税不低于400万元人民币。

复鑫益从首府迁回家乡是出于对菲牛蛭中药原材料质量把控的考虑。平南县是养殖菲牛蛭的优质地区，复鑫益迁回平南县，可获取到更优质的中药水蛭资源，制作更有效的产品，这也是菲牛蛭项目战略发展的需要。

“最重要的是，我也是土生土长的平南人，在外漂泊创业多年，历经风风雨雨，尝遍酸甜苦辣，内心始终充满了对家乡无限的眷恋，现在只是我自己富起来了，这并不值得骄傲。我响应家乡号召，把菲牛蛭项目迁回平南，带动家乡的父老乡亲们积极参与进来，帮助他们养殖加工菲牛蛭，辛勤劳动脱贫致富，促进税收，也算是我为家乡的发展贡献出绵薄之力。”谢海林深情地说。

四、助力“健康中国”

2015年，国家出台了《中药材保护和发展规划（2015—2020）》，对当前和今后一定时期内我国中药材的资源保护和中药材的产业发展进行了全面部署，涉及部门将共同推进规划的落实，解决好重要的质量和资源问题，保障民众用药安全。根据调查发现，野生变家种，道地药材到异地种植以及种植过程中使用农药、化肥等都可能影响到药材的质量。所以，选择优质的药材来源是公司发展的长期战略规划，只有将优质的中药原料与现代科技相结合，才能提高药品的质量及产量。

健康中国已经上升为国家战略层面，国家对健康产业的发展极其重视，促进健康产业的健康发展也是建设健康中国进程中的重要一环。

谢海林说：“成立企业目的当然是为了赚钱，但让企业良性发展是每个企业家的愿望。创新是实现企业发展的原动力，企业只有不断创新创造更有价值的产品，真正帮助患者解决疾病问题，才能促进全民健康，为建设健康中国助力。”

从事健康产业的企业也应在国家的宏观领导下充分发挥主观能动性，自主创新，以科技带动现代农业的发展，促进农业创收，从而提高人民的生活水平。复鑫益承担着生产优质产品、促进全民健康的重任，在带动农民全面发展之路上也将全力以赴。

附录 6

皮瓣挽救时的水蛭疗法：系统评价和实践

〔摘要〕50 多年来，医用水蛭一直是整形外科医生的有力治疗工具，在外科手术中是很常见的。但在静脉淤血的皮瓣修复方面，其使用仍然需要授权。

材料和方法

我们对 1960 年到 2015 年用于皮瓣修复的水蛭疗法进行了系统评价，并分析了 121 篇文章，随后进行了 41 周的研究。同时收集了 43 例病例，有的应用浸出疗法治疗静脉功能不全的带蒂或游离皮瓣，修复手术未能促进皮瓣的血管生成，有的皮瓣不适合需进行挽救手术。收集的数据涉及相关适应证、治疗流程、疗效、辅助治疗、药物不良反应和并发症等。

结果

数据显示，水蛭治疗的成功率为 65% ～ 85%（本次统计数据为 83.7%）。水蛭最佳使用时间为 2 ～ 8 h，而治疗总持续时间为 4 ～ 10 天。可以根据皮瓣的体积确定要施用的水蛭数量。研究发现，近 50% 的患者需要输血和预防嗜水气单胞菌感染。环丙沙星和复方新诺明组合是目前最合适的预防性抗菌方案。

结论

带蒂皮瓣或游离皮瓣静脉功能不全的患者（或不建议进行皮瓣修复手术患者），可采用医用水蛭活体生物疗法。尽管相关文献之间有较大区别，但本研究已经尝试提出一种特定的方案，其将剂量、给药途径、给药频率和适当的预防性抗体疗法结合在一起，为整形外科团队提供治疗和管理静脉淤血的实用方法和信息表。

尽管重建手术有实质性的进展，尤其是显微外科手术，但是在移植和再植组织中，静脉淤血仍然是一个频繁发生和具有挑战性的术后并发症。虽然部分静脉阻塞能在 3 ～ 10 h 被新生血管所抵消，但是管腔塌陷或静脉血栓形成造成的完全阻塞会在 3 h 内导致严重的微循环病变，并在 8 ～ 12 h 内使不可逆微循环病变达到顶峰，出现皮瓣内无再流现象，随后发展为组织坏死。尽管早期修复手术中常用，但在受损组织中重建生理循环并不足够有效。在这种情况下，使用水蛭（也称为水蛭疗法）成为一种所有整形外科医生都熟悉的实用技术。其与幼虫疗法都是使用复杂生物的罕见生物疗法。因为欧洲医蛭 *Hirudo medicinalis* 效果优异，在当今医学中最为常用。目前，只有一家位于阿卡雄盆地名为 Ricarimpex ® 的公司，以工业规模养殖医用水蛭。

2000 年前，水蛭主要用于治疗静脉炎和痔疮，偶尔用于放血。到 1830 年，法国成为水蛭疗法的世界领导者，每年有数亿条水蛭投入使用。然而，在接下来的几十年里，长期的霍乱流行和路易斯・巴斯德提倡的无菌技术应用压制了一度流行的水蛭疗法。

20 世纪，各种相互矛盾的学术观点交织在一起。一方面，1974 年法国社会保障部门对水蛭疗法的报销被正式终止。另一方面，法国外科医生在很大程度上启动了水蛭使用的新篇章，特别是整形外科手术。20 世纪 60 年代，Derganc 和 Zdravic 等人记录了水蛭治疗带蒂皮瓣静脉充血的功效。20 世纪 70 年代，Jacques Baudet 强调了水蛭疗法对游离皮瓣静脉淤血的作用。20 世纪 90 年代，Foucher 和 Norris 研究了水蛭在远端和极远端手指再植手术中的作用。而在美国，直到 2004 年 FDA 才批准使用水蛭。

水蛭有很多优点，特别是用于治疗血栓栓塞性疾病及其后遗症、关节炎、肌腱炎、高血压、脑梗死、暴发性紫癜和偏头痛等疾病方面，在整形外科手术中，水蛭被广泛认为是领先且难以替换的治疗手段。医用水蛭活体生物疗法被认为有助于带蒂皮瓣、乳头 – 乳晕复合体、游离皮瓣、断指再植、耳朵、嘴唇、鼻、阴茎和其他器官或器官碎片的挽救修复，这些器官多具有静脉功能不全的情况，无法通过翻修手术来弥补。

尽管人们已经认识到水蛭的治疗功效，但是仍缺乏使用它们的指导方针，尤其是用于皮瓣挽救时。我们在多个研究中心的经验基础上对文献进行系统评价，希望综合有关医用水蛭的现有知识，阐明水蛭的作用机制、相关适应证、治疗方式、可能的并发症及预防方法。在尝试优化医用水蛭的治疗用途时，综合考虑是非常重要的。

一、水蛭的介绍及其作用机制

水蛭是一种吸血、雌雄同体的环节动物，体长 3 ～ 5 cm，禁食时体重 1 ～ 2 g；吸盘位于其身体的 2 个末端（见图 1），其前端组织结构比后端更为精细，前端有 1 个吸盘，上面有 3 个 Y 形可伸缩钳口。水蛭可以在 1.5 ～ 2 h 内摄取 5 ～ 20 mL 血液。之后可以 100 天不进食。人或动物被水蛭叮咬后 6 ～ 8 h 内，血液会从叮咬部位大量流出，且持续缓慢出血 1 ～ 2 天。

图 1　从上面观察水蛭，其前端包含水蛭进食的吸盘，运动末端帮助它简单地爬行并找到位置

为使吸食部位血液不凝结，以便水蛭消化血液，其分泌的唾液中含有多种活性物质，如抗凝剂、血小板聚集抑制剂和蛋白酶抑制剂。1884 年，Haycraft 首次在水蛭唾液腺中鉴定出一种抗凝血物质，被称为水蛭素。作为一种强效的抗凝剂，它通过代替纤维蛋白原以抑制凝血酶，也会影响凝血因子 Xa 催化凝血酶原转化为凝血酶。水蛭素的特性使得水蛭在吸血时将血液流动成为可能。水蛭唾液中含有血小板功能抑制剂（胶原酶、前列腺素等），是其吸血后持续出血的原因。此外，水蛭唾液中还含有蛋白酶抑制剂、蛋白酶，如透明质酸酶和 pyrase，可以降低间隙液体的黏度，提高其他物质的深度渗透能力。水蛭唾液中具有类似组胺的血管舒张物质和强效的麻醉物质，使咬伤无痛感。

二、文献综述与多个研究中心回顾性调查

在 Pubmed、Cochrane 和 EmBASE 平台上对 1960 年 1 月至 2015 年 12 月的文献进行了检索及系统评价，包含关键词为“leeches”“leeching”“leech therapy”“Medicinal leech”“Flap”“Flaps”等 121 篇文章，所寻求的数据涉及局部区域或游离皮瓣的适应证、给药方法、治疗功效、辅助治疗、药物不良反应和并发症，排除重复数据。在 121 篇文章中，有 41 篇专门涉及在皮瓣挽救中使用水蛭。我们确定了 25 个系列病例和 335 个皮瓣病例中的 16 个临床病例，纳入的研究证据级别较低（根据美国整形外科学会的标准，Jadad 或 Oxford 评分为 0 到 1，证据水平为 4 或 5）。

同时，应用相同的标准，收集并研究了多个研究中心在过去 5 年里皮瓣挽救中利用水蛭的经验。我们整合了 43 名接受水蛭治疗挽救带蒂或游离皮瓣的患者数据，以制订良好的实践指导方针。

三、皮瓣手术中的水蛭疗法适应证：静脉功能不全

静脉功能不全常在术后 1 小时内出现，并随着充血逐渐恶化。皮瓣皮岛加速毛细血管再充盈（小于 2 秒），在几个小时内，由深粉红色变成紫红色（见图 2）。通常，医用敷料会被弄脏，皮瓣的边缘会自发地流出深红色的血液。

明确早期完全静脉功能不全是非常重要的，这会影响大部分游离皮瓣或带有骨蒂的穿支皮瓣；应把早期静脉功能不全和晚期静脉功能不全区分开来，晚期静脉功能不全通常位于远端，并率先影响局部随机皮瓣或局部区域带蒂皮瓣，此时，皮瓣是苍白的，淤血会发生的比较晚。

混合（动脉和静脉）循环不足会出现类似的皮瓣或组织颜色加深，但这并不是由充血引起的。针刺伤引起的血液渗出比单纯的静脉功能不全少，而且颜色较暗。在这些混合病例中，使用水蛭被认为是有害的。应当注意的是，这些病例最常发生在静脉功能不全的晚期阶段，此时毛细血管静脉压阻碍动脉血液流入，从而在循环停止之前导致动脉血栓形成（即无回流现象）。

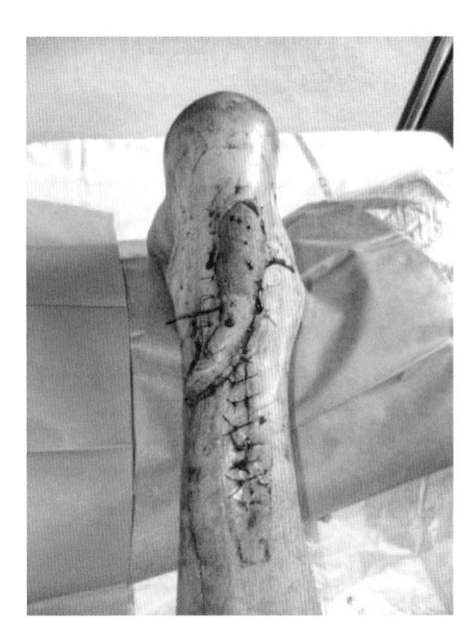

图 2　腓骨带蒂穿支皮瓣典型远端静脉超负荷的实例，
水蛭疗法（6 天）后不需要额外的外科干预就能完全挽救皮瓣

清楚地区分病理充血性静脉功能不全非常重要也非常困难，这是由一些游离皮瓣或带蒂穿支皮瓣的流变生理适应现象引起的，其特异性在于皮瓣挽救后 6 ～ 12 h 内迅速呈现粉红色（见图 3），该现象是快速、可逆的，并且与其他迹象（充血、边缘出血）无关。在没有量化监测（多普勒、激光多普勒、血氧测定、微透析等）的情况下，针刺可偶尔用于观察此状态下的血液颜色。

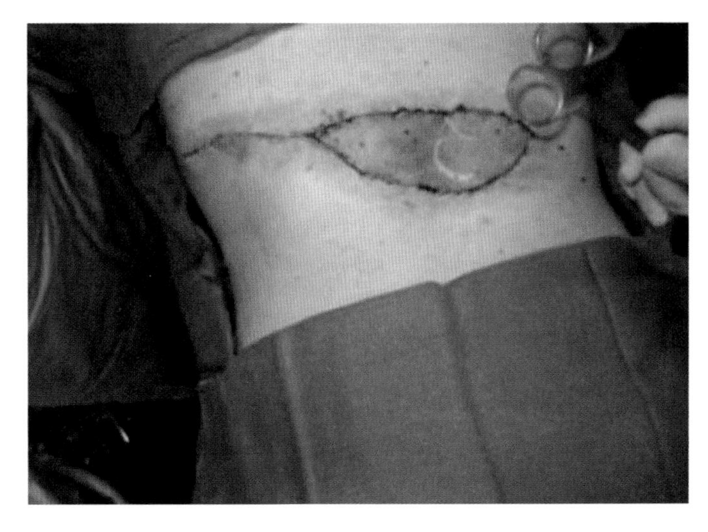

图 3　皮瓣挽救术后 6 ～ 12 h

背侧肋间动脉穿支皮瓣植入过程中出现静脉超负荷的假象。经过 3 h 的密切监测后，皮瓣恢复了正常皮肤的充盈状态，除了毛细管快速充盈阶段，未出现任何充血迹象。

1. 局部随机皮瓣

对于局部随机皮瓣，远端静脉功能不全的情况经常发生；它通常是混合性的，并且难以通过手术修正来改善。但是，在引入水蛭疗法之前，应考虑释放皮瓣边缘或底部的一些张力，通过两步程序将皮瓣返回到其初始位置。

2. 局部区域带蒂皮瓣

一些远端的皮瓣，如逆行腓肠神经营养血管皮瓣，时常被认为处于充血状态。确实，在皮瓣介入期间或之后通常可以观察到充血；其在术后最初几个小时出现，形成一个远端的紫色区域，当手术修补显得毫无意义时，需立即进行水蛭治疗。然而，当充血影响整个皮瓣时，可能是螺旋穿孔皮瓣由于扭曲而完全塌陷，仍然需要进行修补手术，其目的是通过将皮瓣返回其初始位置减压或解开带。在 48 h 后，不再充血的皮瓣返回到合适的位置。这种延迟过程应始终被视为大型或大量皮瓣的合理选择，水蛭的功效是有限的。86% 的相关病例（37/43）使用了水蛭疗法治疗带蒂皮瓣。

除了手指或其他小器官的再植，如耳部的耳郭部分，水蛭不会取代静脉微吻合手术。如果手术修补未能改善局部状况或在医学技术上无法实现，则倾向于使用水蛭进行皮瓣显微手术。对于游离皮瓣尤其是穿孔皮瓣，出现远端功能不全时，或当静脉穿孔与动脉穿孔不一致时，可以使用水蛭疗法。大量皮瓣远端功能不全常常出现较晚，应在受影响的区域迅速应用水蛭，并且所需水蛭的数量应大于带蒂皮瓣。14%（6/43）的患者使用了水蛭疗法治疗游离皮瓣。

实际上，如果功能不全需要进行吻合手术，从做出决定到采取行动所花的时间往往大于 2 次监测所用的时间。在这种情况下，可以认为水蛭疗法是合乎逻辑的选择，特别是无法进行手术治疗时，其有助于防止远端血栓形成并避免严重的循环衰竭。该技术与许多团队应用的原位溶栓方案有关，我们认为水蛭疗法具有多重优势：无操作引起的血管创伤，无导管插入，在溶栓失败的血栓区可以通过水蛭叮吸注入抗凝剂。

四、水蛭的使用

一旦患者被告知要使用水蛭，须使患者了解在治疗过程中可能发生的出血和感染风险。理想情况下应使患者体位在水蛭吸食期间保持水平。水蛭是从药房订购的，在使用前被禁食100天，从而使它们尽可能地饥饿。水蛭被装在盛有中性pH值矿泉水的塑料罐中运输和保存（见图4），温度控制在4～18 ℃，直至使用。选择最活跃的水蛭，在引入水蛭之前，应使用温水清洗皮瓣，以清除上面的防腐剂。使用水蛭需要戴手套操作。一些学者提出将水蛭放在5 mL注射器内，从而使水蛭能在特定的区域吸血，这对口内皮瓣比较合适。粪便收集器也可用于大皮瓣。我们在皮瓣周围建立一个“笼子”（见图5）。水胶体或穿孔透明黏附膜可以提高应用精度。更具体地说，“笼子”有利于水蛭定位吸血，并且可避免弄脏医用敷料。如果水蛭不愿去叮咬，可以对皮肤进行轻微地针刺，使皮肤略微出血以吸引水蛭。如果水蛭不饿或动脉功能不全，水蛭可能不会附着。一些学者描述了苯二氮䓬类药物和某些全身给药的镇痛药可对水蛭活力和作用产生有害影响。一般情况下，水蛭吸血可以持续0.25～2 h，吸饱后自动脱落。必须将使用过的水蛭放置在装有足够的丙酮或75%乙醇的容器中杀死，严禁重复使用水蛭。

图4 将水蛭放入装有中性pH值矿泉水的塑料罐中，选择体积最大和最活跃的水蛭用于治疗

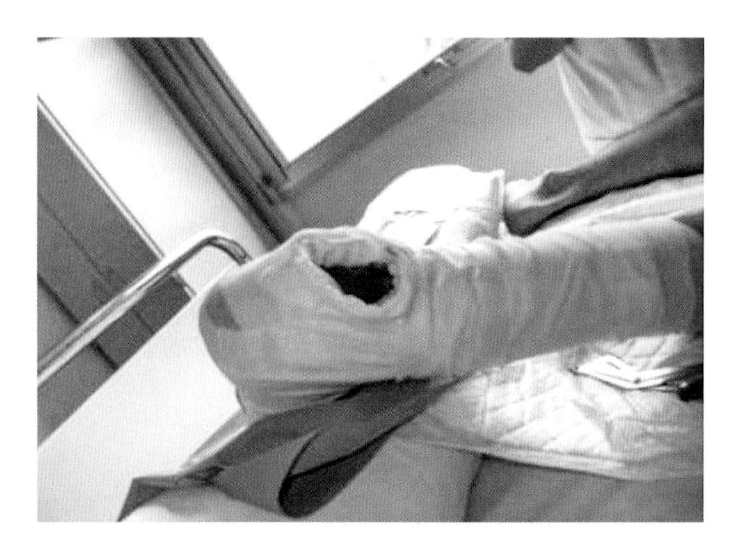

图 5　利于水蛭定位并引入的“笼”，以便在不用其他设备的情况下安全地使用水蛭

1. 引入水蛭的频率

在使用水蛭后 6 ～ 8 h 有助于改善血流量，可以认为等效时间间隔是最合乎逻辑的。然而，也有人提出采用更短的时间间隔（2 h）。我们认为，应该避免使用间隔的标准化，如果不采用复杂的方法，如氧测定法或微透析法，静脉超负荷的程度是无法量化的，而在我们的环境中，这些方法的有效性尚未得到证明。临床医生和护士必须根据前 12 h 内患者的充血严重程度制定 2 ～ 6 h 的试验间隔，然后再根据 4 ～ 8 h 的维持间隔来适应每种情况。依据是出血期间的充血减少和血液颜色变化的小时数。虽然测量皮瓣上的血气可能会有所帮助，但是根据我们的经验观察，血液颜色的变化和充血程度应该足够。此外，一旦发生充血，皮肤颜色会逐渐变亮，这意味着肤色在最初的几个小时内不是一个较好的判断标准。

2. 引入水蛭的数量

水蛭在体外能够抗凝 100 mL 血液，但对于带蒂皮瓣或游离皮瓣功能不全的情况，根据其组成和体积如何、处理部位的特征、充血程度、治疗前经过的时间或整体情况的不同，应引入的水蛭数量尚未达成共识。实际上，我们的文献综述强调了团队之间的操作有相当大的不同。在相同的情况下，用于单个皮瓣治疗的水蛭有时少于 10 个，有时超过 350 个。在 Nguyen 等人的研究中，局部皮瓣水蛭消耗量大于全面皮瓣挽救操作，这种差异很可能是开始时静脉功能不全的严重程度不同造成的；当挽救失败时，水蛭的消耗会更少，这是因为治疗经常在早期阶段停止，而且循环衰竭现象会降低静脉压和排出的血液量。在远端区域的皮瓣缺失的情况下，根据皮瓣的大小，在每个周期中使用 1 ～ 2 条水蛭。在完全充血的情况下进行皮瓣挽救时，据估计，水蛭可以在 10 cm^2 充血皮瓣上有效工作。然而，当皮瓣挽救量相当大时，如腹壁下动脉穿支皮瓣（DIEP 皮瓣），水蛭疗法的效果不好（图 6）。尽管如此，根据皮瓣厚度增加水蛭的数量应该是合乎逻辑的。更确切地说，每增加 2 cm 的皮瓣厚度，水蛭的使用数量加倍。

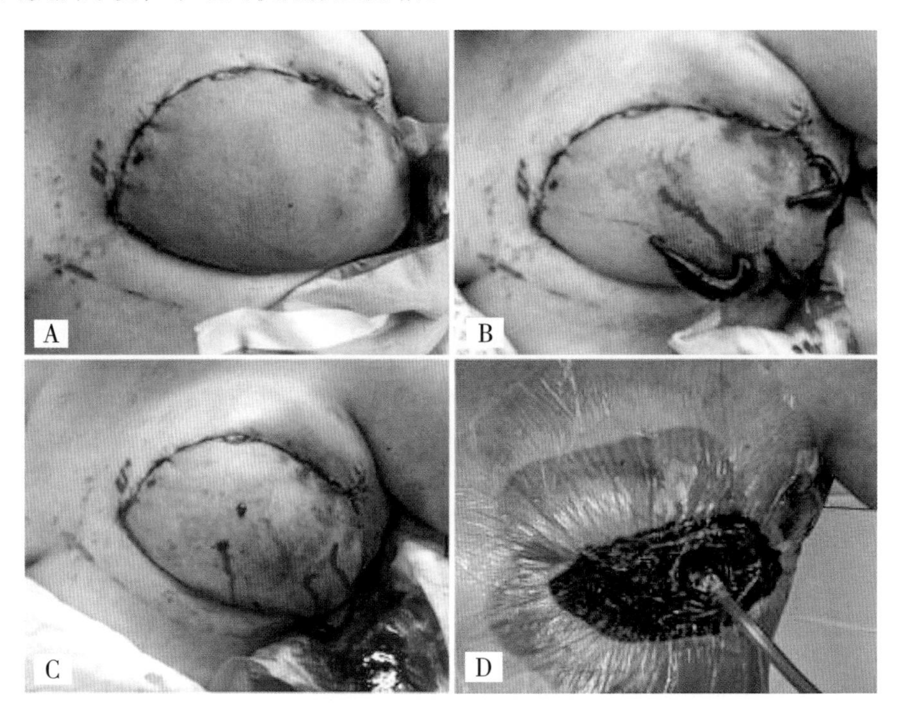

图 6 DIEP 皮瓣静脉血栓形成的静脉超负荷（A），由于翻修手术无效，因此进行了水蛭疗法（B）能够有效减轻充血（C），但在第 5 天停止治疗后，皮瓣在 48 h 内完全坏死（D）

3. 水蛭治疗的时间

关于水蛭处理的时间，文献中的数据彼此相差很大，从 1 ～ 22 天不等。理论上，平均治疗时间应该与皮瓣和接受部位之间新血管形成的时间相对应，平均第 3 ～ 8 天开始形成新血管。Nguyen 等人的研究报道表明，在 39 个皮瓣手术中，采用水蛭的时间最久的是 7 天。患者血液有耗尽的风险，对于 2 个周期之间的最佳时间间隔不应该被标准化。最好每天拍摄评估灰色或阴影区域和皮肤恢复时间的长短及充血程度，再从叮咬处流出血液的颜色确定何时停止治疗。医用水蛭治疗的平均时长为 6.3 天（4 ～ 10 天），个别超过 7 天。

4. 水蛭的治疗效果

许多动物研究有助于分析水蛭对具有静脉超负荷的皮瓣的生理作用。可以发现，水蛭叮咬可通过降低毛细血管静脉压力来增加血液中的氧浓度，还有助于延缓循环衰竭的发作。这些研究还强调了混合性循环衰竭病例中水蛭疗法的潜在有害影响。

在临床实践方面，Whitaker 等对过去 50 年来关于外科重建手术中水蛭有效性的文献进行了回顾。在有关皮瓣挽救的 111 个例子中，82.4%（61/74）的游离皮瓣和 81.1%（30/37）带蒂皮瓣被成功挽救。Nguyen 等人的报告显示，随机局部皮瓣的挽救率为 100%（5/5），局部和区域带蒂皮瓣挽救率为 64.3%（9/14），游离皮瓣的挽救率为 69.2%（9/13）。与其他报道一样，每项研究中的病例数都非常少（每个研究最常见的是单个病例或不超过 10 个病例）。虽然 Grobe 等人的研究已经包含了非常多的病例（n=148），但是缺乏数据或细节，从而无法进行有效的综合分析。一般来说，在涉及超过 5 个病例的研究中，对于自由或带蒂皮瓣，挽救率能达到 65% ～ 80%。尽管他们各自的流变学很难进行比较，甚至不可能比较，但在成功率方面，这两种技术没有明显差异。

在我们整合的回顾性研究中的 43 名患者，使用水蛭完全挽救成功率为 60.5%（26/43），部分挽救成功率为 23.3%（10/43），失败率为 16.3%（7/43）。对于游离皮瓣（n=6）和带蒂皮瓣（n=37）之间的差异，我们无法从这些病例中得出有效的差异性证据（见图 7 至图 10）。

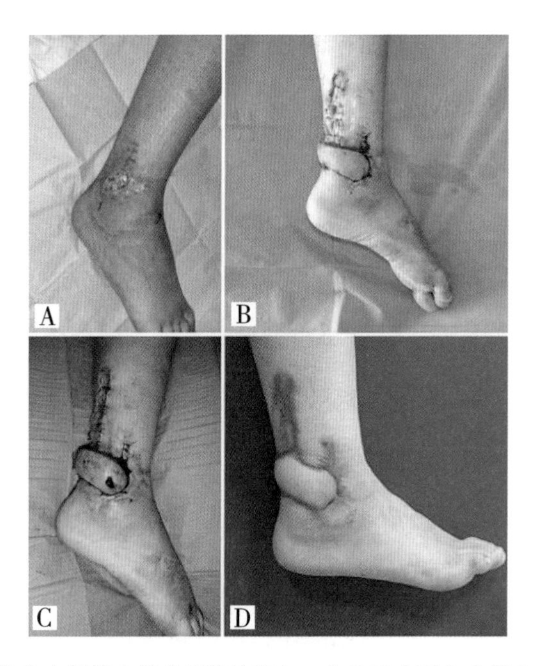

图 7　腓动脉穿支螺旋皮瓣术后整体充血，在 5 天内引入水蛭完成皮瓣挽救

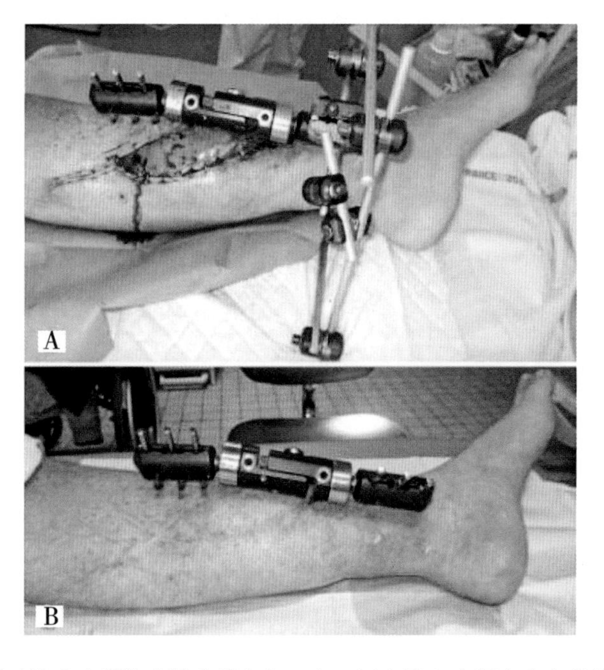

图 8　胫后动脉穿支螺旋皮瓣术后充血，在 5 天内引入水蛭产生完整的挽救皮瓣

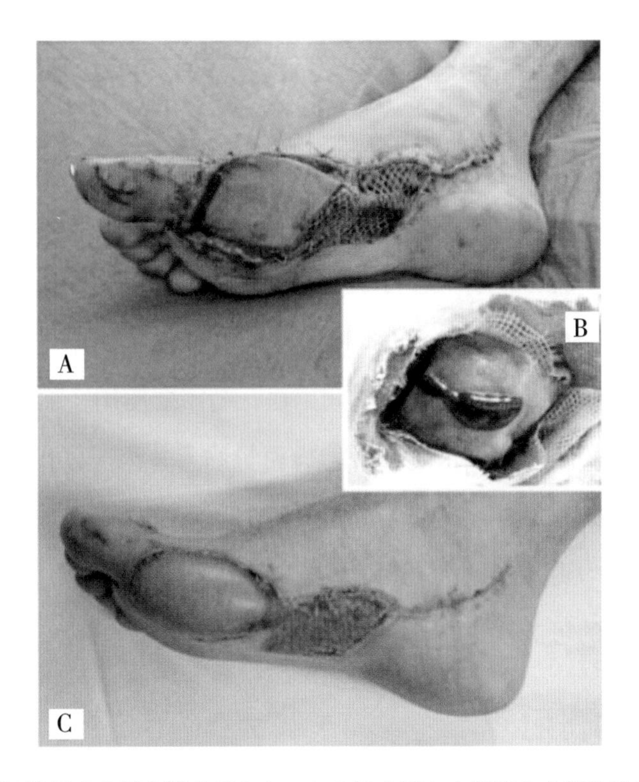

图 9　远端足底内侧皮瓣术后充血，在 5 天内引入水蛭产生完整的挽救皮瓣

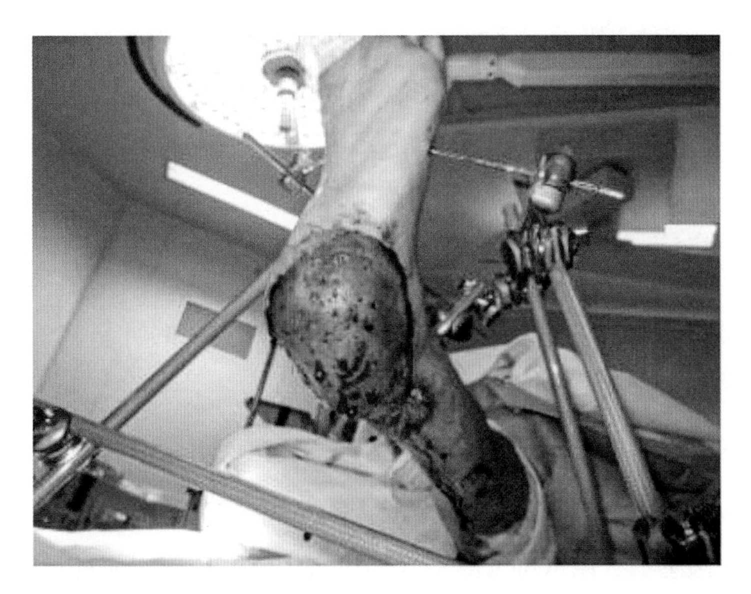

图 10　须加强治疗的腓肠神经营养血管皮瓣的主要静脉淤血（48 h 内每 2 h 施用 2 条水蛭，5 天内每 4 h 2 条）。尽管进行了治疗，皮瓣修复仍不完全，需要另一种覆盖方法（游离股前外侧皮瓣）

五、失血

水蛭在使用期间会发生失血。Whitaker 等人的分析中，输血率为 50% 的皮瓣越大，皮瓣机能越不全，就越需要尽量避免快速失血，否则皮瓣的机能不全会变得更加严重。应在治疗前对血细胞进行监测计数，治疗后应根据白天引入的水蛭数量，每天或每 2 天监测 1 次。当血红蛋白水平低于 8 g/dL 或临床耐受性差时，则提示需要进行输血。如果在叮咬过程中出现长时间出血，则需要使用止血敷料或缝合线。在临床实践中，每 2 h 使用 1 只水蛭，平均失血量约为每天 1 g/dL，当治疗持续时间超过 5 天时，或当患者出现初始血红蛋白水平时低于 12 g/dL 时，需要进行输血。这就是为什么水蛭的使用和出血管理必须考虑到对风险 – 效益平衡的影响与部分或全部皮瓣坏死发生的可能性进行比较。

六、咬伤的伤疤

虽然伤口最初都会出现疤痕，但是在超过 90% 的病例中伤疤随后都会消失。也就是说，当皮瓣位于影响美观的区域时，必须考虑潜在的美观成本。对于严重病例的改善，在出现明显的外周反应的情况下，建议局部应用非甾体抗炎药物，或皮肤肾上腺皮质激素与 peros 抗组胺药物联用。

七、并发症

文献中很少分析总体并发症的发生率。Whitaker 等人的研究中，水蛭疗法时诱发并发症的概率为 21.8%，其中约一半与感染有关。

感染通常是由存在于水蛭消化道中的共生细菌所引起的，局部感染或全身感染通常由嗜水气单胞菌引起，还有一些属于气单胞菌属、沙雷氏菌属、弧菌属、假单胞菌属的细菌感染。在 Whitaker 等人的分析中，无论使用何种模式，水蛭疗法后的感染率为 14%，感染的临床表现包括淋巴管炎、皮肤瘙痒、脓肿、严重脓毒症和由于协同感染引起的气体坏死性肌炎。引入水蛭后可能 24 h 或直到 1 个月后才会出现感染。在感染的情况下，皮瓣挽救率急剧下降（Whitaker 等研究中皮瓣挽救率从 88% 降至 37%，De Chalain 等研究中皮瓣挽救率从 80% 降至 30%）。

大多数学者推荐进行预防性抗生素治疗，从治疗结束后 24 h 持续使用。文献报道中最广泛使用的是第三代头孢菌素（3GC）、氟喹诺酮和甲氧苄氨嘧啶－磺胺甲恶唑联合使用。一些学者建议对水蛭进行喂养治疗，通过喂食特定抗生素来针对水蛭肠道共生菌，这种治疗可以直接地根除水蛭消化道中的潜在致病菌。鉴于这种方法有产生耐药细菌的风险，我们认为该提议是危险的。而且对氟喹诺酮类药物耐药的病例已有多次报道。考虑到在嗜水气单胞菌中存在可诱导的头孢菌素酶，不推荐使用第三代头孢菌素（3GC）。最后，我们认为每天联合服用环丙沙星（500 mg，2 次）和复方新诺明（2 片）可能是一个令人满意的选择。

据报道，还有些不太常见的并发症，如皮肤反应、淋巴管炎、持续性疼痛性腺病，甚至是轻热病。根据 Whitaker 等人的说法，3% 的患者在治疗期间和治疗后发生异常应激反应。还报道了一些疼痛的病例，如血管迷走神经反应和长期低血压等。此外，还发现了过敏和过敏反应。

八、使用建议和治疗方案

尽管文献之间有差异，但我们仍可以确定水蛭在发生静脉淤血的游离皮瓣和带蒂皮瓣挽救中的重要作用。在指、耳再植手术中应用定量方案是可行的，但皮瓣静脉功能不全的治疗情况明显更复杂。可以根据充血程度和治疗前经过的时间来调节水蛭的数量。至于水蛭引入的频率，主要是通过监测治疗效果来调节，这提供了一种在困难情况下的应对方法。实际上，严格的监测方案不仅有利于防止缺血情况的发生，而且还能帮助调整每个时期的水蛭最佳使用数量。

对文献的回顾证实了预防性抗生素治疗的重要性。环丙沙星和复方新诺明的联合用药目前是最好的折中解决方案。因为有氟喹诺酮类药物耐药性增加的报道，当地制药团队对抗药性的筛查是合理的，有助于避免在未来几年出现多重耐药性的情况。水蛭的包装方法和合理的应用方法可以提高治疗效果及患者和医疗团队的舒适度。

九、结论

水蛭疗法是目前代替或游离皮瓣静脉功能不全治疗的唯一经过验证的方法。它在皮瓣挽救时的成功率接近于良好的修补操作。尽管当今的文献有很多差异，我们仍提出了一个精确制定的方案，包括剂量、给药方式、给药频率和给药速度及适当的预防性抗生素治疗。监测和剂量调整对成功至关重要。抗凝剂和减充血剂在治疗远端带蒂皮瓣机能不全的效果众所周知，本文证实了在静脉增压不可行的情况下，游离皮瓣，特别是大面积或大体积的穿支皮瓣，同样可以应用这种方法进行治疗。

参考文献

[1] DERGANC M, ZDRAVIC F. Venous congestion of flaps treated by application of leeches[J]. British Journal of Plastic Surgery，1960，13：187–192.

[2] BAUDET J，LEMAIRE J M，GUIMBERTEAU J C. Ten free groin flaps [J]. Plast Reconstruct Surg，1976，57（2）：577–595.

[3] FOUCHER G，NORRIS R W. Distal and very distal digital replantations [J]. Br J Plast Surg，1992，45（3）：199–203.

[4] RADOS C. Beyond bloodletting：FDA gives leeches a medical makeover [J]. FDA consum，2004，38（5）：9.

[5] AZZOPARDI E A，WHITAKER I S，ROZEN W M，et al. Chemical and mechanical alternatives to leech therapy：a systematic review and critical appraisal [J]. J Reconstruct Microsurg，2011，27（8）：481–486.

[6] PILCHER H. Medicinal leeches：stuck on you [J]. Nature，2004，432（7013）：10–11.

[7] MICHALSEN A，LUDTKE R，CESUR O，et al. Effectiveness of leech therapy in women with symptomatic arthrosis of the first carpometacarpal joint：a randomized controlled trial [J]. Pain，2008，137（2）：452–459.

[8] SIDDALL M E，TRONTELJ P，UTEVSKY S Y，et al. Diverse molecular data demonstrate that commercially available medicinal leeches are not *Hirudo medicinalis* [J]. Proc Biol Sci，2007，274（1617）：1481–1487.

[9] BEIER J P，HORCH R E，KNESER U. Chemical leeches for successful two–finger replantation in a 71–year–old patient [J]. J Plast Reconstr Aesthet Surg，2010，63（1）：

e107 –e108.

[10] HERLIN C, BERTHEUIL N, BEKARA F, et al. Leech therapy in flap salvage: systematic review and practical recommendations [J] . Ann Chir Plast Esthet, 2017, 62 (2) : e1 – e13.

[11] SPEAR M. Medicinal leech therapy: friend or foe [J] . Plastic Surgical Nursing, 2016, 36 (3) : 121–125.

[12] WELSHHANS J L, HOM D B. Are leeches effective in local regional skin flap salvage? [J] . Laryngoscope, 2016, 126 (6) : 1271–1272.

[13] TUNCALI D, TERZIOGLU A, CIGSAR B, et al. The value of medical leeches in the treatment of class IIC ring avulsion injuries: report of 2 cases [J] . J Hand Surg Am, 2004, 29 (5) : 943– 946.

[14] WHITAKER I S, OBOUMARZOUK O, ROZEN W M, et al. The efficacy of medicinal leeches in plastic and reconstructive surgery: a systematic review of 277 reported clinical cases [J] . Microsurgery, 2012, 32 (3) : 240–250.

[15] NGUYEN M Q, CROSBY M A, SKORACKI R J, et al. Outcomes of flap salvage with medicinal leech therapy [J] . Microsurgery, 2012, 32 (5) : 351–357.

[16] CONFORTI M L, CONNOR N P, HEISEY D M, et al. Evaluation of performance characteristics of the medicinal leech (*hirudo medicinalis*) for the treatment of venous congestion [J] . Plast Reconstr Surg, 2002, 109 (1) : 228–235.

[17] GIDEROGLU K, YILDIRIM S, AKAN M, et al.Immediate use of medicinal leeches to salvage venous congested reverse pedicled neurocutaneous flaps [J] . Scand J Plast Reconstr Surg Hand Surg, 2003, 37 (5) : 277– 282.

[18] DURRANT C, TOWNLEY W A, RAMKUMAR S, et al. Forgotten digital tourniquet: salvage of an ischaemic finger by application of medicinal leeches [J] . Ann R Coll Surg Engl, 2006, 88 (5) : 462– 464.

[19] MICHALSEN A, DEUSE U, ESCH T, et al. Effect of leeches therapy (*Hirudo medicinalis*) in painful osteoarthritis of the knee: a pilot study [J] . Annals of the Rheumatic Diseases, 2001, 60 (10) : 986–994.

[20] STANGE R, MOSER C, HOPFENMUELLER W, et al. Randomised controlled trial with medical leeches for osteoarthritis of the knee [J] . Complementary Therapies in Medicine, 2012, 20 (1–2) : 1–7.

[21] KOEPPEN D, AURICH M, RAMPP T. Medicinal leech therapy in pain syndromes: a narrative review [J] . Wiene Medizinische Wochenschrift, 2014, 164 (5–6) : 95–102.

[22] MINEO M, JOLLEY T, RODRIGUEZ G. Leech therapy in penile replantation: a case of recurrent penile self–amputation [J] . Urology, 2004, 63 (5) : 981– 983.

[23] LAZAROU E E, CATALANO G, CATALANO M C, et al. The psychological effects

of leech therapy after penile auto- amputation [J]. J Psychiatr Pract，2006，12（2）：119-123.

[24] BEER A M，FEV S，CIBOROVIUS J，et al. Drug exanthema in connection with trimethoprim and sulfamethoxazole treatment，triggered by leech therapy [J]. Forsch Komplementarmed Klass Naturheilkd，2005，12（1）：32-36.

[25] ARDEHALI B，HAND K，NDUKA C，et al. Delayed leech-borne infection with aeromonas hydrophilia in escharotic flap wound [J]. J Plast Reconstr Aesthet Surg，2006，59（1）：94- 95.

[26] WHITAKER I S，IZADI D，OLIVER D W，et al. Hirudo medicinalis and the plastic surgeon [J]. Br J Plast Surg，2004，57（4）：348- 353.

[27] AYDIN A，NAZIK H，KUVAT S V，et al. External decontamination of wild leeches with hypochloric acid [J]. BMC Infect Dis，2004，25（4）：28.

[28] WHITAKER I S，ELMIYEH B，WRIGHT D J. *Hirudo medicinalis*：the need for prophylactic antibiotics [J]. Plast Reconst r Surg，2003，112（4）：1185-1186.

[29] CHAN Y W，CARTER L M，WALES C J. Leech control：a cheap and simple method [J]. Ann Plast Surg，2006，57（1）：120- 121.

[30] IGLESIAS M，BUTRON P. Local subcutaneous heparin as treatment for venous insufficiency in replanted digits [J]. Plastic and Reconstructive Surgical Nursing，1999，103（6）：1719-1724.

[31] ROBINSON C. Artificial leech technique [J]. Plastic and Reconstructive Surgical Nursing，1998，102（5）：1787-1788.

[32] DICKSON W A，BOOTHMAN P，HARE K. An unusual source of hospital wound infection [J]. Br Med J（Clin Res Ed），1984，289（6460）：1727-1728.

[33] WHITLOCK M R，O'HARE P M，SANDERS R，et al. The medicinal leech and its use in plastic surgery：a possible cause for infection [J]. Br J Plast Surg，1983，36（2）：240-244.

附录 7

医用水蛭活体生物疗法常见病取穴

一、心脑血管疾病

1. 高血压（收缩压＜170 mmHg 时可用此疗法，血压过高不能使用）

原发性高血压：太阳穴、人迎穴、曲池穴

高血压并发头晕、头痛：风池穴、太阳穴、合谷穴

高血压并发心脏病：内关穴、劳宫穴

高血压并发眼花、青光眼：睛明穴、攒竹穴

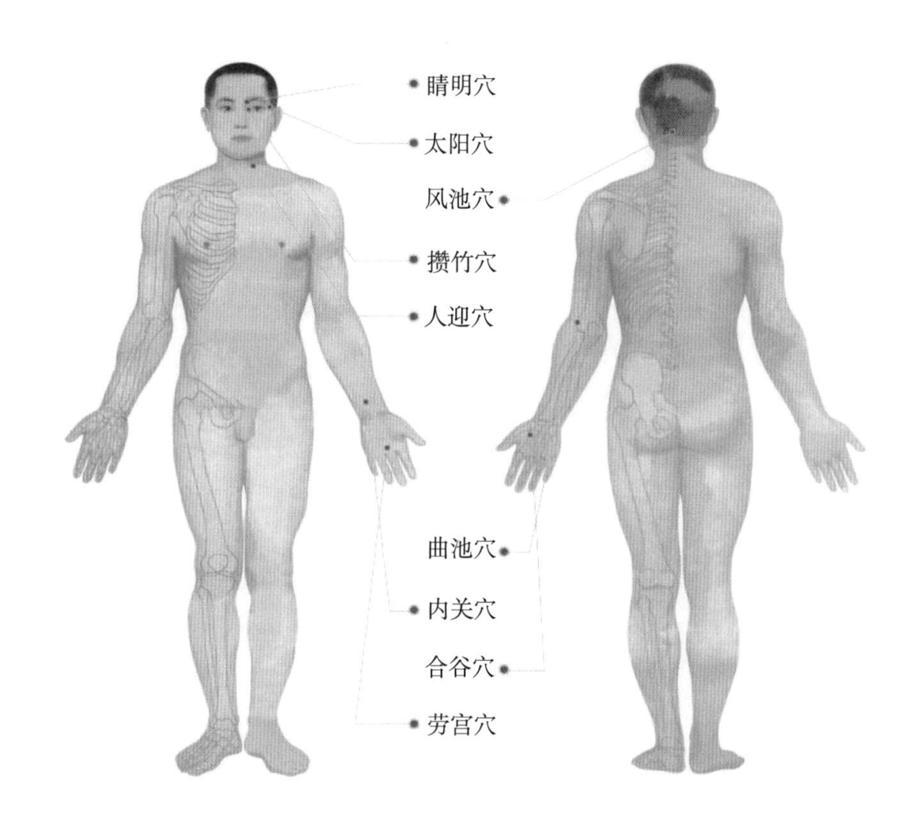

2. 低血压

主穴：人迎穴

辅助取穴：气海穴、关元穴、足三里穴

3. 贫血

气海穴、关元穴、血海穴、足三里穴

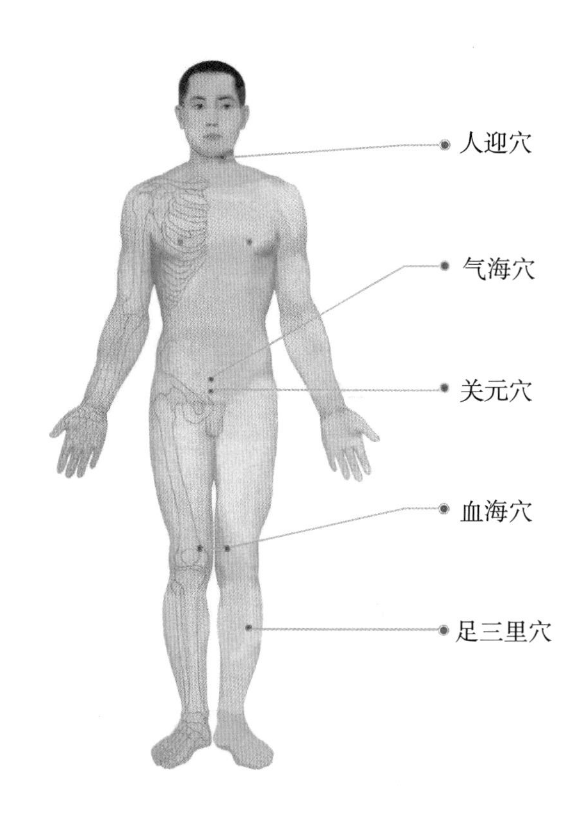

4. 高脂血症

主穴：中脘穴、水分穴、列缺穴、公孙穴

辅助取穴：

①大椎穴、大陵穴、肩髎穴

②合谷穴、曲池穴、解溪穴

③足三里穴、肩井穴

④风市穴、支沟穴

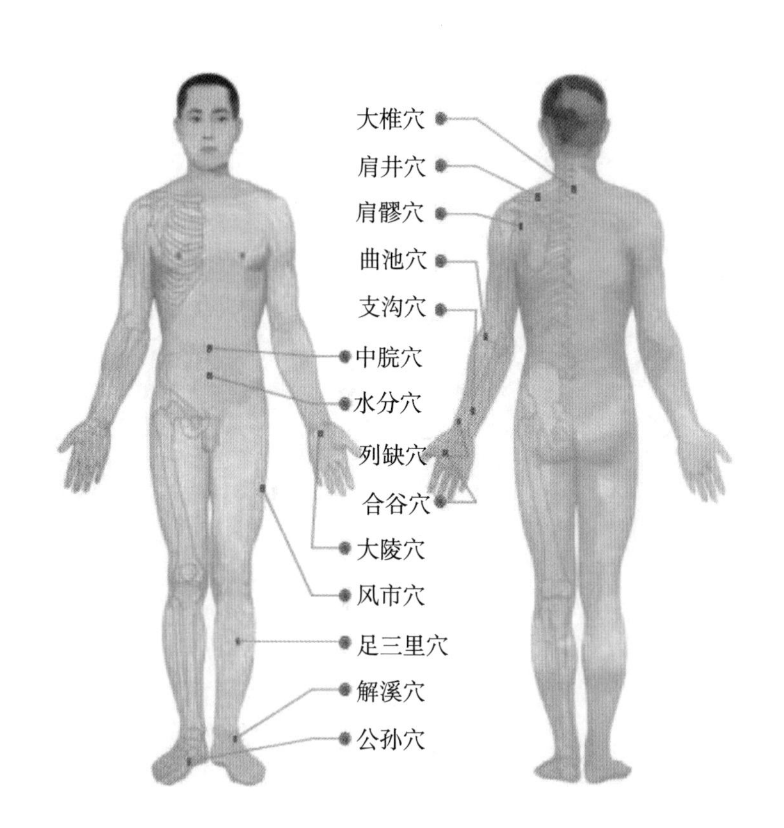

5. 冠心病、心脏病

主穴：大椎穴、膻中穴、巨阙穴、中脘穴、神阙穴、关元穴、间使穴、太冲穴

辅助取穴：内关穴、神门穴、劳宫穴、少府穴、血海穴、足三里穴、照海穴

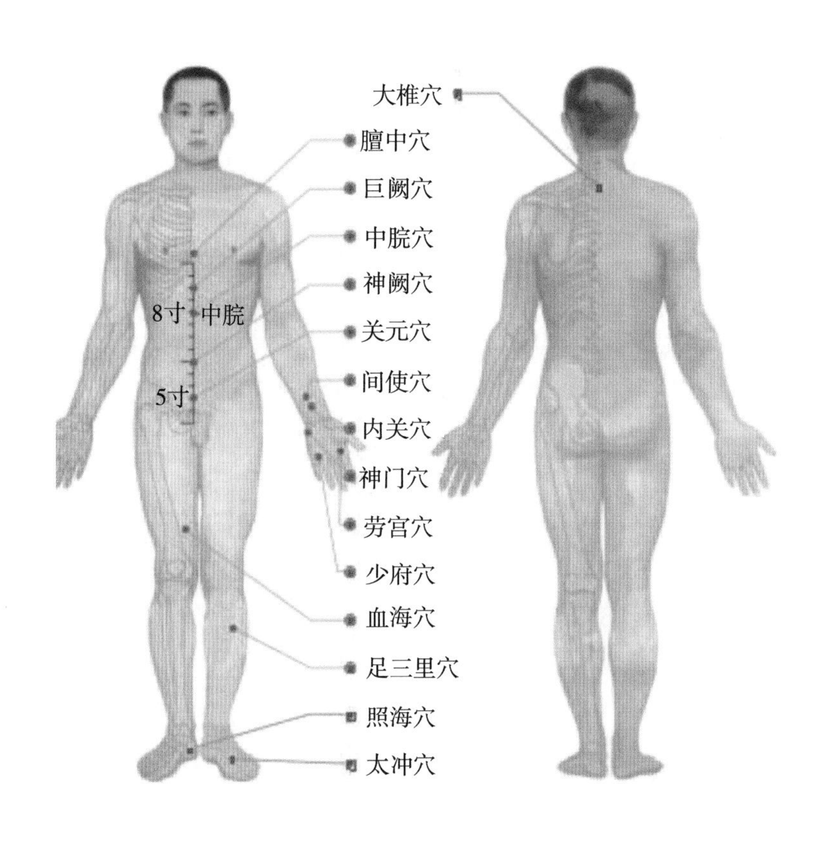

6. 血管硬化

①公孙穴、心俞穴、脾俞穴、风池穴

②足三里穴、百会穴、大椎穴、风门穴

③风市穴、曲池穴、悬钟穴、三阴交穴

④内关穴、人迎穴、合谷穴

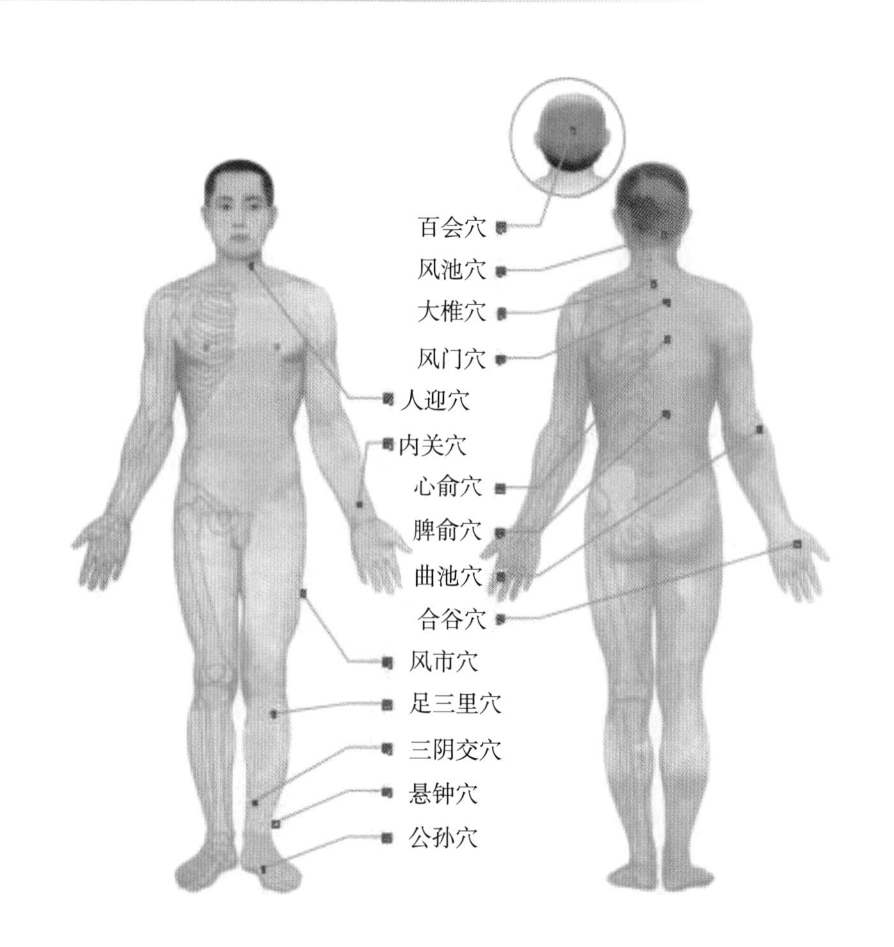

7. 脑卒中

（1）一般脑卒中

①大椎穴 、肩髎穴、大陵穴、阿是穴

②曲池穴、合谷穴、解溪穴、太冲穴

③足三里穴、肩井穴、内关穴

④神阙穴、风市穴、支沟穴

（2）脑卒中伴有语言障碍

主穴：人迎穴、哑门穴、天突穴

辅助取穴：通里穴、廉泉穴

（3）面瘫、三叉神经痛

颊车穴、地仓穴、迎香穴、四白穴、合谷穴

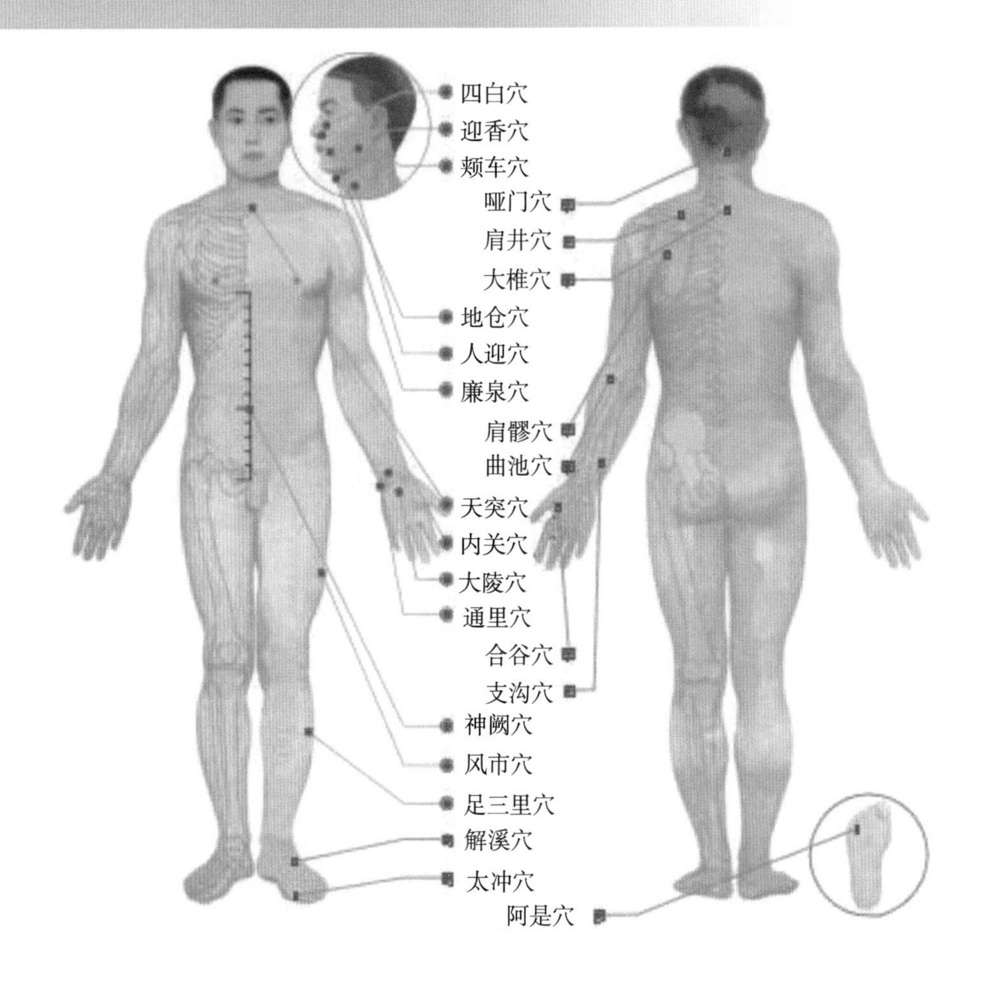

（4）脑卒中引起手相关

手臂不能抬举：肩髎穴、大陵穴

手臂直向前，手指弯曲不能张开：大陵穴、阿是穴（可以配合用：合谷穴、二间穴、三间穴、养老穴）

手臂直向前，手指张开：阿是穴

手臂背靠向后：大椎穴、大拇指（阿是穴）

手臂弯曲向前：风池穴、曲池穴

有手麻情况：液门穴、关冲穴、劳宫穴

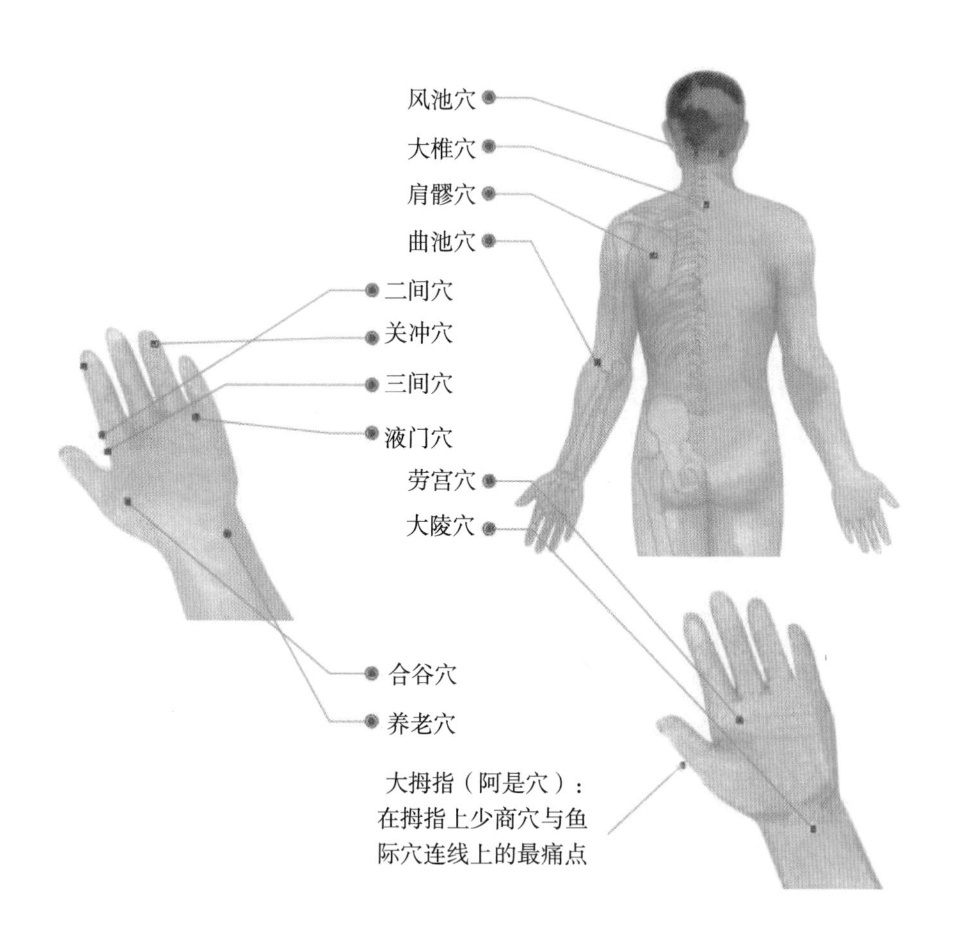

（5）脑卒中引起下肢相关

脚红肿痛：水泉穴附近痛点、火硬穴、阿是穴、商丘穴

不肿痛带麻：木斗穴、阿是穴、侠溪穴、大都穴、商丘穴

脑卒中后脚烂：火连穴、大都穴、涌泉穴

脑卒中后脚没力：内关穴、曲泽穴、风市穴、环跳穴、足三里穴

脑卒中后脚筋痛：太溪穴、解溪穴

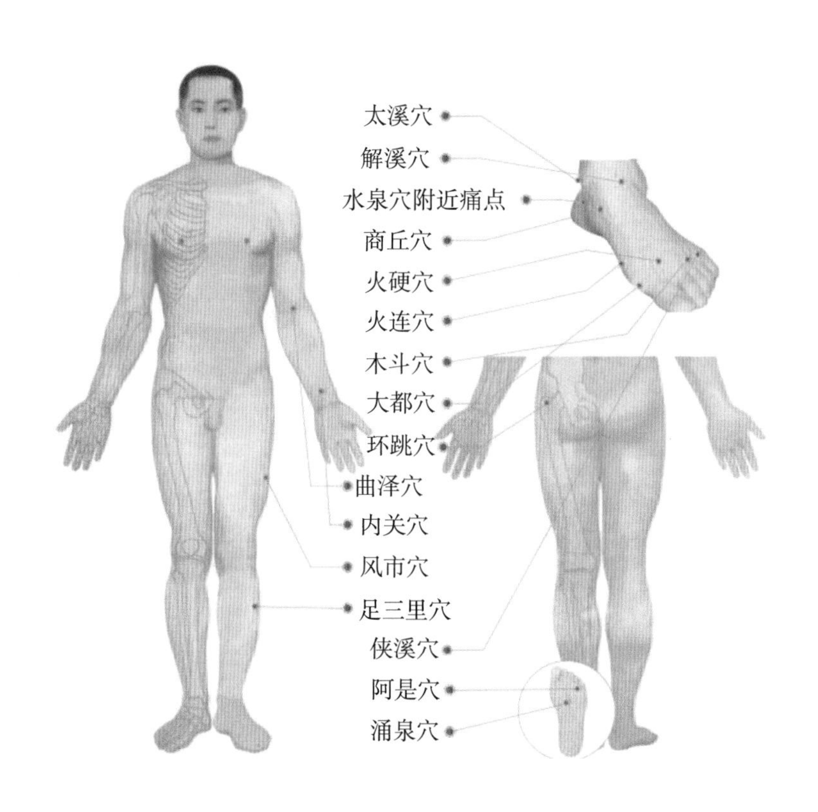

二、神经科疾病

1. 帕金森病

孔最穴、大陵穴、少商穴

孔最穴
大陵穴
少商穴

2. 癫痫

①风府穴、人中穴、风池穴、大椎穴、内关穴

②身柱穴、命门穴、足三里穴

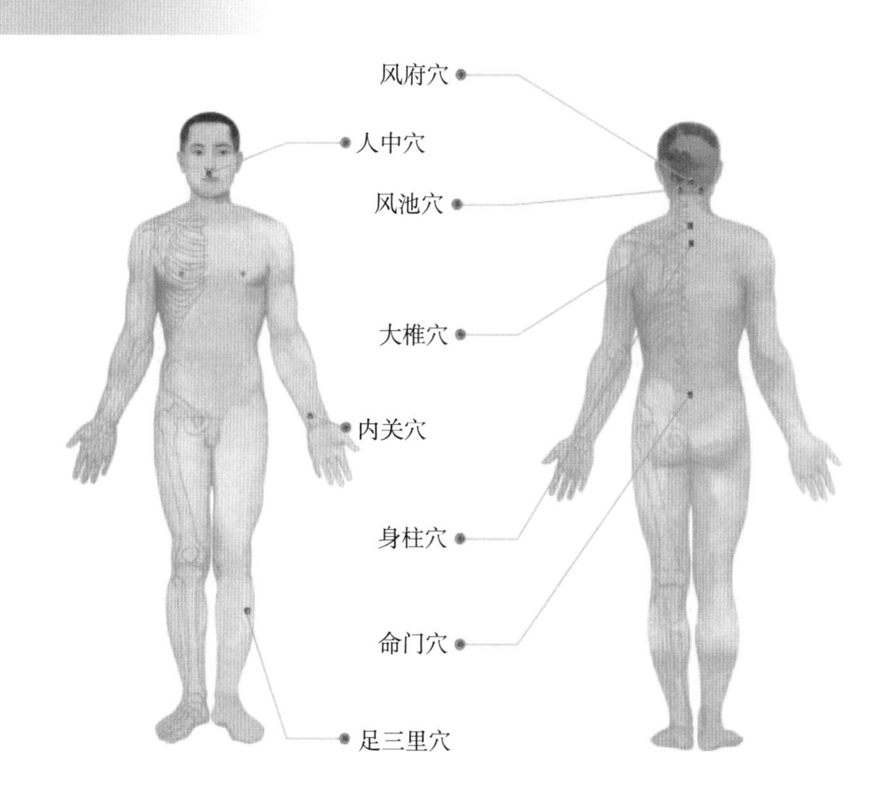

3. 失眠

主穴：太阳穴、风池穴、大椎穴、安眠穴

辅助取穴：内关穴、神门穴

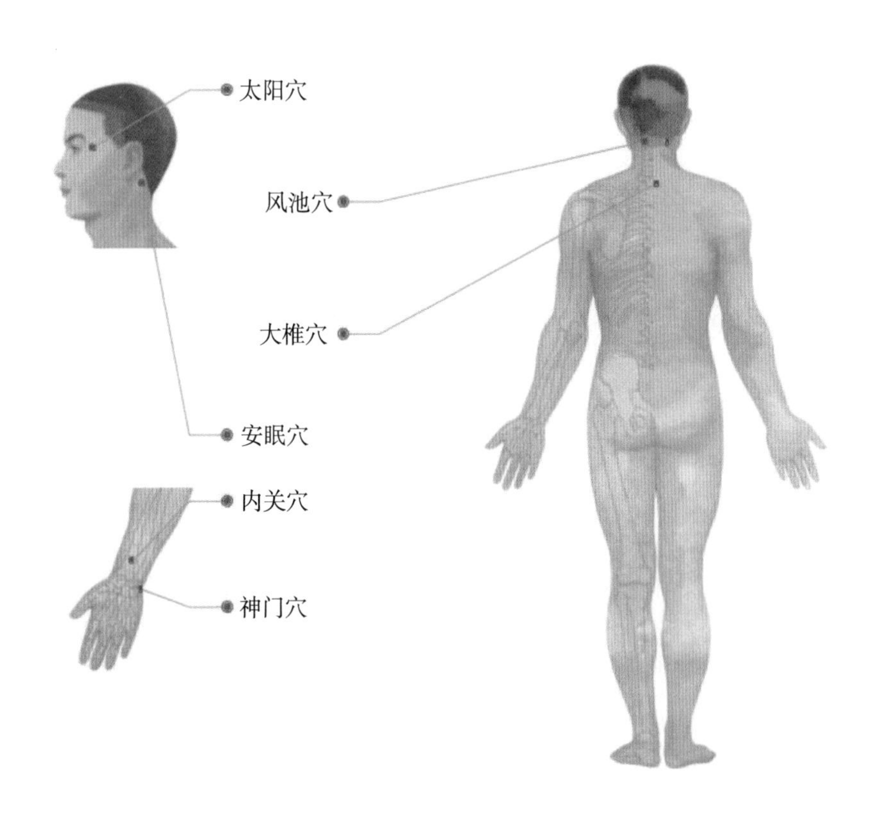

4. 偏头痛

①大椎穴 、头窍阴穴、百会穴、完骨穴

②风池穴、太阳穴、神阙穴、肩井穴

③足临泣穴、期门穴、太冲穴、关元穴

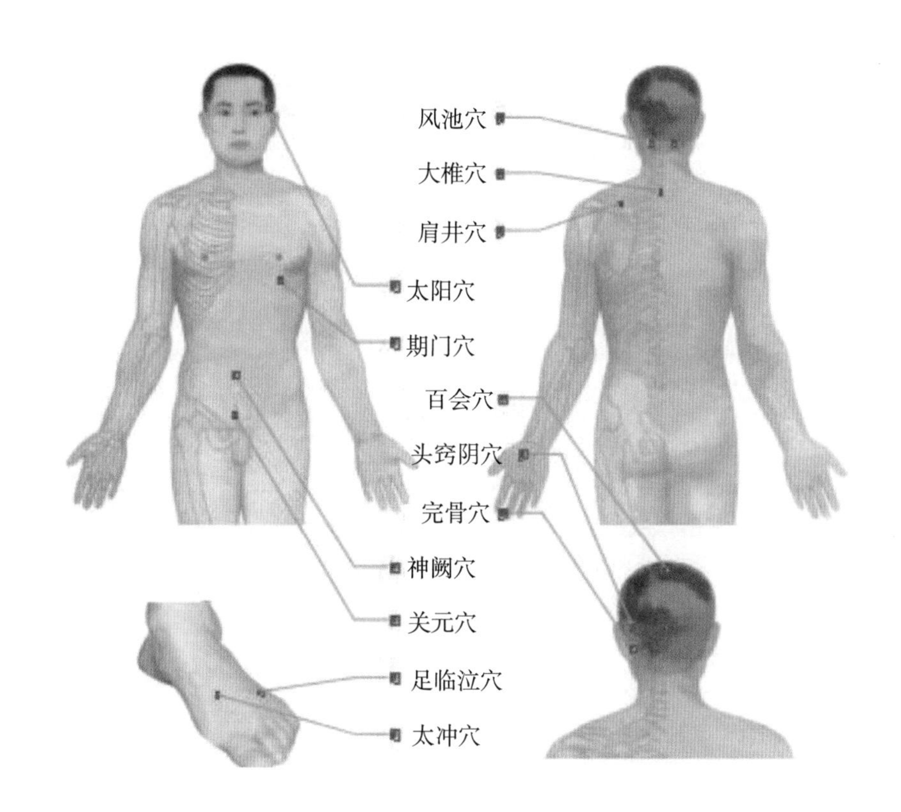

5. 神经性头痛、神经衰弱

主穴：神庭穴、太阳穴、印堂穴、风池穴、大椎穴

辅助取穴：风府穴、身柱穴、肩井穴

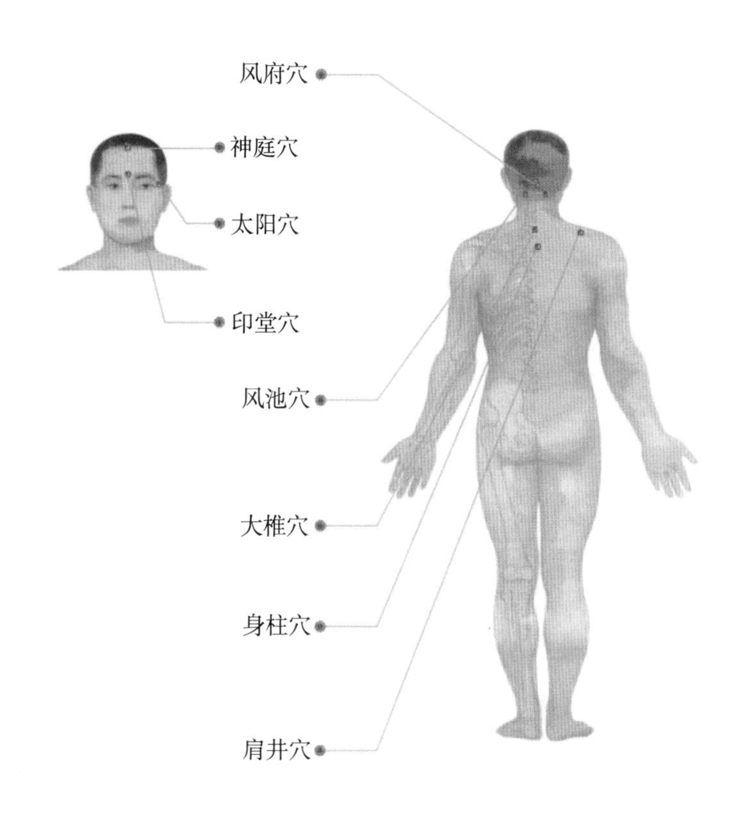

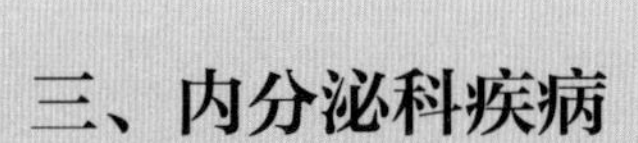

三、内分泌科疾病

1. 糖尿病

主穴：章门穴（吸章门穴前先用手上下按压 15 次）

①肺俞穴、胰俞穴、脾俞穴

②命门穴、鱼际穴、神阙穴

③关元穴、足三里穴

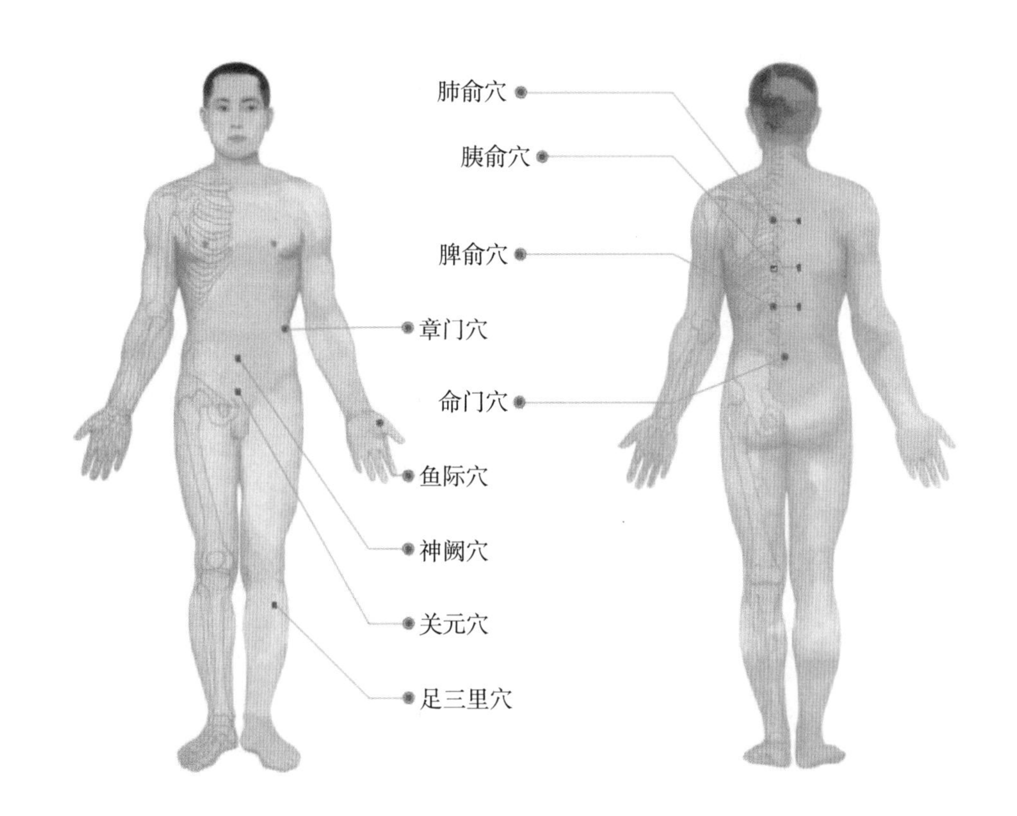

2. 痛风

主穴：膝眼穴、足三里穴、承山穴、阿是穴（即痛点位置）

辅助取穴：太溪穴、申脉穴、木斗穴

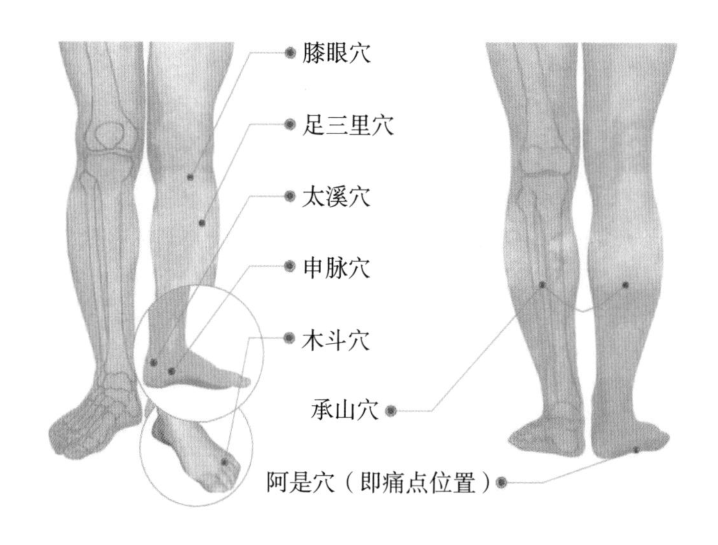

3. 甲状腺炎、甲状腺肿

主穴：

①肺俞穴、泽前穴、章门穴、肾俞穴、天突穴

②肝俞穴、天鼎穴、阿是穴（肿块周边）

辅助取穴：风池穴、手三里穴、三阴交穴、二白穴、照海穴

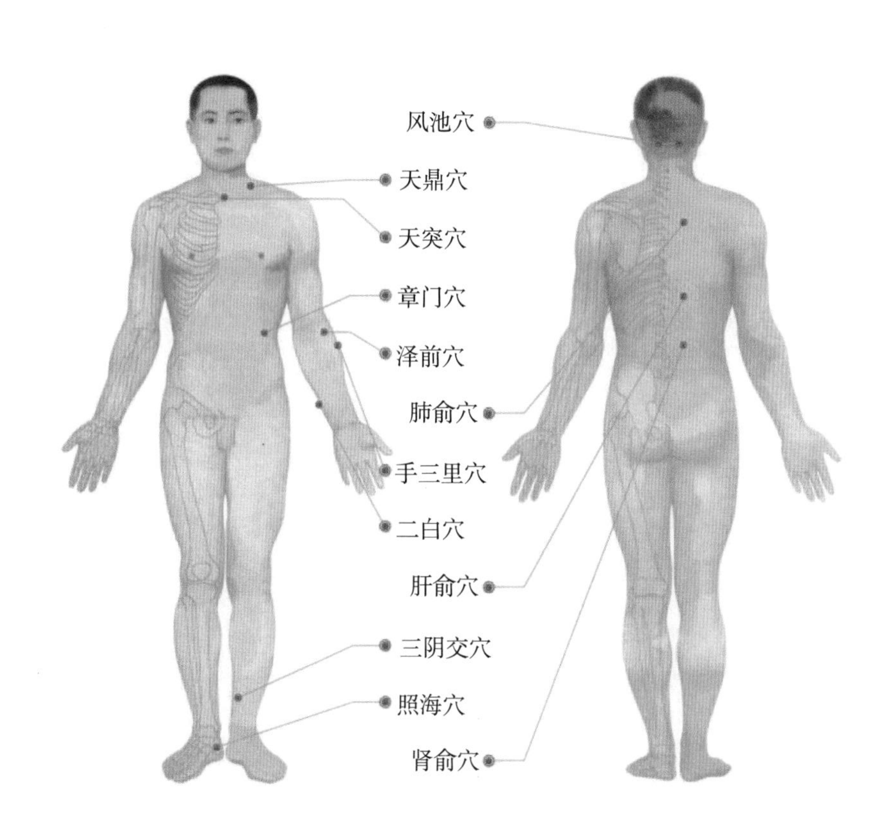

4. 更年期综合征

①神庭穴、百会穴、肝俞穴、大椎穴

②涌泉穴、太溪穴、中注穴、复溜穴

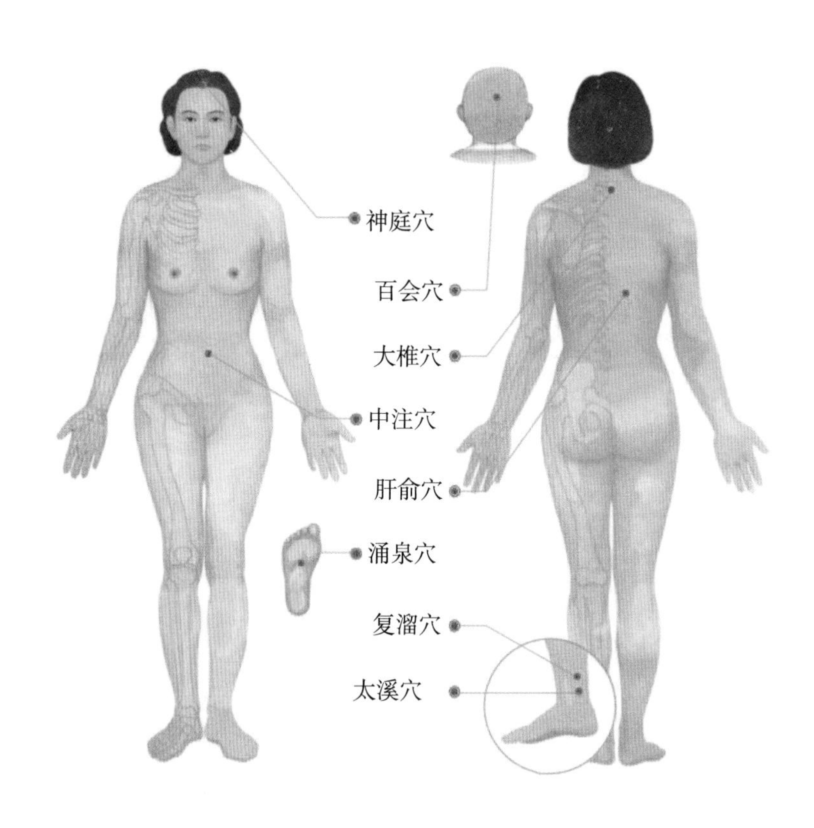

四、呼吸系统疾病

1. 感冒

①风府穴、天突穴、大椎穴、肺俞穴、合谷穴

②神阙穴、阳陵泉穴、悬钟穴

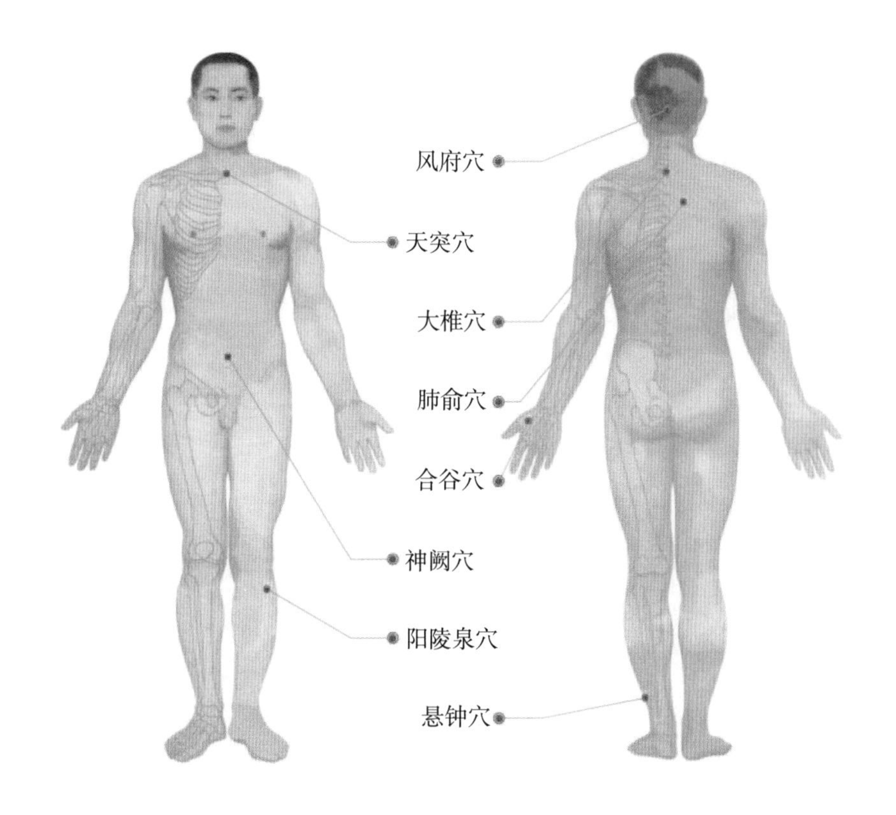

2. 咳嗽

主穴：天突穴、中府穴、中脘穴、太渊穴、神门穴、神阙穴

辅助取穴：风门穴、肺俞穴、膻中穴、尺泽穴、巨阙穴、膈俞穴、阳陵泉穴

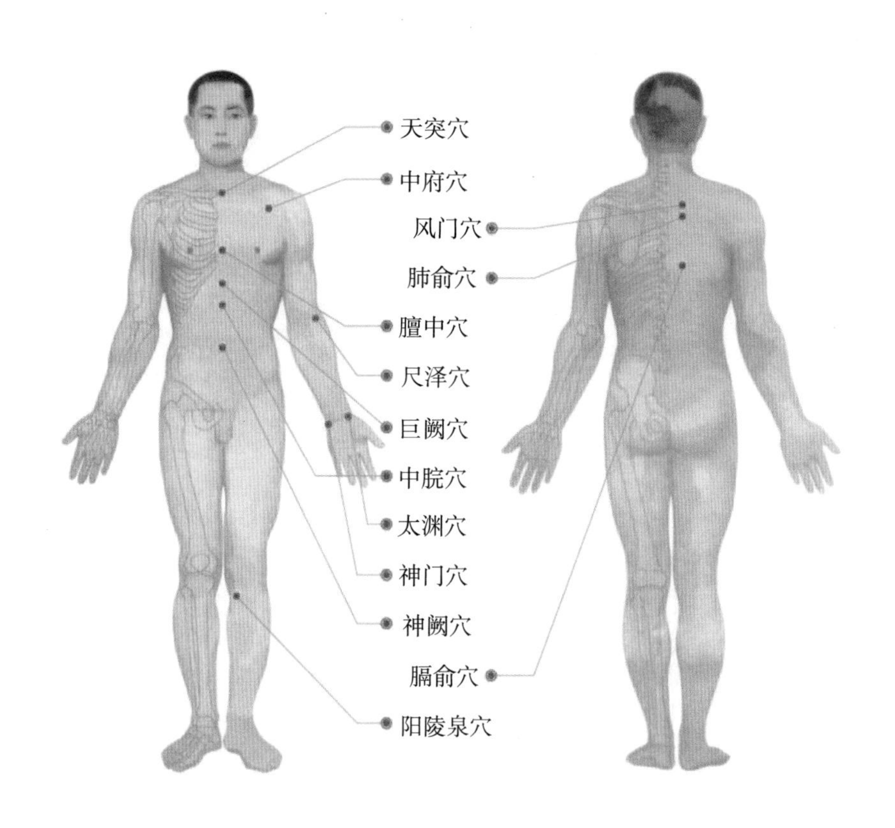

①迎香穴、肩脊穴、定喘穴、风门穴、肺俞穴

②天突穴、曲池穴、膻中穴、鱼际穴、神阙穴

③合谷穴、太冲穴

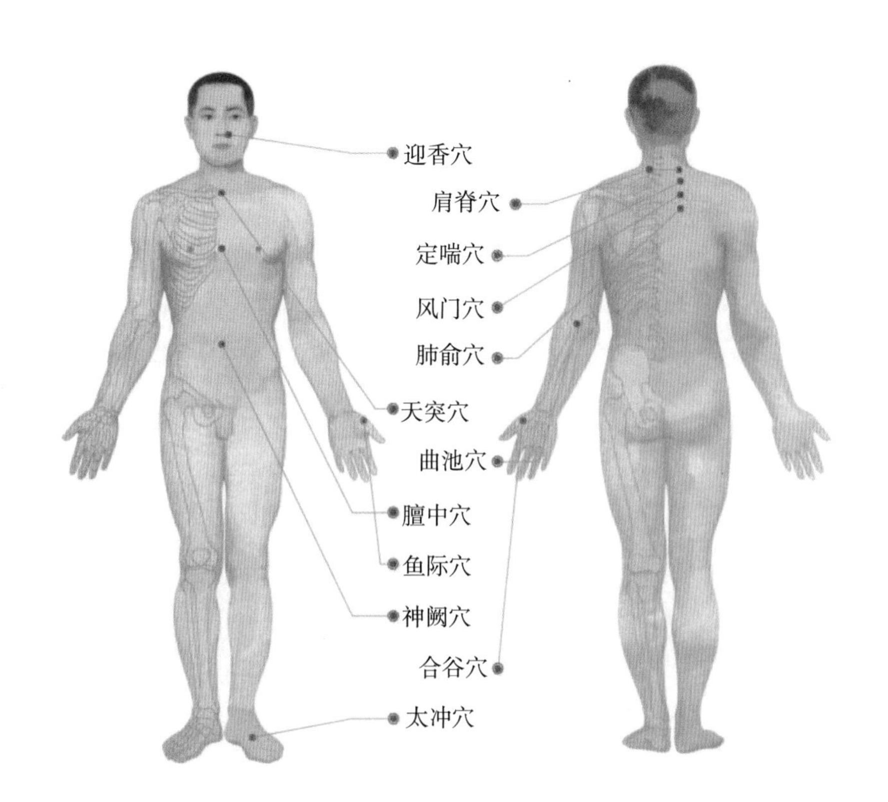

4. 支气管炎、肺炎、肺结核、肺气肿

主穴：背部吸三点（左手弯过下颚，手指指向背部肩胛骨位置的 3 个点，即风门、肺俞、膏肓 3 个穴位附近）

①膏肓穴、风门穴、肺俞穴、天突穴

②膈俞穴、身柱穴、膻中穴

辅助取穴：大椎穴、巨阙穴、尺泽穴、俞府穴、中府穴、灵台穴、太溪穴、关元穴

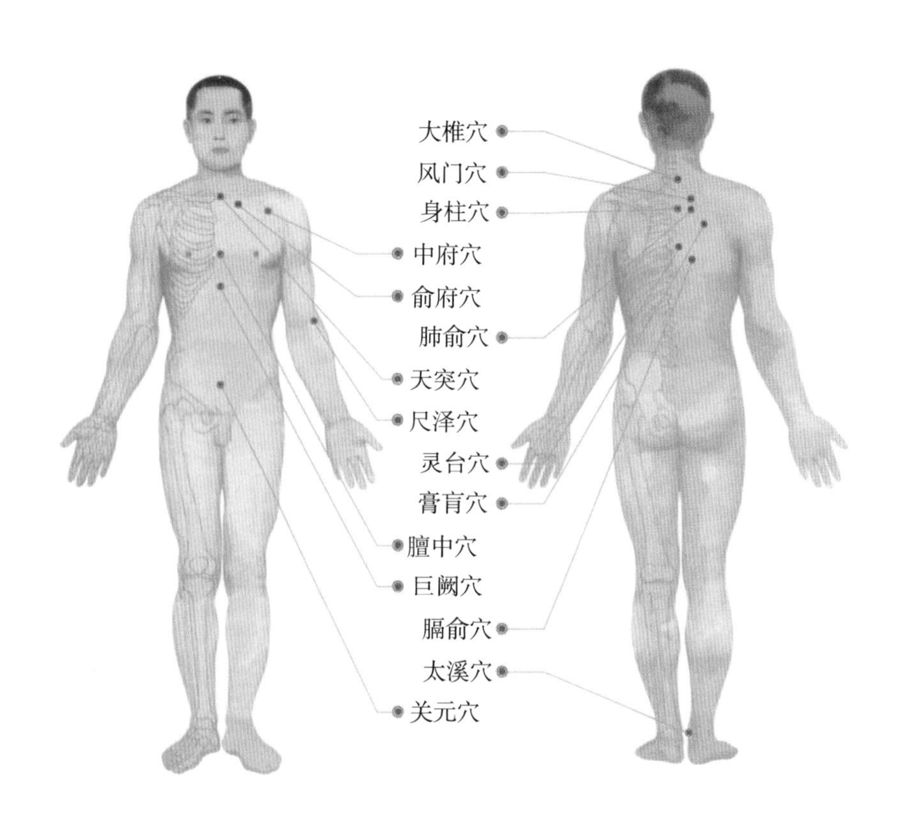

五、消化系统疾病

1. 胃痛、胃炎、胃寒、胃下垂、胃癌

①日月穴、中脘穴、上脘穴、足三里穴

②膻中穴、胃俞穴、内关穴、脾俞穴

③梁丘穴、食窦穴、膈俞穴、关门穴

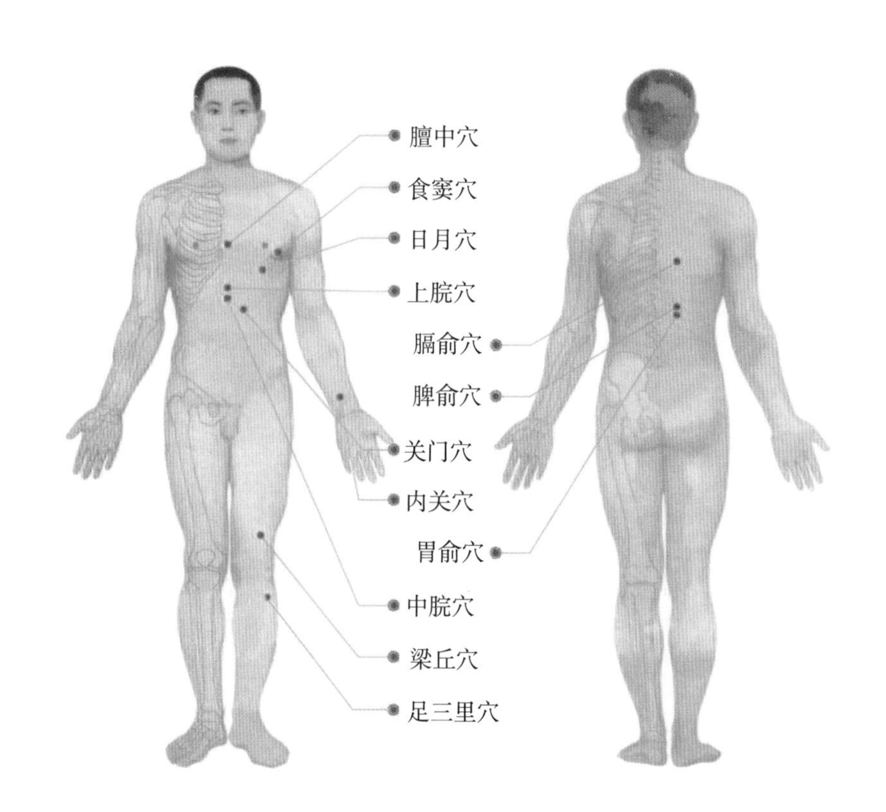

2. 肠炎、腹泻、腹痛

①中脘穴、大横穴、脾俞穴、天枢穴、大肠俞穴

②气海穴、膀胱俞穴、阴陵泉穴、足三里穴、上巨虚穴

3. 便秘、痔疮

主穴：

①天枢穴、中脘穴、合谷穴、足三里穴

②二白穴、长强穴、大肠俞穴、命门穴

③承山穴、照海穴、大横穴、复溜穴、关元穴

辅助取穴：上巨虚穴、丰隆穴、秩边穴、膀胱俞穴、气海穴

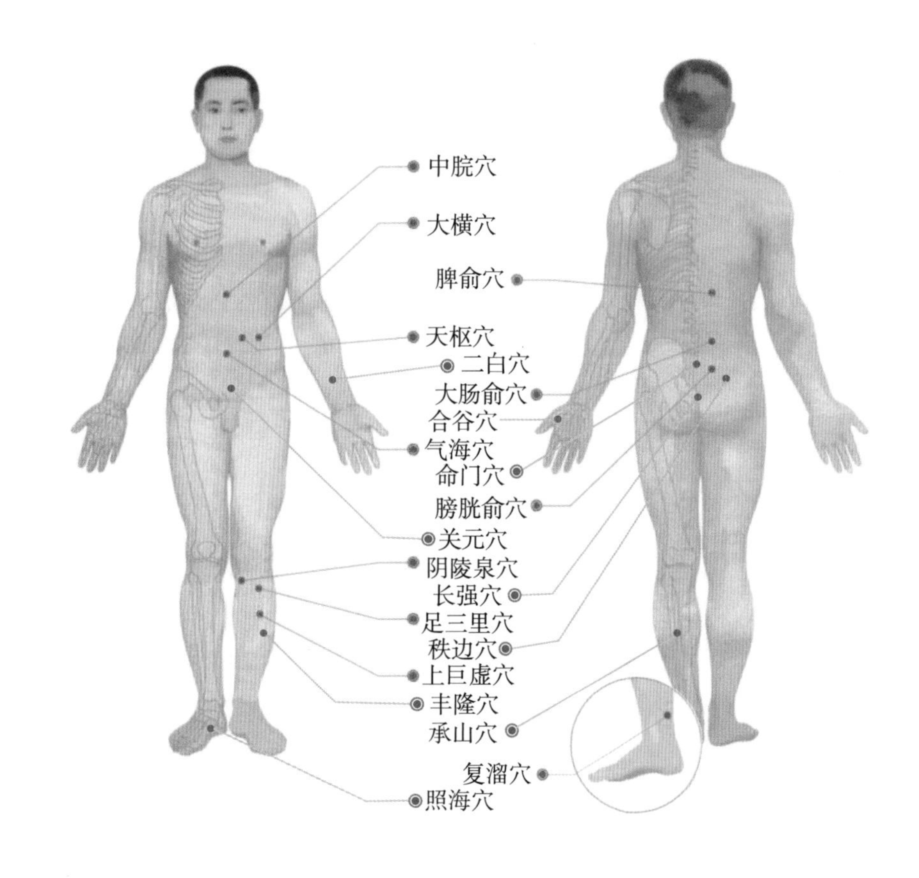

4. 阑尾炎

丰隆穴、阑尾穴、阿是穴（阑尾痛点，根据需要 3 条吸三角形）

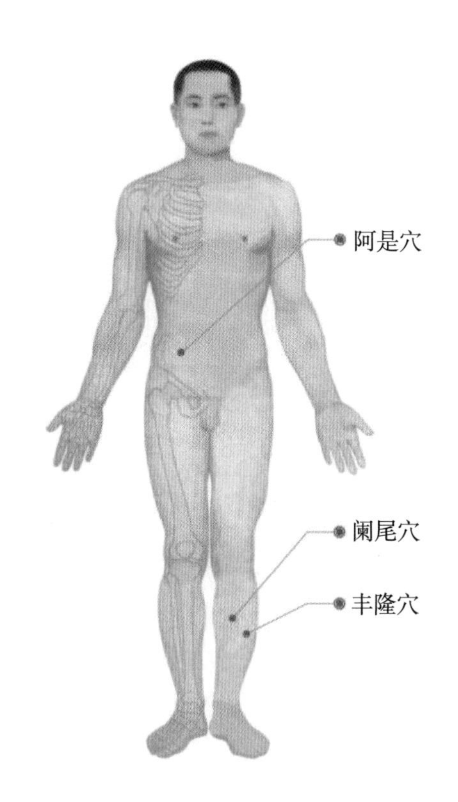

5. 胆结石、胆囊炎

胆囊穴、胆俞穴、肝俞穴、日月穴、复溜穴、阿是穴（外部疼痛点）

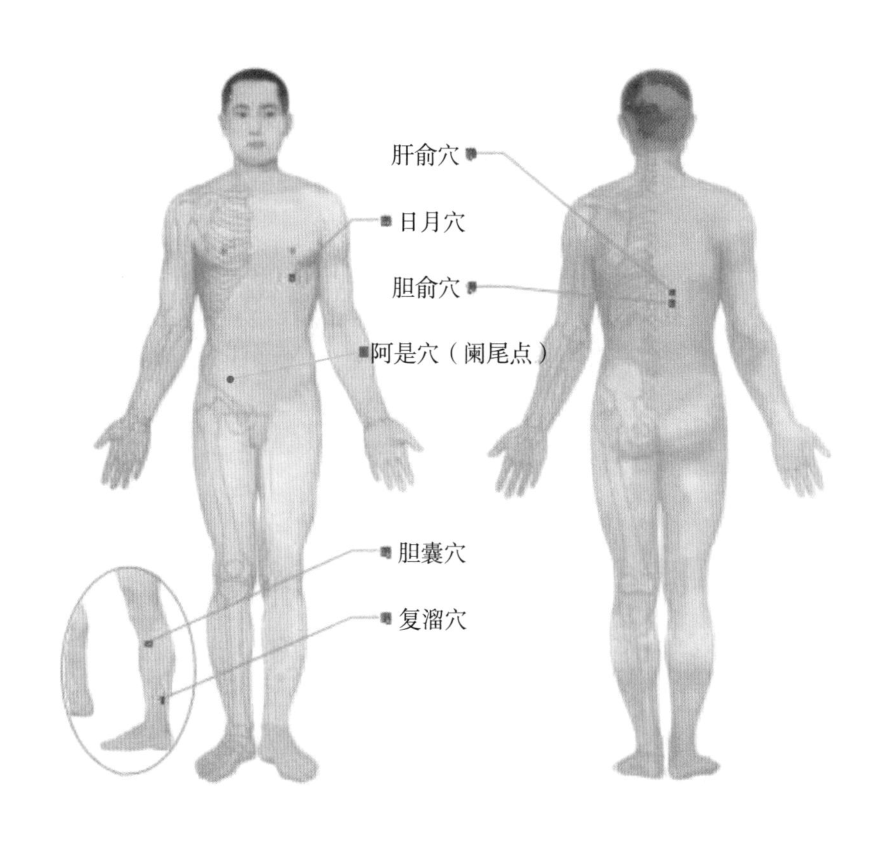

6. 肝炎、乙肝

肝俞穴、胆俞穴、丰隆穴、足三里穴、章门穴、期门穴、中脘穴、阿是穴（外部疼痛点）

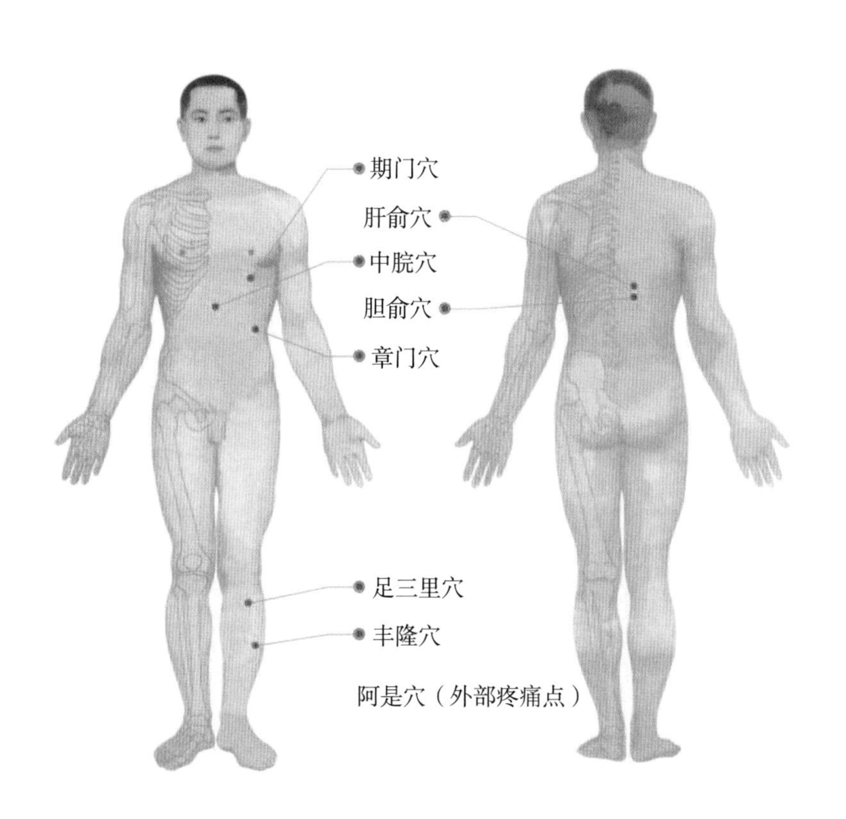

7. 脾虚

中脘穴、足三里穴、神阙穴、天枢穴、内关穴、下脘穴、脾俞穴、胃俞穴、太白穴

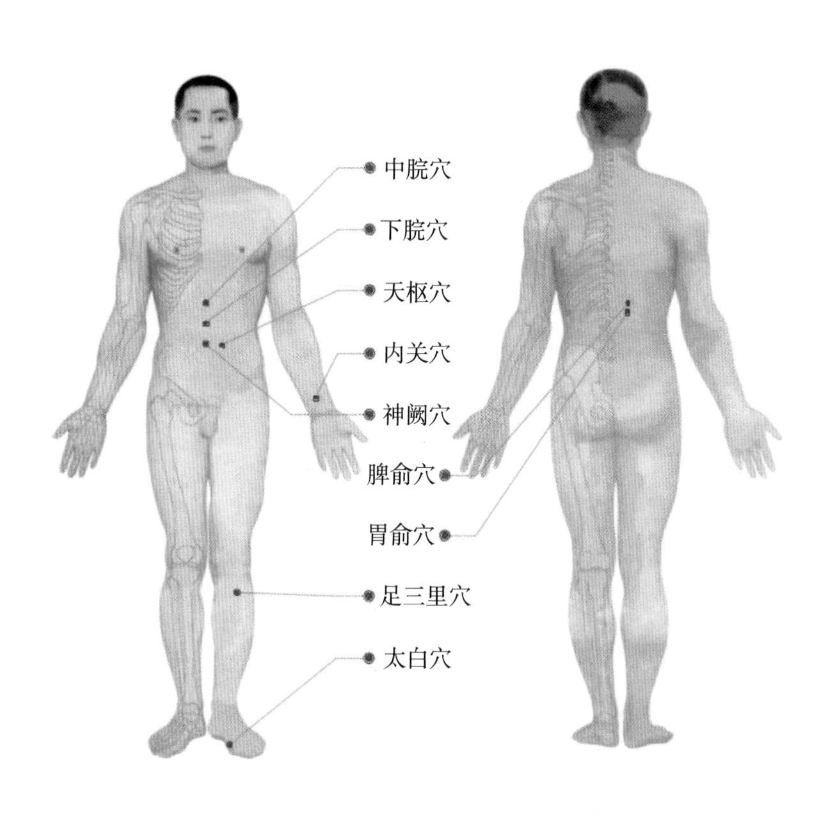

六、泌尿系统疾病

1. 前列腺炎

①中极穴、会阴穴、曲骨穴、三阴交穴、关元穴

②神阙穴、然谷穴、合阳穴、肾俞穴、膀胱俞穴

③命门穴、水道穴、归来穴、气冲穴

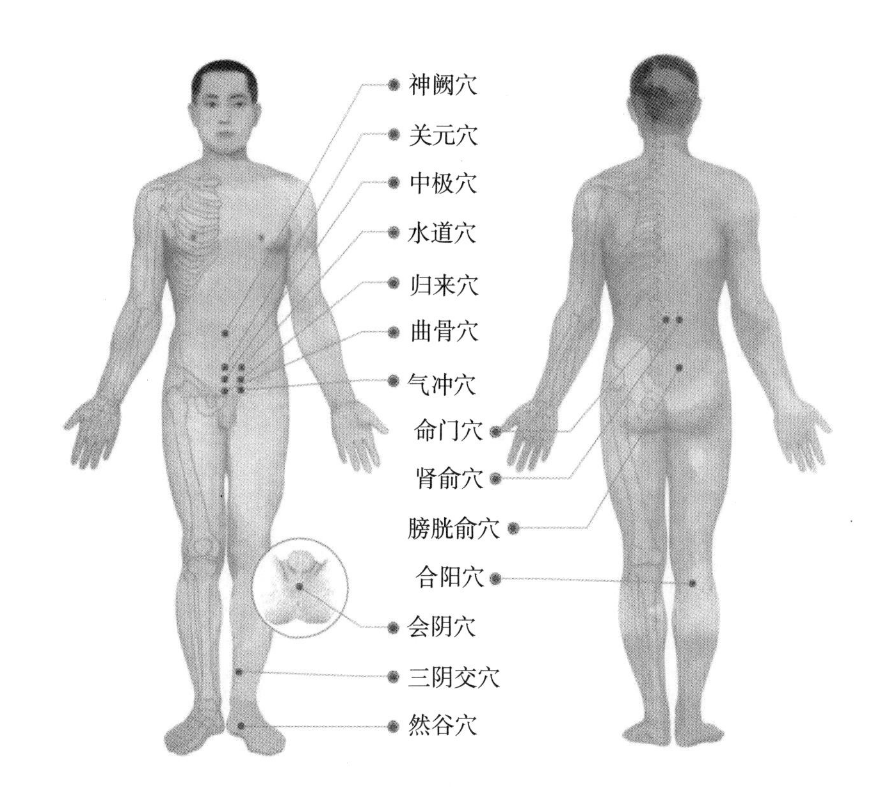

2. 膀胱炎、尿道炎

①关元穴、复溜穴、三阴交穴、神阙穴

②然谷穴、中极穴、曲骨穴、阳陵泉穴

③肾俞穴、膀胱俞穴、八髎穴（次髎）

④命门穴、水道穴、志室穴

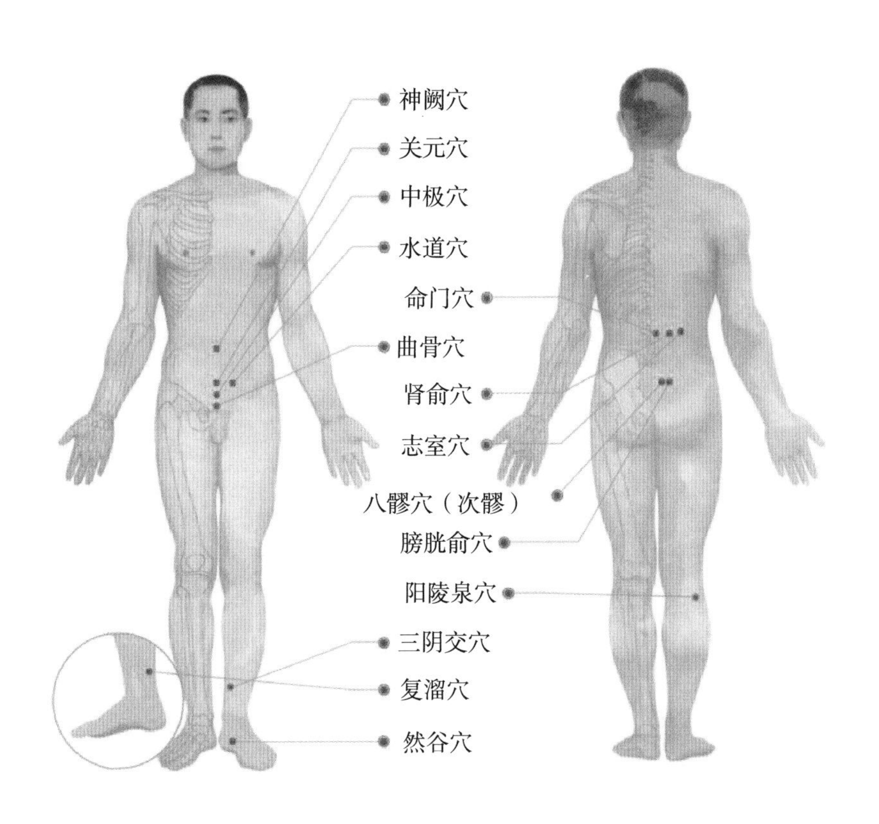

3. 肾炎、腰痛、肾积水

取穴：命门穴、肾俞穴（命门穴旁开 1.5 寸，取两边）、关元穴、肺俞穴、期门穴、志室穴、中极穴

肾痛脚肿：加吸太溪穴

肾痛引起整条腿肿：加吸阴谷穴

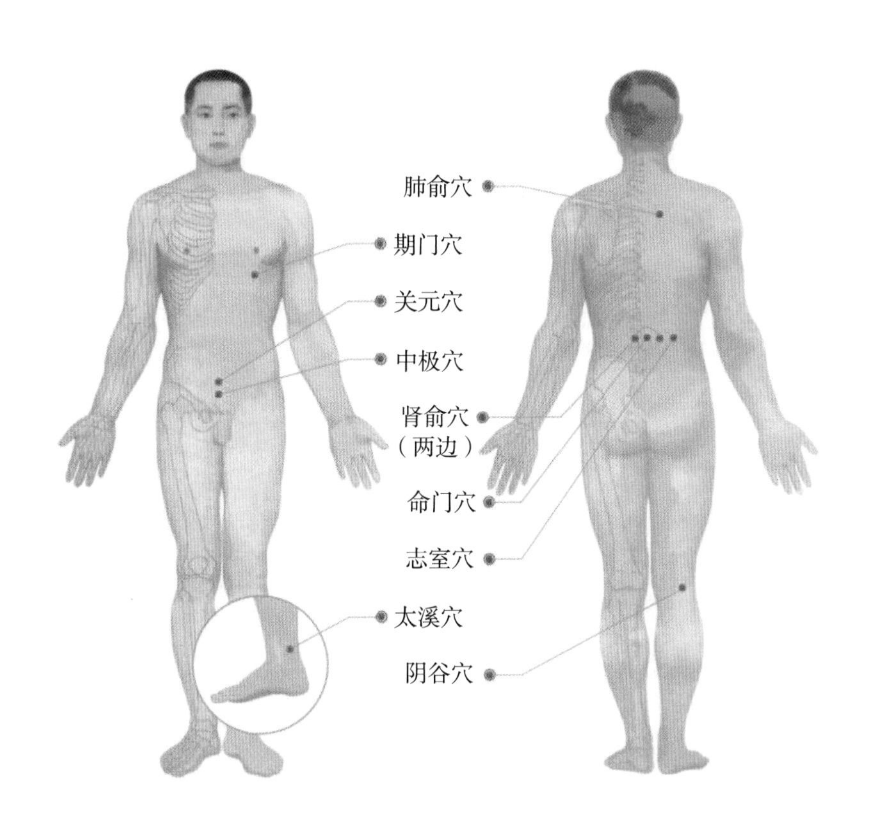

4. 腰痛

主穴：命门穴、肾俞穴、阿是穴（即痛点位置）

辅助取穴：风门穴、身柱穴、腰眼穴

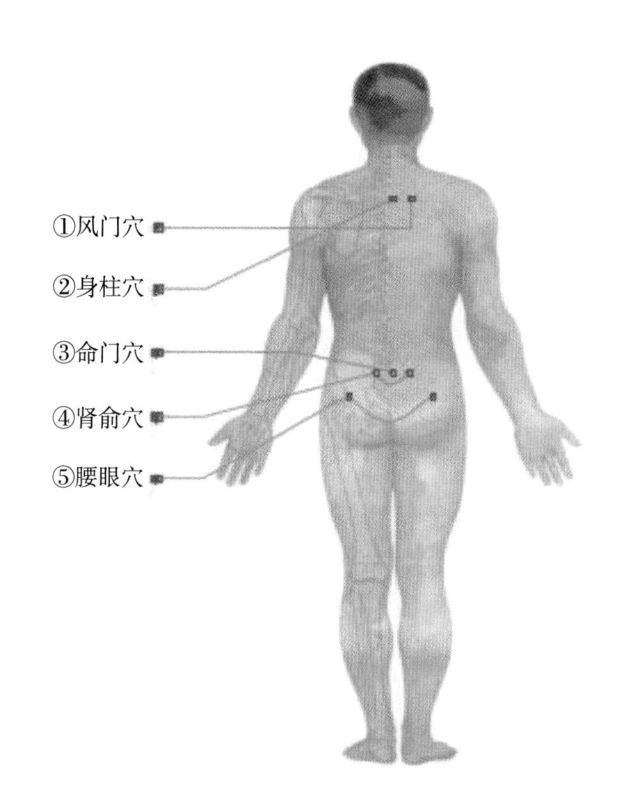

5. 尿失禁

神阙穴、照海穴、三阴交穴、膀胱俞穴、然谷穴、蠡沟穴

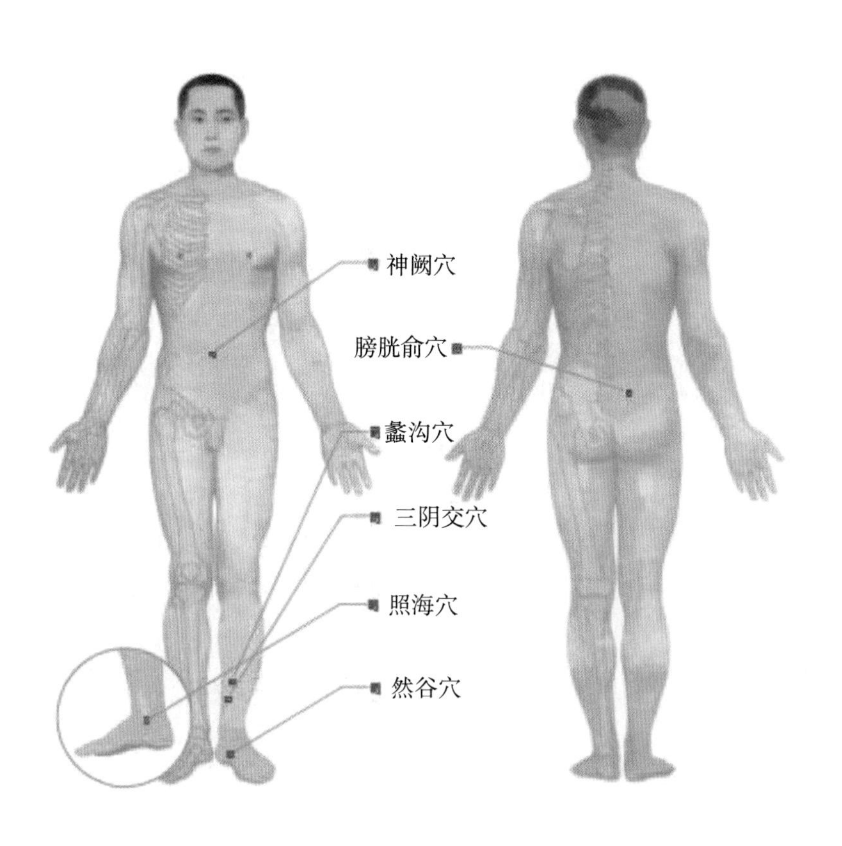

七、生殖系统疾病

1. 阳痿、早泄

①天柱穴、中府穴、气海穴、关元穴、中极穴

②膈俞穴、三焦俞穴、肾俞穴、承扶穴、次髎穴

③志室穴、命门穴、委中穴、足三里穴、气冲穴

④腰阳关穴、三阴交穴、然谷穴

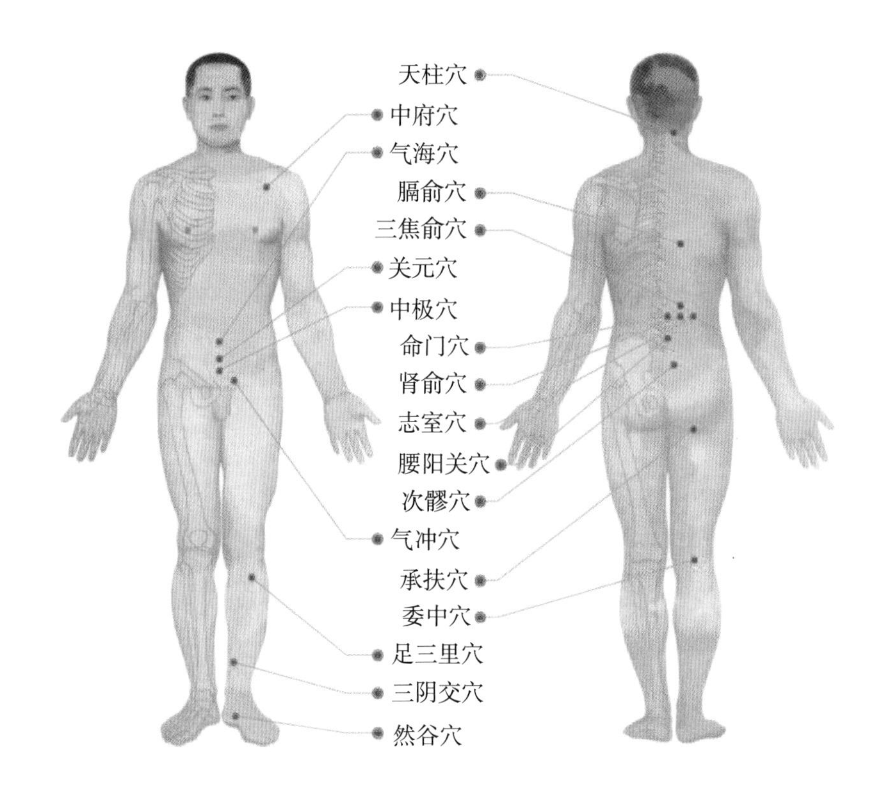

2. 阴囊湿疹

志室穴、膈俞穴、血海穴、神阙穴、关元穴、曲骨穴

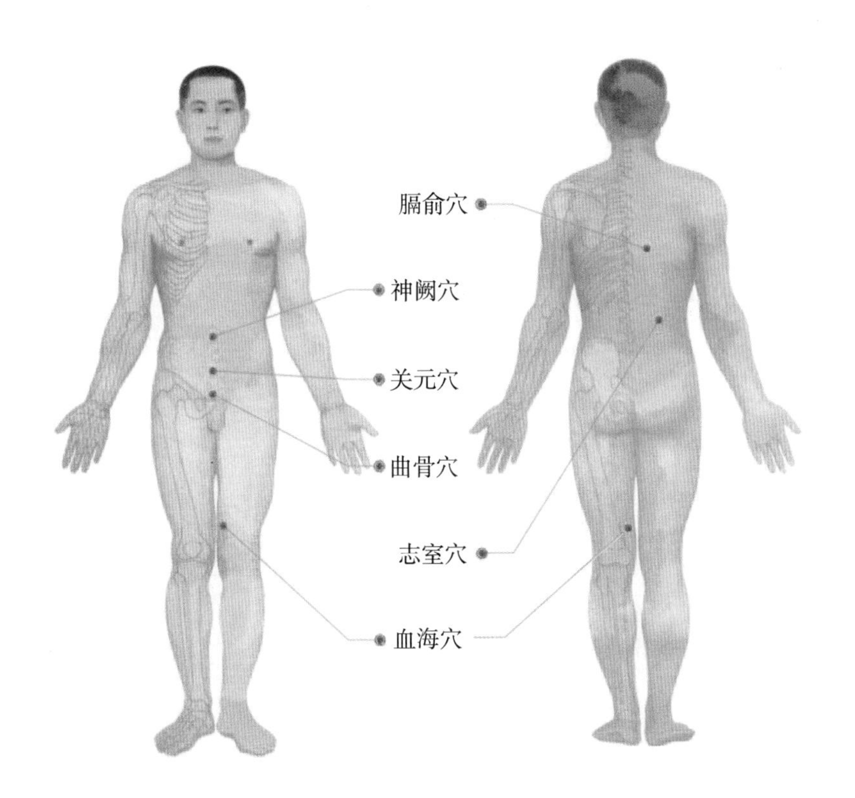

3. 附睾炎

①复溜穴、中极穴、期门穴、神阙穴

②关元穴、急脉穴、次髎穴、肾俞穴

③三阴交穴、合阳穴、蠡沟穴

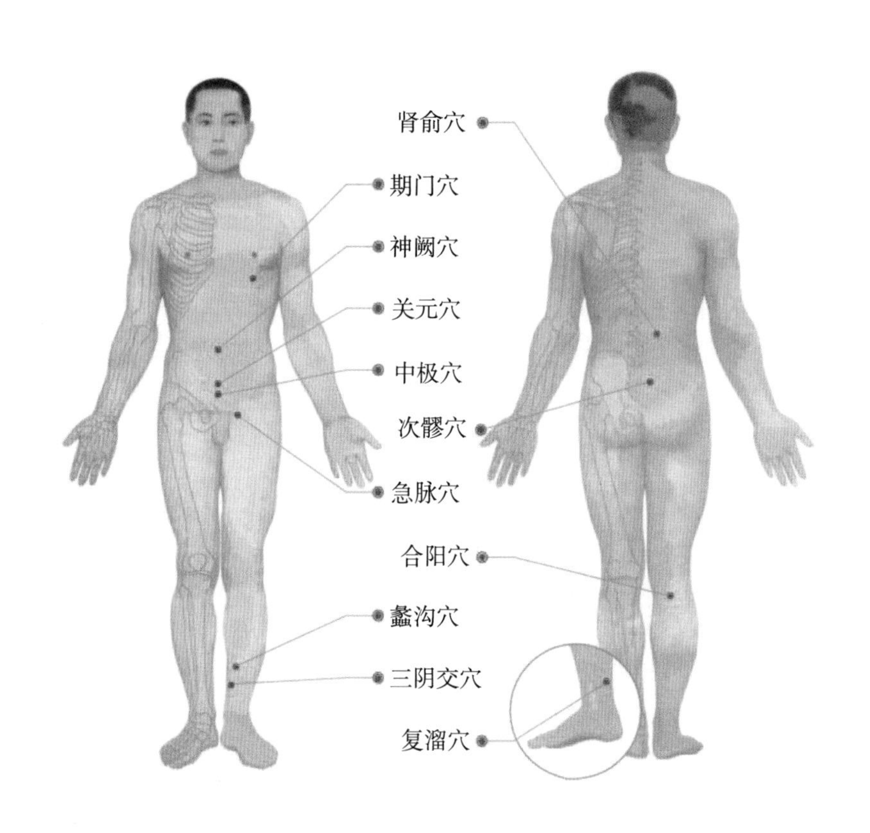

4. 月经不调、闭经

①腰阳关穴、三阴交穴、关元穴、血海穴

②肾俞穴、脾俞穴、照海穴、曲骨穴

③命门穴、气海穴、合谷穴、然谷穴

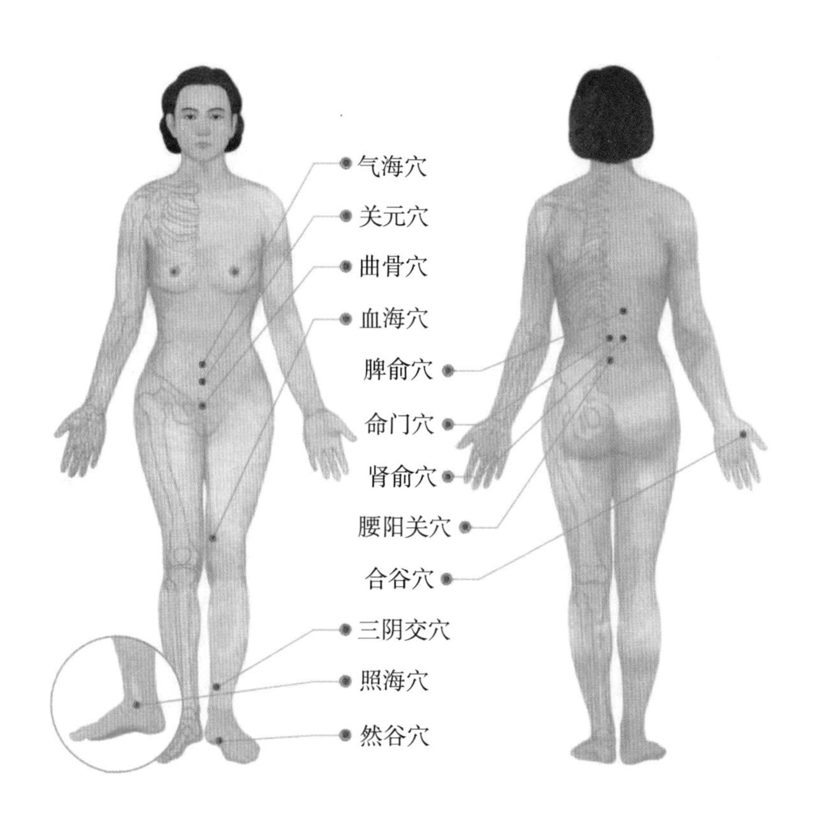

5. 崩漏

①气海穴、血海穴、关元穴、合阳穴

②膈俞穴、肾俞穴、脾俞穴、隐白穴

③三阴交穴、神阙穴、复溜穴、合谷穴

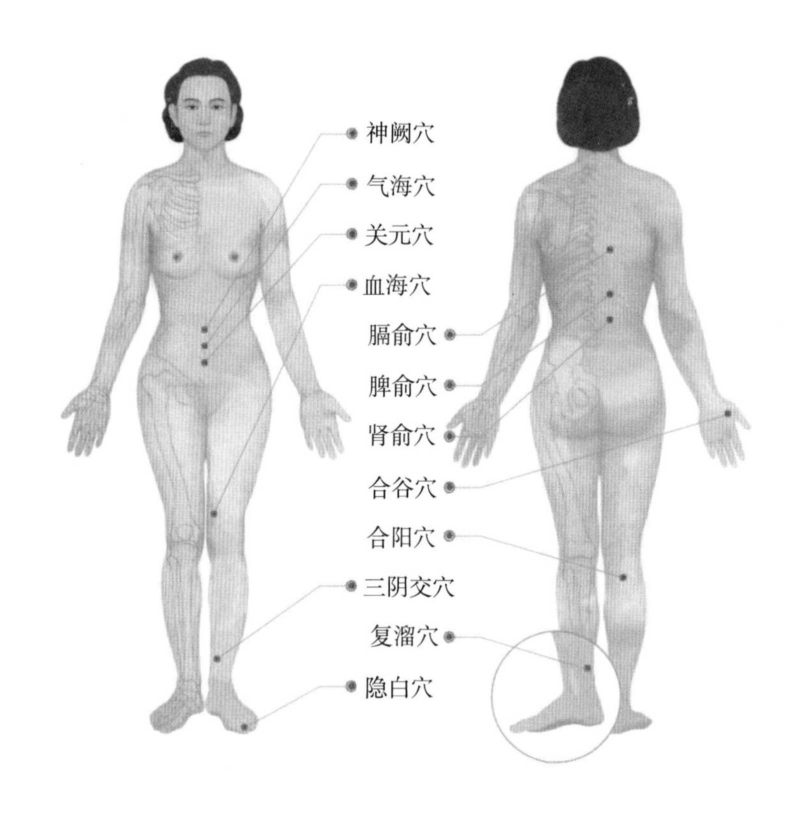

6. 痛经

①关元穴（肚脐下 3 寸）、三阴交穴、气冲穴

②照海穴、曲骨穴、命门穴、中极穴、合谷穴

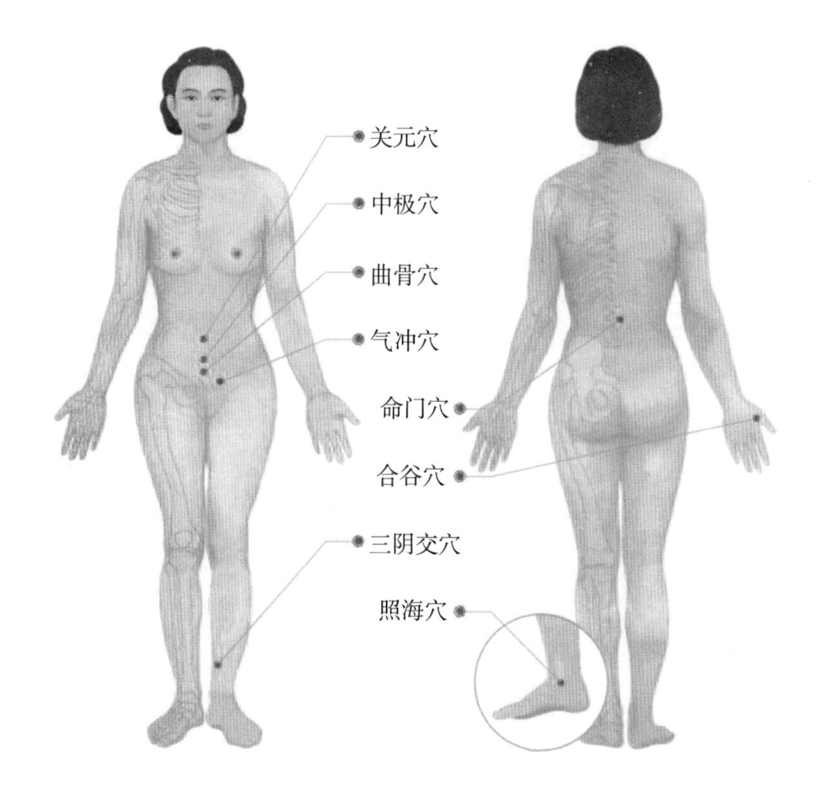

7. 妇科炎症

阴道炎：中极穴、次髎穴、归来穴、命门穴

宫颈炎：关元穴、横骨穴、气海穴、蠡沟穴

卵巢囊肿：曲骨穴、中极穴、三阴交穴

输卵管、卵巢炎：中极穴、三阴交穴、气海穴、关元穴、然谷穴

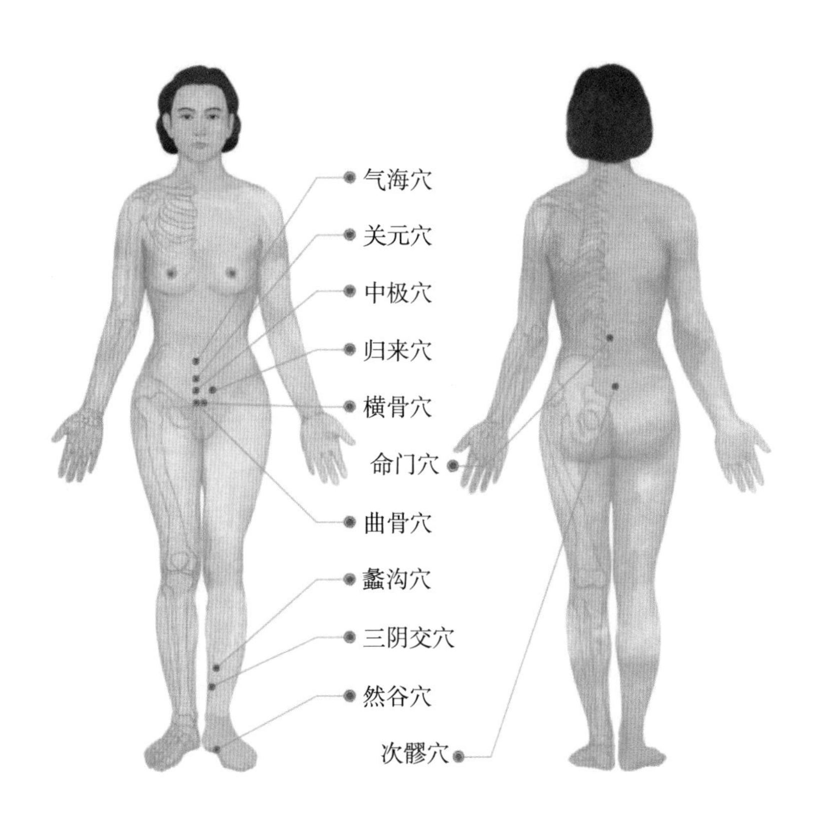

8. 子宫肌瘤（囊肿）

①承浆穴、子宫穴（子宫位置两边）

②曲骨穴、关元穴、归来穴、神阙穴

③气冲穴、三阴交穴、次髎穴、气海穴

④中极穴、阴陵泉穴

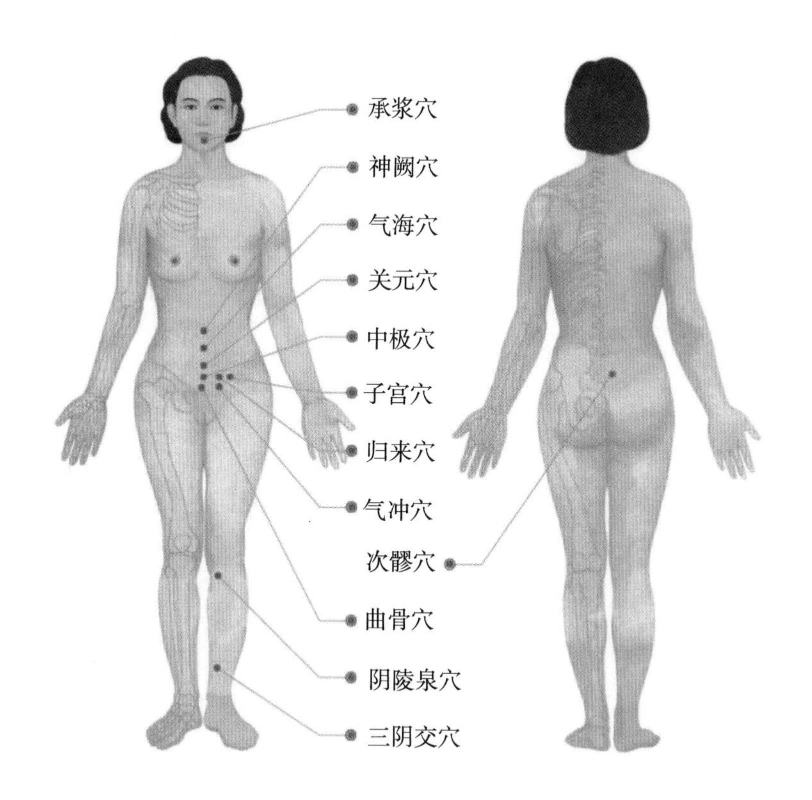

9. 子宫脱垂

①百会穴、中脘穴、子宫穴（子宫位置两边）

②维道穴、急脉穴、蠡沟穴、归来穴

③次髎穴、气海穴、中极穴、气冲穴

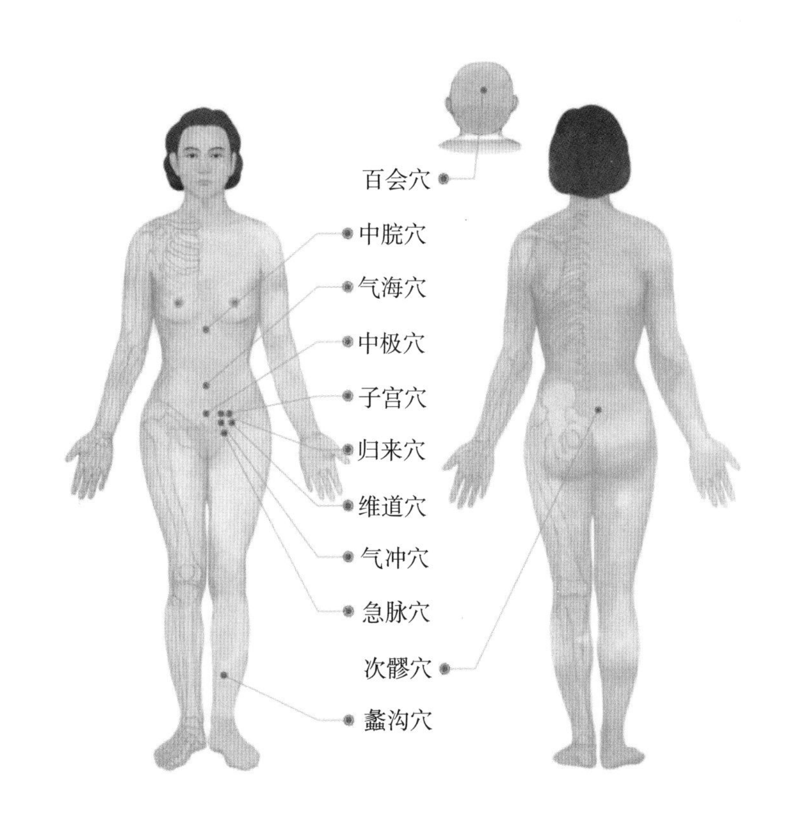

10. 子宫内膜异位症

①神阙穴、子宫穴（子宫位置两边）、关元穴、三阴交穴

②足三里穴、中脘穴、中极穴、合谷穴

③肾俞穴、次髎穴、长强穴

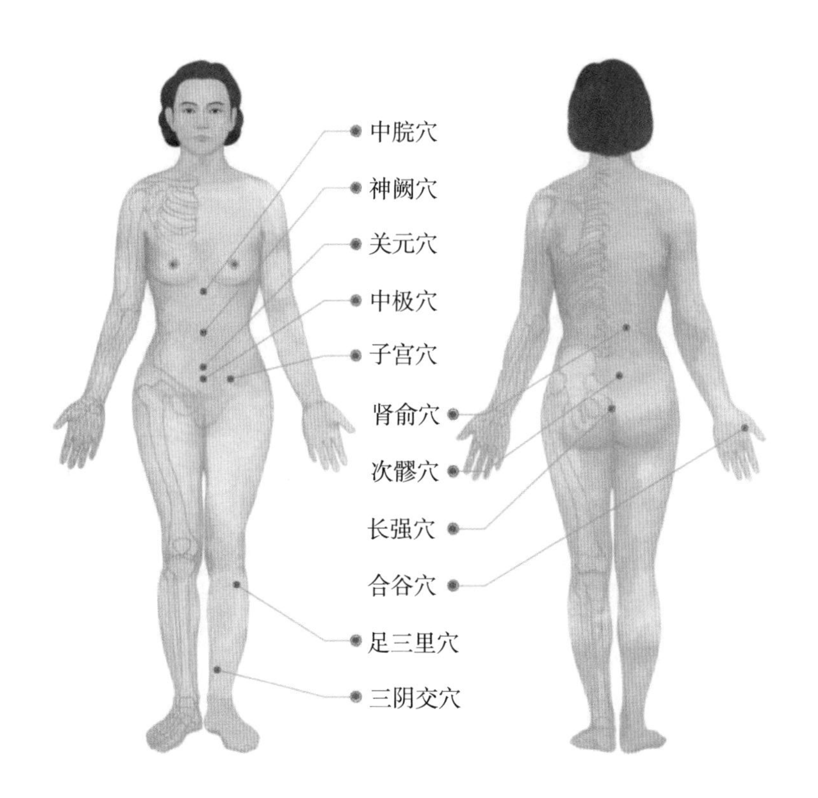

11. 乳腺增生、乳腺炎

①膻中穴、肿块患处或乳房周边四点、神阙穴

②期门穴、三阴交穴、天宗穴、神堂穴、天池穴

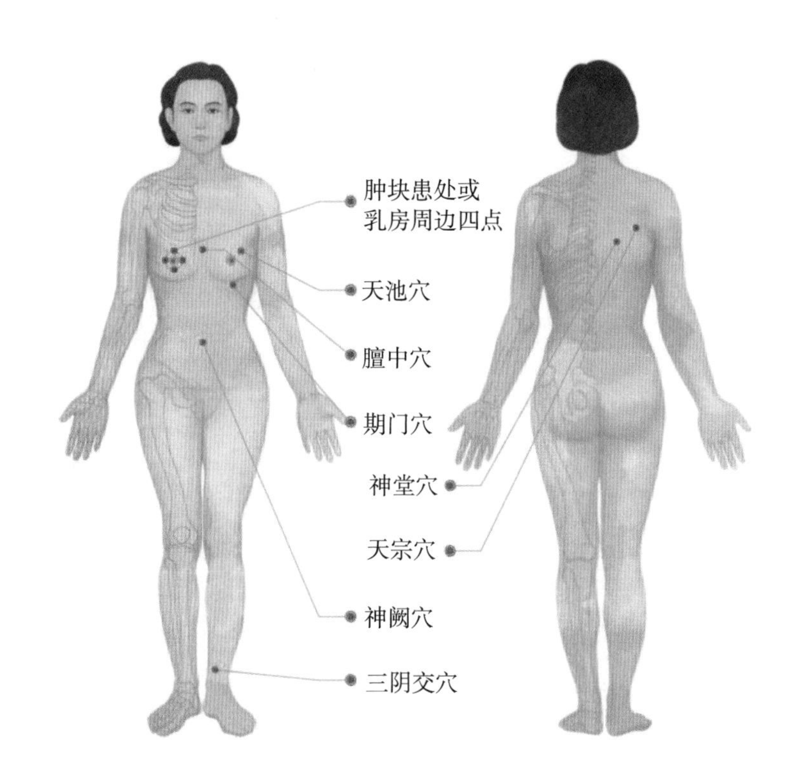

12. 不孕不育

①三阴交穴、气冲穴、中脘穴、关元穴

②下脘穴、天枢穴、神阙穴、足三里穴

③曲骨穴、照海穴、膈俞穴、肝俞穴

④命门穴、巨阙穴、志室穴、归来穴

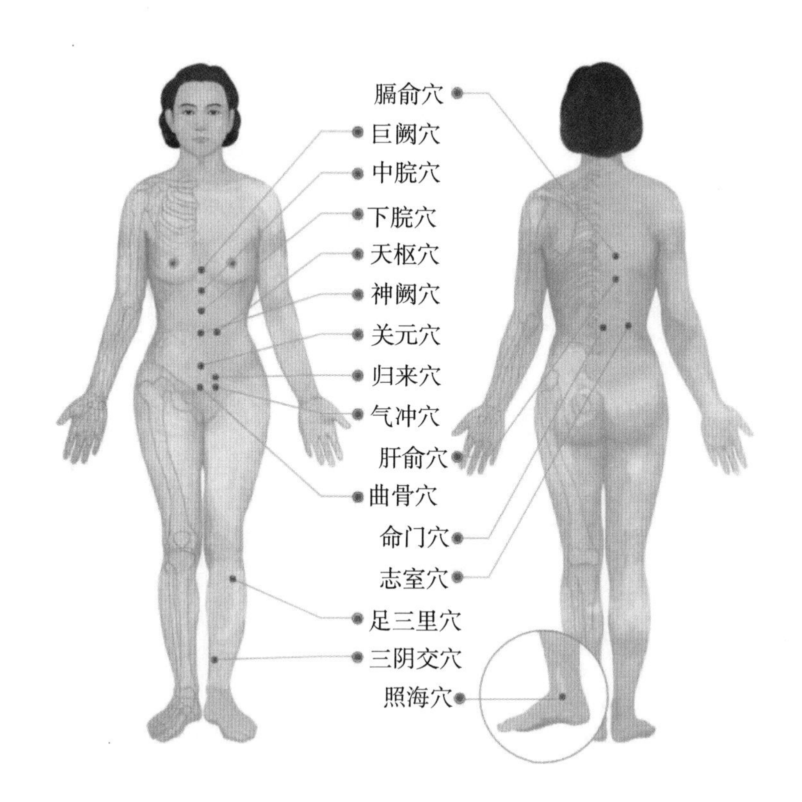

八、风湿骨科

1. 肩周炎

主穴：巨骨穴、肩髎穴、肩髃穴

辅助取穴：

①大椎穴、肩中俞穴、天宗穴

②曲池穴、液门穴、仆参穴

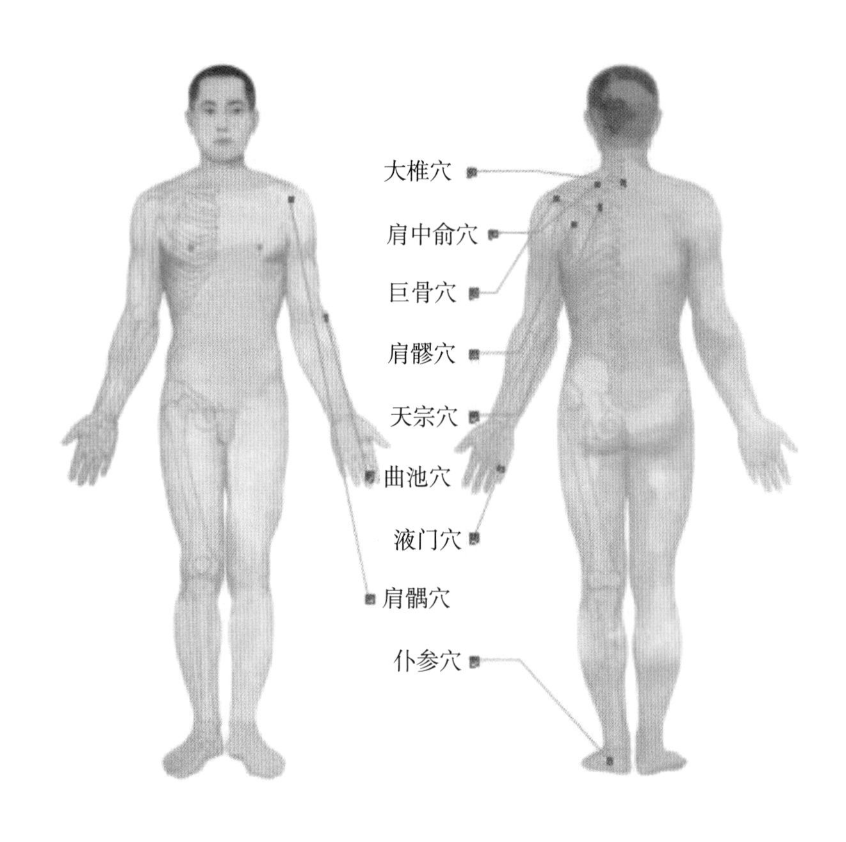

2. 颈椎病

主穴：肩井穴、肩中俞穴、大杼穴、大椎穴、陶道穴

辅助取穴：风池穴、天柱穴

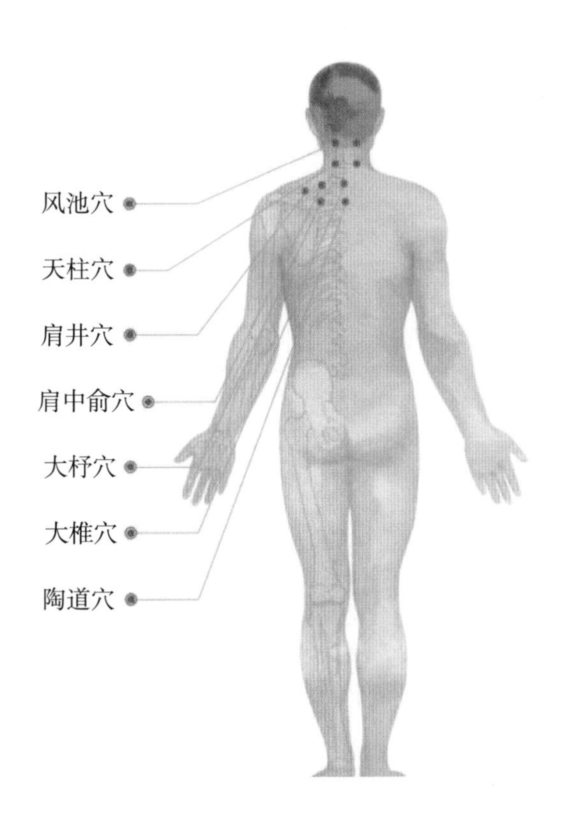

3. 坐骨神经痛

主穴：命门穴、内关穴、大肠俞穴、环跳穴

辅助取穴：风市穴、阳陵泉穴、阿是穴、丘墟穴、侠溪穴

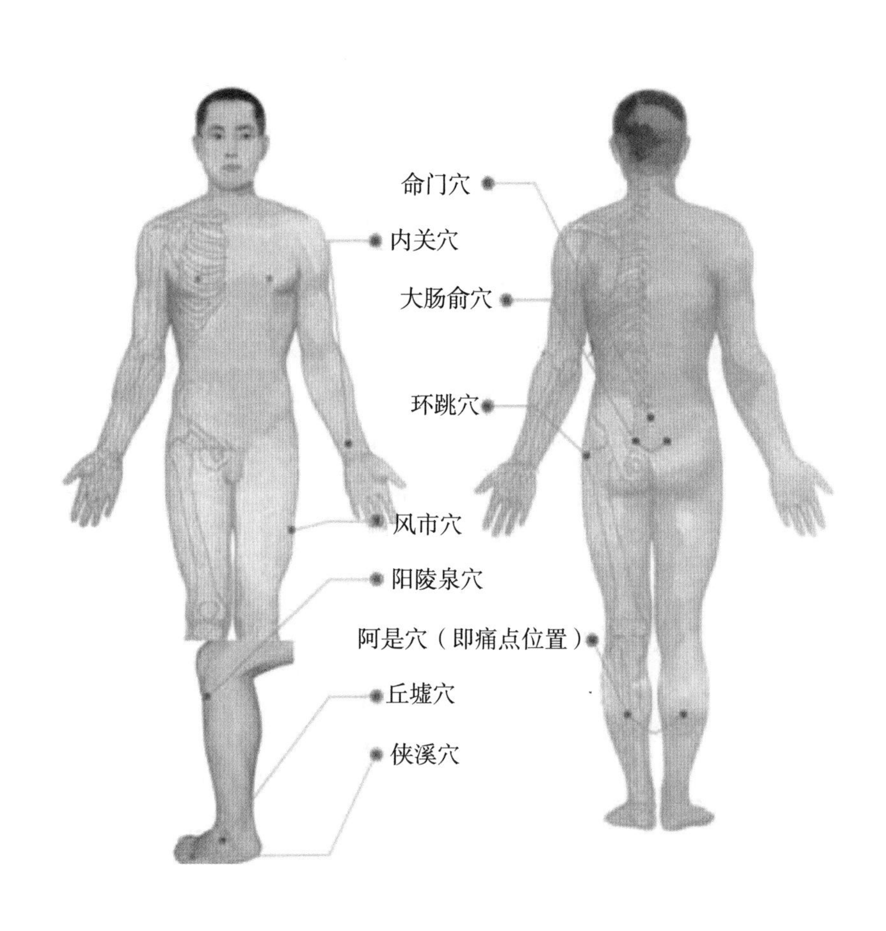

4. 腰椎间盘突出、增生

主穴：命门穴、腰眼穴、膝眼穴、太冲穴

辅助取穴：肾俞穴、委中穴、阿是穴

引起下肢肿痛：加吸太溪穴、照海穴

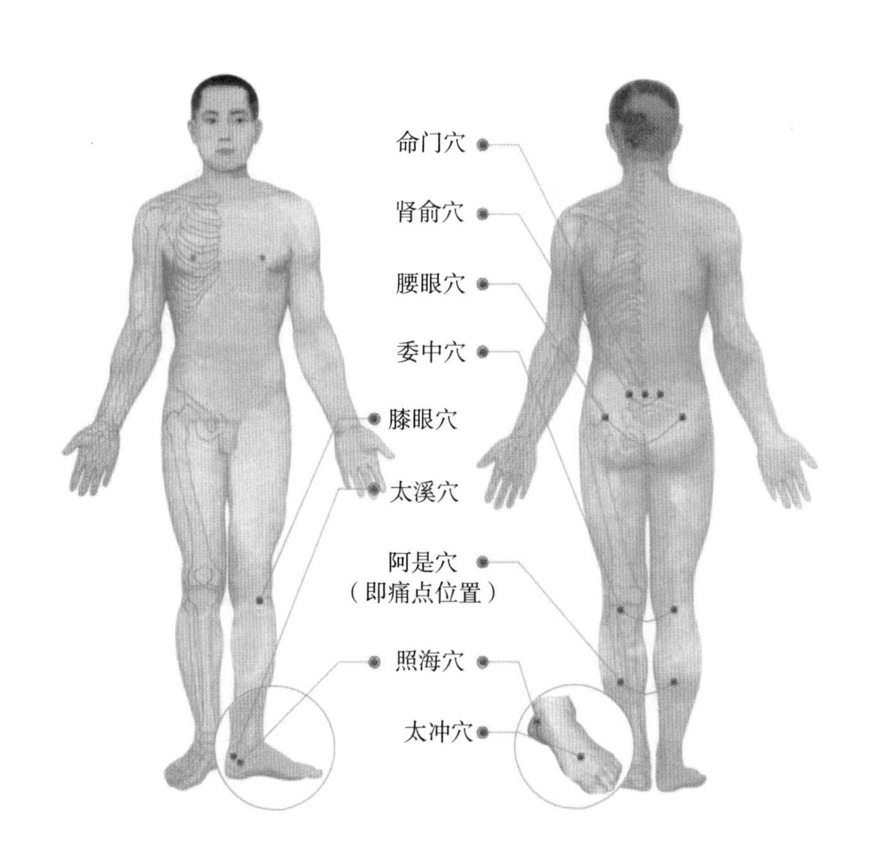

5. 风湿性关节炎、类风湿性关节炎

主穴：

①风池穴、大椎穴、大杼穴、胆俞穴、腰阳关穴

②环跳穴、风市穴、飞扬穴、申脉穴、悬钟穴

③阳辅穴、三阴交穴、太溪穴、阿是穴（即痛点位置）

辅助取穴：身柱穴、曲池穴、中脘穴、神阙穴、足三里穴

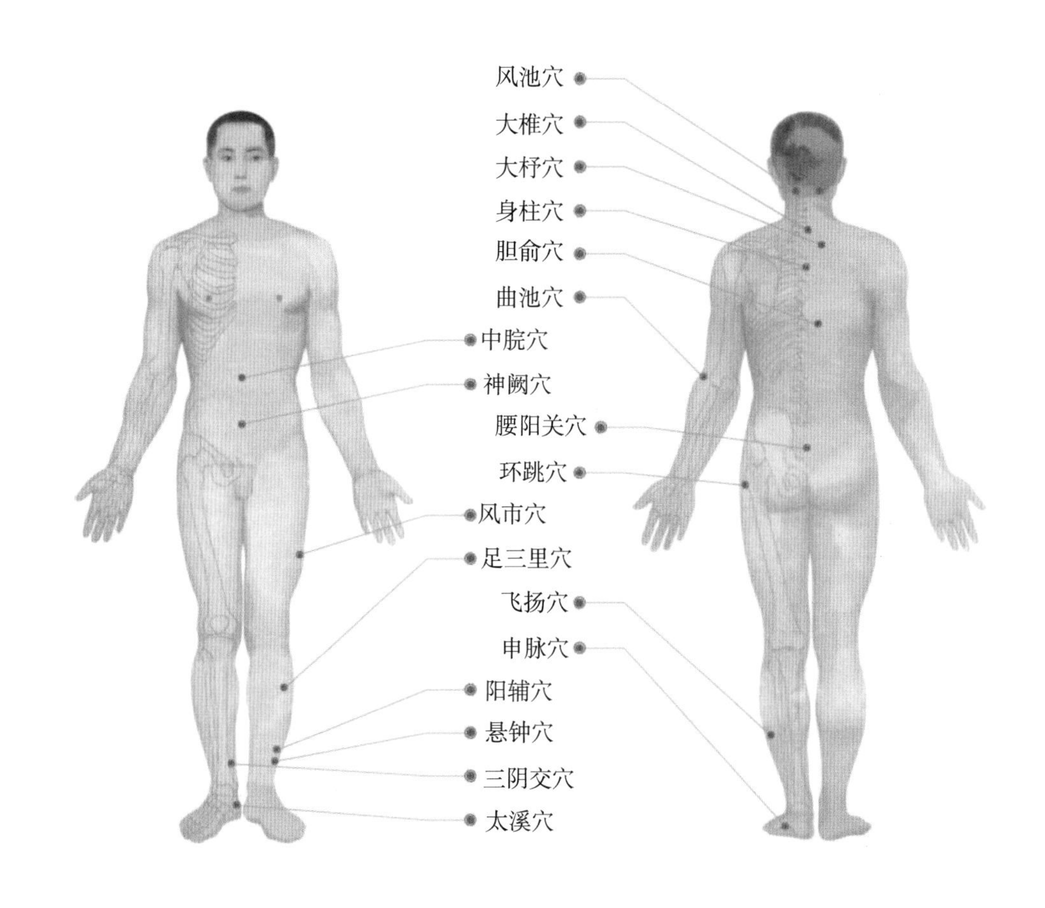

6. 强直性脊柱炎

①大椎穴、腰阳关穴下 1 寸位置、膀胱俞穴

②身柱穴、太冲穴、风市穴、膻中穴

③太溪穴、风池穴、阿是穴（脊柱上痛点位置）

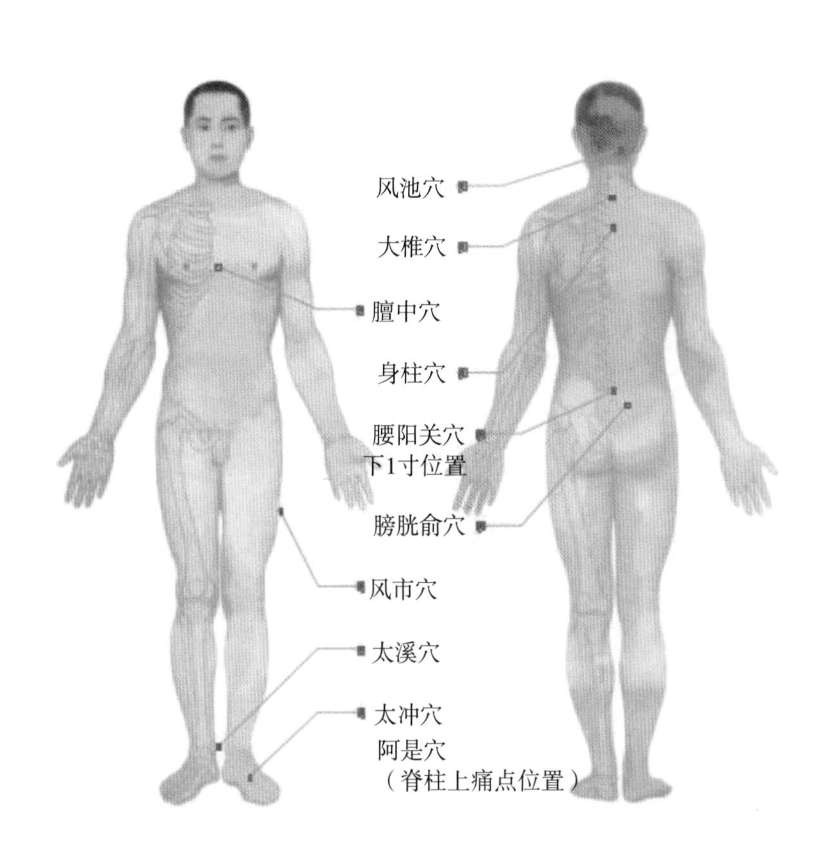

7. 股骨头坏死骨病

①居髎穴、五枢穴、髀关穴、气冲穴

②足五里穴、急脉穴、冲门穴、环跳穴

③秩边穴、承扶穴、关元穴、委中穴

④血海穴、足三里穴、阳陵泉穴、伏兔穴

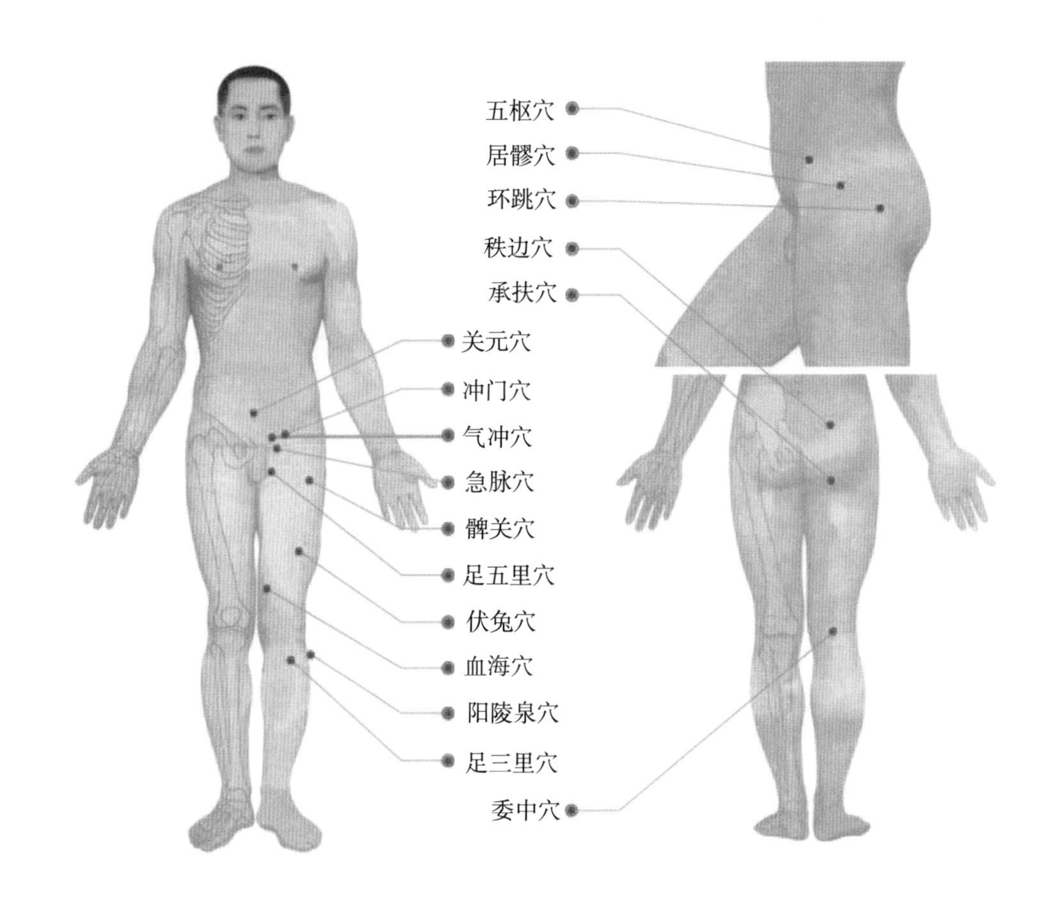

8. 骨病

（1）手关节痛

①少海穴、劳宫穴、少府穴、环指第一节背后中点

②中指第二节背后中点、大骨空穴、阿是穴（即痛点位置）

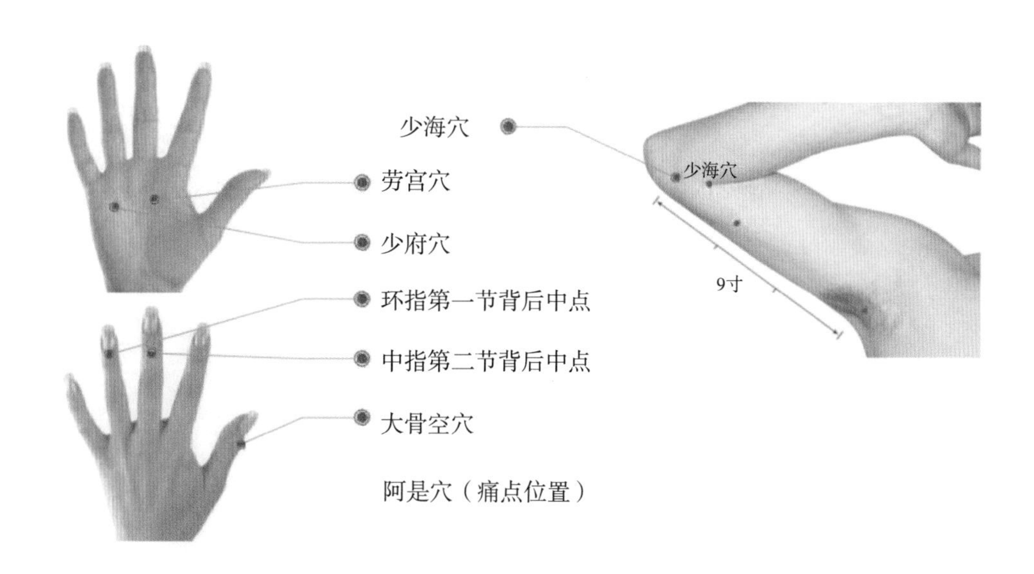

（2）脚关节痛

①鹤顶穴、膝眼穴、阿是穴（即痛点位置）

②阳陵泉穴（内外各 1 条）、足三里穴

③条口穴、巨虚穴、丰隆穴

④解溪穴、陷谷穴

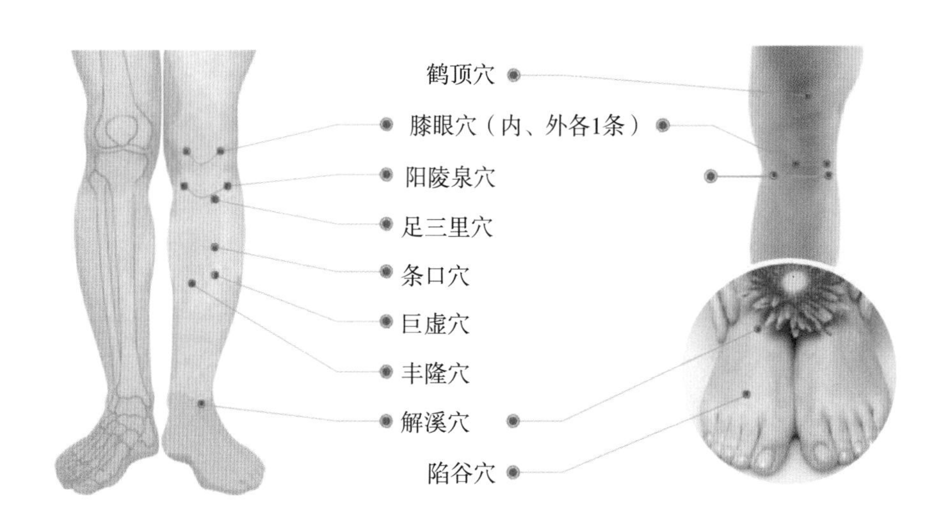

（3）腱鞘炎、足跟痛

阿是穴（即痛点位置，区域小用 1 条，痛点区域大的用 3 条吸三角）

（4）落枕

风府穴、风池穴、大椎穴、肩井穴、后溪穴、悬钟穴

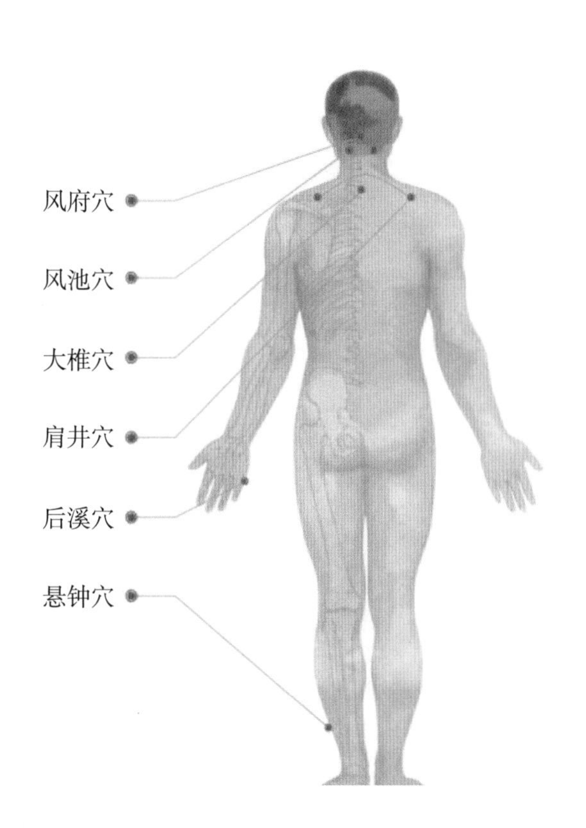

九、五官科疾病

1. 眼疾（干涩、流泪、眼疲劳、青光眼、白内障、眼袋、近视等）

主穴：攒竹穴、瞳子髎穴、承泣穴、睛明穴、复溜穴

辅助取穴：印堂穴、太阳穴、风池穴、光明穴

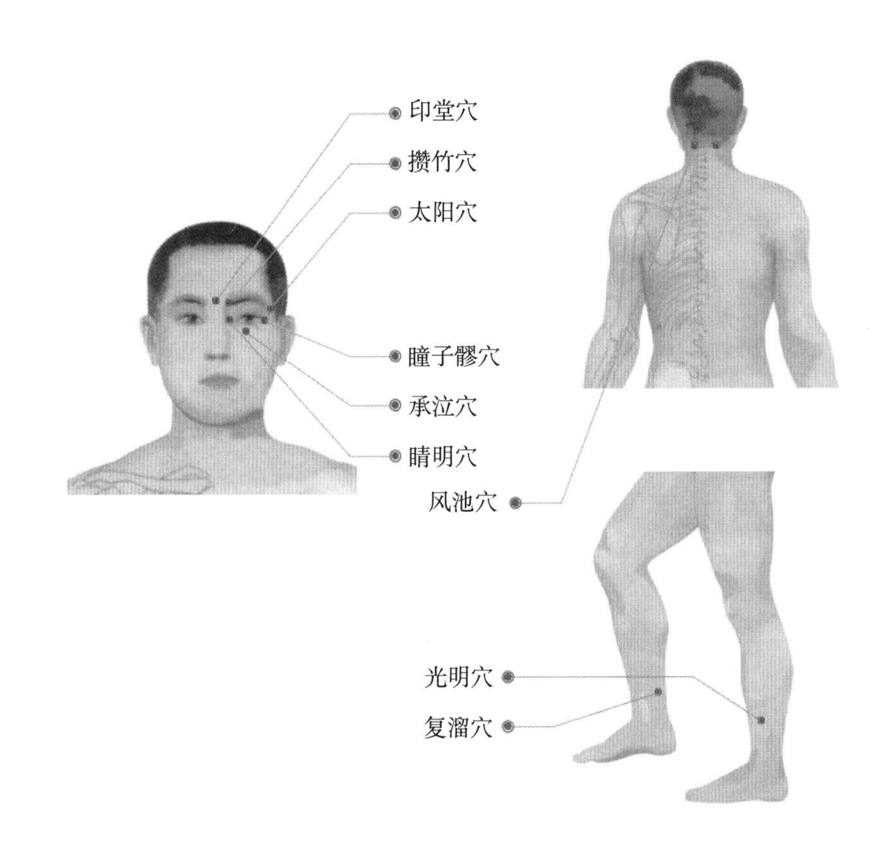

2. 耳背、耳鸣

①大椎穴、风池穴、耳门穴、听会穴、太溪穴、太冲穴

②行间穴、关元穴、命门穴、肾俞穴、足三里穴

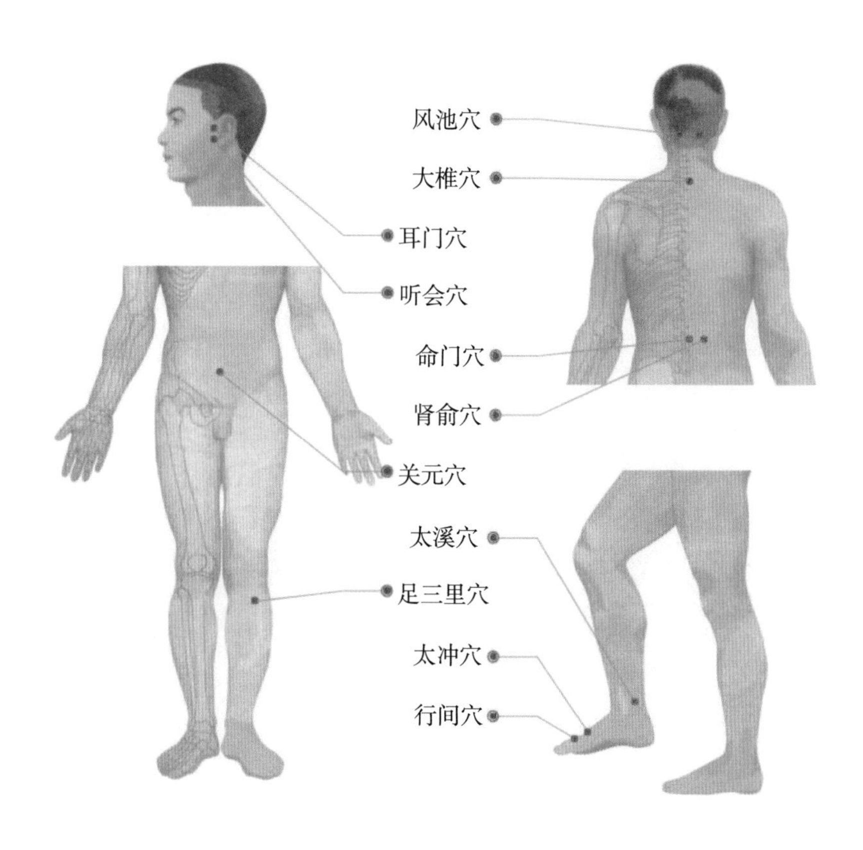

3. 鼻炎、额窦炎

印堂穴、迎香穴、合谷穴、膝眼穴

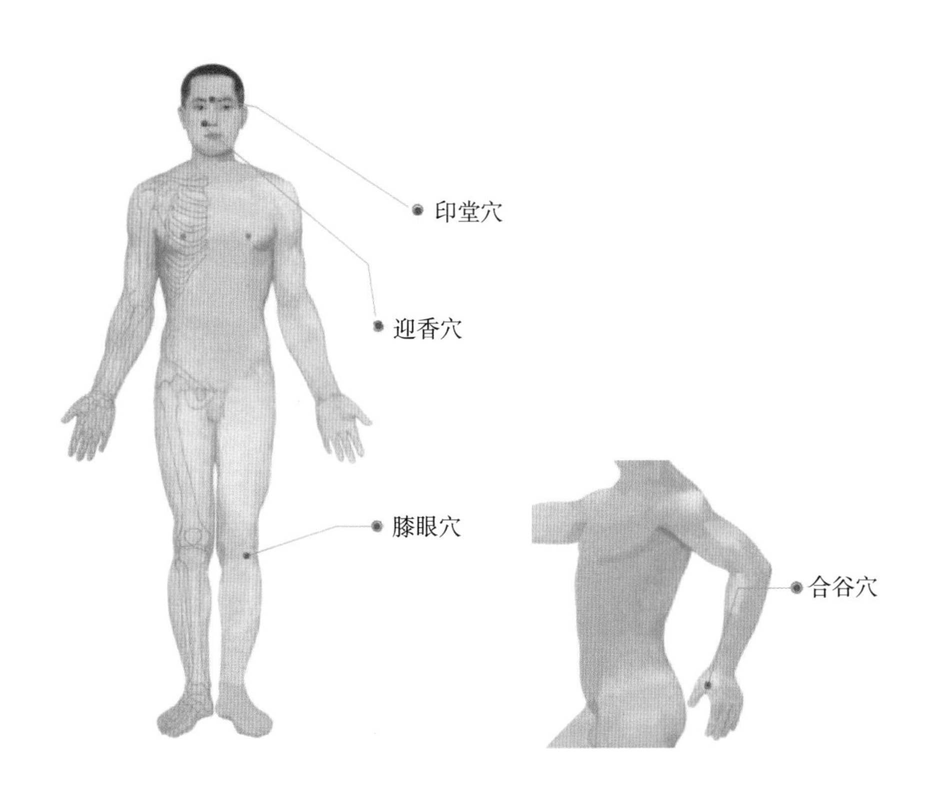

4. 牙痛

风门穴、太溪穴、翳风穴、阿是穴（即痛点位置）

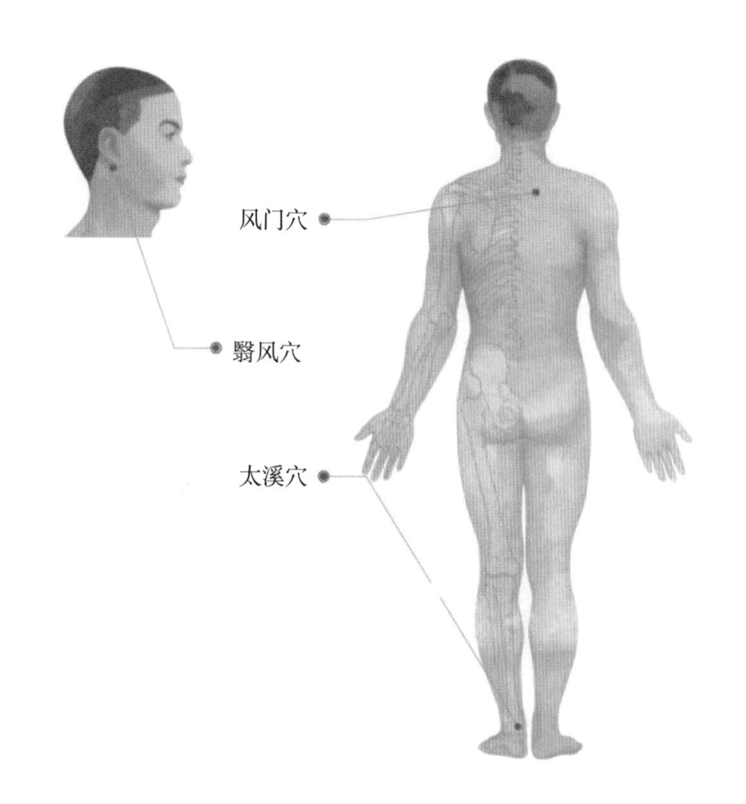

5. 口腔溃疡、口臭

下关穴、合谷穴、阳谷穴、关冲穴、太冲穴、内廷穴

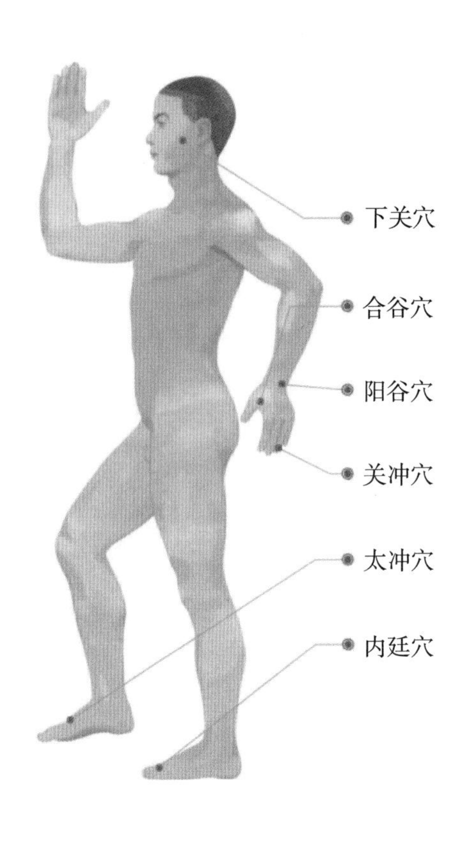

6. 咽炎、声音嘶哑

①承浆穴、廉泉穴、人迎穴、天突穴、气舍穴

②膻中穴、哑门穴、大椎穴、合谷穴、内关穴、鱼际穴

辅助取穴：膝眼穴

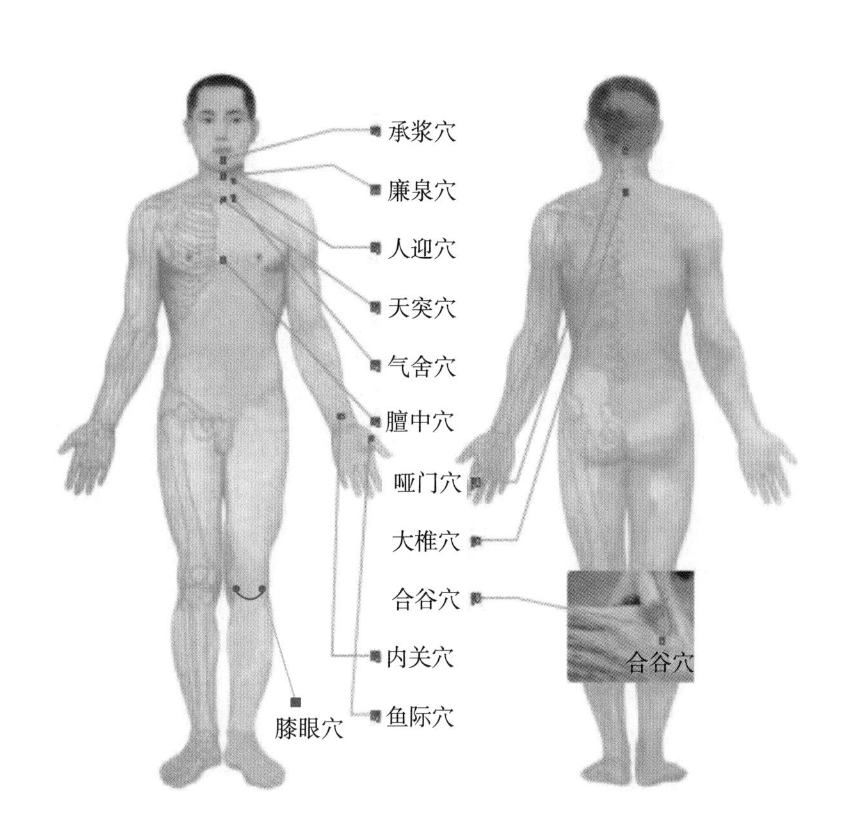

十、皮肤科疾病

1. 痤疮

①大椎穴、四白穴、阿是穴（患处）、尺泽穴、下关穴

②天枢穴、内廷穴、血海穴、太冲穴、肺俞穴

③三阴交穴、胃俞穴、膈俞穴、脾俞穴、内关穴、支沟穴

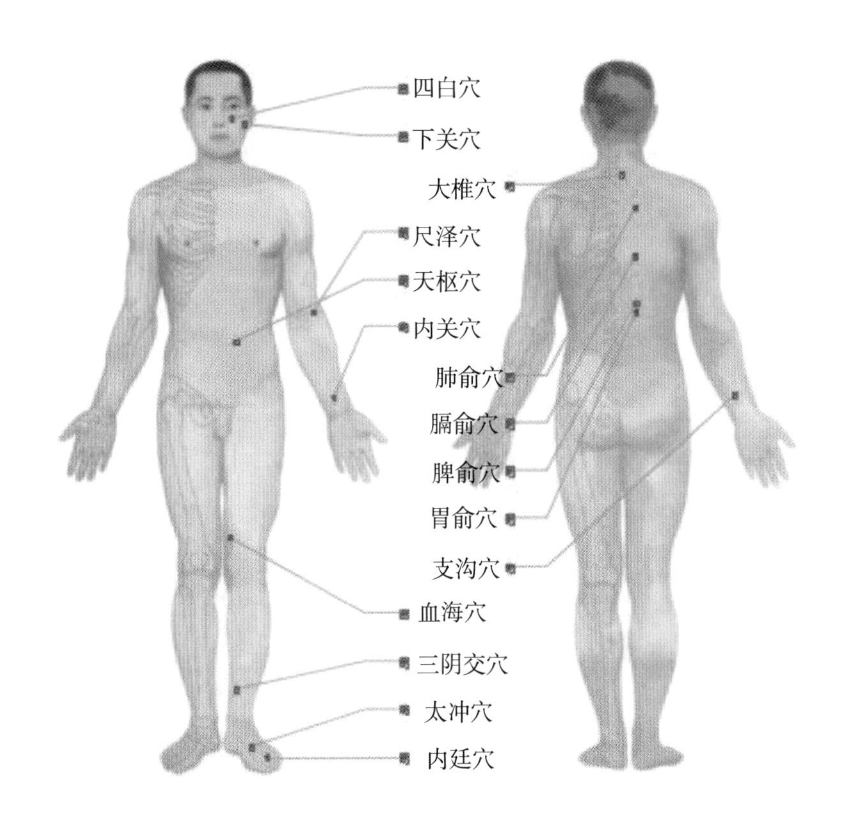

2. 皮肤病、病毒性带状疱疹

①大椎穴、膈俞穴、三阴交穴、阿是穴（患处）

②曲池穴、神阙穴、气海穴、悬钟穴

③中脘穴、足三里穴、风池穴

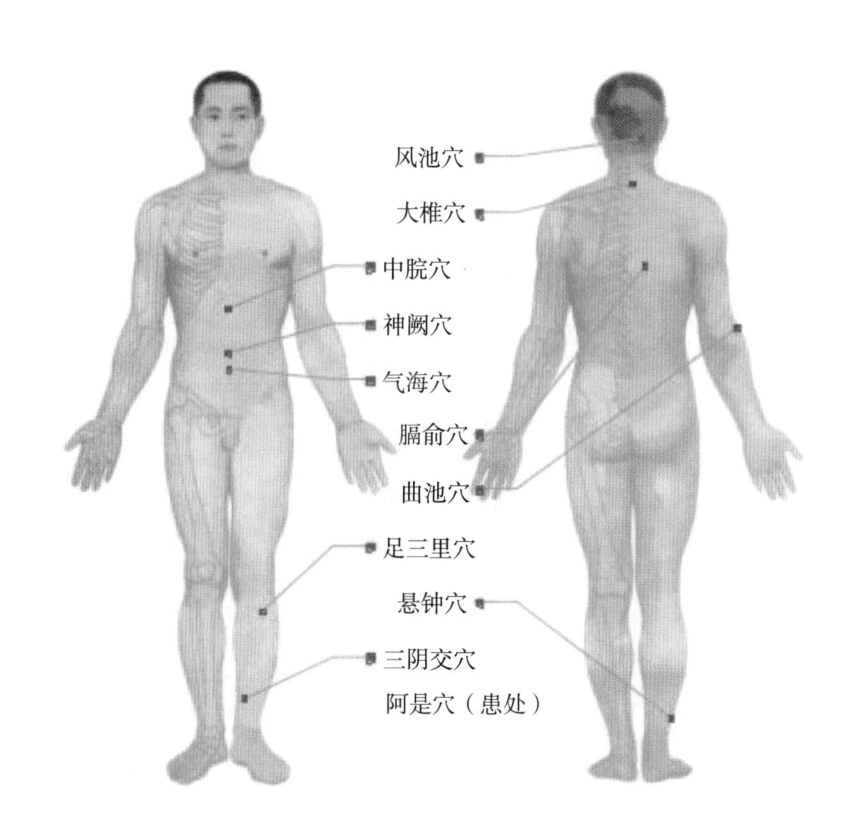

3. 脚气病、脚痒

①巨虚穴（上下巨虚）、肺俞穴、涌泉穴、三阴交穴

②曲池穴、膈俞穴、阳陵泉穴、阿是穴（患处）

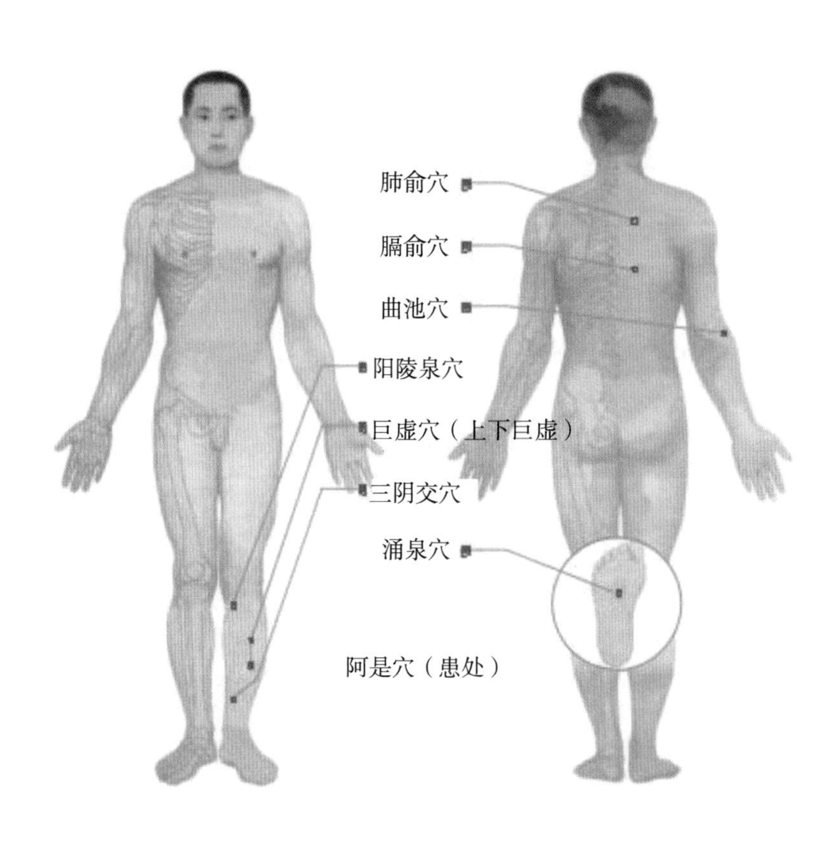

4. 麻疹

①大椎穴、肺俞穴、曲池穴、足三里穴

②中脘穴、气海穴、尺泽穴、委中穴

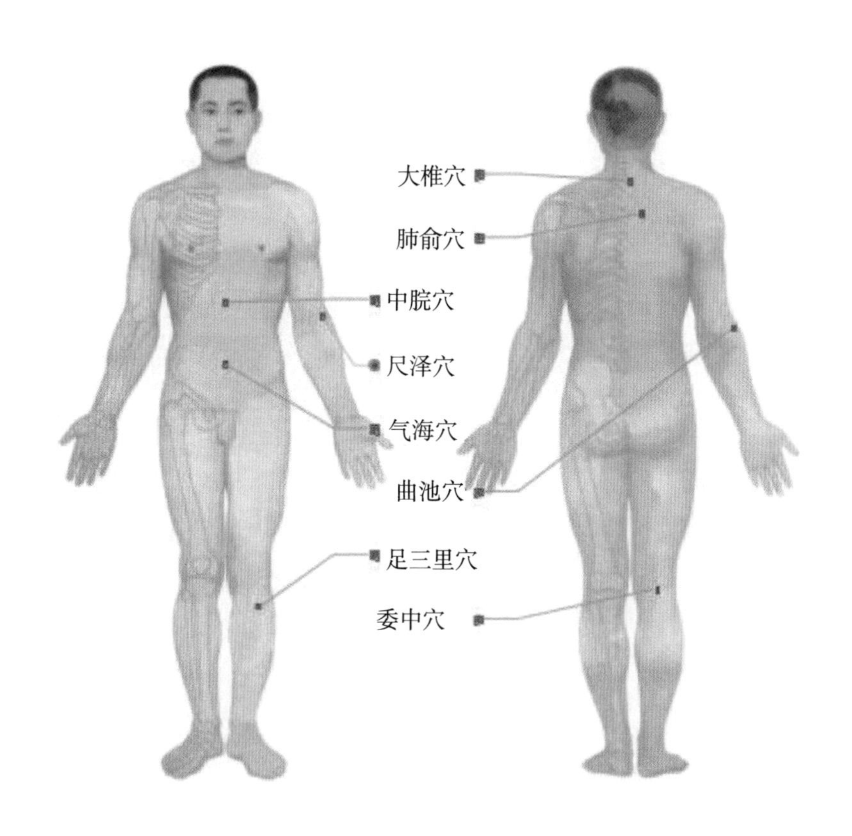

5. 荨麻疹

①大椎穴、肺俞穴、中脘穴、脾俞穴

②肝俞穴、气海穴、曲池穴、丘墟穴

③外关穴、神阙穴、养老穴、风池穴、阿是穴（患处）

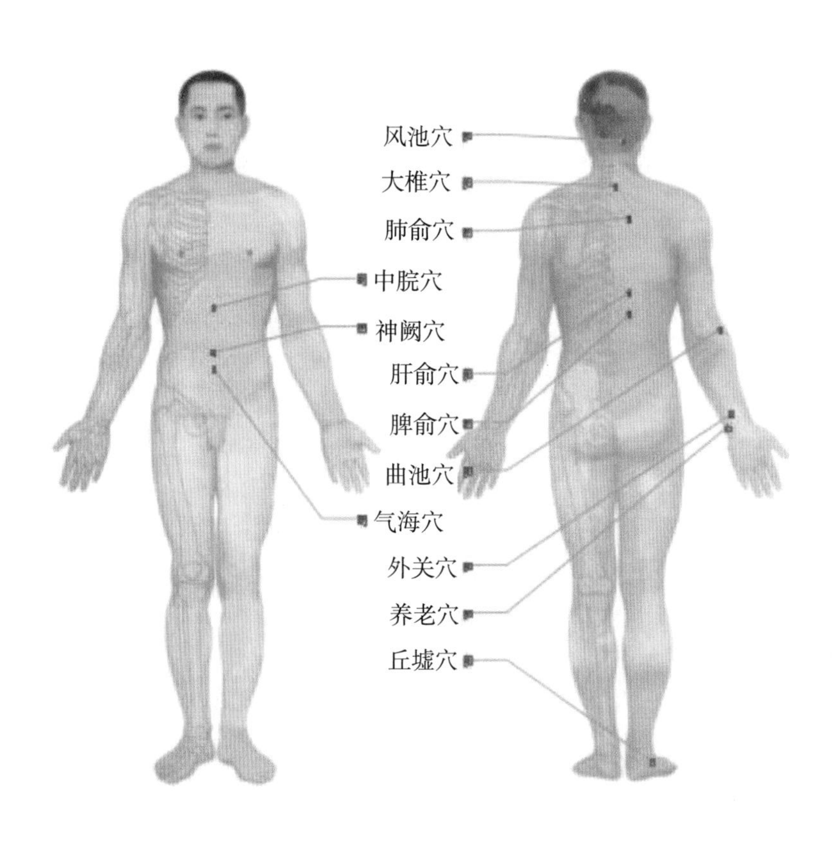

6. 湿疹

①血海穴、三阴交穴、阴陵泉穴、天枢穴

②膈俞穴、肺俞穴、脾俞穴、胃俞穴

③曲池穴、神阙穴、肝俞穴、中脘穴

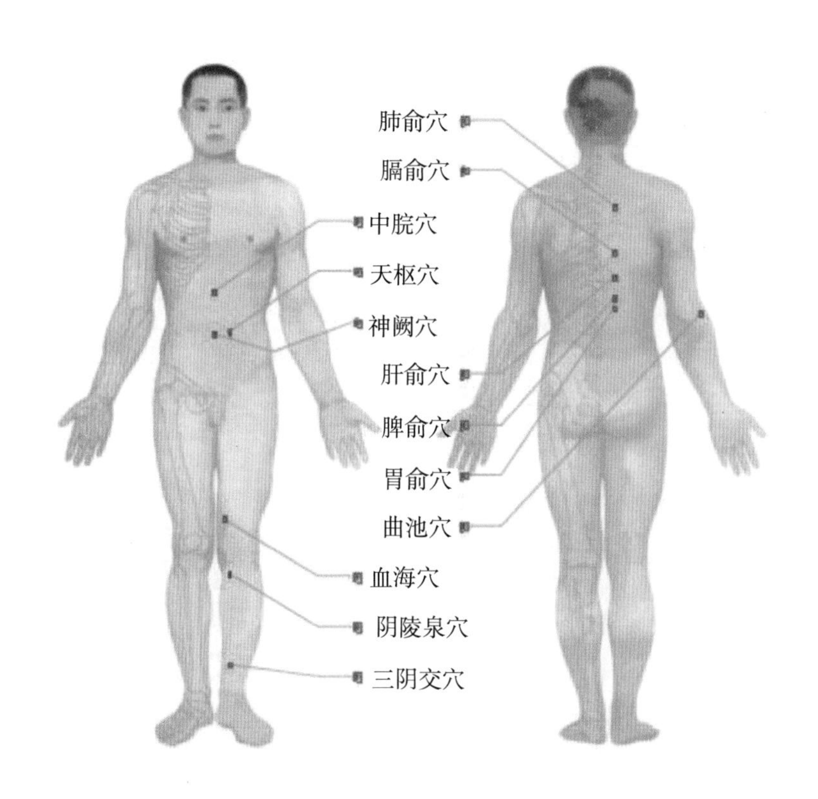

7. 系统性红斑狼疮（皮肤型）

主穴：印堂穴、大椎穴、百会穴、阿是穴（皮肤疮疤患处）

辅助取穴：

①中脘穴、神阙穴、关元穴、命门穴

②膻中穴、陷谷穴、大陵穴

③肝俞穴、曲池穴、百虫窝穴、三阴交穴

④髋骨穴、鹤顶穴、足三里穴

⑤胆囊穴、阑尾穴、天枢穴、太冲穴

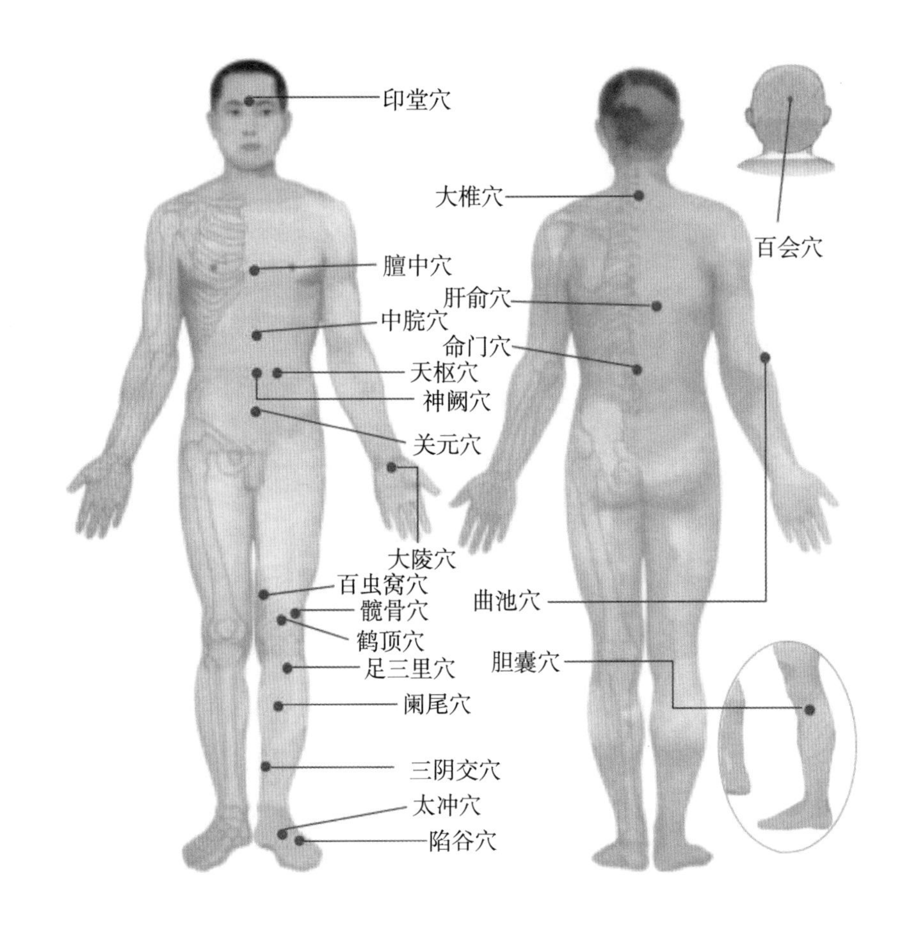

十一、其他科疾病

1. 肥胖

①膻中穴、丰隆穴（两边腿）、足三里穴

②神阙穴、滑肉门穴、大椎穴、三阴交穴

③中脘穴、天枢穴、大横穴、阴陵泉穴

④内廷穴、关元穴、气海穴、带脉穴

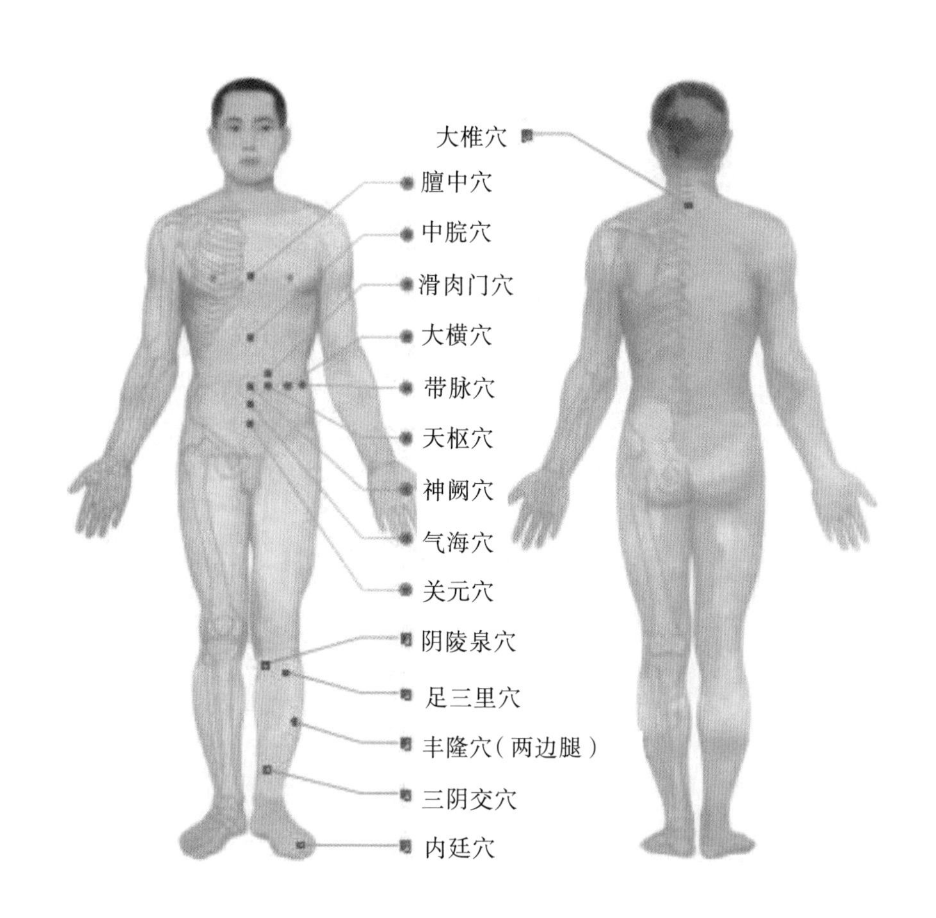

2. 狐臭

①液门穴、曲池穴、极泉穴、内廷穴

②阴陵泉穴、天枢穴、中极穴、内关穴

③神门穴、胆俞穴、廉泉穴、三阴交穴

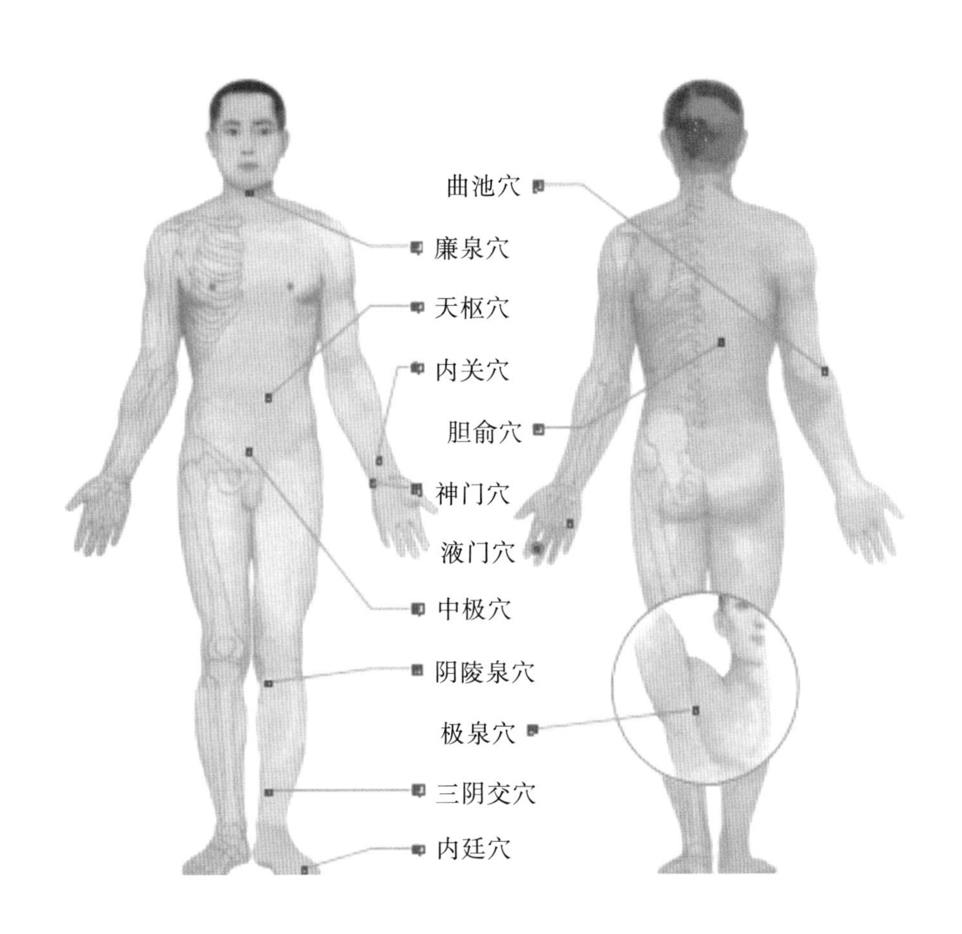

3. 淋巴瘤、淋巴结肿大

中脘穴、膈俞穴、气海穴、曲池穴、阿是穴（淋巴位置，根据实际大小可用1～3条水蛭）

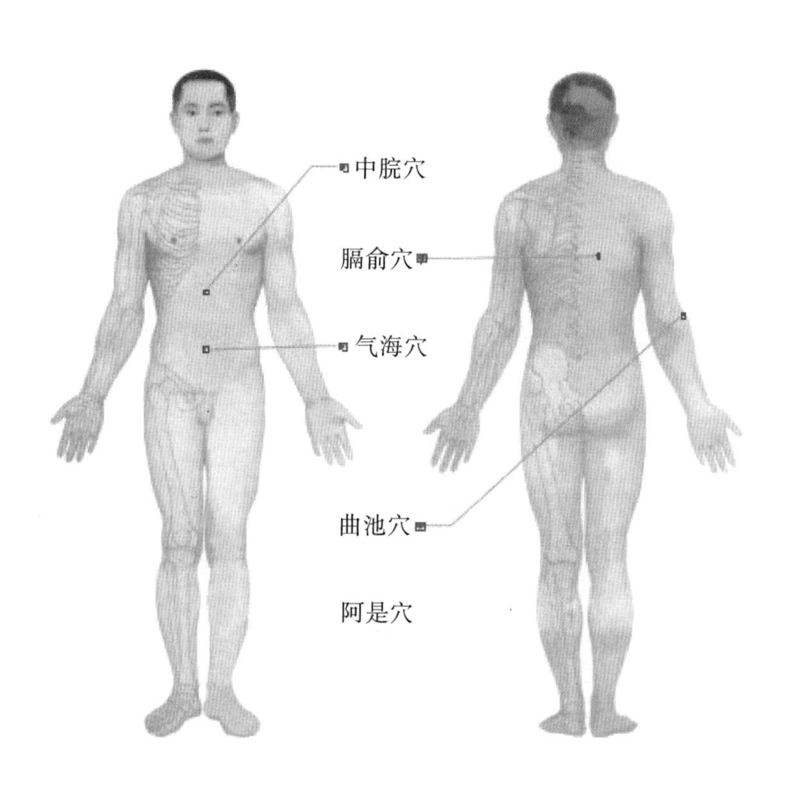

4. 瘤、结块、粉瘤

患处周边吸水蛭，根据患处大小用水蛭 2 ～ 4 条 / 次，间隔 4 ～ 6 天吸 1 次（水蛭吸血时围绕患处周边取三角点最好）

5. 富贵包（组织纤维瘤）

大椎穴、大椎三角点的穴位

6. 静脉曲张

主穴：大椎穴

辅助取穴：取曲张静脉血管周边位置吸水蛭

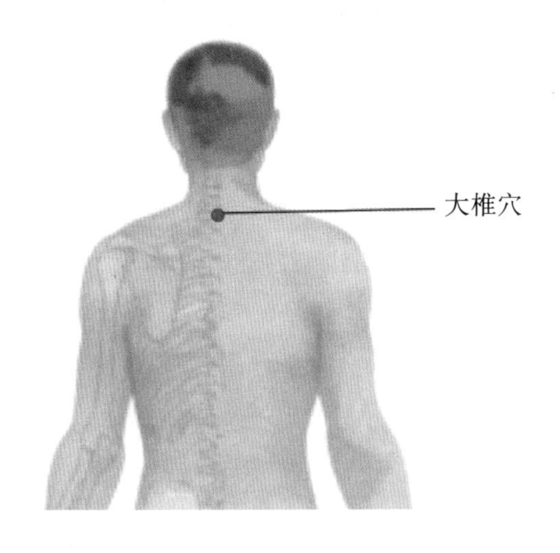